ソニー盛田昭夫

〃時代の才能〃を本気にさせたリーダー

森健一＝著

ダイヤモンド社

“時代の才能”を集め一丸となって世界へ漕ぎ出す。1956年、本社工場で全社員による10周年記念撮影

ソニー　盛田昭夫——◉目次

第6章 起死回生のメカニズム

第7章 スーパーCFO

第8章 ボーン・グローバル企業

第4部

第12章 技術のカン・市場のツボ

第13章 シロウトの本気力

第14章 三大M&A

第5部 427

本文敬称略
写真提供：ソニー株式会社

ソニー 盛田昭夫

〝時代の才能〟を本気にさせたリーダー

序章

日本が生んだグローバル・リーダー

「スティーブ・ジョブズを男にしてやってくれ！」

その日、スティーブ・ジョブズは、ソニーの制服を着て現れた。

「制服」といっても、盛田昭夫が世界的デザイナーの三宅一生に自ら依頼してつくった、あの自慢の「ユニフォーム」ではなかった。イッセイ・ミヤケの手になる「ソニー・ジャケット」は、ベージュ色の生地に赤の縁取り、袖のジッパーを外せばベストにもなる代物で、当時、日本企業の制服は、ダサいものと相場が決まっていたなかで、群を抜いてあか抜けていた（写真）。

だが、ジョブズが着ていたのは工場の作業着だった。俗に言う青い〝菜っ葉服〟である。

三宅一生のそれは、盛田が会長時代にユニフォーム委員会委員長として、一九八一年に導入を決めたのだが、生地の薄いナイロン製で襟もなかった。そのため寒い季節の工場では、分厚い布地の旧来の作業着のほうが好まれていた。

ジョブズ一行がまだ東京近郊の片田舎だった厚木工場にやってきたのは、その前日の八三年三月一〇日。ソニーが開発・製造している三・五インチFDD[1]を購入するためだった。「一人娘の名前をつけた『リサ』というPCに搭載したい」という触れ込みだった[2]。が、実はこの時、ジョブズはアップル社内の軋轢で、「リサ」プロジェクトの開発責任者から外されていた。むしろ彼の主眼は、リサに対抗する「マッキントッシュ」にあり、その記録装置として小型で安定したFDDが、喉から手が出るほどほしかったのだ[3]。

だから、「売ってくれるまでは帰らない」と言い張るのだが、出してきた条件（値段）が折り合わない。厚木の情報機器事業本部が、とうてい飲める金額ではなかった。

ジョブズが提示した値段は一台七五ドル。アップルの前に、厚木にやってきたヒューレ

ファッションデザイナーの三宅一生から、新しい「ソニー・ジャケット」の説明を受ける盛田。袖を外せばベストにもなる洒落たセンスが光るユニフォームだった。後に、スティーブ・ジョブズは、盛田の紹介を受けて、自らのユニフォームとして黒のハイネックをイッセイ・ミヤケに100枚単位で発注している。

ット・パッカードの購入金額は一一四ドルだった。その差は歴然としていた。

ソニー：「これでは話になりません」

ジョブズ：「金額の上積みは絶対できない」

ソニー：「我々の採算が合わないのです」

ジョブズ：「娘の名前をつけた大事なプロジェクトなんだ。売ってくれなきゃ、うちは潰れる」

ソニー：「いやダメだ。その金額では、我々は自殺しなきゃならない」

ジョブズ：「こっちだって命を賭けているんだ。売ってくれると言うまで、帰らない」……

そんな押し問答が続いて、一日目は話がまとまらなかった。

その日の夕方、情報機器事業本部のナンバー2、副本部長兼営業本部長の宮本敏夫は、三・五インチFDDの開発部隊（システム開発部）の幹部たちを厚木の山里の料亭へと招待した。

三・五インチ部隊は、もともとソニー本社近隣の大崎工場に在籍しており、当時の社長、岩間和夫の直轄だった。(4) だが、岩間の急な逝去に伴い、放送機器を開発・製造している厚木工場に統合された。ソニー技術のメッカともいえる厚木のエンジニアは誇り高く、大崎からの部隊を、「ベトナム難民」と揶揄する声もあった。

その厚木で、肩で風を切り、みずから「強面《こわもて》」と称する宮本が、料亭に集まった〝難民〟たちを前に、いきなり座布団を外し、手と額を畳に擦りつけた。そして発した言葉の迫力が効いた。

「スティーブ・ジョブズを男にしてやってくれ！」

宮本はなぜジョブズの肩を持ったのか。まだ小さかったアップル本社にも飛び込み営業をした猛者であり、ジョブズとは以前から面識があった。だから、ジョブズお得意の「現実歪曲フィールド」に陥ったのだろうか。そうではない。宮本なりの読みがあったのだ。

ハードディスク・ドライブは、熾烈な技術革新によって次々とサイズが小型化し、そのたびに業界リーダーの座が新たな破壊者に取って代わられていた。後にハーバード・ビジネス・スクールのクレイトン・クリステンセン教授が『イノベーションのジレンマ』(翔泳社)で示したことである。

一四インチ(メインフレーム)→八インチ(ミニコン)→五・二五インチ(デスクトップPC)→三・五インチ(ポータブルPC)と、新たに参入してきた下位企業の破壊的イノベーションによって、それまでの上位企業の地位が奪われていく。その最大の理由が、業界リーダー企業の「優れた経営にこそあった」というジレンマを、あぶり出している。

当時、日本のソニーは新たな破壊者として登場しようとしていた。もっとも、松下電器産業(現パナソニック)、日立製作所も三インチFDDを開発。世界標準の座をめぐって、日本企業同士の戦いが火ぶたを切ろうとしていた。〝ベータマックス対VHSのビデオ戦争〟になぞらえて、「第二の規格戦争」とマスコミを賑わすようになる。[5] 宮本はその事態を見越して(ベータの反省を踏まえて)、フォーマット戦争に勝つための一環として、アップルを三・五インチ陣営に取り込むことを決意したのだった。[6]

二日目の会議に臨んだジョブズは、冒頭の菜っ葉服を着て登場した。同じ制服を着ることで自分も仲間だと訴え、真剣さを表明したかったのだろう。演出効果もあった。

「わかった。売りましょう」と森園正彦・事業本部長が笑みを浮かべると、険しい表情がパーッと明るくなった。「わーっ、めちゃくちゃうれしい」と叫んだ。二八歳のジョブズは、茶目っ気を出したのか、本当にそう思ったのか。「この制服を持って帰りたい」、とまで言った。

一件落着のにこやかな空気に包まれたが、ジョブズの次の一声が緊張をもたらした。

「NDA（秘密保持契約）を結んでほしい」。アップルが試作品を一台提供するが、厳重に部屋を囲って、そこに出入りする人間の名前と記録をすべて書き出してほしい、というものだった。

ここからまた、すったもんだが始まり、揉めに揉めた。が、最後にジョブズは「OK。NDAは結ばなくていい。ジェントルマン・アグリーメントでいこう」と言い放った。

その場にいた幹部の一人は、「今度は、こっちが凍りついた」と語る。「絶対、アップルを裏切れない」という気持ちが背筋に冷たい汗を滲ませた。ソニーとして何としても、品質と納期で信頼に応える必要があるからだ。

「最後にもう一つ」、とジョブズがつけ加えた。

「もしソニーが三・五インチから撤退したらどうするか。撤退しないと約束してくれるか」。執拗で細かいのがジョブズ流だ。ソニー側が「量産のため、すでに大量の金型投資が済んでいる」と、機転を利かせて答えると、ジョブズはにっこりと頷き、ようやく納得した。

ジョブズと盛田——二人の共通点

とにかく最後まで諦めない、目標のために相手をどう説得するか。そのためなら、自分にできることは、何でもやる。それを、盛田は「**コンビンシング・パワー**」（Convincing Power：説得力）と呼んだ（以下、強調箇所は筆者）。もう一人の創業者、井深大に言わせれば、「**説得工学**」ということになる。井深は説得力を高めるための方法論まで開発しようとしていた。ともに本書で詳しく述べていく。

ソニーのファウンダーは二人とも、いかにエンジニアや社員を納得させ・その気にさせるか（盛田の場合は、それが顧客や社会にまで広がる）を一番大事にしていた。ソニーの経営のエッセンスの一つが「**説得力**」に込められている。

盛田の謦咳《けいがい》に親しく接した大木充（後に上席常務。盛田の経団連会長プロジェクトの秘書役でもあった）は、「コンビンシング・パワー」は「あの人の大好きな言葉でした。いつもこう言っていました」と次のように述懐する。

「ビジネスはシンプルでなきゃいけない。みんな理屈を言って複雑にする。だけど、納得しなければ人は動かないし、ついてこない。商品もぐだぐだ説明しなければならないものは売れない。美しいとか、役に立つとか、お客がシンプルに共感できなければダメなんだ。わかるだろう、**これは人間関係の基本なんだ。**女性を口説く時に、原稿を読むバカはいない。相手の目を見て、心の底から本気の気持ちを伝えるんだ」

まず自分のなかの本気の気持ちが動かなければ、人を動かすことなんてできない。そのうえで、「相手が受信できる波長というものがある。**相手の受信機が何チャンネルに合っているかを知って、発信しなければ相手に届かない**」というのが、盛田のコミュニケーションの極意だ。

盛田とジョブズは、ともに強力なコンビンシング・パワーを発揮することができたリーダーだ。グローバル化においても、イノベーションにおいても、ビジネスだけではなく、政治や社会においても、コンビンシング・パワーは今日、ますます重要になってきた。

かつてのソニーの輝かしい成功というのは、井深と盛田の二人のトップが、いかに人びとを動機づけ、これまでになかった新しい製品を創り出し、その魅力を伝え、大衆市場を説得してきたか、という軌跡でもある。

井深の「説得工学」、盛田の「コンビンシング・パワー」、ジョブズの「現実歪曲フィールド」――。これらはいずれも、いかにして人をその気にさせるか、**その人が持っている潜在能力までフルに動員させ、目標を実現するか**。ありきたりの結果ではなく、世界を変える成果を生み出そうとする時の、彼らのキーワードだといえる。

もっともジョブズの場合は、クレイジーなまでの集中力が前面に出てしまい、現実をねじ曲げるほどの強引さが反発を招くこともあった。盛田は「相手の波長に合わせる」したたかで、きめ細かいアプローチを取るが、相手の波長をつかむまでに手間はかかる。

それでも、ジョブズと親しかった元・ソニー社長の安藤国威《くにたけ》は「二人は似ている」と言い、「ビジョナリーであり、エバンジェリストである」点を強調している。[7] たしかに、盛田とジョブズは、オリジナルなビジョンを掲げてそれを実現させ、広く社会に普及させた伝道者といえる。

アップルの上級副社長だったジェイ・エリオットは、ジョブズに同行して、ソニー本社の盛田のオフィスを訪ねた日のエピソードを披露している。盛田の接待で、隠れ家的な店にも案内され、おそるおそる口に運んだ「猛毒の河豚《ふぐ》」料理を体験したその晩は、「わたしの人生で最も心に残っている」と次のように続ける。[8]

「ソニー幹部との一日を終えて、わたしが強く感じたのは、スティーブと盛田氏の価値観が驚くほど似ていることだった。文化が違い、年齢もおそらく――なんと――五十歳ほど違うはずだが（注：実際は三四歳）、そんな差を超越していた。ひとことでいえば、スティーブと同じく、盛田氏も、自分自身が欲しい製品をつくろうと努力していた。そしてふたりとも、みずから創業した会社を総体的な製品開発の典型例にした。スティーブの信念の正しさが、国境を越えて証明されたともいえるだろう。自分がやっていることを愛せ。自分がつくるものを愛せ。完璧に仕上げよ。ふたりの会話は、ビジネスで何が大切かを教える授業のようだった」。

その席では、ソニーとアップルの連携にも話が弾んだのだろう。エリオットはこう結んでいる。

「ただ残念ながら、アップルとソニーの協力関係は、本来なら出せるはずの成果を出しきれずに終わった。スティーブがまもなくアップルを去ってしまい、戻ってきたときには、もうソニーに盛田氏がいなかった」

九九年一〇月五日、カリフォルニアのデアンザ・コミュニティ・カレッジの講堂で行われたアップルの新製品発表会。壇上に上がった暫定CEOのスティーブ・ジョブズは、定番の黒のハイネックとリーバイスのジーンズ姿ではなかった。白の襟なしシャツに黒の礼服風の出で立ち。ジョブズ流の正装だった。(9)

スクリーンには、ウォークマン（単体で二五〇万台の大ヒットを記録したWM－2）を手に、晴れやかに笑う盛田の写真が大写しとなった。二日前に七八歳で亡くなったばかりの日本が生んだ一人のリーダーへの追悼から、発表会がはじまった。

実はこの写真で盛田が着ていた「制服」が、ジョブズが着たあの青い菜っ葉服である。ジョブズ自身が最も思い出深いこの一枚を選んだのだ。それだけ、敬愛と思慕の思いが込められていた。

若かった頃に、「トリニトロン、ウォークマンといった、ソニー製品にどれだけわくわくしたか」を語り、アップルは、「コンピュータ業界のソニーになることを目指している」と宣言した。そして、今日の発表を盛田氏が喜んでくれればうれしいと製品発表につなげた。それがｉＭａｃ　ＤＶと付属の映像編集ソフト、ｉＭｏｖｉｅだった。

その場で取材していたアップル・ウオッチャーの林信行によれば、これが一年あまり後に「デジタル・ライフ・スタイル」戦略につながり、ｉＰｏｄに結実していったという。[10]

歴史は、時々象徴的な偶然をもたらすことがある。アップルがその生態系を自覚的に形成し始め、やがてソニーを大きく凌駕する転換点が、盛田の死と重なった（ちなみに一二年後の二〇一一年、ジョブズは盛田を追悼した一〇月五日に自身もがんで逝去している）。

ジョブズは五六歳の若さで亡くなったが、膵臓がんの告知から、八年間の死への準備期間があった。自分がいなくなった後のアップルの経営を考え、後継を託す人材を選び、配置を整える時間を持てた。

盛田は、ジョブズより二二年間も長生きしたが、九三年一一月三〇日――この日は経団連会長就任の内示を受け〝メモリアル・デー〟となる予定だったが――、早朝テニスの最中に、脳出血で突然の病に倒れ、自由闊達な言動を二度と取り戻すことはなかった。

「暇になったら病気になる」と、直前まで世界を飛び回っていた盛田には、六年間のリハビリ期間はあったものの、死に備える準備（ソニーの経営を考え、将来への配置を整える）の猶予期間はなかった。

ただ、ソニーの首脳ＯＢや経営幹部の間で、今も語り草になっているスピーチがある。倒れる直前の一一月一九日に行われた部長会同（役員や経営幹部を一同に集め経営方針を伝える大会議）での最後のメッセージだ。

当時、専務だった田宮謙次は、最初に「あれっ、いつもと違う」と、ただならぬ気配を感じた。耳を傾けていて「これは、ただ事じゃない。盛田さんとつき合って長いけれど、あんな語り口は聞いたことがなかった。ここまで心配されているのか」と申し訳ない気持ちでいっぱいになったと述懐する。盛田は九三年に、その後のソニーの凋落を予見したかのように、次のように訴えていた（一部抜粋して紹介する）。

「私らの歴史を見ると、非常に大きなイノベーションをして、世の中を変えた。社会に貢献した。（しかし）そのシードはですね、みんなアメリカにあったんです。シードは向こうから拾ってきてですね、それを我々の知恵で発展したところに、日本の産業人の非常な力があるわけです。ところが、日本の産業人は世界中で一番強いような錯覚に陥っている。その錯覚をもう一遍反省し、目を見開く必要があるのではないか。

来世紀にソニーがリーダーだというためには、何をやらなければならないか。**もう一つ先に何をやるか。謙虚に考える必要がある。**私は非常に心配になっております。ここで皆さんに本当に目をいっぱいに開いてですね、来世紀に何をやるかと、真剣に考えていただきたい。

私は今日、本気で言いたいのはですね、どうしたらわが社の製品が良くなるか。この頃の問題は、こんなことをしていると、今まで何十年もかかって打ち立てたソニーのリピュテーション（筆者注：評判。ブランドも含まれる）がなくなってしまうのではないか。

私は本当に、カスタマー・サティスファクションの精神が通っているのかということを、何遍でもウォーニングしましたけれど、現実に商品になって出てこないのは、サムシングロングなんです。サムシングロングであれば、知らず知らずの間にお客さんに浸透して、そのうちソニーのものはアホらしい、難しい・使いにくい、ということだけが残って、一生懸命、我々の先輩が打ち立ててきた**ソニーのリピュテーションというものが地に落ちる**と思うんですね。

私は、あの、本日は本気でですね、あなた方は『**バック・トゥ・ベーシック**』で、本当に製品を、どうしたら誰にも負けないものをつくるかということを、それが本務だということを忘れないでほしい。これは、もう本年最後だと思うんですけど、皆さんの心の持ち方を入れ替えて、世の中、変革の時代ですから、勇気をもって変革をしてもらいたい。これを最後のお願いをしたいと思います」

この後、盛田は最後の海外出張に出かけた。ソニー・アメリカでは、同じ危機感から、「もう一度、アメリカに学ぶ時が来た。大きな変革のヒントはいま、アメリカにある。そのヒントをキャッチするアンテナ機能が君たちの役目だ」、と社員たちに熱弁を振るっている。

IT社会の到来をキャッチしていた盛田だが、その先のシーズを探したかったのだろう。

トップは究極のセールスマンにしてプロダクト・プランナー

ジョブズは盛田を崇敬してやまなかった。ソニーの成功に学び、盛田無き後の時代の転換点で、経営に失敗したソニーの姿を、〝反面教師〟としてさらに学んでいる（後述）。

サムスンの李健熙《イゴンヒ》会長が大変革を行ったのも、盛田のソニーが契機となっている。李健熙は九三年六月、フランクフルトに経営幹部を緊急招集し、「女房と子ども以外はすべてを変えろ！」と有名な宣言を行った。ここからサムスン電子は「新経営」の大変革に踏み切った。そのきっかけは、サムスン電子の日本人デザイン顧問、福田民郎の手になる（直截な警告に満ちた）報告書だったが、ベンチマークにしたのは、ソニーとそのクリエイティブ本部（後述）だった。[11]

二一世紀初めのソニーで、ネットワーク時代の「テレビを再定義しよう」と苦闘した辻野晃一郎は、経営者の適切なサポートを得られぬままソニーを去り、グーグル日本法人社長となった。その体験記『グーグルで必要なことは、みんなソニーが教えてくれた』（新潮社）は、ソニーで学んだことの大きさを語っている。グーグルをはじめ、シリコンバレーの企業群の大きなロール・モデルとなったのもソニーである。彼らはみんな、ソニーから学んできた。

盛田は、「わずか五〇〇ドルの元手で、たった二〇人でソニーを始めた」というエピソードを、愉しげにスピーチでよく使った。まさに小さなベンチャー企業が、いきなり世界に出ていったのだ。

それは「生やさしいことではなかった」と本人も振り返っているが、外国部長を長く務め海外市場の前線を切り開いた卯木《うのき》肇はこう振り返る。

「後で僕も国内販売をやってみてわかったのだけど、（松下、東芝、日立など）狭い国に巨人がひしめいて、すぐに真似をしてくるし、実にやりにくかった。悪く言えば、日本から押し出されたんだ、チューブから出るように。盛田さんには、そのことがすぐにわかったんだ。海外でなら日本より勝つチャンスが多い、と。**勝てる保証はないけれど、海外のほうがチャンスはいっぱいある**」と。

ただし、「セールスを買いかぶっちゃいけない」と卯木は続ける。
「初めに商品ありき。サムシング・ニュー、サムシング・ディファレント、サムシング・スーペリアな商品があることが前提だ。だから〝**究極のセールスマン**〟**としてのトップの仕事は、実はプロダクト・プランナーだ**、と僕は思うね」

その意味では、ジョブズも盛田も、究極のセールスマンだったといえる。しかも、小手先の商品企画ではなく、世界を変える「インダストリー」(これは盛田が口癖のように使った言葉である)を構築するという大きな野望を持っていた。

そこでは「コンビンシング・パワー」を発揮して、異なる個性と才能を持った人びとを動機づけ、彼らの**知恵と力を結集するための「コンセプト」**を生み出していった。

本書では、現在の視点からこれまでの歴史を再構成し、ごく限られた関係者以外には知られていない事実や新しい知見も織り込んで、ソニーという戦後の日本が生んだ世界企業が、いかにして成功したか。何度も失敗しながら、どう再起したか。二一世紀早々の凋落からどう立ち直るか。それらの経営メカニズムを明らかにしていきたい。ソニーとは何であったのか、あるいは何でありうるのか——。これからの日本企業のグローバルな経営を考えるとき、ソニーの体験から私たちは数多くの教訓を学ぶことができる。

井深と盛田という二人のファウンダーが、ソニーに吹き込んだスピリットに、多くの「時代の才能」(後述)が引き寄せられて、本気の能力を発揮した。それが、ハーバード・ビジネス・スクールのクリステンセン教授が、「類例がない企業」と驚くほど、連続した「破壊的イノベーション」を実現させる原動力となった。

同時に、この希有な会社の経営を担った盛田昭夫という日本人が、いかにして本物のグローバル・リーダーとなっていったのか。「世界のモリタ」の真実も詳らかにしていきたい。それは二一世紀の日本のあるべきリーダー像を考えるうえで、一つの基準点を示しているかもしれないからだ。

新しいコンセプトを、次々と生み出した盛田のフィロソフィーと方法論とは何か。なぜ盛田は、経営者の枠を超えて、日米・そして世界の架け橋になろうとしたのか。また、もし今、盛田が健在だったとしたら、経営のリーダーとして、どんな手を打つだろうか。「ソニーとは何か」を考えることで、それも見えてくるに違いない。

まずは、盛田という人物の原点を探る旅からはじめよう。

第1部

盛田家の経営者教育、恩師の教え、
盟友・井深大との出会い、そしてソニー創業へ

第1章 邂逅《かいこう》

世界への眼差しは「海やまのあひだ」から生まれた

社用ジェット機「ファルコン」から降り立った人物は、高級仕立ての濃紺のスーツに身を包み、梳《す》かしつけた銀髪をなびかせながら、大股でさっそうと歩いてくる。日本人離れしたダンディさだ。

この時、盛田昭夫は五八歳。ソニーの会長として、脂が乗り切った時期だった——。

一九七九年七月、ヘッドホンステレオ「ウォークマン」の発売直後に放映された中部日本放送『ふるさと人間記』の冒頭シーンである。著名人と地元・愛知との関わりを紹介する番組で、盛田は自ら案内役を引き受けた。そのなかで、一九二一年に生を受けた名古屋の白壁町については、昔ながらの屋敷町が大空襲にも「焼けずに残った」と触れるに留まったが、今は常滑《とこなめ》市となった知多半島南部の小鈴谷《こすがや》を紹介する段になると、「一番なつかしい故郷です」とやわらかな眼差しに変わる。

小鈴谷は子ども時代に、休みのたびに訪れていた場所だ。番組では海山で一緒に遊び回った仲間たちと再会、満面の笑みで思い出を語り合っている。盛田を育んだのは、今でも名古屋市内から車で一時間ほどかかる片田舎だった。この地に立つと、小高い丘陵がいくつも連なり海の間際まで迫っている。海側にある盛田株式会社の工場からは、白い湯気が立ち昇り、大豆を煮る香しい匂いがあたりに漂っていた。その土地を古人は「こすがや」と、小ぶりな谷あいに鈴の音が響くような名前をつけた。

歌人でもあった民俗学者の折口信夫《しのぶ》は、日本人が棲む土地を「海やまのあひだ」と表現したが、昔の小鈴谷村は頼りになる田畑も主たる資源もなく、文字通り海と山の狭間の土地に、人びとの暮らしがひっそりと張りついた、日本の原風景のような貧しい村だった。

尾張藩の記録によると、そんな辺鄙な場所で、初代・盛田久左ヱ門が、酒造りを始めたのが、江戸初期の寛文五年（一六六五年）のこと。以来、三五〇年余にわたって酒造業を営み、盛田の祖父の祖父にあたる一一代目久左ヱ門（命祺《めいき》）の時代から味噌・醬油などに事業を広げた。江戸にも販路を求め、資源のない土地で頭を働かせ付加価値をつけた〝加工貿易〟を行い、寒村の経済を担ってきた。何もないけれど知恵で時代を切り拓いてきたのだ。

代々の当主は久左ヱ門を名乗り、盛田昭夫は一五代目に当たる。ちなみに、盛田がアメリカで使っていた車のナンバープレートは、「AKM　15」だった。〝昭夫・久左ヱ門・盛田・一五代目〟の英語表記の頭文字を取って、本人がつけたものだ。アメリカに埋没せず、日本人としての出自を、誇りを持って示そうとする気概がうかがわれる。

昔から盛田家の当主は、コミュニティの総領としての気構えや立ち居振る舞いが求められた。

盛田昭夫には、いくつかの顔があるが、大きく三つに分けることができる。

①好奇心に眼を輝かせる少年の顔：物事の理《ことわり》を探究する〝物理学〟につながる。
②旧家の当主・地域の総領の顔：ファミリーとコミュニティを〝守るリーダー〟としての側面。
③「世界のモリタ」としての顔：率先垂範して第一線で戦う〝攻めるリーダー〟としての側面。
冒頭のファルコンから降り立つ格好いい勇姿は、もちろん③なのだが、自らをメディア化するうえで、本人も受け入れていた〝演出〟でもあった（スタイリストは妻の良子夫人）。
③の「世界のモリタ」は、実は残り二つの、①物理を探究する〝学ぶ人〟としての顔、②故郷・日本の〝守り人〟としての顔、があってこそなのである（これから本書で述べていく）。
グローバル・リーダーの原点は、小鈴谷というローカルな土地にある。源流を遡ってみよう。

代々の当主のなかで最も特筆すべき人物は、前述した一一代目久左ヱ門の命祺だ。

明治維新の一〇年前に当主となった命祺は、天保の大飢饉に際して醸造法のイノベーションを行い、酒造米を節約しながら生産効率を上げ、しかも腐敗しにくい高品質の清酒を生み出すことに成功した。福澤諭吉は「知多郡の酒造大変革」として、その著『時事小言』のなかで、命祺翁の化学の原則に照らした実用の学と発明工夫は、「国に益すること大なり」と絶賛している。(1)

それまで知多の酒は、上方の灘・伏見の清酒に対して、「田舎醸」とさげすまれ、自分の銘柄も持てない状態だった。命祺は技術革新によって、江戸の酒問屋の好評を確認した後、みずからのブランド「子乃《ねの》日松《ひまつ》」を誕生させた。それだけに留まらない。味噌、溜まりの醸造法を研究して事業を広げ、仲間と組んで千石積み船を三隻購入。御前崎、清水、下田に寄港する江戸航路を開拓。行きは、清酒、味噌、醤油に、親族の中埜《なかの》家の酢（現在のミツカン酢）を積んで江戸に売り、帰りは、江戸で買い入れた干鰯《ほしか》などの肥料を販売、沿岸の共同体をつなぐ海の物流ルートを構築した。

木綿問屋を買収して木綿販売に乗り出したかと思うと、山本長五郎（侠客として有名な〝清水の次郎長〟）に話をつけ、現金掛け値なしの中泉現金店を清水に開設。次々と事業を発展させた。それらの収益を、道路の拡張や港の補修、護岸工事に投入し、私費で地元のインフラを整備するという大事業も行った。明治時代に入ると、ワイン醸造（葡萄の病気で失敗）やパン（現在の敷島製パンにつながる）などの多角化にも乗り出している。(2)

さらに福澤諭吉、獨協大学創設者の品川弥二郎、明治の元勲・井上馨らとの親交を通じて、新しい時代を拓く地元の人材を育てようと私塾「鈴渓《れいけい》義塾」（後の鈴渓高等小学校）まで創設している。広い人脈ネットワーク、多角化、社会起業家としての活躍が見逃せない。

鈴渓義塾では、命祺の理想に感銘し、その薫陶と支援を受けた塾長の溝口幹《みき》が、優れた教育を実践した。文明開化を迎えたばかりの田舎の小鈴谷村で、高等小学校にもかかわらず、現在の高校に匹敵する国文、英語、数学、理科、簿記、細井平洲《へいしゅう》の儒学、体操では当時珍しい野球まで教えたという。(3)

溝口は、世のなかに出て自分が何をするか、その「志」を持たせることを最も重視した。そのためには「学ぶ」こと、「情熱」が必要であると考え、「志」「学ぶ」「情熱」の三本柱を教育の基礎とした。トヨタ自動車の倒産の危機を救った中興の祖・石田退三は、鈴渓義塾出身だが、「知多の最高学府」と呼んでいた。

現在、小鈴谷小学校には鈴渓義塾の資料室があり、当時、使用されていた教科書などが展示されている。英語の教科書の最初のページは、「ＯＵＲ　ＣＯＵＮＴＲＹ」で「ＯＦ　ＴＨＥ　ＥＡＲＴＨ」へと続いている。

盛田昭夫が、小学校に入学する頃には、学制の変更で鈴渓義塾はすでにないが、その気風は、彼が小鈴谷に行くたびに体細胞のなかに吸収されていった。小さい頃は病弱だった昭夫を、両親は自然のなかで元気に育てたいと、頻繁に小鈴谷に連れていったからだ。

ソニーのある社員は、昭夫の子ども時代をよく知る地元の老女から「ええっ、世界のリーダー？　小さい頃はピーピー泣いてばかりいた」、と聞かされて驚いたという。体の弱い甘えん坊だった。その彼が、小鈴谷の山や海で遊び回るうちに、たくましく成長していった。

前述したテレビ番組では、一一代目命祺翁の胸像を前に語る盛田だが、子ども時代は父や近隣の人びとから〝祖父の祖父の話〟を聞かされ、幾度も仰ぎ見たことだろう。やがて、父の一四代目久左ヱ門は、一五代目になる嫡男に「命祺の再来」を見るようになる。

その胸像はいまも海のそばにあり、太平洋を遠く見やっている。沖合には、盛田とも縁の深い中部国際空港セントレアが見え、そこからはアメリカまでひとっ飛びである。

〝フィジシスト〟（物理学者）の目覚め

盛田昭夫は、一九二一年（大正一〇年）一月二六日に、父・一四代久左ヱ門と母・収《しゅう》の嫡男として生を受けた。本来ならば名前は「常助《つねすけ》」になる予定だった。盛田家の当主は、久左ヱ門を代々襲名するが、幼名は「常助」と「彦太郎」を交互につけることになっていた。

しかし大垣藩主の一族で家老の娘だった母は、英語も習うモダンなセンスで、その名を拒否。漢学者の推薦で「明るく照らす」という意味の「昭夫」と名付けた。五年後たまたま元号までが「昭和」に変わり、同じ字となった。

その母の記憶によると、昭夫が生まれて初めて発した言葉は、「ウラ・ウラ」だった。(4) 柔らかな日射しが差し込む午後、クラシック音楽が好きだった母は、手回しの蓄音機でレコードをかけながら、ふと微睡《まどろ》んだのかもしれない。当時は、七八回転のSPレコードに片面三分ほどの音楽が収録されていた。曲が終わり、レコード針が音の記録されていない盤面を滑る摩擦音が聞こえる。その時「ウラ・ウラ」(裏面をかけて)と発言したのだ。おそらく二歳になるかならないかの幼児が、レコードの裏面に楽曲が収録されていることを、観察していた。

驚いた母は、この子には音楽の天分があるのではと期待したが、ピアノを習わされた昭夫は「バイエルがつまらなくて」、途中で投げ出してしまう。昭夫の興味は、音とそれが記録され、美しい音楽として再生される仕組みにあったのだ。

中学生の頃、電気蓄音機エレクトローラ(米RCAビクター製)を名古屋で最初に父が買ってくれた時、盛田はラヴェルの『ボレロ』をかけてみた。すると「いままで聴いたことのない音が出て、本当にびっくりした。電気を使うとこんなにいい音が出るのか」と震えるほど感動。以来、電気の不思議に魅せられ「学業を放擲《ほうてき》して、ラジオ狂い電気狂いに」走るようになった。これが〝フィジスト〟へつながっていく。

それは、長男を優秀な当主にしようと経営者教育を行っていた父への、反抗期とも重なった。

父一四代久左ヱ門(5)は、慶應義塾大学二年の時、一二代目の葬儀で帰郷。その折、盛田家の事業と資産をチェックして、愕然《がくぜん》とする。事業は、当時台頭してきた粗製濫造の安価な粗悪品に押され、売上が大幅に減少。家の資産も一二代目の桁外れの骨董収集癖に蕩尽《とうじん》され、ほとんどなくなっていた。一三代目は欧米文化には強く惹かれていたものの、事業に情熱を持たず凡庸な経営で、落ち込む売上に手をこまねくばかりだった。

やむなく慶應大を中退し、再建の先頭に立った。まず一二代目の骨董を、購入者を競わせるオークション方式で売却した。銘品が多く高値で売れ、その資金を基に、問屋を介さずに直接小売店に販売する直販方式に切り替えた。粗悪品に対抗するには、社員が自分たちの製品のよさを説得し、市場の支持を集めることだ、と考えたのだ。本店も名古屋市中心部に、住居も白壁町に移転した。

「この〝自分の会社の製品は、自分の手で売る〟という方針は、一五代目の昭夫にも受け継がれている[6]」。盛田が後年、ニューヨークに移住し、アメリカに直販の販売網を築くという、当時としては極めて大胆な発想は、ここにルーツがある。

一二代と一三代は、〝守るリーダー〟としても不適格だった。だから、一四代の父は息子が小学生だった一〇歳の頃から、会社の事務所や小鈴谷の醸造所に連れていき、現場で事業がどのように運営されているかを見せ、「退屈な重役会議」でも脇に座らせたという。「いいか、お前は生まれた時から社長なんだ」――盛田は「いつもこう言われ……（中略。……は以下同じく中略を表す）片時も忘れることを許されなかった」。さらに、こうも諭《さと》された。

「お前が社長だからといって、まわりの者に対して威張れると思ったら大間違いだ。**自分がやると決めたこと、他人にやらせようと思うことを明確にし、それに対して全責任を負わなければいけない**」。「なにか問題が生じたとき……責任を他人に転嫁するのは無益なことであるとも教えられた。……**何かを成しとげ**

ようと思う時には、それが双方の利益になるという共通の動機をうまく利用することが最も大切なのだ、ということだった。……人を使うことを覚えていくうちに、私は経営者にとって大切なのは忍耐と理解力であることを知った(7)」

若い頃からの父の薫陶は、着実に盛田の「経営哲学の基礎」を築いていった。

それでも、中学時代に目覚めた電気や科学に対する熱い思いは、止みがたかった。高校は第八高等学校(旧制)の理科を受験するも、ろくに勉強もせずに電気蓄音機やラジオ受信機づくりに夢中になっていたあおりで、見事に失敗。浪人中は「電気いじり」をみずからに禁じ、猛勉強した。

一方で、寺田寅彦(8)やその弟子、中谷宇吉郎(9)といった物理学者にして名随筆家たちの著作を、むさぼるように読んでいる。「金平糖の角」や「線香花火」「雪の結晶」といった〝日常身辺を科学〟した彼らの眼は、盛田にもう一つの可能性に目覚めることを促した。

それは、物や事象――自然だけではなく身の回りで起きる現象――の本質＝理《ことわり》を探究する物理学への覚醒である。

そのことを決定的にしたのは、大阪帝国大学教授・浅田常三郎(次ページ写真)との出会いである。

八高に入った後も、戦争へ向かう軍靴の響きが高まるなかで、盛田は物理に熱中していた。三年生の時、大学への進路に迷い、敬愛していた教授に相談。教授は、東大で同級生だった浅田を紹介してくれたという。阪大を訪ねた盛田は「その散らかった研究室に足を踏み入れ、教授と顔を合わせたとたん、彼を好きになった」と述べている(10)。

浅田は、阪大総長・長岡半太郎の愛弟子でドイツの一流研究所でも活躍していた超エリートだったが、

「ユーモアあふれる大阪弁（正確には堺弁）と、体を張った実験。権威ぶったところや衒学《げんがく》的なところはみじんも感じられなかった。なにより、該博な知識、徹夜もいとわない真摯な態度の学究に学生たちは心酔した」と、淺田の評伝『町人学者』（毎日新聞社）は描いている。

盛田は「この有能で自信に満ちた、それでいて驚くほど気のおけない陽気な科学者のもとで研究をしたいと強く」思い、「淺田先生がいる阪大に」入学することを決めた。

学生時代にこんなこともあった。盛田が淺田のコンタックスのカメラを借りて実験を撮影していた時に、シャッターが下りなくなった。開戦直前に輸入された最後のツァイス製だけに途方に暮れ、恐る恐る淺田のもとへ持っていった。「ドイツへの連絡はもう潜水艦以外できないから海軍に頼んで、運んで修理

盛田昭夫に「物の理＝問題の根本原理」をつかまえよ、と教えた恩師、淺田常三郎。当時、日本の応用物理学の第一人者。「ベンチャーから大企業まで、産学連携の祖」とも呼ばれている。該博な知性とユーモアを失わない人間性に多くの人が魅了された。“ビリケンさん”に似ていることから、サイン代わりにビリケンの似顔絵を描くことが多かった。　写真提供：淺田常三郎ご遺族

してもらうしか方法はないなあ」と言われ、盛田は真っ青になって震えが止まらなかった。

すると突然、教授はカメラにゲンコツを一発食らわせた。その瞬間、シャッターがバシャッと元の状態に戻った。「あっと驚く私を見ながら」、浅田は「これがゲンコツ・メソッド」とニヤッと笑い、次の仕事に取りかかった。[11]

浅田研究室の自由で愉しい空気は、盛田にとって〝自由闊達〟のモデルとなっただけでなく、フィロソフィーや方法論にまで影響を与えた。

「私にとっての先生は、物理学の先生だけではない。物事をどう考え、人間をどう考えるか、何かすべての思考の道筋を先生から受継いだような気がしてならない」、と盛田は打ち明ける。[12] さらに、こうも語っている。浅田先生から最初に言われたことは、**「物理学はものごとを、一番簡単に説明する方法を見つける学問」**なんだと。**「いろいろな問題に当たったときに、その問題の一番根底にある、根本の原理というものをつかまえれば、その問題を解決する方法がわかってくる。**ものの考え方の態度を覚えることが一番大事だ」と教えられた。[13]

恩師の教えが、そのまま盛田の方法論になっていった。だから盛田は、いつまでもみずからを「フィジシスト」(物理屋、もしくは物理学者)と呼んでいた。若い頃の彼にとって問題は、自分の「志」をどこに定めるか、だった。

一四代の父は、盛田が経済学部に行かず理学部を選んだことに、明らかに失望していた。それでも「あえて反対しなかった。……物理は私にとって結局は趣味にすぎない、と父は信じていたようだ。私自身も、時には、結局はそうなるのではないかと不安に思うこともあった」。[14]

物理学を「海」、父を「やま」とすれば、「海やまのあひだ」で、青年・盛田はみずからの立つ瀬をもがきながら探していた。目の前の海の向こうでは、すでに太平洋戦争の真只中で、日本は追い詰められようとしていた。

井深大との「世界を変える」出会い

大正リベラリズムは、とうの昔に思い出となり、軍国主義が否応なく全国民を巻き込んでいった時代、盛田は海軍に任官し技術将校となった。彼は軍人になりたかったわけではない。家業を継ぎたかったわけでもない。みずからの役割に目覚めたかったのだ。

「大好きな先生」大阪帝大教授・浅田の薫陶を得て、自分の可能性を開発したかった。具体的なものと関わる応用物理のおもしろさを知った盛田は、名門・酒造業の一五代目跡取りとして、敷かれた路線を予定調和のように歩むことを躊躇していた。祖父の祖父が開いた鈴渓義塾、その塾長・溝口は、みずからの「志」を見出し、世界から「学び」、自分の役割に限りない「情熱」を注ぎ込め、と教えていた。盛田もそのような「志」、人生の「目標」を希求していた。

しかし歴史の歩みは、そうした青年の迷いを吹き飛ばす現実を露わにしていく。盛田が恩師と出会った一九四一年の暮れには、真珠湾攻撃で日米は太平洋戦争に突入していた。翌四二年、大阪帝大に入学すると、ミッドウェー海戦の大敗北で戦局は決定的に悪化。四三年には浅田研究室にもいちだんと軍事研究が要請され、学徒出陣も始まった。

盛田はまだ徴兵されていなかったが、どこかの戦線に送られるのは時間の問題だった。そんな時、海軍委託学生制度のことを知る。試験に合格すれば、大学卒業後は職業軍人になるが研究は続けられるというものだった。軍人になるのは不本意だったが、結局、その道を選んだ。

少しでも物理とつながりたかったし、自分を活かす可能性がわずかでもあるほうに賭けたのだ。かといって、背後にはいつか家業を継ぐという重しがのしかかっていた。

こうした閉塞感から彼を救ったのは、井深大との「不思議な奇跡の出会い」（盛田昌夫）だった。その不思議さを、本人たち同士も打ち明けているが、これについては後述したい。

盛田昭夫には三人の子どもがいるが、次男の昌夫は日本のソニー・ミュージックエンタテインメントの会長だった。「盛田家というのは古い家で、長男が一番偉くて別格扱い。妹は末っ子のひとり娘だから可愛がられる。真ん中の僕は〝オマケ〟みたいなもの。子供の頃は、いじけて親父に絡んだ」。そのぶん、冷静に父を見ていたともいえるだろう。昌夫は次のように語る。

「親父が倒れる前に、井深さんが体の具合を悪くされたから、[15]海外出張の行きと帰りのたびに必ず三田のお宅に寄って、井深さんに挨拶し報告していた。その後、親父も倒れたけれど車椅子に乗って、車椅子の井深さんに会いに行く。あれは愛人関係だね。二人とも言葉が不自由だったから、なにをしゃべっているのか、周りはわからないけれど、明らかに二人は通じている。昨日、今日のただの仲良しとは違います。聞き取れないけど、互いに語り合っているんです」

「そんな不思議な感動のシーンを、僕は何度もみましたよ」。絶対にこの二人は、次世代のテレビの話をしたり、今度は新しく何をやろうかと話し合っているに違いない。周りで僕らはそのように感じていた、と述懐する。「実に不思議な関係でした。あの二人が出会ったというのが、そもそも大変な奇跡。ソニーにとっては、どっちが欠けてもダメだったでしょうね」

映画制作に学んだ井深の「愉快なる理想工場」

井深大は、一九〇八年四月、栃木県の日光で生まれた。父の甫《たすく》は、古河鉱業・日光精銅所のエンジニアだったが、新渡戸稲造[16]の門下生でもあった。ちなみに新渡戸は、英文で『武士道』を著し日本文化を世界に紹介しただけでなく、国際連盟事務次長などとして大きな実績を残し、新興国・日本の評価を世界で高めた。「我、太平洋の橋とならん」、と語った彼の生き方は、後の盛田にも少なからぬ影響を与えた。

井深の父は、大が満二歳の時に急逝。若くして未亡人となった母親さわは一人息子を連れて、愛知県で郡長（郡の行政長官）をしていた祖父の家に身を寄せる。そこで井深は、初めて〝電気〟と出会い、四歳に満たない幼児の「最初の記憶」が刻まれた。彼は自叙伝で次のように綴っている。

「今晩から電気がくる、電灯が点る、そう思っただけで夜になるのが待ち遠しかった。もうつくか、もうつくか。一生懸命待っていた記憶だけはあるのだが、電気がパッとついた瞬間のことは覚えていない。だが、電気が引けた後、私は毎晩のように、下から煌々と輝く電球を見上げ、『なんと明るいんだろう。どうやって電気はできるのだろうか……』と、思いにふけった[17]」

それは井深の持って生まれた好奇心とエンジニア精神に、火を点した灯りだった。

盛田が、生まれて初めて発した言葉が「ウラ・ウラ」だったことは、前に書いた。井深の光、盛田の音

——幼児の体験がその後の人生に重要な意味を持つという井深の晩年の主張（たとえば、著書『幼稚園では遅すぎる』サンマーク出版）を、彼らの人生はそのまま実証したかのようだ。

上京して自活の道を目指した母親は、自分が卒業した日本女子大の附属幼稚園に職を得る。近所には彼女の親友ハナが暮らしていた。ハナの夫は、『銭形平次捕物控』で大衆時代小説の売れっ子作家となる野村胡堂《こどう》[18]だった。胡堂は、同郷の新渡戸稲造を「私の先生」と呼び、その影響を受けて「銭形平次はキリスト教の精神で書いている」と語っている。[19]井深にとって胡堂との出会いは、かけがえのないものとなった。

幼くして父を亡くした井深には、まさに慈父のような存在であり、人間形成の上でも、東京通信工業（ソニーの前身）の創業時の人脈と資金支援の面でも、大きな意味を持った。また胡堂は、自宅に二万枚のレコードを持ち、「あらえびす」の筆名で西洋音楽を日本に紹介した音楽評論家でもあった。井深も盛田と同じく幼い頃から、蓄音機が奏でる音楽に浸っていた。

強い好奇心の赴くまま、目覚まし時計の解体から始まった井深の機械いじりは、中学時代にはアマチュア無線に夢中になり、早稲田大学理工学部では「光電話」の実験でマスコミの話題を集めるまでになった。その実験過程で、ネオン管に高周波電流を流しながら、周波数を変えると光の長さが伸び縮みする現象を発見。「現象の理論づけよりも、まず応用製品の開発を」と、「光を自在に変調することのできるネオン装置」をつくりあげた。ネオンの光が動き始めたのだ。井深は、これに「走るネオン」と名づけ、特許も取得している。[20]

井深が卒業した三三年は、世界恐慌以来の不況が続き（ルーズベルト大統領はニューディール政策を開始）、就職難だった。第一志望の東京電気（現・東芝）を受験するも失敗、ＰＣＬ（写真化学研究所。現・

東宝）に入社した。映画の現像と録音機材開発のために設立された会社だが、スタジオを建設し、映画の自社制作も始めていた。

井深は映画録音技師もしていたが、関心はもっぱら製品開発にあった。そこで、映写機製造のため兄弟会社・日本光音工業が設立されると、両社の社長であった植村泰二（後に経団連会長となった植村甲午郎の実弟）に頼んで、日本光音に移籍した（井深と入れ替わるように、世界的な監督となる黒澤明がＰＣＬに入社している）。

ここで見逃せない点が二つある。一つは、井深を見込んだ植村社長の寛容さだ。自由な研究をさせるべく無線部を新設するなど支援を惜しまなかった。もう一つは、三年余り勤めたＰＣＬで**映画の「タスクフォース方式」**を学んだことだ。(21)

当時「活動屋」と呼ばれた映画制作に携わる人びとが、監督を中心に映画プロジェクトごとに、**組織の枠を超えて仕事を進める**実際を目の当たりにした。**映画が好きでたまらない人たちが、一体となって作品を完成させていく。**後に「自由闊達にして愉快なる理想工場」という、設立趣意書の有名なフレーズに結実するイメージのひな形が、そこにはあった。

日本光音で井深は、オシロスコープ(22)などのヒットを生み出したが、彼の関心はさらに新しい夢に移っていく。それは、別個の分野とされてきた機械（メカ）と電気（エレクトロニクス）を融合させ、両方の特徴を活かす「メカトロニクス」への挑戦だった。

そのために日本測定器という会社まで興している。植村を説得、出資をしてもらい社長就任を要請、みずからは開発・製造担当の常務となった。太平洋戦争が始まる前年のことである。「機械的な振動を電気的なものにうまく利用」するという井深の発想は、音叉発振器や周波数継電器につながり、画期的な兵器開発を急ぐ陸海軍のニーズとも合致。仕事は忙しくなる一方で、五年後には従業員八〇〇人余の規模にまで成長していた。

井深と盛田をつなぐ「不可思議」な縁

海軍委託学生となり、四カ月の軍事訓練を受け、卒業と同時に海軍航空技術廠の技術中尉となっていた盛田。そして、メカトロニクスという次の時代の技術潮流を読んでいた井深。二人が出会ったのは四五年の三月初め、東京會舘で開催された戦時科学技術研究会の分科会でのことだった。井深は初めて会った時の盛田の印象をこう語る。

「私より一三歳も若くユニークな考えの持ち主で、人に対する話し方も心得ており、洗練された男というものであった。私は一人の人間として大いに彼を気に入った(23)」。

盛田が長野県須坂（井深の工場が前年に疎開していた）に出張したり、井深が盛田のいる逗子（海軍航空技術廠支廠があった）に打ち合わせに来たりするなど、急速に交流も深まった。

後年、盛田は井深との対談で、中学生の時から井深の発明を知っていたと打ち明けている。『科学画報』という雑誌に掲載された記事を読んだのだった。「早稲田の学生が〝走るネオン〟というのを発明したというのを、僕はちゃんと覚えているんだから（笑）」と盛田は語っている。

雑誌に紹介されたのは、井深が「走るネオン」を出展した第六回パリ万博で、優秀発明として金賞を贈られたからだが、実は、新渡戸稲造が審査員をしていた第一回パリ万博で、盛田の祖父の祖父一一代目命祺が出展した清酒が銀賞を受賞していた。そのことが、より記憶を鮮明にしたのだと思われる。

対談で、盛田はたくさんの井深との縁を挙げ「井深さんと僕とは、何か見えざる糸でつながっている」と言うと、井深も「前世からの因縁って言うけど……不思議、不思議、不思議。不思議、不思議がたくさん重なるから不可思議だね」と応じている。(24)

そして特筆すべきは、盛田は初めて会った時から、「一緒に仕事をすることを考えていた」ことだ。「はじめからたいへん気が合い、ここでの出会いが縁で、彼は私の生涯の先輩、同僚、相棒、そしてわがソニー株式会社を一緒に設立するパートナーになった(25)」と。井深との邂逅は、盛田にモラトリアムの終焉を告げ、彼の「人生」を大きく変えた。それは、やがて「世界」を変える出会いとなっていく。

井深と盛田が初めて出会ってから、ソニーの前身・東京通信工業が設立されるまでに、わずか一年余りしか経っていない。しかも、この間に歴史は大転換した。激変期の嵐に翻弄されて、散り散りになりかねなかった二人をつないだものは、いくつかの偶然――しかも連鎖的に起こっている――と、それらを察知する力だった。

運命が扉を叩く時、その音が聞こえなければ、チャンスは一瞬にして逃げ去ってしまう。プロダクト・プランニングでも、経営でも同じことだ。

「私の人生は井深さんとの出会いで変わった」――。後に盛田はそう断言するのだが、実際に変わるまでには、あとほんの少し時間が必要だった。第一、まだ戦争が終わっていなかった。井深と盛田との間では、すでに日本の敗北は明白だったが、どのように終わるかは、わからなかった。

井深は一九三六年に、前田多門の次女・勢喜子と結婚していた。父親代わりの野村胡堂が世話してくれたお見合いだったが、井深はむしろ相手の父・前田多門に強く惹かれた、と後年になって打ち明けている。

前田は、胡堂と同じく、その思想や生き方において、前述した新渡戸稲造の影響を色濃く受けていた。内務省のエリート官僚から、ILO（国際労働機関）日本代表としてスイス・ジュネーブに、また大使館参事官としてフランスに赴任。その豊かな経歴と広い見識が買われて、当時は『朝日新聞』の論説委員をしていた。軍国主義に傾斜していく「時局に、正論で」立ち向かっていたが、二年後の三八年には一家で渡米し、ニューヨークの日本文化会館館長に就任している。

「太平洋の架け橋になる」という新渡戸のミッションを継ぎ、悪化していく日米情勢を好転させたいとの思いからだった（新渡戸は三三年にカナダで客死していた）。敗戦直後の四五年には文部大臣（東久邇宮内閣、幣原内閣）となり、GHQによる公職追放の後、四六年五月に東京通信工業の初代社長となっている。

すでに気づかれた方もいると思うが、井深をめぐる人脈の連なりが、新渡戸稲造とつながっている。父—野村胡堂—前田多門—そして前田の友人で銀行家（昭和銀行頭取、日銀参与）だった田島道治《みちじ》もそうだ。田島は新渡戸の家に書生として住み込み、薫陶を受けた。戦後には、初の宮内庁長官として宮中改革を行うという難しい課題をこなし、五九年にはソニーの会長に就任している。

しかも、彼らはいずれも、（井深を含めて）クリスチャンだった。盛田はキリスト教徒ではない（スティーブ・ジョブズに大きな影響を与えた禅。その曹洞宗・永平寺との関係が深い）が、晩年、「太平洋の架け橋」になるという新渡戸の仕事を引き継ぎ、日米貿易摩擦では自ら実践することになる。これもまた不思議な因縁だ。

太平洋戦争の終戦処理を巡って、近衛文麿公（元首相）にもアドバイスしていた義父の前田から、井深は「軍事的外向的情勢」をキャッチしていた。自作の短波受信機で海外のラジオ放送を聴いて裏付けも取っていた（戦時下の日本では短波放送の受信は禁止されていた）。「もうすぐ戦争が終わるよ」と言い、日本測定器の部下だった樋口晃を驚かせている。

盛田も全体感を正確につかんでいた。その著『MADE IN JAPAN』に、「忘れもしない、あれは八月十日だった」という興味深い記述がある。名古屋に出張を命じられた盛田は、「家族との最後の面会になるかもしれないと思い、一日だけ休暇を取った。出発前、仲間の士官たちに「私が出張している間に戦争があるいは終わるかもしれない。そうしたら、……海軍が集団自決を命じるかもしれない。だから、もしそうなれば、私はここに帰ってくるつもりはありません」と宣言した。すると、「上官の大尉が激怒してどなった」。

「『盛田中尉、何を言ってるんだ。もしおまえが帰って来なかったら、戦時逃亡罪だぞ！』。これは最悪の脅し文句だった。私は彼に向かって穏やかに言った。『いや、戦争が終わったら、もう戦時逃亡罪にはならんでしょう』」(26)

公務を終え、盛田が小鈴谷の実家に帰ったのは、八月一四日の夜。そして「一夜にして、すべてが変わった」。一五日の正午、『君が代』の演奏が流れた後「これまで一度も直接国民に語りかけたことのなかった天皇が」、ラジオの玉音放送で敗北を宣言し「総力ヲ将来ノ建設ニ傾ケ」「世界ノ進運ニ遅レザラムコト」

を国民に求めた。

盛田は、戦争終結に伴う大混乱を予想し、内務士官としての勤め（後始末）を果たすべく、逗子の研究所に急いで戻った。盛田を怒った上官は、びっくりした顔で「なんだ、お前は戦争が終わったら逃げるはずじゃなかったのか」と言った。それに対して、盛田は「彼は私という人間をよく知らなかったのだ」と述べている。

このエピソードは、盛田のリーダーとしての資質を垣間見せる。特に「私という人間をよく知らなかったのだ」というくだりは印象的だ。

「盛田さんは、なぜ世界であれほど多くの人脈を形成できたのでしょう？」という筆者の質問に、生涯にわたって支え続けてきた盛田の妻、良子はこう答えた。

「主人の信用ですよ。彼は真っ正直な人です。ごまかしが大嫌い。**筋を通して、言うべきことは言う。やるべきことはやる。約束は破らない。**非常に純粋な人です。**信用が第一なのです。だからこそ、人から信頼してもらえたのです**」

グローバル・リーダーとしての第一の要件は、信用だろう。人の信頼を構築することだ。そのために、盛田は手抜きを一切しなかった。自らの人生に対しても、ごまかしはしなかった。それゆえ井深と出会えたのだ、といえる。

井深が天皇の玉音放送を聴いたのは、当時常務を務めていた日本測定器の疎開先、長野県須坂だった。会社をこれからどうするか。役員会では、意見が二つに分かれた。「一日も早く東京へ戻ろう。固有の技術をもってすれば、どんな世の中になっても食べていける」という井深の意見と、「ここにいれば当面何とかなる。住まいも食料もある。少し落ち着いてから東京に出るほうが得策」という慎重論とに。

井深は敗戦を見越して方針を固めていたから、翌一六日には早くも上京へ向けて動き出したが、社内の議論はまとまらなかった。結局、井深ら八人が、残留組と袂《たもと》を分かち、焼け跡と化した東京へ向かったのは九月のこと。井深の人脈で借りることができた日本橋の百貨店・白木屋三階の一隅（配電盤室）に拠点を構えた。

ソニーの誕生には、いくつもの偶然が作用している。
①盛田と井深が戦時科学技術研究会で出会ったこと。パリ万博での受賞などの縁があった。
②敗戦直後に上京した井深は、日本測定器の大株主・三保幹太郎[27]を訪ね、三保の下にいた満州投資証券の小倉源治専務に遭遇。彼の管理下にあった白木屋の一室を借りる便宜だけでなく、「金がいるだろう」と一万円（現在の三六〇万円）余の支援も得ている。
③白木屋で「東京通信研究所」の看板を掲げ、ラジオに取りつけると米軍放送など短波を受信できるコンバーターをつくり始めた時、義父の前田を通じて面識のあった『朝日新聞』の記者と、街頭で遭遇。井深の近況を聞いて連載コラム「青鉛筆」に記事を書いてくれたこと。[28]
④一〇月六日の『朝日新聞』に載ったそのコラムを、盛田が読んで井深に手紙を書いたこと。しかも物理学を諦めきれない盛田は、高校時代の恩師の引きで東京工業大学の講師として上京する予定があった。井深と会社を設立しようという段になった時には、折よく軍関係者の公職追放が決まり、講師の職から〝追放〟され、会社に専念できる態勢が整った。
⑤後に詳しく見ていくが、テープレコーダーもトランジスタラジオも、偶然の出会いと察知力が決め手

になっている。

こうした作用を、社会学では「**セレンディピティ**」と呼んでいる。セレンディピティとは、「偶然に幸運な予想外の発見や発明をする才能」のことだ[29]。

物理学者の池内了は、盛田も愛読した寺田寅彦を現代に再評価し紹介している。その著『寺田寅彦と現代』（みすず書房）のなかで、科学は「偶然の思いがけない事象が手がかりとなって、質的な飛躍を遂げることに特徴がある」と言い、質的な発見には、待ち受ける心構えと洞察力が必要だと指摘している。「洞察力」というと、「見通す力」「見抜く力」のニュアンスが強くなるので、最近は、本来の語源から「些細《ささい》な気づき」が大事だとして、「機敏に察知する力」を挙げる研究者もいる[30]。複雑で流動的な現代では、まずは「察知力」がなければ、チャンスはつかめないだろう。

そして、いくつかの偶然がつながり合って「新たな現実」が創り出されていく。ソニーが誕生するまでの一連の流れには、まるで〝見えざる手〟に導かれるような「**シンクロニシティ**」（物事が正しい方向に進む時に働く力[31]）を感じる。

自らの「志」を見出したいと希求していた盛田、メカトロニクスといった固有の技術をもって社会に役立つものをつくりたかった井深は、ともに「**待ち受ける心構え**」ができていた。だから、**チャンスをもたらす幸運の神が現れた時に、いち早く察知してその前髪をつかむ**ことができた、といえる。

ただ、設立までに大きなネックが、もう一つ残っていた。

それが、名門造り酒屋の一五代目当主となる嫡男を、「もらい受ける」（井深の言）という難題だった。

井深は、文部大臣を辞めたばかりの義父・前田にも同行を依頼し、盛田とともに三人で夜行列車に乗った。

小鈴谷に着いた翌日の朝は、雲一つない快晴だった。

「あのときに出されたバターとジャムのついた白いパンと紅茶のなんとおいしかったことか」。厳父をどう説得するかを、眠れぬままに考え続けた彼は、「温かい歓待は、生涯忘れない」と述懐している。「何としても口説くという決死の覚悟。そして何回も拝んじゃった。拝み倒しというやつです」

井深が語った新事業の夢（設立趣意書はすでにできていた）と、昭夫の「新しいことをやりたい」という堅い決意に動かされて、ついに、父・久左ヱ門は「よくわかりました。本人が好きなことをやらせてください」と了解してくれた（弟の和昭が家業の跡を継ぐことになった）。

「かえすがえすも考えられないようなことを許してくださったわけだ。長年の家訓を破ったわけですよね、全くの例外として」。井深は、あのときのことを思い出すたびに体が熱くなる。[32]

第2章　手考足思《しゅこうそくし》

「われわれの真の資本は、知識と創造性と情熱である」

「日本橋の角の、白木屋の三階の、一〇坪ばかりの部屋に、三〇数名の同士が集まりまして、この東京通信工業株式会社の創立の開催式を行ったことを、今、鮮やかに覚えているのでございます」――。冒頭、韻を踏んだ歌を詠むかのように、ゆっくりと井深大が太めのくぐもった声で語り始める。「そのとき東通工の設立趣意書を三日も四日もかかりまして、私が文書をこしらえたのでございます。これを読んでみますと、今日でも通用するような、なかなか立派なことが申し述べられてあります」

その後を継いで、盛田昭夫が口を前に突き出すようなあの独特の仕草で続ける。

「一つ、真面目なる技術者の技能を最高度に発揮せしむべき、自由闊達にして、愉快なる理想工場の建設、というものが第一番目に書いてあります。わが社に入ってくる人、わが社にいる人たちが、やっぱりソニーに働いてよかったな、という気持ちをですね。一生もってもらえるような会社にしなければならない。

〝活き活きとした人間としてのソニー〟を、私はつくりあげたい」――。

語りかける声のトーンは、森の静寂を破る野鳥のように、少し甲高いけれど、ハッキリとして誇らしげだ。抑揚をリズミカルにつけて、聞き手の脳裏に意志を込めて、センテンスを打ち込んでくる。聴いていると、**リーダーが語りかける声の調子やメリハリのつけ方が、人の気持ちを動かす**大きな要素でもあると気づかされる。大事なのは、伝えるメッセージの中身だけではない。

この、息が合い共鳴し合う二人のファウンダーの肉声は、現在も、ソニーの歴史資料館で聞くことができる。その後、館内の展示をじっくり見ていく。テープレコーダー、トランジスタラジオ、マイクロテレビ、トリニトロン・テレビ、ベータマックス、ウォークマン、CDプレーヤー、八ミリ・ビデオ……等など。ソニーが生み出した時代を画した製品から立ち現れるのは、単なる懐かしさではない。いずれも、世界初の製品がほとんどだという事実を思う時、全身全霊を込めて、未来の可能性を切り拓いてきた日本人たちの情熱や勇気、努力と執念を感受できる。

ソニーの歴史資料館は、御殿山の稜線部に建てられた井深会館の一階にある。山手線の五反田駅から品川へ向かう「ソニー通り」(この愛称も人びとの記憶から消えていくことになる)、そこから「ソニー村」と呼ばれていた本社や工場棟が立ち並んでいた間を上った、坂の上に位置している。

ハワード・ストリンガーCEO(最高経営責任者)の時代に、それら旧本社など六棟の土地建物が積水ハウスに売却され、現在はハイクラスなオフィス・ビルとマンションから成る複合施設となっている。建物の取り壊しが行われていた二〇〇八年、大賀典雄相談役は、会長時代の部屋がそのまま設けてあるソニーNSビルから、真向かいにあった旧本社の残骸を見下ろしながら、深いため息をもらしていた。「ここまでやるのか」、と。

さて井深会館の手前には、盛田の肝いりで一九九三年五月（本人が脳出血で倒れる数カ月前）に建立された出雲大社の分祀がある。ソニーの敷地に立派な神社があることを知る人は、社内にも少ない。現代的で合理的なイメージの同社だが、ソニーの発展に尽力して故人となった仲間たち（盛田に言わせれば「ファミリー」の一員）を祀《まつ》る社《やしろ》である。

毎年、五月七日の創立記念日には、出雲大社の神官を招き役員らが出席して慰霊が行われる。盛田がなぜ出雲大社にこだわったかは、よくわからない。ただ、出雲大社は、日本の神々のなかで伊勢神宮と並ぶ強力なブランドであり、一般には縁結びの神としてイメージされている。ブランドと人の縁やつながりを大切にした盛田らしい想いが込められていたのかもしれない。

井深会館とそれを守るかのように造営された神社は、ソニーのスピリットを発信し護持する場のように思える。それは、未来の一ページを開くためのパワー・スポットでもある。

井深、盛田という二人のファウンダーは、「井深さんの夢をかなえてあげたい」というエンジニアや、「盛田さんのためなら死んでもいい」という社員たちを、たくさん生み出してきた。多くの個性と才能あふれる人材を、明確な目標を掲げ、見事に動機づけて、潜在能力まで存分に発揮させた。その具体的な形が歴史資料館にはある。二〇一二年、社長兼ＣＥＯとなった平井一夫も、真っ先にここを訪れている。

「平井さんは、前任者とは違いフットワークよく、工場を回ったり、僕らにも意見を聴きにくる。何よりも、この下（歴史資料館）に二回も三回も来て、創業者の理念を再確認し、商品にこだわりを持とうとしている。だから、僕は期待が持てると思った」

一二年当時そう語ったのは、技術や製造の最高責任者（CTO）だった社友の森尾稔だ（井深会館の二階には、実力OBたち＝「社友」のためのサロン兼オフィスがある）。だが、平井がCEOに就いて三年経つが、未だにCTOは誕生していない。しかも、ソニーがどんなテクノロジー企業となるのか、ビジョンや戦略も明示されていない。トップをはじめ経営首脳たちが、ソニー・スピリットを自分のものとして血肉化できているか、が問われている。

ハーバード・ビジネス・スクールのクリステンセン教授は、「優良経営企業は、優れた経営を行うがゆえに失敗する」という「イノベーションのジレンマ」を「破壊的イノベーションの法則」として、豊富な事例研究で明らかにし世界に衝撃を与えた。[1] そして長期にわたって稼働する「破壊的成長エンジン」をつくり上げた企業は「皆無」だが、ソニーだけは「類例のない企業」だったと言う。

「ソニーはわれわれが知る唯一の連続破壊者である。ソニーは一九五〇年から一九八二年の間、途切れることなく一二回にわたって破壊的な成長事業を生み出した。……しかしほとんどの企業にとって、破壊は多くても一度きりのできごとなのである」。[2] アップルの場合でも、AppleⅡ、Macintosh、iPod、iPhone、iPad、これにiTunesを加えても、破壊的イノベーションといえるほどのものは、せいぜい六つだ。

なぜかつてのソニーには、それが可能であったのか。ソニーが日本発のグローバル企業となれた理由を求めて、舟を漕ぎ出していくことにしよう。初めに原点を確認しておきたい。

一九四六年一月一日。敗戦で焼け野原と化した日本は、新しい年を迎えて復興への歩みを本格化させる。

天皇が新年詔書で「国民再起の方針」を宣示し、画期的な「人間宣言」も行った。同時に、GHQ（連合国軍最高司令官総司令部）のマッカーサー元帥は、「新しき年は来た」とする年頭メッセージで、「軍国主義や思想統制、教育の悪用」など「不当の抑制は取り除かれた」とし、それは「人民の自由を意味するが、同時にみずからなすべきことに目覚める必要がある」、と呼びかけている。

井深が設立趣意書をしたためたのも、この時期だ。目的は次の項で述べる長老たちによる「強力顧問団」を説得するためでもあった。それは同時に、自分たちの理念を確立し、ソニー・スピリットの基盤を形成することにつながった。熱い想いと静かな覚悟が込められた名文だ。

「志を同じくする者が自然に集まり、……その規模がいかに小さくとも、その人的結合の緊密さと確固たる技術をもって行えば、いかなる荒波をも押し切れる自信と大きな希望を持って……新会社設立の気運に向かったことに対し、われわれは言いしれぬ感動を覚える。それは……われわれの真摯なる理想が、再建日本の企業のあり方と、図らずも一致したことに対する大なる喜び」であると、緒言を述べる。

三カ月にわたって、盛田や社員たちと話し合ってきたのは、いかに糊口を凌ぐかだけではない。「技術者たちが技術することに深い喜びを感じ、その社会的使命を自覚して思い切り働ける安定した職場をこしらえるのが第一の目的であった」。そして井深は続ける。「戦時中、すべての悪条件のもとに、これらの人たちが孜々《しし》として使命達成に努め、……驚くべき情熱と能力を発揮することを実地に経験し、また**何がこれらの真剣なる気持を鈍らすものであるかということをつまびらかに知ることができた**」

井深はみずから創業した日本測定器（従業員八〇〇人）の経営者でもあった。純朴な天才技術者という枠に収まる人物ではない。人が〝みずからの役割に目覚め〟集中していく時の「驚くべき」パワーと、官僚主義や規制、人や社会への感度の鈍さなど、「真剣なる気持ちを鈍らすもの」をどう排除していくか。軍国主義下での経営体験を踏まえているからこそ、「会社創立の目的」の第一条＝「真面目なる技術者の技能を、最高度に発揮せしむべき自由闊達にして愉快なる理想工場の建設」に、結晶していったのだ。

二人のファウンダーは、初めて会った時から「共同の会社を作ることについて長い間話し合っ」てきた。(3) 井深はエンジニアの開発現場で、盛田は販売や経営の一線で、働く社員たちの**「情熱と能力」**を**「最高度に発揮せしむ」**ために、何をなすべきか・何をしてはいけないか、を五感で感知し、フィロソフィーと方法論を確立していく。

七〇〇〇字を優に超える大部の設立趣意書には、井深が現場のなかで方向づけたビジョンや思考のプロセスまで、率直に描かれている。後に、盛田がつくり上げる「SONY」というブランドとともに、同社のDNAに刻まれた根本となっている。

一九九五年に社長に就任した出井伸之は、一年後の創立五〇周年に向けて、「設立趣意書のニュー・バージョン」をつくろうとしたことがある。実際に検討チームが、一年近く議論を重ねたが、結局「二一世紀版の設立趣意書」が、日の目を見ることはなかった。ファウンダーが、みずからの人間観と実地の体験から析出した想いを越えるのは至難である。うわべの言葉で、置き換えることはできないからだ。

かくて、ソニーの前身・東京通信工業（東通工）は四六年の五月七日に設立された。資本金一九万円（当時、資金調整法で資本金二〇万円以上の会社には設立許可が下りにくかった）、社員二〇名ほどでスタートした。社長は井深の義父・前田多門、専務は三八歳の井深、取締役は二五歳の青年・盛田、太刀川正三郎、樋口晃の三人、相談役が田島道治だった。

前田は元文部大臣、田島は前田の親友で日銀参与（四八年に宮内庁長官、五九年にはソニー会長）。さらに前田は、親しくしていた銀行界の大物、万代順四郎・帝国銀行会長（全国銀行協会会長、五三年にソニー会長に就任。盛田の父とも昵懇だった）に顧問を依頼している。盛田の父・久左ヱ門も含めた「**強力顧問団**」によるバックアップは、ベンチャーに対する支援制度や理解も十分でなかった当時、信用面で大きな支えとなった。

日本の復興に当たって、若者たちが語る夢と情熱に、未来を託してみたいと思わせる魅力を、井深や盛田が持っていたともいえる。同時に彼らは、まだそういう仕組みが世の中になかった頃に、ガバナンス上の監査役の役回りも果たした（特に長期にわたって会長を務めた田島は、「曲がったこと、贅沢に対しては非常に厳しく」[4]、**経営に緊張感**をもたらしていた）。

それでも、ソニーの経理部長として活躍した坂井利夫[5]が、著書の『ある「戦後」の遍歴』で記しているように、「敗戦直後の数年間、未来への理想と現実の地獄が同時に存在した」なかを、生き抜いていくのは容易なことではなかった。坂井は、同書で当時の東京における小売物価の対前年比上昇率を示している。四五年＝四七％、四六年＝五一四％、四七年＝一六九％、四八年＝一九三％、四九年＝六三％、五〇年＝マイナス二％。たしかに彼の言うように「すさまじい数字」だ。

四六年には新円への切り替えが実施されたため、市販品を扱わないと新円がすぐに入手できないという事態に迫られた。そこで、お櫃《ひつ》に電熱線を張った電気釜（物にならず）や、綿の間に電熱線をはさんだ電気ざぶとんを、急場しのぎでつくった。東通工の名前をつけるのは「サスガに気がひけて」（井深）、（熱するにかけて）「銀座ネッスル商会」名で発売すると「ものすごく売れ」（盛田）、新円かせぎに貢献した。[6]

白木屋デパートの改装で立ち退きを迫られ、バラバラに移転していた工場と事務所を、ようやく集結できるようになったのがその年の年末。それが、御殿山にあった日本気化器製作所の工員食堂として使われていたバラック小屋だった（写真）。雨は漏るし、杉板の壁は後ろでつっかえ棒がしてあった。

それでも、井深は「ここに全員が一つにまとまって、仕事ができるのが本当に嬉しい」と語っている。盛田は、この頃、大阪大学の浅田研究室で机を並べていた塚本哲男（後に大貢献する）を、銀座の喫茶店に呼び出してスカウトしている。「今度、町工場をつくったので来ないか。今はこんなボロ会社で、給料もそんなに出せないけれど、世界一にしてやるから来いよ」[(7)]と。

もっとも、後日、盛田は『学歴無用論』でこう打ち明けている。当時は、「どうしたら

1948年東京通信工業設立当時の役員たち。後列左から盛田常務、井深専務、前列で椅子に座っているのが長老たち。右から相談役の田島道治（後に宮内庁長官を経てソニー会長）、社長の前田多門（井深の義父、前・文部大臣）、相談役の万代順四郎（帝国銀行会長）。後には雨漏りがするバラック小屋、リヤカーも見える。ここが御殿山の本社工場、ソニーの原点である。

会社が成り立ってゆくかということを決定的に方向づけるものが、何一つない」というのが、正直なところだった。「しかし、私たちは意気壮んであった。金も設備も機械もない。しかし、頭があるじゃないか」と。何も持っていなかったが、「世界一」にするんだという気概は最初から抱いていた。[8]

彼は著書『MADE IN JAPAN』で、こうも表現している。「われわれの真の資本は、知識と創造性と情熱であったと思っている。そして今日でもなお、それがわが社の根幹である」、と。[9]

「自由闊達で愉快なる理想工場」――。御殿山に集結して新しい時代の旗を掲げたものの、晴れた日はおむつが干してある長屋の間をくぐり抜け、雨の日はバラック小屋の事務所兼工場で、傘やバケツを持って走り回る。ついに雨漏り対策で、室内に屋根付きの小屋までこしらえた。

その「重役箱」と呼ばれた小さな部屋で、机を並べた井深と盛田は、事業をいかに構築するか、目先の資金繰りをどうするか、必死に頭をめぐらせていた。「食う道さえ定かでない小さな会社」で「今日、あしたの糧が心配で、そばにいる私でさえ正直、井深さんの気持ちにそのままついていけるかどうか多少の不安はあった」と、盛田は後年、当時の心境を吐露している。[10]

それでも前に進めたのは、二つ理由があった。一つは、「井深さんの夢を、理想を現実のものとするために、出来るだけのことをしようと」集まった人たちを、その気にさせる井深の「純粋」さだった。それが自分たちをして「遠く先のことを見るように」させるのだ、と盛田は指摘する。二つ目は、「結局、自分の特技を生かすより方法がなかった」ということ。『学歴無用論』でこう述べている。

「それがただ一つの道であるということしかわからなかった。従って、あらゆることをよく考えてゆこう、ほかの人よりは少しずつ余計に考えてみようじゃないか、こういうことを申し合わせたのである。常に新しい製品、人様のやっていない品物をつくるよう心掛けてきたし、技術方面だけでなく会社の運営の仕方、物の売り方という点に於いても少しずつ余計頭を使うというのがモットーだった」。そしてこう結ぶ。「よく『ソニーは技術のパイオニアだ』と言われるが、私たちは、**自分の頭を使い、自分たちの能力を自身の手で開発してきた**だけのことだ」と。[11]

父から経営者教育を手ほどきされていたとはいえ、実際に会社を動かしていくのは、当時二六歳の盛田にとって「未経験」のことだった。だから、「一つ一つの問題について、**全員でディスカッションして完全に納得してからやる**ということが、いつの間にか社のならいとなった」。全社員で**情報を共有し、みんなで考えていく**。それは、当時の日本企業ではあり得ないことだった。旧い経営の枠を最初からはみ出していたことが、この会社の新しさだった。

実際、創設して二年後の営業報告書（一九四八年一〇月期）には、「従業員の約半数が自発的の株主であることも、他には余り類のないこと」、と明記している。経営への参画意識がそれだけ強かった。ちなみに、この期（半期）の売上は一四〇八万円、当期利益三五万円。売上の九三％は「逓信省（郵政と電気通信を管掌）、放送協会、運輸省の発註」になる官公需だった。

後年、盛田は、創業の四六年から六六年までの二〇年間を四つの時期に分け、四六年から五〇年末までの最初の五年間を「創設期＝註文生産時代」と位置づけている。

その後の一五年間は、「どこにも売っていない新製品の開発」と「独特の販売方式の自己開発」として三つの段階に分け、「第一期」は五一年からとしている。[12] 普及型のテープレコーダーH型（HはＨｏｍｅの意）の発売で、「会社の成り立ちを決定的に方向づけるもの」をつかんで、コンシューマー市場へ乗り出した時を第一期としている。つまり、GHQの占領期とほぼ重なる最初の五年間＝「創設期」は、人間で言えばコンシューマー企業としてのソニーが未だ誕生していない〝胎児時代〟と見なせる。

この時期は、放送局のスタジオ調整卓、鉄道関係の搬送電話装置が主な製品だった。搬送電話は、日本で真空管が払底していたため「真空管を用いない」で、音叉発振器という機械（メカ）技術で機能を果たすという、井深ならではの発想の産物だ。

この、大きくて・重く・発熱し・寿命も短い「**真空管へのレジスタンス**」（井深）が、後日、大きな意味を持ってくる。小さくて・軽く・省電力で・寿命も長いトランジスタを用いたラジオを生み出し、〝電子立国・日本〟の源流ともなっていくからだ。

三十数年後、名誉会長となった井深はインタビューで打ち明けている。創設期に「ラジオをこさえていれば、食ってはいけました。新橋辺りの闇市に行って真空管を買ってくれれば、簡単に作れましたからね。しかし、私はまず、闇市に行って部品を仕入れて仕事をするというのが嫌だった」[13]。

「食う道さえ定かでなかった」（盛田）にもかかわらず、井深は「ラジオだけはやるまい、と私の下に集まった人たちにも厳重に言い渡したのです」。真空管工場も持っていた「大きな会社が復活してきたらとうてい太刀打ち出来ないと考えたのです」。〝同質過当競争〟に陥りやすい日本人の特性を踏まえ、井深は大企業の土俵に乗ることを徹底して嫌った。

この時代はアマチュア無線の人脈を接点とし、逓信省や日本放送協会の官公需を軸に「真面目なる技術者たちの結集力」で高い品質と信用を勝ち取っては、事業を広げていった。それでも井深、盛田の頭を悩ます二つの大きな問題は、残されたままだった。

一つは、資金繰りだった。〝銭形平次（投げ銭で有名）の新円〟ともいえるエピソードがある。社員の給料の支払いにも事欠いて、井深は盛田とともに昵懇《じっこん》だった野村胡堂宅を訪ねている。

『銭形平次捕物控』が飛ぶように売れていたベストセラー作家の胡堂は、金融緊急措置令で旧円の預貯金が封鎖された後も、原稿料が新円で払われたため懐は豊かだった。まだ海のものとも山のものともつかぬ「むちゃくちゃな会社」（井深の言）に、胡堂は多額の出資をしてくれていた。創業翌年の営業報告書を見ると、三〇〇〇株を持つ筆頭株主として野村長一（胡堂の本名）の名が記載されている。そのうえに、さらに借金を重ねるお願いだった。

「五万円（今で言えば何百万円）ぐらい拝借したいと思ったんですが、さてお目にかかると、井深さんは三万円と言われる。こちらはそれでは足りないので、勇気を出して、もう一万円！　とお願いして、四万円を拝借したことがある。それでも一万円足りなくてこまった」、と盛田は述懐している。不足分は、盛田合資会社（昭夫の父、久左ヱ門の会社）から派遣されていた金庫番の長谷川純一（経理部長）が、〝親元〟に泣きついてやり繰りするパターンが続いていた。(14)

二つ目の問題は、**会社の成り立ちをどう方向づけるか**だった。設立趣意書には、「技術の国民生活内への即事応用」や「最も国民生活に応用価値を有する……」とか、「無線通信機類の日常生活への浸透化、家庭電化の促進」といった具合に、目線は最初からコンシューマーに向かっている。

だが、現実は売上の九割以上が官公需である。戦争中の体験を踏まえて、井深は語る。

官公需の場合は「こっちが考えたものでも、全部仕様書通りに仕事をするのです。厳しい仕様書が出て、その通りのものをこしらえていれば買ってもらえる。しかし、創意工夫してせっかくいいものを作っても、それに替えてもらえない」。自由に創意工夫ができる「自分の思うまんまの仕事をやりたい[13]」――。それが夢だったから、コンシューマー市場に邁進できる機会を探していた。

ラジオへの進出を、あえて禁じ手にした井深は、ラジオの先にあるコンシューマー・プロダクトは何か、と考えた。小さな町工場にでも、新たな可能性を開ける「筋のいい技術」（井深の口癖）を探していくと、「次は磁気録音機だ」との確信が高まっていった。なぜならば、機械（メカ）と電子（エレクトロニクス）を融合させれば、新しい技術（メカトロニクス）が生まれると見通していたからだ。設立趣意書の経営方針にはこう記されている。「単に電気、機械等の形式的分類は避け、その両者を統合せるがごとき、他社の追随を絶対許さざる境地に独自なる製品化を行う」

磁気録音機は、メカトロの高い統合度が求められる技術であり、まだ日本ではまともに製品化されていなかった。盛田も高校時代に自作しようとした経緯があり、「重役箱」で二人は盛り上がったに違いない。しかも、磁気記録の第一人者、東北大学の永井健三博士と、井深は親しい関係にあった。ただし、永井教授が注力していたのは、テープではなく、高周波で鋼線に音声を記録する鋼線式磁気録音機（ワイヤー・レコーダー）だった。そこで、鋼線式の開発に着手したものの、肝心のワイヤーが手に入らない。復興で大忙しの鉄鋼・条鋼メーカーはそれどころではなかったからだ。

そんな折、スタジオの調整卓の仕事で出入りしていたNHK放送会館（GHQの民間情報教育局が入っていた）で、井深はアメリカ製のテープレコーダーと遭遇した。その音のよさに驚き「わが社の進むべき道は、これしかない」と決意。入社二年目の木原信敏に「君、テープレコーダーの研究をやらないか」と声をかけたのが、四八年の「六月に入ったころ」だった。

木原は「この日、運命の女神が微笑んだのです。私はこの日から、東京通信工業の『ツキ』が始まったような気がします」と述べている。[15] 木原は早稲田大学で講師をしていた井深に惹かれて、四七年に入社（早大機械科卒）した新入社員第一号である。井深の夢を次々と形にしてみせることができた希代の技術者だった。試作機をわずか三カ月でつくり上げ、東通工オリジナルの日本初のテープレコーダーG型が完成したのは、五〇年五月のこと（第一号機は田島の縁で昭和天皇に献上された）。この開発物語については、社史『源流』やホームページほかで詳しく描かれているので割愛する。

ただ、「テープ」（当時の日本にはプラスチック材料がなく最初は紙を使った）というメディアを、苦労しながら自社で開発・製造したことが、将来に大きな意味を持ってくる。カセット、ビデオ、CD、八ミリビデオ、MD、三・五インチフロッピーディスクなど、ソニーは新しいメディアを次々と生み出すことで新たな市場を創造していくが、実はその戦略的な意味に気づかせた第一歩がテープだったからだ。

「手考足思」で発見

もう一つ見逃せないのは、テープレコーダーの販売を通じて、マーケティングに目覚めたことだ。五〇年八月に発売されたG型は、重量三五キログラム、価格は一六万円だった。「新しいもの、いいものさえつくれば、お客は喜んで買ってくれる」という技術者特有の思い込みは、現実によって真っ向から否定される。二人がかりで重い製品を担ぎ、毎日「さまざまな場所へ売り込みに持ち歩」く。盛田は「幇《ほう》間《かん》（たいこもち）」のように宴会の余興にまで駆り出された。唄って踊る芸妓や、自分の声がそのまま録音・

再生されることに人は驚き、おもしろがる――「しかしなぁ、玩具にしては高すぎる」。そう断られるのがオチだった。

「開発に多額の金を使ったにもかかわらず、さっぱり売れない。いくらいい製品をつくっても売れなければ、会社がつぶれるという現実を思い知らされた。いったい〝売る〟ということはどういうことか、毎日考え続けた」と盛田は述懐する。ここで物理の方法論が役に立った。

「売るということは、自分の持っているものと、お客の懐にあるお金とを取り替えることである。どうしたら、お客が自発的に金を出して、われわれの製品を買ってくださるか。その秘密を解明しなければ、売ることはできない。私は物理屋ですから、そういう風に理屈っぽく考え始めた」

そんな折に、散策の途中でたまたま立ち寄った骨董屋で、[16]「お客が『これは掘り出し物だ』と、たいしたものには見えない品物に驚くほど高い金を払っているのを見ました。それは私にとって非常に不思議な現実でした[17]」。この観察から、盛田は**マーケティングのインサイト**をつかんでいる。インサイトは、閃き・直感とも訳されるが、流通科学大学の石井淳蔵学長による「（対象に棲み込むときに正体を現す）未来の『成功のカギとなる構図』を見通す力[18]」という表現が、この時の実態に近いだろう。そこから彼は、マーケティングの四つの原則を導き出していくからだ（四原則については後述）。

最初の発見は実にシンプルである。それは「買う人自身が、買う対象に価値を見出す時、初めて自分のお金を出して買う気になるという誠に簡単な原則」だった。「日本で独力でテープやテープレコーダーを開発したことは、技術屋から見れば非常に大きな技術的成果だけれども、録音の本当の価値を知られていなければ、お客さまにとっては、全く門外漢の私が骨董品を見るのと同じことなのだ、と気がついた」

「必要なことは、買い手に自分たちの商品の価値を認めてもらうようにすること。要するに、**買い手の価値判断によって、初めてセールスが成り立つ**のだという原則を発見した」[17]。これが、彼のマーケティングの第一原則である。それは、自分の〝手と足〟で見出した経営への覚醒であった。

言わば「手考足思」である。「**手考足思**」（手で考え足で思う）は、大衆の暮らしのなかで息づいた日用品のシンプルな美しさを発掘し、新たな〝用の美〟を生み出した民藝運動、その中心人物の一人であった陶芸家・河井寛次郎の言葉である。盛田の経営もまた、これから見ていくように「手考足思」で生み出されたものだった。それは、恩師である「町人学者」淺田常三郎ゆずりの物理の方法論の産物でもあった。

〝時代の才能〟が集まる時

「或る**時代の最先端を行くメディアには、〝時代の才能〟が集まる**んですよ。……とにかく良く出来る人。何をやらせても一流の仕事をしてしまう人という意味です」[19]

これは日本政治思想史の第一人者だった丸山眞男の言葉だ。経営思想家ピーター・F・ドラッカーと同じく、丸山は〝社会生態学者〟でもあり、音楽にも造詣の深いリベラル・アーツの巨人でもあった。その丸山に半世紀にわたって師事したオーディオ・メーカー、ケンウッド[20]の元CFO（最高財務責任者）・中野雄は、師の自宅に足繁く通い、その素顔や方法論をていねいに描き出した『丸山眞男　人生の対話』（文春新書）を著している。

冒頭の〝時代の才能〟という言葉は、そこからの引用だが、丸山はもう少し説明を加える。

「LPの時代がきて、音響機器に対する需要が爆発的に高まって、そんな時流に君の会社も乗ったわけでしょう。ソニーとかパイオニアと並んで。ソフトウェアの部門がレコード業界で、ハードウェアがオーディオ業界、一九七〇年代の半ば頃までは花形の産業でしたね。……ソニーの井深（大《まさる》）さん、盛田（昭夫）さん、それに君の会社やパイオニア、山水の創業者達は全員、〝時代の才能〟そのものだったんじゃないですか」――。

「時代の最先端を行くメディアには、〝時代の才能〟が集まる」という丸山の観察は、さすがに鋭く普遍性がある。ただ、ソニーがオーディオ・メーカーの域に留まらず、ビジュアルからIT、さらにはコンテンツへと、事業領域を飛躍させていったのは、他社と大きく違っていたところがあったからだ。

丸山の言うように「時流に乗った」のではなくて、井深と盛田は「時流を創り出した」のだ。その時代の最先端のメディアを、みずから開発し、世界へと普及させ、グローバルなインダストリーに仕立て上げていった。〝時代の才能〟を集め、活かすことによって、である。逆に言えば、**〝時代の才能〟を集めるためには、新しい時代の最先端メディアに常に挑戦し続けなければならない**、ということでもある。

一九五〇年に東京通信工業で生まれた日本初のテープと、テープレコーダーは、その第一弾だった。当時、『毎日グラフ』に掲載された記事には、「ものいう紙」（テープの素材が紙だった）として紹介され、「現在の蓄音機も、この機械にやがて駆逐されるかもしれない」と言い、次のような「製作者」（おそらく盛田）の言葉を記している。「更に進むと『ものいう雑誌、新聞』が出来る可能性もあるといっている」[21]

テープとレコーダーが一体となって、時代の最先端メディアをつくり、そこに〝時代の才能〟が集まっていく例を具体的に見てみよう。

東通工の新入社員第一号は、前述した〝希代のエンジニア〟木原だった。木原は、たちまち「技術的にも性能的にもアメリカの機械の模倣から脱却した、東通工独自のテープレコーダー」[22]をモノにした。そのレコーダーの製造責任者は、東通工の設立直後の四六年五月に、盛田の妹・菊子と結婚し、六月に入社した岩間和夫だった。

岩間は、盛田より二歳年上だが、名古屋・白壁町の自宅が二軒隣という縁で、盛田とは幼なじみだった。東大の理学部地球物理学科を卒業し、同・地震研究所に入所。盛田と同じく海軍技術中尉に任官、敗戦で再び東大地震研究所に戻り、気鋭の地震学者として研究を再開したばかりだった。実は東海地方は、太平洋戦争時に二回も大型地震に見舞われている。[23]故郷を襲った地震の研究に情熱を燃やしていた岩間を、その人格とサイエンティストとしての才能に惚れて、入社を説得したのは盛田だった。トランジスタや現在のイメージセンサーに結実するソニーの半導体技術の基盤は、岩間なくしてつくりえなかった。

そして、大賀典雄が舞台に登場してくる。大賀は、日本初のテープレコーダーG型が五〇年に発売された時、東京藝術大学・音楽学部声楽科の二年生だった。

「外国雑誌などで録音機の情報を得ていた私が『音楽家にとってテープレコーダーは、バレリーナにとっての鏡のようなもの。ぜひ買って欲しい』と大学に訴え、文部省から予算を獲得した」と、自叙伝『SONYの旋律』(日本経済新聞社)で述べている。東通工の営業担当が見本として大学に置いていったG型をチェックした彼は、さっそく行動に移す。とにかく「欠点だらけだった。私は問題点を十項目ほど書き出し、『これらを解決しなければ芸大としては東通工のテープレコーダーは買えません』と文句を言いに行った」[24]。

ここから先は、文句を言われた側の代表・井深に登場してもらおう。

「音楽学校の学生が私のところへ面会にやってきた。見ると、体重二〇貫（七五キロ）くらいの赤い顔をした大男。……いろいろ難しい注文をつけるのだが、こちらはどうせ音楽学校の学生だと思うから、専門語でもまくしたてて、あしらうつもりでいたら、すっかり噛みつかれてしまった。この音楽学生のテープレコーダーの知識は玄人以上の本物だということがすぐにわかった」

「その時以来、彼は誰も任命したわけではないが、わが社の無給の監察官と呼ばれることになってしまった。できる製品できる製品、文句をつけるわつけるわ、よくあれだけあらが探せるものだと思うほどだった。現場の連中も始めは、何を素人がと憤慨してみるものの、彼の言うことは一々もっともなので最後には彼の意見に従わざるをえなかった」

以上は、井深が『週刊文春』に寄稿した「あるバリトン技師」と題したエッセイからの引用である[25]。東通工に入り浸って、文句をつけまくっていた大賀を気に入った井深は、芸大の卒業式当日、差し回しの車で東通工に招く。

再び大賀の弁。「『この際、ウチと嘱託契約をしようよ』とおっしゃる。『だって私はこれから海外に留学するんですよ』と言うと、『まあいいからここに判子だけ押しなさい。小遣いはいくらあっても邪魔にはならないだろうから』と譲る気配がない。仕事は時折、海外の情報を送ってくれればいいということだった」[24]

四年後、ベルリン国立芸術大学・音楽学部を卒業した彼は、二期会のオペラ歌手となるが、さらに二年後、今度は盛田と誘い合わせるようにして、ロンドンからニューヨークへ向かう大西洋横断航海の船旅に同行する（後述）。その間、「四日と一〇時間少し」をかけて盛田に説得されたというのが、事あるごとに頬を紅潮させながら大賀が語る有名なエピソードだ。

井深もこう書いている。「日本の音楽界から彼を奪うことと、日本の録音機製造技術に彼を加えることの功罪を私は真剣に考えた」。最大級のほめ言葉だ。芸術家でまだ二九歳の大賀を、製造部長にスカウトしたというニュースは、後に盛田が著す『学歴無用論』と相まって、ソニーの自由闊達さを世に訴える大きな力となった。時代の才能を集め、活かすことに、井深、盛田は極めて貪欲だった。それゆえに、細かい気配りも忘れなかった。

もう一つ見逃せないのは、盛田が三省堂書店の経営者、亀井豊治の四女・良子と結婚したことだ。「辞書の老舗」三省堂を創業したのは、良子の祖父・亀井忠一とその妻・萬喜子であり、「良書を作り売り出し「公益に尽くす」を理念とし、「武士道の精神をもって愉快に職責を尽くされたし」を従業員の事務規定第一条に掲げていた。夫妻の奮闘ぶり、特に萬喜子のそれは伝説ともなっている。

その血を受け継いでいる良子夫人は、ソニー社員の間で「ミセス」と、畏敬の入り交じった感情を込めて呼ばれた。実際、彼女の名刺の英語面には、「Mrs. Akio Morita」と印刷されている。

ストリンガー前CEOは、「盛田さんの遺産の守り人」と表現したが、井深、盛田とともにソニーをつくってきたという自負は強い。実際、盛田の凄まじいまでの海外出張を献身的に支え、要人たちとの人脈を形成するうえで、彼女が発揮した社交や「おもてなし」（そのための本まで著している[26]）は、余人に代えがたい貢献だったことは確かだ。

銀髪をとかしつけ、さっそうと闊歩するダンディな盛田は、夫人の演出によって形づくられた面は否定できない。盛田が良子と結婚したのは、五一年五月のこと。ミセスは語る。

「本当はうちの義母（盛田収）は、学習院あたりの英語のできる、きれいなお嬢さんを、昭夫の嫁に迎えたかったのでしょう。主人は着せ替え人形ではないけれど、お見合いで最初に会った時には、お父様のお古の洋服を着ているみたいだったし、髪は真ん中分け。これは嫌だと思ったけど、断る理由にならないし。ただ、彼は写真機が好きだったのね。『写真を撮ったことありますか』と聞かれて、私はマミヤフレックスの二眼レフを持っていて、ネガも自分で焼いて、クラス全員の卒業写真などを撮って、写真集をつくってあげていた。そんな話をした覚えがございます」

盛田のヘア・スタイルからスーツ、ネクタイ、靴下、下着に至るまで、すべてのコーディネートとケアを彼女が担っていく。盛田が世界と闘っていくうえで、最も信頼できるパートナーだった。

こうしてテープとレコーダーという最先端のメディアを生み出す井深・盛田の周りに、強い磁力で引き寄せられるように、希代のエンジニア木原、サイエンティストの岩間、アーティストの大賀、パートナーの良子夫人をはじめ、次々と〝時代の才能〟が集まっていく。

盛田が発見したマーケティングの四つの原則

日本初のテープレコーダーG型が発売される前の七月の蒸し暑い夜。ふらりとやってきた井深が木原に声をかけた。「君、君、もっと小型にならないかな。あのトランクに入るぐらいに。もっと軽くなれば、もっと安く、もっと売れると思うんだけどね」。そう言いながら、脇にあった旅行用のトランクを指さしたという。[27] 身近にあるモノを使って、エンジニアに具体的な目標を実感させる井深の流儀が、このあたりから登場してくる。

「もっと完全なものがほしい」と井深は要求し、それを急ピッチで実現するためには、どうするか。その「アイデアを提供するのが盛田さん」だった、と木原は証言する。「そうだ。熱海に知っている旅館がある。そこにスタッフ全員が集まって、完成するまでやったらどうだ」。何物にも煩わされず集中し、疲れたら温泉で癒やせる。この盛田の発案は「熱海のカン詰め」といわれ、その後のソニーの技術開発でしばしば使われることになる。

「完成するまで帰っちゃいかん」という一週間の「カン詰め」効果で、一挙に設計にメドがつき、ポータブルなH型（ホームのHから木原が命名）は、翌年四月に発売された。重量は一三キログラムとG型の三分の一、価格も八万四〇〇〇円と半分になった。

しかも、日本で初めてといえる工業デザインを導入した。当時この発想は画期的だった。デザインを依頼された柳宗理は、民藝運動を起こした柳宗悦を父に持ち、民衆の暮らしのなかに息づく日用品の美（「用の美」）を大切にする気風を受け継いでいた。安くて斬新なデザインのH型は、テープレコーダー普及の大きな「立役者」となった。

このH型が発売された五一年を、盛田は東通工の「第一期」初年度と位置づけている。この段階で初めて、「なにが会社の成り立ちを決定的に方向づけるか」をつかんだからである。販売方法も根本から改めた。[28] G型の反省を踏まえて、盛田が観察と思考を重ねて発見したマーケティングの四つの原則が以下である。

第一原則＝「買い手の価値判断によって初めてセールスが成り立つ」。つまり、お客に価値やお金を払う意義を認めてもらえなければ、買ってもらえないという最もシンプルな原則だ。価値を認めてくれる顧客を探し、啓発することで顧客をさらに開発し増やすことを第一とした。

目をつけたのは、GHQと文部省が「視聴覚教育」を唱え始めたことだった。それに対応して「視聴覚教育のあり方を講演し普及を図る」ための「録音教育研究会」を設立。音楽教育の普及に懸命に取り組んでいた日本楽器製造（ヤマハ）と組んだことも大きな成功要因となった。

H型を学校に無償で貸し出し、その「重要性や教育の場での録音機の使い方を説いて回った。買ってくださいと一言も言わなかったのがミソで、むしろ教育現場のほうからさまざまな活用法についての提案が出された[29]」という。

第二原則＝「製品というハードを売っているのではなく、そのユーティリティとソフトウェアを売っている。その意味で情報産業なのだ」。単にハード製品を売っているのではなく、有用性と使い勝手を売っているのだと、盛田は看破している。いまなら「ユーザー・エクスペリエンス」（楽しく心地よい**ユーザー体験**）と言っただろうが、製造業至上主義の時代に、いち早くユーティリティとソフトウェアに着目している点は見落とせない。

H型では盛田が自ら筆を執って、イラスト入りの小冊子『テープコーダーとは何か？』『録音の「こつ」』など数種類を発行し（次ページ写真）、『磁気録音機』（著者はソニーのエンジニア多田正信。オーム社）という専門書までつくっている。

第一と第二の原則は、後に製品サービスの「コンセプト」を明確にし、それをわかりやすく「コミュニケーションする」力へと進化していく。

第三原則＝「マーケティングの範囲は広げれば広げるほど安全だ」。

第四原則＝「信頼に基づくブランド力の確立」。

第三、第四の原則については、盛田の経営観と深く関わってくるので、後の章で詳述する。ところで、テープレコーダーG型の第一号機が昭和天皇に献上されたことは、前にも述べた。それでは、H型は？　答えは、盛田夫妻である。婚約記念に井深が持参して贈った第一号機は、盛田邸で大切に保管されている。

サンフランシスコ講和条約が調印されたのは、一九五一年九月のこと。日本の主権が回復され、独立した国として再スタートを切った。盛田が、この年をソニーの「第一期」初

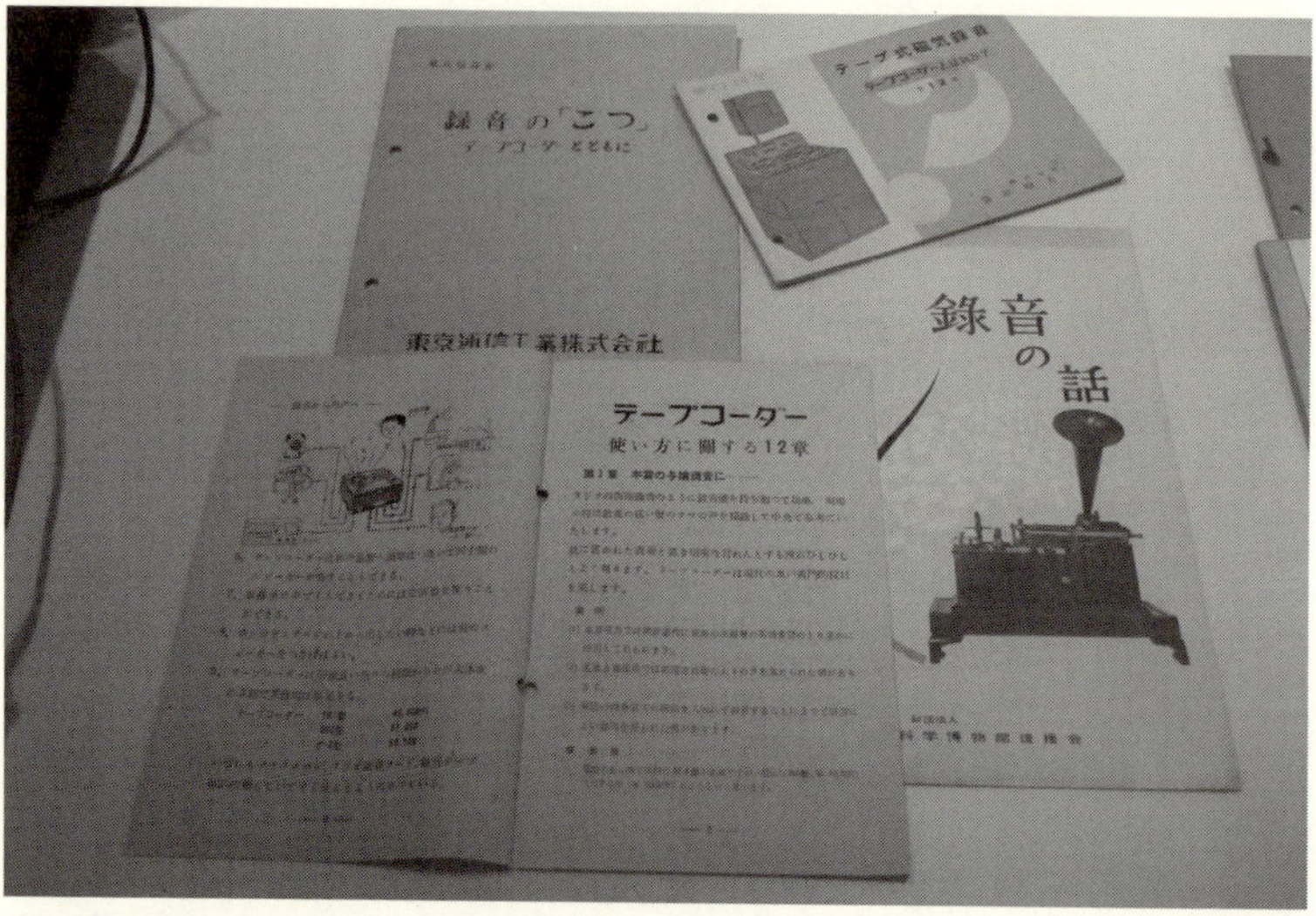

盛田が自ら筆をとって書いた小冊子の数々。『テープコーダーとは何か？』は評判がよく、12回も版を重ねた。

年度と位置づけているのは、いかにも彼らしい。後に井深は、自らの実感を込めて、「新製品が人間を育ててきた」と語っているが、それは日本初のテープレコーダーからはじまった。

最初に学んだのは、マーケティングだった。盛田は「新しいものをつくる以上は、常に**そのものの価値・意義をお客さまに分かってもらえなければ、セールスは成り立たない**」という鉄則を見出した。商売の現場や社会の生態を、文字通り五感で観察し〝手で考え足で思い〟「物理学者」のように事象の理（本質）を発見する。それは「**コンセプト**」の明確化という大事なテーマに行き着く。

ウォークマン発売時のテープレコーダー事業部長として活躍した大曽根幸三（後に副社長）は、盛田からよくこんなことを言われたという。「どんないいものでも、いいけど高い、これは買ってもらえないよ。**高いけど、さすがだと唸らせるものは買ってくれるんだ**。このニュアンスは月とスッポンだぞ」。同時に、ウォークマンの最初の値付けの時には、こうも言われた。「いいか、**ものには値頃感というのがあるんだ。大事なのは原価計算なんかじゃない。値付けは、企業のフィロソフィーそのものだ**」（ウォークマンは当初、製造原価を大幅に割った価格で発売された）。

高いけど、さすがだと唸らせるもの。新しい価値が値頃感で裏打ちされているもの。それらが、ソニー製品のプレミアム価格やブランド価値をつくり出していった。だからこそ、プロダクト・プランニングやマーケティングにおける「コンセプト」の明確化が大事なのだ。

ウォークマンは、ソニーが手がけたテープレコーダー・イノベーションの一つの頂点だが、そこに至る源流は、新製品＝「ソニ・テープ」（ソニーではなく「ソニ」が既に使われていた）と「テープ**コーダー**」と名付けられたH型を発売した五一年四月からはじまった。企業としての自我が目覚めた起点だっだ。

言わばテープレコーダーとの出会いが、ソニーを覚醒させ、未来の可能性を育んでいった。

粉末にした磁性体を塗布した磁気テープと、それを録音・再生するハードを一貫して製造、しかも「一般家庭向けに大衆商品化し」、普及させるというビジョンを持つ会社は、当時、世界のどこにもなかった。先行していたアメリカのアンペックスやマグネコード社、欧州のAEGやスチューダー社も、放送局など業務用が中心で、テープはといえば、スリーエムが世界シェアを独占していた。

製造ノウハウはもちろん、テープの材料となるプラスチックもなく、紙のテープにフライパンで煎ったシュウ酸第二鉄を、タヌキの刷毛や塗装用スプレー・ガンで塗りつける手作業からスタートしたこの会社は、一五年余り後にはIBMにメインフレーム（大型汎用コンピュータ）用の磁気テープで技術供与を行うまでになった。

テープレコーダーとの出会いで、井深はみずからの夢を実現する手立てを手に入れ、盛田は事業に対する確かな手応えを得た。盛田は『学歴無用論』でこう指摘している。「物理、化学の専門家のほか、機械の専門家も一緒になって、テープだけでなく、テープ製造設備までを自力でつくりあげたわけだが、その過程で、物理、化学、電気、機械の知識が、**緊密に総合的にタイアップする**というトレーニングができたことは幸いであった。これが後の技術開発の礎となったのである」

販売面でも革新が行われた。その製品をどう使えば本当に便利なのか、顧客が抱える問題をどう解決するのか。製品のユーティリティやソフトウェアを最終需要者である顧客に正しく伝え、理解してもらうために、自らの販売網を構築する。大量のチラシや小冊子もつくり総力を挙げて啓蒙キャンペーンを繰り出した。なかでも視聴覚教育に着眼、「録音教育研究会」を設置し「日本中の学校を回って歩き、いかにテープレコーダーが教育に役立つかを説い」たのが功を奏した。

　五一年一〇月期には、売上の七割が「市販（テープコーダー）」となった。それまで売上の九割が官公需だったが、市販中心へ事業構造も転換できた。売上も倍増し一億円を突破、利益も二倍の九〇〇〇万円を超え、三割配当まで実施。井深は、「私はこのとき新製品の開拓の困難さと、それが成功するといかに強いものであるかということをじゅうぶん味わった」と述懐している[30]。

　実は、この躍進の最大の立役者H型の開発にメドが立った五〇年一一月には、社長が初代の前田多門から井深に代わり、盛田は専務に昇格している。名実ともにファウンダー二人による経営がはじまったのだ。テープレコーダーの開発に大きく貢献した木原信敏は、こんな証言をしている。「東通工のトップの

「これからどこをどう攻めるか」と作戦を練っているかのような、若かりし盛田（左）と井深。互いが質素な机を並べ、同じ空間で知識や思考、夢や想いを共有していた。

実行力や発想力は、たんに時代を先取りする、そんな『なまやさしい』ものではありませんでした。次から次へと、新しい強力な経営方針が打ち出されていったのです」[31]

製品に覚えやすく特徴のある名前をつけて、広く身近な存在にするために、テープレコーダーを詰めて「テープコーダー」として商標登録。早くもブランド戦略をスタートさせている。「どちらがほんとうの言葉だろうと世の中で大議論になったのを、図に当たったとほくそえんだものである」（井深）。小さな会社が天上天下に向けて、存在をアピールし始めた。

そして当時、新聞などで大きく伝えられた〝事件〟が起きる。

五二年九月一五日付『朝日新聞』は、「特許争うテープレコーダー　米国製品を仮差押え」と大きく見出しを打った記事を掲載した。「選挙戦に、報道放送に、教育用にいまや〝時代の花形〟となっているテープレコーダーの特許権をめぐって日米業者間ではげしい争いが行われている」とし、「東通工がアメリカの輸入業社バルコム貿易を相手取り、アメリカ製テープレコーダーの輸入、販売、使用、陳列、移動などを禁止する仮処分を東京地裁に申請。その決定により輸入テープレコーダー三四台をいっせいに仮差し押えした」と報道している。

実際は、百貨店などの店頭だけではなく、東京や横浜の保税倉庫にあったものなど数百台を差し押さえた。盛田は「敗戦国日本として久しぶりに意気あがる事件」と『学歴無用論』に記している。「当時は日本の技術がアメリカの特許にいじめぬかれていたときで（例えば日本コーラとかミシンなど）あったために、当社のこのケースは異例のものとして、日本特許庁をして快哉を叫ばしめたものである」[32]と。

これは、磁気記録の録音特性を大きく改善した東北大学の永井健三教授らの「交流バイアス法」をめぐる闘いだった。永井教授らの特許は戦前の三八年に出願され、四〇年に日本で成立。その特許実施権を、所有者の安立電気（現アンリツ）から、東通工は日本電気と共同で買い取っている。永井教授の特許はアメリカでも出願されたが、太平洋戦争が起きたため（この間に論文の英語訳が出回った）、一年余り遅れて出願したアメリカ人によって先に登録されてしまった。

敗戦国日本の小さな会社に差し押さえを食らったことが、「アメリカ人としては……面白かろう筈はない。特許権者、輸入業者、製造業者の三者から、日本の特許庁に、永井特許の無効審判を提起してきた」（『学歴無用論』）。つまり、東通工にとって初めての「国際裁判になった」。

日本での特許権の正当性を主張し警告を発してきた東通工に対して、アメリカの貿易商社は「かえってわれわれを米軍司令部に呼び出したりしておどかしてきた」と、井深も自叙伝で書いている。そこで、地裁に供託金を積んで訴えたのだが、「アメリカさんにたてついて（三百何十万円かの）供託金を没収されたらどうする気だという非難」もあったという。

国際裁判となれば、東京地裁の供託金の比ではない「莫大な費用」がかかることが懸念された。社内でも「万一敗訴しては」と不安視する声は大きかったが、盛田は「われわれは断乎《だんこ》として譲らなかった」と、高らかに宣言している（『学歴無用論』）。

結局、東通工の言い分が通って和解となったが、ここで見せた盛田のこだわりは、彼が生涯にわたって貫く**日本人としてのバックボーン**であった。世界に通用するような日本の知的財産権は、「極めて貴重な存在だったので、日本としてはこれを大切にしたかったのが、いつわらぬ気持だった」と述べている。[33]

ソニーは、その後もベータマックス訴訟に代表される大きな裁判に、何度も巻き込まれていくが、そのたびに盛田は自ら陣頭に立って闘いを主導する。すなわち、**法務戦略は「最高幹部が扱う」重要な仕事**であることを自覚した最初の日本企業でもあった。

こうして見てくると、ソニーはテープレコーダーとの出会いによって、その固有の可能性を一挙に開花させたといえる。五つのポイントに整理しておこう。

①最先端を行くメディアを開発することで、〝時代の才能〟を集め、彼らの力を活かしたこと。

②機械（メカ）と電子（エレクトロニクス）、二つの技術を統合することで新しい技術（メカトロニクス）が生まれると見通したこと。ちなみに安川電機が「メカトロニクス」を商標登録したのは一九七〇年であり、井深の視線は四半世紀先を見ていたことになる。

③G型の販売不振に直面して、盛田がマーケティングの原則を発見したこと。

④その過程で、ブランドとデザインが重要な役割を果たすことに気づいたこと。

⑤そして世界と闘ううえで、法務戦略はトップの仕事だと認識したこと。

盛田が見出したマーケティングの原則について、補足しておきたい。テープレコーダーの販売が順風満帆に見えた矢先、非常に売れ行きのよかった九州地区でハタと売れ行きが止まり、売掛の回収に困難をきたす破目となり、それは会社の運営にも影響したという。理由は、九州の炭鉱景気が落ち込んだためだった。盛田はここで、「また一つ貴重な教訓を得た」という。

それは「企業は**マーケットを一カ所に限ったら大変だ**」ということだった。「マーケットはそれをつくり出すのも難しいが、維持するのも難しい」。だから「**マーケティングの範囲を広げれば広げるほど安全**である。（つまりは）日本だけに限っていては危険である。いっそのこと世界中に売れるだけのマーケテイング・パワーをつくって行こう。なんとかして世界を相手にマーケティングしようという結論が出た」[34]。これが盛田が見出したマーケティングの第三原則（「マーケティングの範囲は広げれば広げるほど安全だ」）である。それはまた事業の多角化への伏線ともなっていく。

　そして、さらにもう一つ、歴史を画するような大きな出会いが待っていた。


　四八年六月、ベル電話研究所は「トランジスタ」の発明を公表する[35]。この時、一〇年後にはソニーによってトランジスタラジオが世界に広まり、半導体の世紀の幕が開くとはだれも想像できなかった。

　四八年七月一二日号の『ニューズウィーク』誌は、「The Tiny Transistor」と題し「真空管に代わるもの」として紹介していた。その記事を読んだ日本人二人の会話はこんな感じだった。

　盛田「こんなので、いけるのかな」。井深「ゲルマニウムの結晶の上に針を立てて増幅装置を作るなんて、使いものにならんだろう」。井深はゲルマニウム鉱石ラジオの不安定さをよく知っていたため、実用に耐えないと判断した。だが、盛田は〝真空管へのレジスタンス〟が井深の身上だけに、「ベル研究所報告」を入手するなど、岩間とともに情報収集は怠らなかった。

　その四年後、テープレコーダーの市場調査とオーディオ・フェア視察のために、井深が初めて渡米する。ニューヨークの古びたホテルを拠点にした三カ月の滞在だったが、テープレコーダーの利用法を探る旅は、ほとんど収穫がなく失望に変わった。

　次の製品開発のターゲットをどこに置くのか、しかも他がやらない新しい大衆商品とは何か――。社長としての責任が双肩にのしかかって、井深は悶々として眠れない夜を過ごしていた。

そんな折に、「日本にいるラッセルさんというアメリカ人の友人から手紙が届いたのです。『ウエスタン・エレクトリック（WE）社がトランジスタの特許を公開してもよいと言っているが、興味はないか』という内容でした」[36]。ちなみにWE社は、電話の発明者グラハム・ベルが設立した電話会社AT&T傘下で製造部門を担当、ベル研はその研究所だった。

当時、東通工の社員は一二〇人。町工場だというのに、うち五〇人近くが、テープレコーダー開発で採用した大学や専門学校出身の技術者だった。彼らの将来にも思いをはせ、「この人たちにこれから何をしてもらったらいいだろうか」と頭を悩ませていた井深。トランジスタの特許が使用可能になるという情報は、その後の技術進化の予測とあいまって「彼はこれに心を奪われたのだ」と盛田は述べている。

井深の算段はこうだった。東通工の技術者は「磁気テープのような何も知識のないものをゼロから始めて」モノにした「連中だから、なんとかなるんじゃあないかと思った」。開発はできても、製造レベルで実用化にもっていく専門家はまだいないはず。「オレたちが専門家の一番乗りになれないことはない」と。

そして、ターゲットは「ラジオしかないと思いました。トランジスタの難しさを知らなかったですから」[36]――。一本の情報との出会いがこの決断を生んだが、それは清水の舞台から飛び降りるような覚悟を問うものだった。ここから盛田の疾風怒濤の闘いがはじまる。

第3章 覚醒

アメリカに打ちのめされ、オランダでつかんだインサイト

盛田が初めて海外出張に飛び立ったのは、一九五三年八月一二日のことだった。以来、突然の病に倒れる直前まで、四〇年と三カ月余りにわたって、旅が〝営為〟といえるほど、凄まじく海外出張が繰り返される。彼をそこまで突き動かしたのは、何か。

ソニー・ブランドへの信頼と世界からリスペクトされる日本。その両方を構築したいという大目的はあったけれど、何よりも世界を動き回って変化を察知し、人びとの生態を観察し「インサイト」(「未来の『成功のカギとなる構図』」を得たい、という好奇心と一体になった動機が第一だった。

最初の海外出張が、盛田にその意味を深く刷り込んだ。「ショールダーバッグを肩にかけ、小さなスーツケースを片手に羽田空港からボーイング社のストラットクルーザーに乗り込んだときには、正直いって興奮した」(1)と述べている。

実は彼が八歳の時、パリで四年間ほど絵の修業をしていた叔父・敬三が帰国。「本物の西洋の風」を、その時「吹き込まれた」という。叔父が自分で描いた絵や欧米各地の写真とともに、実際に現地で見聞きしたことを面白おかしく語って聞かせ、柔らかな脳に吸収した。

盛田の父もまた、よくこんなことを言っていた。「本人が自から進んで勉学に励まない限り、どんな大金を投じてもその人を教育することはできない。だが、お金によってできる教育が一つだけある。それは旅行である(2)」。旧制高校時代から、日本各地、朝鮮、満州へと旅を重ね、日常とは違う場に自分を置いて、省察と現場の観察で学ぶことを習慣化していた。

盛田が初めて渡米した当時は、四発のプロペラ機で燃料補給のためにウェーク島、ハワ

盛田の最初の海外出張は1953年8月、32歳の時だった。前途への期待に胸膨らませ、パンナム機に搭乗したが、アメリカに圧倒された。しかし、「世界のソニー」へのインサイトはこの旅で生まれた。

イと島づたいに離着陸を繰り返し、サンフランシスコ、シカゴ経由でニューヨークまで五〇時間もかかっている。かつて叔父から聞かされていた「本物の西洋」に行ける。少年のように期待に胸膨らませて出発したのだが、いざアメリカに着いてみると、そのスケールに「完全に打ちのめされた」。

「何もかもがあまりに大きく、遠く、広大で、かつ多様だった。こんな国でわが社の製品を売るのは、とうてい無理な話だと思った。私はただ、ただ、圧倒された。好景気に沸くこの国に、足りないものなど何一つ無いような気がした(1)」

盛田は、ニューヨークで井深のアマチュア無線仲間だった谷川譲（山下汽船の現地支店勤務）に会った時、思わず弱気の言葉を漏らしている。「谷川さん、WE社のような大企業が、われわれのようなちっぽけなところをまともに相手にしてくれるだろうか……」。谷川は諭すように語った。「それはキミの思いすごしだよ。それにアメリカ人は、そんなことは全然問題にしない。これはおもしろいと思ったら、すぐ話に乗ってくる。……だから向こうの人に会ったら、自分の考えていることを素直にぶつけるといい(3)」。的確なアドバイスだった。これ以降、盛田は常に、相手が大統領であろうと、自らの意見を素直に述べることを貫いていく。

話が前後するが、彼がニューヨークへ出かけた背景を簡単に説明しておこう。

井深が渡米したのは、盛田の前年（五二年）。今後の会社のビジョンをどう描くか。タイムズスクエア近くの安ホテルで悶々と悩んでいた。そんな折に届いたアメリカ人の友人からの一報──「トランジスタの特許が公開される」──が、ひらめきにつながった。

帰国するなり「トランジスタをやろう！」と言い出した井深に、賛同した盛田はすぐに社内を説得しはじめた。「われわれは真空管に対する〝レジスタンス〟を長いこと続けてきた。だから、これは面白い。第一、真空管を今から作っていたのでは駄目だ。（テープをゼロからつくった）われわれならできる。とにかくやってみようじゃないか」[4]

ちなみに、トランジスタは「レジスタンス（抵抗）をトランスファー（変化）」させる働きがあることから、ベル研究所の「文学的センス溢れる」技術者が命名した造語である。[5]

ニューヨークでは「日程が折り合わず」、WE社の特許担当者と会えなかった井深だが、後を託された山田志道（井深の義父・前田多門のつてで通訳兼案内役となった現地在住の元商社マン）は、足繁く通って交渉を続けていた。盛田は打ち明ける。「WE社は東京通信工業など知っている訳がなく、日本の当時の電子工業にも殆ど関心をもっていなかった。従って、日本でトランジスタなどできるはずがない。高い特許料を払っても損するだけだと」取り合ってくれない。[6]

そこで、「独力でテープ及びテープコーダーを完成した事実を、データを揃えて」山田が見せて説得。ようやく「特許を許諾する用意がある」との回答を得た。テープレコーダーを独自開発した技術力がトランジスタへの道を拓いたのだ。だが、今度は日本の役所が抵抗勢力となった。特許使用料（基本特許のみ）の支払額二万五〇〇〇ドル（当時九〇〇〇万円）を送金しようにも、外貨が底を突いていた日本では通産省の承認が必要だった。

当の役所は「真空管もつくったことのない小さな会社に、最新技術を取り扱えるはずがない。貴重な外貨を無駄にするわけにはいかない」と、断固として譲らない。やむをえず、盛田が渡米したのは、支払いは通産省の認可が下りてからという条件で、相手を説得し、契約をするためだった。

山田と一緒にWE社を訪ねた盛田は、東通工がやってきたこと、実情、送金の問題点などを「率直に」話した。熱心に耳を傾けてくれたF・マスカリッジ副社長から、最後に渡されたのは分厚いファイルに入った契約書だった。

日本では井深が、盛田から送られてきた契約書を持って通産省・電気通信機械課に出向いた。「ライセンシー契約を結びました。ついては……外貨割当てを」お願いしたい。すると、「認可も受けず、勝手に契約をしてくるとは、もってのほかだ」と、さらにつむじを曲げられてしまった。(7)

そんなことを知らない盛田は、アメリカからヨーロッパへと旅の途上にあった。フォルクスワーゲン、メルセデス、シーメンスなど。「たくさんの会社や工場を見学しながら、どうやったら彼らと競争できるのかと悩みつづけていた(8)」と述懐している。驚くべきことに盛田はこの段階から、業種を問わず世界企業との競争を意識していた。

アメリカに圧倒され、西ドイツ（当時は東西ドイツに分断されていた）の急ピッチの回復に焦燥感を募らせる。デュッセルドルフのレストランではトラウマになるような衝撃を受けている。ある日、彼は大好きなアイスクリームを注文したが、「その上に、飾りの小さな日傘がさしてあった。『これはあなたのお国のものですよ』とボーイは、多分お世辞のつもりで愛想よく言った。『メイド・イン・ジャパン』についての彼の認識は、この程度のものなのだ。おそらく、これが平均的な日本観だろう。なんと道は遠いことか。私はしみじみそう考えた(8)」。

GHQによる占領は二年前に終わったとはいえ、「メイド・イン・ジャパン」といえば、工芸品や〝安かろう悪かろう〟の代名詞だった。（ちなみに三三年後の八六年にアメリカで、次いで日本など世界一五カ国で出版された盛田のベストセラーがある。『ソニー』の発展の過程を通して、日本的経営思想や、欧米のそれとの違いを明らかにしようと試みた」この本のタイトルは『MADE IN JAPAN』。英語の大文字で題を大書した表紙とともに、彼の想いの深さを物語っている）。

さて、すっかり自信をなくした盛田に、レジリエンス（再起する力）をもたらしたのは、オランダだった。ドイツから汽車で国境を越えると、景色が一変する。緑なす田園に、古い風景画で見たことのある風車や運河が至るところにあり、自転車に乗っているたくさんの人を見かける。その小さな農業国（日本の九州ほどの面積）オランダのさらに片田舎の小さな町、アイントホーフェンに降り立った時、フィリップス本社の「あまりの大きさに度肝を抜かれた」と告白している。

「駅前にあるフィリップス博士の像を眺めながら」、盛田は自分の故郷・小鈴谷にあった父の曾祖父・一一代目命祺の像を「思い浮かべた」。福沢諭吉が絶賛した大イノベーターだった命祺と、フィリップスの創業者の姿が重なった。同社の工場を見学しながら、彼の脳裏にはインサイトが焦点を結び始める。『MADE IN JAPAN』から引用しておきたい(9)。

「農業国のこんな辺ぴな町に生まれた人間が、このような高度技術を持つ世界的な大企業を設立したことに改めて感銘を覚えた。それと同時に、小国日本のわれわれにも、あるいは同じようなことができるかもしれない、そう私は考えはじめた。……オランダから出した井深氏への手紙に、『フィリップスにできたことなら、われわれにもできるかもしれない』と書いたのを覚えている」

これが、盛田が世界で闘うことになる経営の原点である。五三年の一一月に三カ月の旅から帰国するなり、すぐに「世界の東通工」という方針を打ち出した。

ところで、松下幸之助も五一年一月から三カ月間のアメリカ視察に出かけている。「大きい世界観の中で松下のあり方を見てみよう」と、渡米の目的を三点挙げている。①海外に何を輸出することができるか、②海外の技術を導入する必要があるのか、③経営に関して海外に学ぶことは何なのか。

幸之助がアメリカ滞在中に会社に書き送った一五通の手紙を、整理・分析した松下電器（現パナソニック）の元副社長・佐久間昇二は、「このアメリカ旅行で、今の松下の発展と強みの形成の基礎となるべき原点を見つけてこられた」と次のように紹介している。「創業者は、こんな面白い文章を手紙の中に残されております。『今日の状態を日本と比較して考えると、七分はアメリカに学び、三分は日本に学びたい。言い換えると、七分の良さがアメリカにあるが、三分の良さは日本にも大いにあるということです』」[10]

最初は一カ月の予定だったが、アメリカ繁栄の実相をつかみたいと帰国が延び延びとなった。幸之助五七歳のことである。井深が渡米したのはその翌年、四四歳。そして盛田の場合は井深の翌年で、三二歳だった。日本のエレクトロニクス立国の基盤をつくった三人が、それぞれこの時期に海外で世界展開への原点を見出している。

幸之助は、帰国後の同じ年にアメリカを再訪、ヨーロッパにも足を伸ばした。盛田と同じく、「国土が狭く資源が乏しい中で、電球の製造からスタートして、世界有数の電子機器メーカーに成長した」[11]フィリップスに、「生い立ちが似ている」こともあって深く共感。翌五二年には、困難な交渉をこなし、フィリップスの照明やブラウン管技術を導入するために合弁会社、松下電子工業を設立した。盛田がフィリップスを見て、インサイトを得る一年ほど前のことである。

パナソニックは、現在もなおフィリップスの経営に学ぼうとしているようだ。二〇一二年六月、第八代目社長に就任した津賀一宏（盛田と同じ大阪大学出身）は、テレビを聖域としない大胆な事業転換に乗り出した。一般消費者向けの家電から、住宅と自動車を軸とする法人向けビジネスへ。本社人員七〇〇〇人を少数精鋭の一三〇人にまで「極端に縮小する」ショック療法も実施した。

実は、このモデル・ケースが九〇年代後半のフィリップスにある。

九六年にフィリップスの社長に就任したコーネリウス・ブーンストラは、テレビやビデオ、半導体などの「景気変動を受けやすい事業」から、医療機器やヘルスケアなど「**知識創造を主体とする開発型企業**」へ、事業を大きくシフトさせた。その際、本社を企業城下町のアイントホーフェンからアムステルダムへ移転し、本社人員も三〇〇〇人から四〇〇人へ、実に九割近く削減した。[12] 明確な方針を掲げ、思い切ったショック療法で問題解決への本気度を社員に示し、チェンジ・リーダーぶりを発揮したのだ。

「手考足思」を地で行き、トランジスタの世紀を拓く

盛田がＷＥ社との仮契約を交わした五三年八月。岩間和夫（当時、取締役・研究部長。後に社長）は、東通工の二階の応接室に五人の精鋭を呼び出し、引き締まった表情で、簡潔な言葉をつないだ。

「これから半導体の時代がやってくる。いまから取り組まないとバスに乗り遅れるから、トランジスタ開発プロジェクトを発足させる。……すぐにでも新しく勉強をはじめてもらいたい[13]」

当時、トランジスタがどのような世界を開くかを、予測できた者はいなかった。しかし、岩間はサイエンティストの直感で技術の本流を見定めていた。

その年末、通産省の人事異動で担当官が入れ替わって、やっと承認が取れ[14]、五四年一月に正式契約のため井深と岩間が渡米した。その折、「トランジスタでラジオをつくる」と語った井深は一笑に付された。仮契約時に盛田が聞かされたのと同じ内容だった。「それだけはやめておけ。うちは世界で二〇社ほどにライセンスしたが、どの会社も泥沼に足を突っ込んでいる。補聴器にしておけ」と口をそろえて忠告された[15]。

初期のゲルマニウム製トランジスタは、ラジオが要求する高周波数の信号処理には対応できなかったからだ。しかも東通工の契約は基本特許のライセンスのみ。他社のように装置の仕様書や製造ノウハウの提供は入っていなかった。カネがなかったせいだが、井深が最初に看破したように、高周波数のトランジスタをめぐる競争はスタートしたばかりで、WE社でも完成していなかった。

契約後、一人残った岩間に許されたのは、写真を撮ることもメモすることも許されない工場見学だけだった。毎日、工場や研究所に通い、不自由な英語でしつこく聴きホテルに急いで戻っては、記憶を頼りに便箋にびっしり綴る。航空便で東京に届いた総数は二五六枚。伝説となったこの「岩間レポート」を見ると、当時の日本人の覚悟と本気度を実感させられる（次ページ写真）。

東京では、そのレポートを盛田をはじめ開発チームがむさぼるように読み、製造装置から自分たちで手づくりし、ゼロから立ち上げる。〝手で考え足で思う〟を地で行き、既成概念に囚われなかった。その過程で、江崎玲於奈のノーベル賞まで生まれるのである。

盛田が、「世界戦略」の〝インサイト〟を得たのは五三年の秋だった。彼は「勇気と新たな直観を得」たと表現している。ここでは感性的な「直感」ではなく、直接に本質をとらえるという意味の「直観」という用語が使われている。どこまで意識してこの用語にこだわったかはわからないが、異なる土地で人びとと社会の生態を観察しながら――手で考え足で思い――五感で感じ取ったものが、一つのきっかけで焦点を結び、明確な基軸としてとらえられたことを示している。

彼が初めての海外出張をした五三年は、朝鮮戦争の休戦（七月）とともに日本の戦後復興に弾みをつけた特需景気が終わり、炭鉱不況が始まった年だ。一方ではNHKがテレビ本放送を開始し、街頭テレビが登場。評論家の大宅壮一は「電化元年」と唱えた。

GHQによる占領から日本が独立して二年。

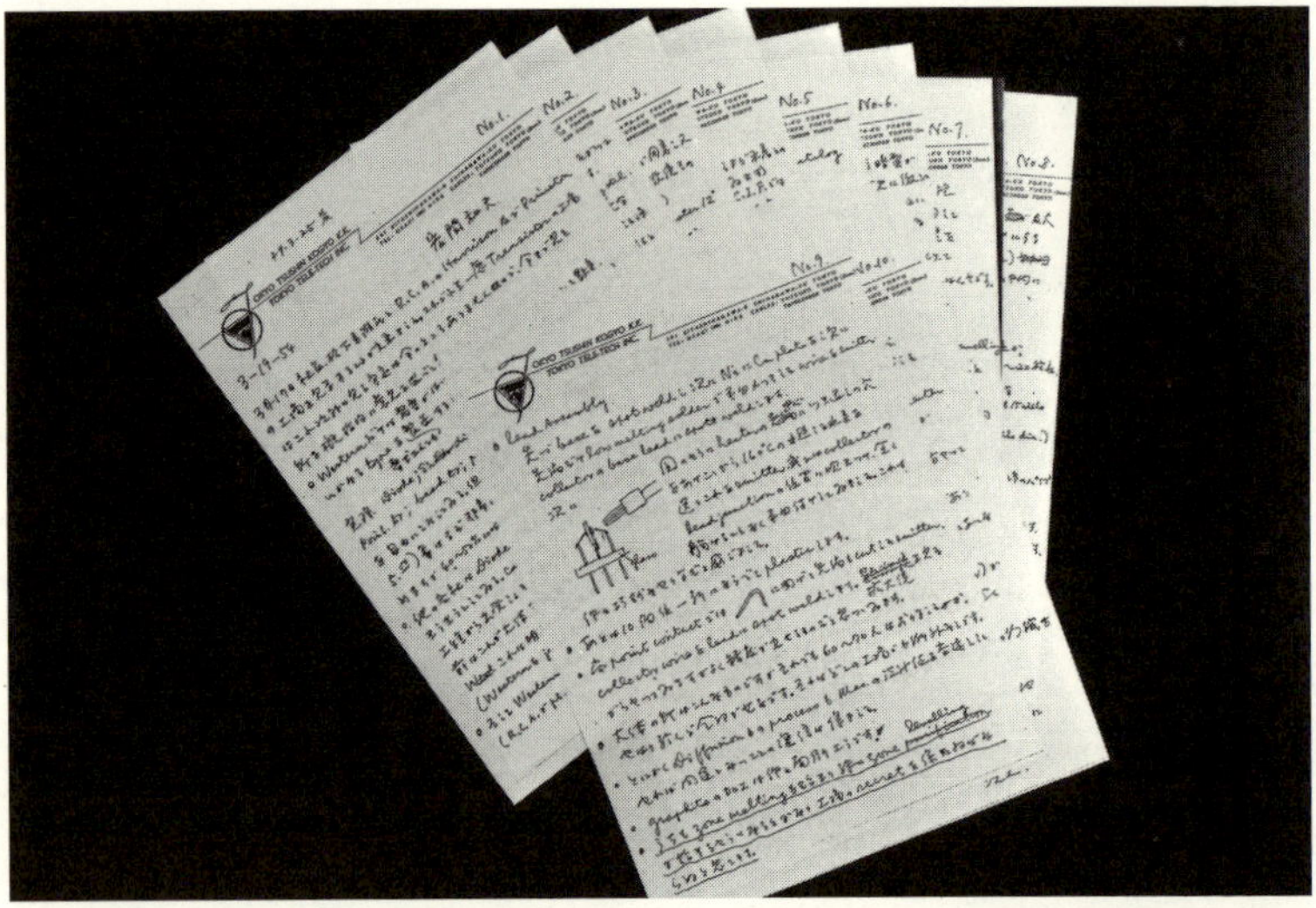

図入りでびっしり書かれた「岩間レポート」。便せんには東通工のマーク、盛田の印鑑もある。このレポートを、盛田はむさぼるように読んでいたという。

安かろう悪かろうでない、高品質のメイド・イン・ジャパンによる輸出立国へ向かう、時代の画期だった。その最初の扉を、今日でも通用するような（当時としては極めて独自の）やり方で、切り拓いたのがソニーだった。しかも、半導体という未来の社会を構成する素子を、大衆の日々の暮らしのなかへと届け、普及させるという大きな役割を担った。

五三年一一月、盛田は帰国するなり、社内に向けて「世界の東通工」を目指すと宣言した。フィリップスを見て「われわれも頭を切り替えなければならない」と痛感したと訴え、世界に「自らの手でマーケットをつくる」と目標を掲げた。その時の心境をうかがわせる少し肩ひじ張った記述がある。

「かくて、東通工の全員は、断崖の上に立った。自ら飛び降りるか、退くか、しからずんば、他に救いを求めるかの、いずれか一つを選ばねばならない。しかもそのいずれを採るかを決するに、優柔不断は許されない。また、やり直しもできない。ついに東通工は自ら飛び降りることに決心した。しかし、その心の底には、必ず安全に飛び降りなければならないという決意と、そう決心して行うなら、必ず悟るべき何かを摑めるであろうという思いを、胸中深く秘めていたのである。それはマーケット・クリエーション（市場開拓）以外にはないと思い到った。いわば、技術開発と並行して、販売開発に挺身するソニー・スピリットの開眼である」(16)

世界と向き合った今、国内市場開拓の比ではない覚悟が求められた。現在とは違って海外旅行もままならない時代である。持ち出せる外貨にも制限があった。盛田は、「清水の舞台から飛び降りる」という慣用句を強調し「断崖の上から」と表現しているが、今なら大気圏の上空から、地球へ向かって飛び降りるようなものだったかもしれない。勇気と覚悟はもちろん、地上に生還して栄誉を手にするには、周到な準備と多くの人びとの協力、そして多額の資金が必要だった。

後に述べていくが、ソニーのブランド戦略、自社で直接販売ルートを持つこと、海外各地での株式上場、経営トップが家族を引き連れてニューヨークに駐在するという前代未聞の行動なども、すべてがここを基点に発想されていく。

なすべきことは山積していた。目先の不況とも闘わなければならなかったが、直販化を進めるために、「売上の減少を覚悟の上で」(五四年度上期営業報告書)、まず国内販売網を東通工商事(後のソニー商事)に一本化し、みずから社長に就任した。

しかし、何よりも大きな課題は、トランジスタの開発が難渋していたことだった。

「真空管の代用品をつくる会社には、(危なくて)融資できない」と銀行に断られ、資金繰りに窮し、ついに給料の遅配にまで至った。五四年一〇月上期は、前年同期比で九%減収、四〇%減益と厳しい内容だった。そんななかでの「世界の東通工」宣言だった。

それは、奇しくも本田宗一郎が、本田技研の経営危機の最中に、イギリスの「マン島オートバイ・レースに出場・勝利する」と宣言。社員の士気を鼓舞した時期(五四年三月)と重なっている。七年後(六一年六月)、本田はそのマン島レースで初優勝し、一位から五位までを独占する完全制覇を遂げ「世界のホンダ」へと飛躍した。同じ六一年六月、ソニーもまた日本企業初のADR(米国預託証券)を発行、一時間半で一二・六億円を調達。「ソニー神話」を誕生させた。

ソニーとホンダという戦後の日本を代表するベンチャーが、同じ時期に危機に直面。それをバネに、世界へ飛び立つプロセスが共通している。内向き発想ではなく、世界に活路を求めたのだ。

飛躍の前の大きな試練を、ソニーの場合で見ておこう。苦難を突破させたものは何だったのか。

〝根本原理〟をつかまえた開発の凄み

「トランジスタ・半導体の開発は、（当時の日本にとって）カルチャー・ショックだった」

そう語るのは、通産省・電子技術総合研究所からソニー中央研究所所長となり、日本のエレクトロニクス基礎研究の一翼を担った菊池誠（東海大学名誉客員教授）である。

「半導体のための、高い純度の材料は日本にはまだ何一つ用意されてはいなかった」。小さな半導体の結晶は、純度が九九・九九九九九九九九％と九が一〇並ぶ。そこに一億分の一だけの不純物を入れる。「それを実現する沢山の技術と、そこに使われる沢山の材料、そして全体を支える科学知識と技術の経験は、非常に高度な能力と社会の潜在的な力とを要する」という。[17]

その開発に、カネもなかった一介の町工場が挑戦したのだ。WE社との特許契約は、基本特許の使用権のみで、製造に伴うノウハウ契約は含まれていなかった。だから「製造法から製造装置まで一から全部自分たちの手で作り上げたのです」[18]。井深は胸を張って述懐しているが、それは本人も認めるように生やさしいものではなかった。

他社の場合はどうだったのか。大手の日立、東芝、三菱電機などは、まずWE社と契約したうえで、あらためて米大手電機メーカーのRCAやGEと、製法特許とノウハウ契約を結んだ。WE社は基本特許以外は公開しない方針だったためだが、高い周波数に対応できるトランジスタは、まだどこもモノにできていなかった（低周波数のものが補聴器や軍用に使われていた）。

東通工には、トランジスタの原理書と契約時に盛田に渡された三冊の冊子、そして「岩間レポート」が頼りの綱だった。菊池は「カルチャー・ショック」について、次のように続ける。

「岩間さんにしてみれば、ただ教わるということではなくて、自分自身がそのレボリューション、つまりカルチャー・ショックを、自分のなかで昇華しているために、向こうで学んだことを、こっちの連中に、これが大切なんだ、これはこういうことだよ、と克明に書いている。それは、戦後の日本が先進国を真似するためにレポートしたという以上に、もっと深い大事な意味がある。

日本の技術が一つの転機をどう乗り越えるか。その先端のところに岩間さんがいて、克明に視ている。あのレポートを見ると、観察の鋭さは、あだやおろそかにできるものではない」[19]

地球物理学を学んだサイエンティストの岩間が、半導体テクノロジーを体内に取り込んで、すさまじい集中力で昇華した様子は、絵入りの周密なレポートで実感できる。日本側のエンジニアもその迫力に打たれ、次々と航空便で届く内容を必死で読み解き、物にしていった。

トランジスタを製造するには、大きく分けて「合金型」（ゲルマニウムにインジウムを合金させる）と、「成長型」（高温で溶かしたゲルマニウムを引き上げ、単結晶をつくりながらアンチモンなどの不純物を投入する。〇・一度単位の精妙な温度管理が必要）の二つの方法があった。

東通工は、岩間が渡米していた三カ月間で「合金型」の試作に日本で初めて成功。五四年四月、羽田空港で彼を迎えたエンジニアたちの手には試作品が握られていた。七月にはラジオのモックアップ（試作モデル）も完成したが、いくら検証しても回路の動作が不安定だった。

そこで、大手他社が「合金型」を選ぶなかで、東通工は将来を見据え、さらに困難な道を選択した。高周波特性の良い「成長型」に絞ったのだ。性能は良いが、つくり方は格段に難しく、「長い苦しい試行錯誤を繰り返した」と盛田も述べている。一キログラムで二〇〇〇円（当時）もする高価なゲルマニウムを使って何回試作しても、条件を満たすものが一つもできなかった。

「歩留まり地獄でした」と語るのは、「成長型」の開発を担当した塚本哲男だ。井深も「試作に着手して六カ月ほどたった頃でしたが、すでに設備投資を含めて、一億円ぐらい注ぎ込んでいた。……あの頃がいちばん苦しかった[20]」と後に語るが、当時は塚本に、「君は会社をつぶすつもりか」と詰め寄ったという。

興味深いエピソードがある。

研究に打ち込む余り、塚本はついに病に倒れた。だが病院のベッドの上で、「アンチモンの代わりにリンを投入すればどうかというアイデアがひらめく[21]。退院後、早速、実験してみると手応えがあった。ところが検討会議の席で、「ベル研究所がすでに試したがだめだった」という声が上がった。当時、「ベル研究所の声は神の声」に等しかった。この時、開発責任者の岩間の言葉が、未来の扉を開いた。盛田はその発言を著書に書き留めている。

「面白い結果が得られそうだと思うなら、ベル研究所がだめだと言ったって、**とことんやって、どうなるか見届けたらどうか。失敗しても私が責任を持つから**[22]」。盛田は、「私の義弟で後に社長も務めた故岩間和夫だったが、彼自身も科学者だったから、**科学者魂というものを理解していた**」、と解説を加えている。

ちなみに、リンを使うと発想した塚本は、大阪大学で盛田と机を並べ、物理を学んだ同期である。妹婿の岩間に次いで、盛田が最初にスカウトしたエンジニアだ。塚本は、盛田の恩師・浅田常三郎仕込みの、「問題の一番根本にある〝根本の原理〟をつかまえる[23]」、を実践し、科学者魂でトランジスタを制御する根本原理に迫っていく。

高温で溶けたゲルマニウムは一〇〇〇度。そこにリンを投入するのだが、途中で揮発したり、錫箔に包んで投入しても今度は制御ができない。そこでリンと一対一で結合するインジウムとの合金（化合物半導体として現在でも広く使われている）を考えつく。

「このリンとインジウムとの金属間化合物こそ、トランジスタを本物にした」、と日本機械工業連合会の調査研究報告書は記している。[24] 世界で初めてリンの濃度をコントロールできるようにしたこの技術は、WE社やベル研究所をも驚かせた。が、それだけではなかった。

「リンがどこまで入るか、その限界を調べてくれ」と塚本から依頼された江崎玲於奈が、異常現象（リンの濃度が高くなるほどトランジスタ作用が起こらない）に着眼して、素粒子のトンネル効果を発見し、エサキダイオードが生まれ、七三年にノーベル物理学賞を受賞した。

もちろん、塚本の発想は経営的にも大きな成果をもたらした。

高い周波数の増幅特性をもつ質の良いトランジスタが、「極めて高い歩留まりで、安定してどんどん出来るようになった」からだ（歩留り二%が、九〇%超になったという）。製造ノウハウで莫大な技術料を支払う他社と比べて、WE社への基本特許のみで済んだソニーは、量産効果でコストを下げ、大衆市場へ向けて優秀な製品を普及価格で提供しても、なお高い収益性を実現することができた。

ソニーの半導体開発で活躍した川名喜之（元・中央研究所副所長）はこう指摘している。

「井深が『なに、うちの連中ならきっとやるだろう』と言っていたことが事実となった。翻ってTI（テキサス・インスツルメンツ）でもベル研究所でも、このような開発はできなかった。ベル研究所ではゲルマニウム中のリンの拡散係数はアンチモンと同じになっていた（筆者注：だからできないと思い込んだ）。塚本はそれを知っていたが、**あえて実験してみて、実際は大きく違っていることを発見した**のであった。それ以外に改善策が思いつかなかったからでもある。……岩間は一人責任を負ってこの仕事を進めた。そして、やり遂げた塚本を評価した」[25]

ソニーはこの技術の特許を出願せずに「一切秘密にした」。それほど画期的なイノベーションだった。そして、プロダクト・プランニングと一体になったこのデバイス技術が、株式上場やADRなど盛田の一連の財務戦略を優位に展開し、世界中でマーケットを樹立する販売開発を可能にした。

目標設定が最初から明確だった

ここでもう一度、盛田が五三年に得た「直観」に遡って、「世界のソニー」を形づくったものを考えてみよう。帰国するなり、井深に「これから外国と商売するには、このように発音しにくい社名（東京通信工業）ではどうしようもない。もう少し外国人にも覚えやすい名前を作ろう」と提案。その際、漠然といい名前を考えるのではなく、物理屋らしく**「二つの決定基準」を先に出し**ている。

①「字数はあくまでも少ないこと」。ただし、「なんのことか解らない」意味不明は避ける。

②「どこの国でも同じ発音で読まれる」こと。ただし、「感じ良く耳に響く」こと。

SONYのネーミング伝説については、社史『源流』や多くのソニー本に詳しく書かれているので、割愛する。ここでは、ラテン語で音を表す「ｓｏｎｕｓ」の複数形「ｓｏｎｉ」と、英語の「ｓｏｎｎｙ ｂｏｙ」（可愛い坊や）から、独自につくられたとだけ記しておきたい。

注目したいのは、盛田が設定した「二つの重要な決定基準」とその解「ＳＯＮＹ」の斬新さだ。基準①の「字数の少なさ」は、パッと見た時に目に飛び込んでくる映像感覚がある。②の「どこの国でも同じ発音」は、人間の耳に共通して心地よく響く音感を表している。

盛田は語感や音に敏感だった。何しろ、生まれて初めて発した言葉が「ウラ・ウラ」だったことを想い出してほしい。「三つ子の魂百まで」のことわざ通りに、ソニーはそのブランド名＝社名からして、**目（映像）と耳（音響）という人間の感覚を生まれながらに取り込んでいた**のだ。「Ｓ・Ｏ・Ｎ・Ｙ」は、盛田が遺した偉大な財産であり、それは井深の設立趣意書に匹敵する。

ソニーの広告宣伝とブランド活動の実践を担った河野透は、『ソニーのふり見て、我がふり直せ。』というユニークな本で次のように語っている。(26)

「（「ＳＯＮＹ」が）ハナモゲラ語というかエスペラント語のような感覚に乗って編み出されたことがおもしろい。おまけに、表音文字の標記だから、すぐに記号化する。図像として視覚で捉えるようになる」。「記号化まで視野に入れて音を選んでいたとすれば（いまでいうアイコニック・デザイン）、ちょっと頭抜けたセンスですね」というインタビュアーの質問に対して、河野は続ける。

「海外でやると決めた。海外に活路を求めた。それには社名はどういうものでなければいけないか。**経営陣が明確にそのことを踏まえて編み出した。ソニーという社名は、海外でビジネスするうえでのパスポートだ。これだけで身分照会に耐えてやる。**そういう意識の下にこのブランドは生まれたわけで、経営の視野と宣伝の視野の見事な一致といえる」、と。

あらためて考えると、「トランジスタを本物にした」のは、最初から「トランジスタラジオをこしらえる」ことを明確に示した井深の目標設定だったし、「世界のソニー」を構築できたのも「世界に自らの手でマーケットをつくる」と、最初から明確に示した盛田の目標設定だった。

もっとも、一〇年余りにわたって、慣れ親しんできた社名（東京通信工業）を変更するに当たっては、当時はその真意が理解されず、社内外で反対の合唱が相次いだ。

そんな中でブランドの運命が決する瞬間が、アメリカでやってくる。この後で述べるように、それは魅力的な商売の誘惑にして、経営者の力量を試す試金石でもあった。そこを見事に乗り切った盛田は、「自分のベストのデシジョンだった」と、後に振り返っている。

「秩序ある混沌」から生まれる「フロー」

ソニーには、そこからストーリーを語り出せる象徴的な写真が何枚かある。この写真は（次ページ。本書の扉裏にも掲載）そんな一枚だ。『経済白書』が「もはや戦後ではない」と告げたのは五六年七月のこと。その二カ月前に、東通工は創立一〇周年を迎え、全社員四八三名を集めて記念撮影を行った。

御殿山の本社工場に鈴なりの人びと。よく見ると、三階のベランダにはトランジスタ製造ラインの女性たち（後に半導体の拠点・厚木工場をつくると「トランジスタガール」と呼ぶようになる）、二階にはエンジニアが勢ぞろいし、地上の広場に集合した事務員や販売部隊、前面の経営幹部へと連なる。割烹着を着た社員食堂のおばさんまで一緒に写っている。

先頭には井深と盛田が、船の舳先《へさき》に立つように威風堂々たる姿を見せている。まだソニーに社名は変更していなかったが、「もはや東通工ではない」という意識が二人に漲《みなぎ》っていたのではないか。盛田は、左手に発売されたばかりのトランジスタラジオTR－6（アメリカの科学雑誌『ポピュラー・サイエンス』の表紙を飾った）を持ち、右足を一歩前に出してスタンバイしている。

「事業が成り立つもの（ビジョンやプロダクト）」をようやく手にして、「ソニー丸」の「ファミリー」が全員一丸となって、これから世界の七つの海へ漕ぎ出していくのだ――。そんなメッ

1956年5月、本社工場に全社員483名を集めた創立10周年の記念撮影。食堂のおばさんにも声を掛け、全社一丸となって、世界の七つの海へ漕ぎ出すというメッセージが込められている。

セージが、ここに現されている。

写真が撮られた五六年五月、江崎玲於奈は半導体デバイスの夢を追いかけて、神戸工業から東通工へと転職してきた。井深、盛田と面談した江崎（当時三一歳）は、次のように述べている。

「彼（筆者注：盛田）はまだ三十五歳の好青年、井深さんと共に自由闊達、よいテイスト（好み）を持つマネージャーという印象を受けた。ここに入社して、私もこのアンビシャスな（筆者注：大志を抱く）両人に負けずにアンビシャスな研究者」となり[27]、一年後にトンネル現象を発見。日本の民間企業に従事していた研究者で初のノーベル物理学賞の受賞につながった。

世界的評価を集めた発見を契機に、江崎は六〇年にＩＢＭワトソン中央研究所に転身。彼のニューヨーク郊外の自宅を、盛田はエサキダイオードを使ったソニー・ラジオを持参し訪問している。江崎は気配りに感謝しながら、盛田が終始「〝日本人の誇りを保つ〟というスタンスを崩さなかった」ことに共鳴している。「彼は、私もそうであるが、第二次世界大戦を体験し、そして敗戦という環境の中で智慧と度胸をつけて来た人間である」、と。

その江崎は、当時のソニーのカルチャーをこんなふうにも語っている。それは一口で表現すれば、「組織された混沌」（ｏｒｇａｎｉｚｅｄ ｃｈａｏｓ）であった、と。「部分的にみますと技術者は自由奔放に仕事を進め、混沌としておりますが、会社全体としては、目標が明確で良く秩序が保たれておりました」[28]

「**秩序ある混沌**」とも表現されるこの状態は、アメリカの著名な心理学者でシカゴ大学教授だったＭ・チクセントミハイが、提起した「**フロー体験**」と重なる。「フロー」（ｆｌｏｗ）というのは、「困難ではあるが価値のある何かを達成しようとする自発的努力の過程で、身体と精神を限界にまで働かせ切っている

時に生じる」「最良の瞬間」のことである。(29)

二一世紀初頭に、迷走をはじめたソニーの経営をめぐって、当時の出井伸之CEOと対立し激論を闘わせていた上席常務の土井利忠が、チクセントミハイの「フロー」と出会ったのは、その頃だ。土井は、CDの共同開発や犬型ロボットAIBOのプロダクト・マネージャーとして活躍。みずからの体験を踏まえ、かつてのソニーにあった「燃える集団づくり」を唱え、理論的な背景を求めていた。そこで、チクセントミハイ教授の講演を聴きにアメリカにまで出かけていった。

その会場で彼は、パワーポイントがいきなりソニーの設立趣意書の第一条「真面目なる技術者の技能を、最高度に発揮せしむべき自由闊達にして愉快なる理想工場の建設」を、大きく映し出したことに、椅子から転げ落ちそうになった。教授は、「自由闊達にして愉快なる」の箇所を特に強調し、「これがフローに入るコツなんです！」と語ったのである。(30) ちなみに土井は現在、天外伺朗《てんげしろう》の名で、人材と経営風土の開発運動を主宰している。

東通工の創立一〇周年の記念撮影が語るのは、そんな「フロー」な力を発揮して「秩序ある混沌」を実現させていた頃のソニーの姿だ。江崎や土井をはじめ多くの〝時代の才能〟を引き寄せ、「自発的努力の過程で」、彼らの創造力を「限界にまで働かせ切っている」場がそこにはあった。

「フロー体験」はR&Dだけではなく、どの現場でも発揮させることができる実践である。

それは上昇気流に乗って、はるかな上空を滑空しながら、地上に這い出た一匹の野ネズミの動きを見逃さない、猛禽類の集中力にも喩えることができる。問題は、決定的なその場・その瞬間に、どんな「フロー」を実現できるか、だ。

写真では盛田の表情がやや不敵なまでに見えるが、この背景には見事な「フロー」を実現した一年前の、彼にとってもソニーにとっても画期となったアメリカでの体験がある。江崎の言う「**智恵と度胸**」そして「日本人の誇り」を持って、盛田は経営者として一回り大きくなったからである。

盛田が下した「生涯で最良の決断」

五四年一二月に「世界初のトランジスタラジオ発売」という栄誉を、アメリカのリージェンシー社に持っていかれた時、東通工のエンジニアたちは「通産省が、もう少し早く外貨割り当てを認可してくれていたら……」と地団駄を踏んで悔しがった。

それならば、より小さなポケット型に挑戦しようと決意したが、小型の部品そのものがない。急遽、井深、盛田は部品メーカーの協力依頼に奔走。五五年三月には量産試作に入った。そのデザインから通称「国連ビル」と呼ばれた第一号機TR－52型（次ページ写真）のサンプルを持って、盛田は渡米することになった。好景気に沸くアメリカ市場を攻略するためである。

ちなみに、先のリージェンシー社は、TI社製のトランジスタを使用していたが、主導権はTI側にあった。TIはもともと石油機器会社で、トランジスタに新しいビジネス鉱脈を見出し、用途開発の一つにラジオを位置づけていた。したがってリ社の世界初の製品は、米軍用の積層乾電池を電源とし（使用寿命は一時間）、感度も悪く、東通工とはラジオに対する「**アンビシャス**」がまるで違っていた。TIは数年後に、研究員のジャック・キルビーが発明したICの基本特許で、世界有数の半導体企業に転身する。[31]

アメリカの小売店を片っ端から回りどぶ板営業を始めた盛田に、「そんなちっぽけなラジオなんか必要ない」「でっかいハイファイ・ラジオで間に合っている」と、誰も関心を示さなかった。

そこで、観察を基に説得の仕方を変えた。

「ニューヨークだけで二十以上の放送局があるじゃないですか。いろんな番組の中から、自分専用のラジオでお気に入りの番組を聞けるほうがいいですよね」と。「それが、プライベート・ラジオです。プライベート化したわけです[32]」

この切り口が受けた。それは、五〇年代頃からアメリカで花開いたポップ・ミュージックに代表される大衆文化の勃興とともに、新しい**ライフスタイル**につながるコンセプトだった。

「飛びつきたいような契約の申し出がいくつ

盛田がアメリカにサンプルを持参し“幻の第一号機”となったトランジスタラジオTR-52。ご覧のように、気温の上昇で白いキャビネットのプラスチックが変形、発売を断念した。アメリカでの販売価格は29.5ドルの予定だった。ブローバー社からの10万台のOEM（相手先ブランドによる製造）を受注していたら、存亡の危機に直面していただろう。

かあった」（盛田）。その代表が大手時計会社ブローバー社からのものだった。有名なソニー伝説の一つだが、そのエピソードは際立っている。

NHK『プロジェクトX』の番組制作スタッフが、実際に盛田と応接した八三歳（当時）のアーサー・グールドに取材、証言を得ている。(33)そこで、盛田の著書も参照して、この場面を再構成してみた。グールドは三八歳でラジオ部長、盛田は三四歳である。(34)

グールドによれば、盛田は三台のトランジスタラジオをブローバー社に持ってきたという。慎重に検査を行った後、改めて会ったグールドはこう切り出した。

「御社のラジオの品質は素晴らしい。二年間で一〇万台購入する契約を結びたい」――。「一〇万個！私は肝をつぶした。信じられないような注文だった。わが社の生産能力の数倍ではないか！」（盛田）。「ただし」とグールドは続けた。

「ジャパン・ブランドでは売れない。……ブローバーの名で売ることが条件です」。「途端に私の興奮はさめた」、と盛田は述べている。その時、グールドは「彼の表情が瞬時にこわばった」ことを見て取り、言葉を継ぎ足した。

「ソニーの名を（アメリカで）知る人はいない。わが社は五〇年も続いてきた有名な会社なんですよ。毎年、広告に数百万ドルも使っている。わが社のブランドを利用しない手はないでしょう」

TR－52につけられた「SONY」の文字（それは初めて製品に付けた商標だった）を、じっと見つめながら、盛田は「これは断るべきだ」と判断した。だが、その場では「本社と相談したい」と辞しホテルに戻って電報を打った。本社からの返電に、盛田はがっかりした。「一〇万台はもったいない。商標などどうでもいいから注文に応じろ」――だったからだ。

「私はその発想が気に入らなかった。だからその返事も気に入らなかった」、と著書で吐露している。再度、「断りたい」と電報を打ったが、返事が来ない。ついに井深に国際電話をかけた。「井深さん、僕は向こうの商標をつけるべきではないと思う。そのためにわれわれはSONYというネーミングを考えたはず。われわれは自社の製品を自社の名前で売って、世界に名を上げようじゃないですか。それに、かりに、一〇万台の注文をもらったって、いまのうちじゃこなすことができませんよ」

この電話で井深を口説いた盛田は、グールドとの三度目の会見で注文を断った。憮然とする彼に、盛田は宣言する。「五〇年前、あなたの会社のブランドは、世間に知られていなかったでしょう。いまわが社は、新製品とともに五〇年後に向けて第一歩を踏み出そうとしているところです。たぶん、五〇年後にはあなたの会社に負けないくらい、SONYのブランドを有名にしてみせます」。そう大見得を切った。

四〇数年後、NHKの取材にグールドはこんな感想を漏らしている。「モリタは、『五〇年後には、あなたの会社より有名になってみせる』と言いました。何人もの人が私に同じことを言いましたが、この『約束』を守ったのは彼一人だけです。あのときの彼の決断は、人生で最高の選択でした。そして、私の選択は最悪でした(35)」

この盛田の決断に、「なんて惜しいことをしたんだ」と文句を言っていた東通工幹部の声は、初夏を過ぎてかき消えた。車のダッシュボードなど直射日光が当たる場所に置くと、太陽熱で前面に取りつけた白い格子状のキャビネットが浮き上がり、反り返るようになったからだ。プラスチックの材質に問題があった。またプリント基板や小型部品も性能が安定しなかった(36)。

もしブローバー社の一〇万台を受注していたら、アメリカでクレームが殺到し訴訟問題に発展。存亡の危機に直面していたはずだ。当然、「ソニー」ブランドの成功もありえなかった。

盛田自身も「この決断は、私のこれまで下したなかでもベストなものだ」、と幾度となく語っている。会社の大損害を未然に防いだだけではない。「ブローバー」という名門ブランドの洗礼を浴びて、「SONY」**ブランドに魂を入れることができた**からだ。

目先の利益を取るか、商標の魂を取るか。経営の基軸が問われた時、盛田は躊躇することなく後者を選んだ。それは、チクセントミハイの言う「フローな瞬間」だっただろう。本人も、この体験を契機に、「新たな自信とプライドが湧いてきた」(37)と語っている。

チクセントミハイは、著書『フロー体験 喜びの現象学』の日本語版序文で、「日本の文化のある要素」(弓道や禅など)と自分の研究の「類似性」に触れ、「フロー」についてさらに解説する。

「達成する能力を必要とする**明確な課題に注意を集中**している時、人は最高の気分を味わう」と述べ、「**対象への全体的な関わりをもつように秩序立てられる時、最良の結果が生じる**」、と。

発売中止となった幻の一号機に代わる新型の開発では、「すべての部品が乗り越えるべき課題を抱えていた」。目標に設定したポケッタブルなサイズにするためには、部品を小さくしなければならないが、「小さくすると品質の問題が起こり、生産性も悪くなった」。

高い精度と安定した品質で量産を実現するためには、部品会社や町工場を歩き回って親父や職人たちを説得し、「一緒になって改善に当たらなければならない」(38)。真空管とは違うトランジスタの特性に合わせた

〝部品革命〟が必要だった。

アルプス電気やフォスター電機、日本ケミコン、帝国通信工業など、現在、日本を代表する電子部品メーカーは、こうしたソニーとの協業のなかで、苦労をともにしながら育っていった。

ラジオの責任者だった鹿井信雄（後に副社長）は、「すべてが新しいチャレンジだった。TR－52は生産を断念し、基本構造から設計をやり直した。これ等の体験と決断が将来のモデルの設計をより実際的なものにする大きなステップになった」と綴っている。(39)

第二号機TR－55が完成したのは五五年八月。日本初のトランジスタラジオ（トランジスタから一貫して自前で製造したという意味では、世界初）として九月に発売。銀座のラジオ店の前には長い行列ができた。第一号機が頓挫したため、製品につけられた「SONY」のロゴマークが、初めて世の人びとの目に触れたのは、この時だ。

初めてのトランジスタラジオで、世間の耳目を集めた熱い夏に、盛田は東京店頭市場に株式を登録。予想される膨大な資金需要をこなすため財務戦略の第一歩を踏み出した。もっともこの時は、社名はまだ東通工のままだった。社内外の反対が強かったためステップを踏んだのだ。

まず、五五年三月に「SONY」の商標登録を出願。同じ年の八月に店頭銘柄となり、五七年九月には東通工商事を「ソニー商事」に変更。五八年一月になって正式に社名を「ソニー」に変更した。三年掛けて社名と商標を一体化。企業活動がブランドとリンクするようになった。そして五八年一二月には、晴れて東証一部にソニーとして株式を上場した。

「SONY」の旗を掲げた五五年一〇月期の営業報告書は、覚悟とビジョンをこう記している。

「トランジスタが家庭のラジオの性格を大きく変革することの、我が国における実現の第一歩は当社によってスタートしたわけです。トランジスタは決して単に小型ラジオ用に限られるものではなく、各種無線通信機や大型ラジオ又はテレビにも用いられる宿命を有しております。我々は、この定まった軌道を進むために、今期発足したと申し上げても過言ではございません」

盛田が、ソニーの第二期（後述）はここから始まったとしている理由が、明らかにされている。

トランジスタの量産が軌道に乗り、世界の五本の指に入るトランジスタ製造企業ともなった五六年。井深と盛田は、大阪の料亭に松下電器の松下幸之助、早川電機（現シャープ）の早川徳次、三洋電機の井植歳男の三社長を招待している。席上、井深はトランジスタと

大阪の料亭「なだ万」に、関西家電大手3社の社長を招待。トランジスタの外販の意思を伝え、トランジスタの時代をつくって行きましょう、と呼びかけた。前列の左手前が早川電機（現シャープ）の早川徳次社長、中央が松下幸之助社長、右端は井深。後列の左が盛田。三洋電機の井植歳男社長は、到着が遅れたかまだ席についていない。

ラジオを披露し、「私どもでこんなものをつくりました。よろしかったらぜひお使いください」と挨拶した。(40)

中川靖造は著書『創造の人生　井深大』で「この会合の相乗効果は予想以上に大きかった」と書いている。大規模な真空管工場を稼働させたばかりの大手電機各社は、トランジスタに懐疑の目を向けていたが、その流れが一挙に変わったのである。井植はトランジスタラジオの開発を社内に指示し、松下はソニー製トランジスタの導入を決めた。

盛田は、ソニーの第二期は五五年八月から六一年三月までとし、「トランジスター・ラジオを次の製品として、国内の販売態勢を固め、一方、海外に進出、ソニーの名前を世界に広める」と書いている（『学歴無用論』）。小さな製品を手に、まだ町工場だったソニーが、大きな志を抱いて、世界へと乗り出していく。トランジスタによる革命がはじまろうとしていた。

第4章 確信

「積み重ね発想ではダメなんです」

ブロードウェイ五一四番地——。そこは、アメリカにおけるソニー発祥の地だった。大賀典雄は、一九五九年五月、イギリスのサウサンプトン港から出航した豪華客船ユナイテッド・ステーツ号で、ニューヨークの地を初めて踏んだ。

その船旅は、欧州に出張してきた盛田に、ドイツ滞在中の大賀が「大西洋を最速で横断する船に乗りませんか」と誘ったものだ。結果的には「四日と一〇時間にわたって入社を口説かれた」と大賀が高揚しながら話すエピソードとなったのだが、上陸するなり盛田に連れていかれたのは、五七年に「ＳＯＮＹ」の看板を掲げた最初のアメリカのオフィスだった。

中華街とイタリア人街に挟まれた「全く見栄えのしない」、間口三間ほどのウナギの寝床のような「居心地の悪いオフィスで」奥に倉庫があった。ただ、「そこに働いている人々は、トランジスタラジオという新しい商品で巨大な米国市場に切り込むのだ、という意気に燃えていた」。二〇〇〇年に、大賀は四〇数年ぶりに現地を再訪。「当時の建物がまだ残って」いたと感慨を新たにしている。(1)

一方、数々のイノベーションのドラマを生んだ御殿山の本社と工場群は、いまはもうない。大賀は死の直前まで、ソニーNSビル八階の執務室に通っていたが、旧本社を向かいに見下ろせる窓から、建物が取り壊されていく様子を、じっと見つめていたという。その胸に去来したものは、井深と盛田が残したDNA――文化遺伝子――を守り切れなかったという想いだった（後述）。

五七年二月。集まった東通工商事（同年九月にソニー商事に改称）の支店長や幹部を前に、盛田は「三月に発売するこのポケッタブル・ラジオで、われわれはラジオの世界に革新を起こすのだ。その結果として、この夏には（真空管による）ポータブル・ラジオメーカーが、数社つぶれるに違いない。しかし、技術というものはそういうものなので、われわれは新しいものを推し進めていくために、全力を注がなければならない」と宣言した。(2)

単に檄を飛ばしたというよりも、破壊的イノベーションによって、これから起きる事態を予想し（事実そうなった）、認識を共有しようという姿勢がうかがえる。「ポケッタブル」は、ポケットに入るほどの驚くべき小ささだと訴えるために、ソニーがつくった和製英語で、TR－63の発売時に初めて使われた。

もっとも、実際は市販のワイシャツの胸ポケットに入れるには、わずかに大きかった。そのため、盛田はセールスマンに大きめの特製ポケットをつけたワイシャツを支給した。

盛田の発言を、ポケッタブル・ラジオのビフォー・アフターで比較すると興味深い。

・ビフォー＝五五年

「日本最初のトランジスタラジオの発表も、一般のラジオ屋さんは素直に受け取ってくれず、余り関心を払ってくれません。テープコーダーの時と同じく販売上の苦労を重ねました」[3]

・アフター＝六一年

「いろんな方がテープコーダーやトランジスタは〝当たり〟ましたねと、こうおっしゃられる。私ははなはだ心外でございます。……私たちは、これは当てるべくして当てたのでありまして、狙って、その通りに歩いてきただけの話なのです」[4]

この発言の差は、何がもたらしたのか。この間の推移を見ると、五七年度から桁が変わるように業績が跳ね上がっている。前年度と比較すると、一年で売上は二・四倍、営業利益は三・四倍となり、三割配当を実施しただけではなく、従業員にも特別ボーナスを配っている。創業以来一〇年かけて六〇七人（五六年）に達した従業員数は、翌年に一五五〇人と急増した。

明らかに、何かが変わったのである。

創業一一年目＝五七年に目に見えて表れた変化。それは、プロダクト（エンジニアリング）と販売（マーケティング）の二つの変化としてまとめられる。まずは、プロダクト面から見ていこう。

ポケッタブル・ラジオの設計を行った鹿井（前出）が、「一番苦労したのは、使用される部品の小型化開発と、これらを各部品メーカーから良い品質で、安定的に供給してもらうこと」[5]だったという。当時、片岡電気（現アルプス電気）の担当者は「（ソニーさんから）大変難しい図面をもらって、小さく、小さく、小さくと言われ、会社に持って帰ると『こんなもんできるかよ』と怒鳴られ、社内を説得するのに苦労した」と証言する。

一方、現場でトランジスタ開発を担った塚本哲男たちは、〝歩留まり地獄〟に苦しんでいた。井深は、製造法の「歩留りが五パーセントになったとき、ラジオ生産の指令を下した」。この時は、周りのだれもが「無謀さに」驚き、「時機尚早」だと反対する声が上がったが、「自説を曲げなかった」[6]。その理由を、本人は後年、次のように述べている（一部抄録し編集した）。

「歩留まりの悪いものほどやる価値がある。これは一貫して私の考え方です。……歩留まりを一つも恐れなかった。……よその会社では、ここまで来たから、その上をここまでよくしてという（積み重ねの）考えしか浮かんでこない。でも、そうした**積み重ねの発想ではダメ**なんです……いきなり、目的は（トランジスタ）ラジオだといって、それをなんとかやり遂げようという気になれば、出来るんです」[7]

流通科学大学学長の石井淳蔵は、松下電工会長だった三好俊夫から聞いた経営のエッセンス＝「強み伝いの経営は破綻する」を、著書『ビジネス・インサイト』（岩波新書）の冒頭に掲げている。井深の発言をフォローするために、要約して紹介したい。

三好は、既存のドメインのなかで、改良商品をつくっていくことを、「尺取り虫が一歩ずつ体を伸ばして」進む姿に例え、それを「強み伝い」と表現し、次のように解説したという。

「このやり方は、管理者がいれば十分で、経営者不在でもやっていけます。……これだと、会社が潰れるのをくい止める力はあるかもしれないが、伸びはしない。**『強み伝い』をやっていくうちに、大体、斜陽産業になってしまう**のです。世の中が変わって、そのうちにだんだん自分の置かれている場所は小さくなってくる。……社会の動きの方が企業の動きよりももともと早いということだと思います。だからやはり（経営者は）跳ばないといけないのです」

これは、日本のエレクトロニクス産業がまだ元気だった頃（九四年）の発言だが、二一世紀初頭の凋落を見通している。半世紀前のソニーはそうではなかった。だから、クリステンセン教授の言う「連続破壊者」たることができたのだ。

トランジスタに話を戻すと、結局、仕事に熱中する余り病に倒れた塚本が、病床でひらめいた「とんでもない発想」(8)が、歩留まり地獄から抜け出し、ノーベル物理学賞を受賞したジョン・バーディーンをして「我々はトランジスタを発明したが、それを本物にしたのはソニーだった」と言わしめた。

エンジニアや社員の隠れた潜在能力を、現状の殻を破ってまで発揮させるには、それにふさわしい場づくりが必要だ。経営者が、「強み伝い」の「積み重ね発想」をしているようでは、そんな場はつくれない。

盛田は、後年、こんなことを語っている。

「サイエンス、エンジニアリング、テクノロジーといった分野の場合、じっと考えていても創造力というのは出てこない。**一つのターゲット＝目標を設定して、そこへ向かっていくことによって、クリエイティビティが出てくる。**目標のためにはどうしたらいいか、ということで、逆に技術を開発していく。仕事のトップの非常に大事な使命は、**新製品の目標設定である**(9)」

かつてのソニーは、エンジニアを本気にさせ、病床でも考えさせるほど凄まじい集中力を発揮させることができた。それは、一つには目標設定が明確であったからだ。

そうした成果が徐々に実って、トランジスタや小さな部品が安定的に供給できるようになり、諸条件が揃ってTR－63が生まれた。さらに、決定版ともいうべきTR－610も誕生する（写真）。

ある時TR－63を手にした盛田が、設計者の鹿井に「たばこのマルボロの大きさにならないかね」と声をかけた。そうすれば市販のシャツに楽に入り、世界中でポケッタブルを実感できるからだ。鹿井は工夫を重ね、手作業で配線した試作機を見せに行ったところ、盛田はその場で「（これ）すぐやろうよ」と応じた。以下は、その際のエピソードである。

鹿井：「ところでマルボロの大きさで出来たら盛田さんは何でもやる、とおっしゃったんですよ」

盛田：「おれ、そんなこと言ったかなぁ。で、何が欲しいんだ？」

鹿井：「マルボロの箱、一カートンください」

鹿井は「今になってから失敗したと思いま

1958年6月に、まず欧米で先行発売された、当時世界最小のポケッタブル・ラジオTR-610。価格は1万円だったが、59年8月からは一層の量産効果で8000円に値下げされた。トランジスタラジオの代名詞となり、世界で大ヒットとなった。

したよ。その時に、株を五株くらいくださいと言っておけば。（笑）マルボロ三五〇円くらいでしたから、五〇円株を七株くらいもらってたら、……私は三〇億円位あったんじゃないかってね。（笑）やぁ、失敗したよね。そのころは、エンジニアで株式のことなんて考えてませんでしたから」(10)

マルボロを意識したような斬新なデザインで、世界最小のトランジスタラジオTR－610が発売されたのは、五八年五月。ただし、まずアメリカ、次いでヨーロッパで発売するという常識破りの販売だった。スタイリッシュさと高い品質が受けて、爆発的な人気となった。その熱気を逆輸入するかのように、日本での販売がスタートしたのは一一月。

その翌月に、ソニーは東証一部に株式を上場させた。このあたりの呼吸は、まさに盛田の「狙い通り」だといえるだろう。

「マーケットは創造できる」というメカニズム

TR－610は世界で大ヒットとなり、トランジスタラジオを世界に認知させただけでなく、輸出立国・日本のモデル・ケースとなった（ソニーの輸出が本格化したのはTR－63から）。もっとも、そのためには販売網の整備が前提となっている。販売面から、アメリカでの取り組みを見ていこう。

始まりはいつも、つましく困難なものだった。ソニー・アメリカのイタリア系社員による逸話がある。ニューヨークに事務所を設けた五七年九月頃だと思われるが、「雨がそぼ降る夕方に、シャッターを必死で叩いている東洋人の青年に気づいた。事務所には誰もいなかったので、駆け寄って声を掛けたら、英語も通じない日本人で、それがミスター・モリタだった」という。

後年、アメリカ人を感動させる英語の名スピーチを連発し、世界に通用するコミュニケーション力を持つに至るが、それは**相手にいかに伝えるかを常に研究し、学びと練習を繰り返した成果**である。そうしたスピーチのいくつかを収録した本が発売され、いまあらためて映像と音声で見聞きできるようになった[11]。流暢な英語でなくても、聴衆を冒頭の「つかみ」で一挙に惹きつけ、簡潔なセンテンスで明確なメッセージを、聞き手のハートに打ち込むさまがよくわかる。

盛田は「はじめてアメリカへの輸出を計画したとき、私はアメリカで製品を売ることの複雑さに驚き、絶望的な気持ちにさえなった」と打ち明けている。当時は「アメリカに支店のある名の通った日本の商社に商品を預けるのが最も普通のやり方だった」[12]。しかし、彼は商社に頼らない道を選んだ。その場合、商品の船積み→通関手続き→配送の手配→ディストリビューター（問屋）→ディーラー（小売店）というルートを、アメリカという巨大な国でどう構築するかという困難な問題に、たちまち直面する。

それでも、**「経営理念や新技術の価値を、消費者へ直接伝える販売ルート」**が、ソニー百年の計のために必要だと判断したわけだ。だから、最初から商社には頼らなかった。「それは、私も一〇〇％賛成だ」と語るのは、ゼネラル物産（現在の三井物産）から、ソニーに中途入社した卯木肇だ（外国部長を経て後に専務）。「物産の社員でも優秀なのがいるから、トランジスタラジオはこういう商品だと効用を説明するのは、それなりにやりますよ。しかし五分間と持たない。鉄鉱石何千トンという商売をしているのに、見たこともなかった小さなラジオをちまちま説明なんて、やってられない」からだという。盛田の戦略を、卯木は次のように読み解く。

「日本では売りにくかったのです。東芝、日立などみんなトランジスタラジオに取り組み始めた。松下には数万店のショップ店がある。（五〇年代後半は）冷蔵庫、洗濯機、掃除機が三種の神器になった時代。町の電気屋さんには、ソニーのトランジスタラジオなんかどうでもいいけど、松下の冷蔵庫や洗濯機が売れなくなったら、おまんまの食い上げなんです。

生産力は資金があれば拡大できるけど、販売力の拡大は簡単じゃない。だけど、販売力がないと、いくらつくっても在庫の山になるだけ。ではどうするか。海外に販路を拡大しようじゃないかと。しかも、販売力がゼロに等しい国内販売から見たら、アメリカのマーケットは大きい。人口は倍だし、その頃は財力たるや一〇〇倍も違う。チューブのように国内から押し出されたけれど、盛田さんにとっては、スターティング・ポイントが同じだから、海外のほうが得だと読んだのでしょう。もちろん、勝てる保証はないけれど、日本よりは勝つチャンスは多いと見通したんだ」

盛田自身は、こう語っている。

「私はテープコーダーの経験から、販売というものは、新製品を持って行っても簡単に売れるものではないんだ、と。しかし、私どもが本当に真剣に考えて、これは必ずいいものであると**確信を持ったものに関しては、努力を傾ければマーケットは創りうる**ものだという確信を持ちました。このことは、私は後に、ドラッカー教授が書きました『現代の経営』という本を読んでおりまして、会心の微笑をうかべたのでございます。その本の中に、最良のマーケティングは『マーケットをクリエイトするものだ』、即ち一番いい販売方法というものは、マーケットを創り出すことなのだと書いてある。先頭に立って新しいマーケットを創り上げていく点にあるわけです[13]」

盛田が読んで「会心の微笑をうかべた」というP・F・ドラッカーの『現代の経営』（ダイヤモンド社）には、こう書かれている。

「企業の目的として有効な定義は一つしかない。すなわち、**顧客の創造**である。……企業の行為が人の欲求を有効需要に変えたとき、初めて顧客が生まれ市場が生まれる」

創業期にソニーがつかんだ「確信」（成功の〝核心〟とも言える）は、ほぼ三つにまとめられる。

①これまでになかった新しい商品をいかに創るか。そのためには、社会や人を倦むこと無く絶えず観察し、変化を鋭く察知すること。

②この商品は、人々の暮らしや人生に欠けているものを満たせるという確信が得られれば、「蛮勇」を奮ってでも実現し、それを届けるために「説得」とコミュニケーションの努力を惜しまない。

③目標が設定されているから、「歩留まり地獄」があろうと、「無謀」だと言われようと、ひたすら仲間をモチベートしながら、集中していくことができる。

そういうメカニズムが動き出して、ソニーは次へ向かってステップアップしたのだ。

ニューヨークという〝フロンティア〟に攻め上る

「盛田さんがやった仕事のすごく大事なところは、**常にフロンティアを意識的につくってきた**ことじゃないかな」。そう語るのは、入社早々の二〇歳代から「リーガル・リエゾン」（法務の連携役）としてアメリカに派遣され、当時の盛田の法務戦略や事業展開に身近に接した徳中暉久である（後にソニー副社長）。

そして次のように続ける。

「人が育つのは、やっぱり新しいことを苦労してやっているときで、ソニーの成長期において、盛田さんはそういうのを意識的につくってきた。盛田流の経営の本質は、**みんながチャレンジできるものをつくっていったことにあるんじゃないか。**前に人がいないところを走るのは、実に大変で苦しい。だけど、そこから会得するものが違う。命令されてやるのではなく、**自分で考えて自分で行動することの大事さを、彼は身をもって示していた**」

盛田は「学校を開いたのではなく」（徳中）、自分が置かれた環境を観察し、そこから意味のある情報を取り出し、みずから考え・学んで行動していくことを教えたといえる。それは、彼が「世界に打って出よう」と行動を起こした一九五〇年代後半に、アメリカの知覚心理学者、ジェームズ・ギブソンによって提唱された「**アフォーダンス**」とも通底する。

「アフォーダンス」(affordance) は、動詞の「アフォード」(afford) から生み出したギブソンの造語で「環境の中に実在する、知覚者にとって価値のある情報」のこと。東京大学大学院情報学環の佐々木正人教授は以下のように解説する。

「アフォーダンスは刺激ではなく『情報』である。動物は情報に反応するのではなく、情報を環境に『探索』し、ピックアップしているのである。したがって、アフォーダンスが利用される背景には、時間の長短はあれ、かならず探索の過程を観察することができる。……**知覚者が『獲得し』、『発見する』もの**なのである」。「環境は潜在的な可能性の『海』であり、私たちはそこに価値を発見し続けている」[14]

「世界中をマーケットにしよう」と盛田が決意した時、アメリカに日本よりも大きな「可能性の海」を発見した。それは、経営者としての可能性のフロンティアでもあった。

もっとも、当時はパックス・アメリカーナ（アメリカによる平和）の繁栄の絶頂期で、フランスを代表する思想家ジャック・アタリによれば、世界の「中心都市」がニューヨークであった時代だ（四五年から六五年の二〇年間）。アタリはエレクトロニクスがニューヨークを世界の中心都市にしたと言い、「『個人の自由』を尊重する市場経済の発展を加速させた」として、トランジスタラジオを象徴的に位置づけている。

「電池とトランジスタという画期的な技術革新が、ラジオとレコードプレーヤーの携帯型を生み出した。これは大革命であった。というのは、これらの登場により、若者たちはダンスホール以外、つまり親の目の届かないところでもダンスに興じることができるようになったからである。これは性の解放につながり、ジャズからロックといったすべての新しい音楽ジャンルの幕開けともなった」[15]。すでにベビー・ブーマー（日本では団塊）世代が控えていたが、五〇年代にはエルビス・プレスリーが人気を博し、ティーンエイジャーが大衆消費社会の新しい顔として、台頭しつつあった。

その新しい時代の兆候をいち早く察知し、自らアメリカの懐に飛び込んで、フロンティア開拓の陣頭指揮を執ったのが盛田だ。そしてトランジスタ革命が世界に伝播する役割を担った。

もちろん、一人でできたわけではない。人との出会いや環境のなかから**「価値のある情報」**を探索し学**んだこと。**大急ぎで**（背伸びも精いっぱいしながら）、**ニューヨークをはじめ世界に拠点を配置したこと。同時にそれは、世界で闘うための人材を見つけ・育成する必要に迫られることでもあった。まずは、第一ステップから、格闘の実際を振り返っていこう。

「根本方針」を決定づけた三人のメンター

「アメリカは世界市場の檜舞台だ。ここで勝ちを制しなければ、技術のパイオニアにはなれない。競争が前提の自由経済は、それに勝たなければ、こちらがつぶされる」[16]。世界の中心都市ニューヨークにどう攻め上るか。ここでもカギはやはり人だった。

「主人の人生を一言で言えば、素晴らしい人たちに恵まれたことです」と盛田良子夫人は語る。たしかに、恩師・淺田常三郎や井深との出会いはその典型例だが、アメリカでも三人のメンター(優れた助言者)と出会っている。それは、単に運に恵まれただけではなく、価値ある情報をつかみ取る「アフォーダンス」の力が盛田にあったことを物語っている。

自ら輸出の仕事を始めたばかりの頃、「外国との交渉・契約などさっぱり勝手がわからず困っていた」時に出会ったのが、アメリカの弁護士・香川ドック義信だった。GHQの法律顧問として来日した日系人で、「ご飯は薪で焚いたものしか食べない」というほど「日本人としての筋金が一本通った人」だったという。「すっかり彼の人柄に魅せられて、輸出拡大の方策のひとつひとつについて相談をするようになった」[17]

少し後の話だが、広告志望だったのに、盛田の指示で広報を担当させられた当時二〇歳代の大木充は、こんな挿話を語る。「香川さんという日系二世のうるさい弁護士がいて、盛田さんは英文は全部この人にチェックさせるんです。彼が了解しない限り、手紙も発表文も一切外に出してはいけないと。必死に英文を書いても、必ず香川さんからダメ出しがくる。『こんな英語は使えない。よくお考えなさい。文章がおかしいでしょ』。急ぎなのに突き返される。盛田さんに相談しても、『香川さんに揉まれりゃ、みんなよくなるんだから。勉強だよ』と笑いながら相手にされない。結局、また懸命に英文を練り直す」

かくて大木は、三二歳で「アメリカでソニーの広報を確立せよ」というミッションを盛田から託され、ソニー・コーポレーション・オブ・アメリカ（以下ソニー・アメリカ）の広報部長となる。「あの人は、計画的なんですよ。四〜五年前から、何年後にはこいつはこうしようと考えていて、そこへ向けて鍛えようという意識がすごくあった」と述懐する。

それは、彼自身が経てきた道だからだ。

当初、盛田はニューヨークに出張しても、安ホテルに泊まり、「オートマット（自動販売式食堂）かカフェテリアで食事をしていた」。「英語が下手なうえに懐もさみしかった」から、誰とも口をきかないで済むように内向きだった。香川は、「これはよくない」と盛田に厳しく忠告した。「自分自身のプライドや環境の威厳を保つためには、何ごとも、もっとハイレベルにすべきだ」その重要性に気づくべきである、と。「良いホテルの一番安い部屋に泊まるほうがよい」、「良いレストランで食事をして、料理の味やサービスの違いがわかるようにならなくてはいけない、とも言われた」[18]。

盛田は、香川を「私のアメリカ観に大きな影響をもたらした」メンターだと言い、社内で次のように打ち明けている[19]。後に「世界のモリタ」といわれる基本形質が、この出会いによって形づくられたことがわかるので、一部抄録して引用しておきたい。

「日本人は、ともすると現地の日本人に相談や案内をしてもらう。そうしていつの間にか〝日本人の道〟に引き込まれ、アメリカにいる普通の日本人の生活態度になってしまう。香川さんは、私にそれとはまったく違う〝道〟を教えてくれた。アメリカ人に接し交渉する態度にしても、卑屈になりがちな日本人ではなく、堂々と対等にわたりあってゆくべきだと、何度も忠告してくれた。……米国の業者に出入りする日本の輸出業者は、まったく哀れなほど卑屈に、値下げばかりをして、売り込みを図るという時代だった。

香川さんは私をニューヨークのあらゆる一流の店に連れて行ってくれた。一流の店がどんな店で、どんな態度で商売が行われているかを、しっかりつかんでほしいという期待からだった。……アメリカのビジネスマンがどんな生活をし、どんなものを楽しんでいるかを、外国人の旅行者としてではなく、アメリカ人として、またアメリカ人である〝日本人〟として教えてくれた。さらに、彼がソニーにいてくれたことが、どんなにソニーを諸外国の人たちに近づけたか。『日本の中でソニーだけは、自分達と同じ感覚でものが言え、また理解してくれる会社だ』と多くの外国人に言ってもらえたのは、彼が外国との接触点の役目を果たし、外国人とのコミュニケーションはどうあるべきか、を教えてくれたからだ」

盛田が香川から学び取ったのは、「**決して卑屈な揉み手商売をするな。堂々とフェアに、そして国際的に通用するマナーで商売をしろ**」という教えだった。それが、「私がアメリカで、どうソニーの販売をやっていかねばならないか、という**根本方針**を決定」づけたという。

二人目のメンターは、五七年に出会ったアドルフ・グロスだった。全米でトップクラスの電気製品ディストリビューター（問屋）、アグロッド社の経営者で、五〇歳代後半。翌年、心臓発作で急逝するまで、当時三〇歳代だった盛田を息子のように可愛がった。

グロスは、盛田や会社のこと、企業哲学など「すべてを知りたがった」。一方、「短期間で、私は彼からアメリカの商習慣について多くのことを学んだ。……彼はまた、私にアメリカ流を仕込もうとした。少なくとも私をアメリカ社会に通用する程度の人間に洗練しようとした。こうして彼は、私の親友であると同時に、私の大切な〝師匠〟になった」、と述べている。[20]

ブロードウェイで初めてミュージカル『マイ・フェア・レディ』を観せてくれたのも、グロスだった。一〇年後、盛田は『屋根の上のバイオリン弾き』の日本上演を、企画からサポートするほどのミュージカル通となった。歌と踊り、演出、アメリカでのミュージカル投資の仕組みなど、すべてが彼の好奇心と探究心を刺激した（社員にも**「本物を観る、聴く、接する、触れる、知る」ことで、社会や人間に対する感度を磨け**と説いている）。

そして三人目のメンターが、「最高の師匠」となったエドワード・ロッシーニだった。ロッシーニは、グロスの弁護士だったが彼の死後、盛田の顧問弁護士になった。アメリカでの販売ルートは当初は、グロスの会社が輸入手続きと販売に伴うファイナンスを行い、テープレコーダーはスーパースコープ社、ラジオはデルモニコ社（ともにディストリビューター）を代理店にし、ディーラー（小売り）に流すという構図になっていた。そのデルモニコ社で問題が生じた。

トランジスタラジオがヒットすると、同社はさらに売上を伸ばそうと、ソニーに「大量に売れる安いラジオをつくれ」と執拗に強要するようになった。それは、安かろう悪かろうの日本製品に対するイメージを転換しようとする盛田の方針と相反することだった。

しかも、ソニーが五九年一二月に世界初のトランジスタ・テレビを発表すると、デルモニコ社は「何の相談もなしに、その製品を取り扱うという宣伝を始めた」。盛田は、即座に関係を絶つという決定を下したが、契約解消の交渉で力量を発揮したのが、ロッシーニだった。『MADE IN JAPAN』に次のように書かれている（一部抄録）。

「彼らは一〇〇万ドルという巨額の解約金を要求してきたが、議論しているうちに少しずつ要求額を下げはじめた。ついに一〇万ドルまできたとき、もうこれ以上は無理だと思って、承諾しようとしたが、弁護士のロッシーニ氏は『もう一日くれればもっと下げさせて見せる』と言ってのけた。果たせるかな、彼は七万五〇〇〇ドルまで下げさせることに成功したのだ。いくらお礼をしたらよいかと尋ねると、彼は、『二万五〇〇〇ドルだ。君は一〇万ドルでいいと言ったから、私の報酬はむこうから取ってきたんだよ』と彼は答えた。私は彼がますます好きになった」

六〇年二月、デルモニコ社の三万個のソニー製ラジオ在庫を、アグロット社の倉庫にトラックで運び入れる作業は、早朝から翌日の朝四時頃までかかったという。酷寒のニューヨークで白い息を吐いて、自分たちの想いが詰まったトランジスタラジオを運びながら、盛田は世界の販売網の直販化（ディーラー直販）を考えていた。

レオナルド・ダ・ビンチの手記には、「『幸福』が来たら、躊らわず前髪をつかめ、うしろは禿げているからね」[21]という愉快で深い表現がある。チャンスに出会っていても、感知できなければそれを活かせない。**人や社会に対する観察眼に裏付けられた感知力を磨いていなければ、「価値」を発見することなどできない。**ロッシーニからはアメリカが法律の国であること、法務戦略の重要性について学んでいる（後述）。

そして、盛田は自らの体験を若い世代の人材育成に活かした。彼らを本気にさせ、チャレンジさせるモチベーションの与え方が、凡庸な経営者とは違っている。盛田の場合は、いつでも自らが決定したことに対して、責任を取る覚悟があったからだ。

五七年から本格化した輸出は、アメリカだけではなく世界各地で第三者のディストリビューターを通して販売されてきた。だが六〇年代に入ってからは、「新しいものの良さをユーザーにきちっと伝えるためには、自分で売らなくてはいけない、という盛田さんのフィロソフィー。それに基づいて、世界中の販売会社をソニーの一〇〇％子会社化するというプロセスを、ものすごいエネルギーと時間をかけて実現していった」（徳中）。

一〇年余りも親しんだ東京通信工業という社名を、「世界に共通してだれにもわかる」ソニーへ変更したように、既存の代理店経由ではなく、現地で直接販売・サービスを行う仕組みに切り替えたのである。やっかいな交渉と多大なコストを覚悟のうえだった。いずれも、コンシューマーと世界に、「自分のブランドを通す」というシンプルな原則（根本原理）を実現するためである。「コンシューマー商品は、**大衆の間に確立された信用によって裏付けされなければならない**」、という盛田の信念があってのことだ。

六〇年二月に設立したソニー・アメリカはその嚆矢《こうし》だった。一二月にはヨーロッパの中核として、スイスにソニー・オーバーシーズ・SAも設立された（スイスは、自由な貿易にオープンで交易情報も集中していたうえに軽課税国だった）。さらにソニー・U.K.（英国法人）に次いで、西独にソニー・ドイツを設立している。後者のミッションを託された水嶋康雅のケースを見てみよう。

「社内には、若すぎるという理由で反対した者もいた」が、盛田はあえて三〇歳代の青年にドイツ現地法人の責任を任せた。「訴訟沙汰の危険もあるそれまでの代理店との契約解消」を行い（販売済み商品のアフターサービスの条件交渉などの引き継ぎ・後処理は大変な作業である）、同時に、新現地法人の設立（場所の選定・登記、従業員の採用・教育、販売体制・サービスの組織化等々）とその経営を担わせた。

「まだ外貨送金もままならぬ一米ドル三六〇円の時代で、四〇〇〇万円以上の自由に使える外貨資金は、その時の日本国内での月給が四万円に満たない社員で、現地には上司も同僚もいない、たった一人の駐在員にとっては、身の震えるような『信用の証』でもあった。……準備段階から運営そのものに至るまで、どの場面で問題を起こしても、企業として国際化の失敗を追及されるのは確実である。……『部下に任せていたから、自分の責任ではない』などと嘯《うそぶ》く人とは、対極の人である盛田さんに、責任を取らせるようなことをしてはならない、と考え、行動するのが普通の人間である」と満腔の思いを込めて、水嶋は著書に書いている。(22) その結果、高いモチベーション効果で、ソニー・ドイツは計画より一年早く期間損益の黒字を達成した。

五九年に入社し、外国部の法務担当に配属されて以来、ソニーの法務と財務の要となった伊庭保（元CFO、副会長）は、次のようにフォローをする。

「ソニー・ドイツは、ヨーロッパで三番目の全額出資の子会社で、若い水嶋に設立と経営を託した。三番目ともなれば、ソニーグループ内に、ある程度のノウハウが蓄積されていたと見てよいだろう。そのような知見に基づき、**当事者にぎりぎりの高いハードルを与え、チャレンジさせ、鼓舞するのが盛田流マネジメント**だった。規模の大小に関係なく、若いうちに会社経営を経験させることが、将来の経営者を育てる有効なパスである、という考えだった。

全額出資の子会社を新設する裏側では、既存のディストリビューターとの関係を清算しなければならない。その際、すべてのケースで何らかのトラブルが生じた。新会社設立の手間とは比較にならないほど難しいことも多々ある。盛田さんはそういう場面でも陣頭指揮し、直接交渉に臨むこともあった」

話を戻すと、青年・盛田は、三人のメンターによって、アメリカの社会を知り、海外展開に際しての、法律と信用の重要性を学んだ。

彼が管理職に伝えるメッセージに、**“Don't trust anybody”** がある。直訳すれば「だれも信用するな」だが、真意は「最終責任は上司が自分で取る」ということだ。**部下に任せるけれど、任せた責任はけっして放棄しない。その信頼があるからこそ、**人はその人の掌の上で、自らの潜在能力まで発揮しようと**本気になれるのだ。**現在の日本のあらゆる組織のリーダーに、肝に銘じてほしいメッセージである。

フロンティアの淵に立って

盛田が『学歴無用論』を世に問うたのは、六六年五月のこと。ソニーを創立して以来、二〇年目のことだった。この本のタイトルは、GATT一一条国とIMF八条国への移行をはじめ「開放経済」に直面し、うろたえる日本に対する問題提起から、あえてセンセーショナルにつけられたものだった。本人は次のように述べている。

「よくよく考えてみれば、高い関税率と為替管理という、二重の綿入れで、外気をさえぎり、ぬくぬくと育った促成栽培の企業が、きびしい自由競争の中で、血の出るような競争をして生き残ってきたワールド・エンタープライズに、対抗できるはずがないのは当然であろう」。かといって、アメリカ経営学の「安易な敷写しは、はなはだ危険」であり、より「**根本的に、日本の企業のあり方といったものを、はじめから考え直してみること**」が必要であると唱えている。

人の実力を「最高度に発揮」せしめなければ世界で闘えない、という実感の下に、人を見ずに最終学歴で評価する日本の旧弊を改めるべきだ、と主張したのだ。[23]

同じ本で、彼はソニー創立以来の歩みを四つに分類している。その第四期が始まったのが、六一年四月からとし、「トランジスタ・テレビの発売、引き続いて、マイクロテレビを第三の製品として米国市場の確立に入る」と記している。六一年はソニーの創立一五周年の節目だったが、技術開発とプロダクト・プランニング、マーケティングと財務戦略、さらに人材マネジメントという経営の要《かなめ》の部分で、大きくエポックを画するテーマや問題に直面した年だった。

世界史的に見ても、時代の変わり目を象徴する出来事が、共振し合うように続いて起き、歴史の分水嶺を形成した。世界の脈動は、時代の最先端に立って変化の兆候を察知したい（好奇心の塊でもあった）井深と盛田にとって無縁ではいられない。最初にそれらのエポックとの関係を一瞥しておこう。

六一年一月、ジョン・F・ケネディが第三五代アメリカ大統領に就任。それまで景気後退と失業率の上昇、格差の拡大、それに東西冷戦下の宇宙開発競争でソ連に後れを取り、アメリカ国民のフラストレーションがたまっていた。その現状に、ケネディは「米国は今まさにニュー・フロンティアの淵に立っている……それは、人々が立ち向かうべき一群のチャレンジのことである」[24]と唱え、若さとビジョンの力で共和党の対立候補リチャード・ニクソンを破った。

あまりにも有名な就任演説は、こう訴えていた。「同胞のアメリカ人よ、あなたの国が何をしてくれるかではなく、あなたが国のために何ができるかを問うてほしい。世界の同胞の市民たちよ、アメリカが何をしてくれるかではなく、人間の自由のためにわれわれが共に何ができるかを問うてみてほしい」[25]

大統領就任当時、ケネディは四三歳。盛田は四〇歳の誕生日を迎える直前だった。それだけに、フロンティアを切り拓く同世代のスピーチは、盛田の心に大きく響いたことだろう。

三月に駐日大使となったエドウィン・ライシャワーや、翌六二年二月、来日の折にソニーの本社工場を訪れた大統領の実弟ロバート・ケネディ司法長官と、盛田は親交を重ねるようになっていく。世界の要人たちと直接つながる人脈ネットワークは、この頃から構築がはじまった。

そして五月には、NASA（アメリカ航空宇宙局）の「アポロ計画」が始まった。そこで行われたマネジメントは、後に井深がイノベーションを実現するための方法論としてまとめようとした「説得工学」の重要な事例研究となった。

1962年2月に、ソニー本社工場を訪れたロバート・ケネディ司法長官。左手奥に盛田の顔が見える。二人は親交を深め、電話で話し合える関係になっていく。

アポロ計画には、アメリカの技術力と自由世界の盟主としての政治的な威信がかかっていた。ソ連による人類初の人工衛星スプートニク一号の打ち上げ成功の衝撃（五七年）に続いて、一カ月前には世界初の有人宇宙飛行の成功で、〝ガガーリン・ショック〟がアメリカ国民を打ちのめした(地球を一周したユーリ・ガガーリン少佐の帰還第一声「地球は青かった」は、人類の認知力を大気圏外に広げることになった)。すぐさまケネディは、「今後一〇年以内に人間を月に着陸させ、安全に地球に帰還させる」と宣言し、アメリカの希望を鼓舞した。好機を逃さず、大きな目標を明確に設定し、横断的に才能とエネルギーを結集し、勇気を奮って一〇年がかりでも目指すものを実現していく。それは、井深・盛田がソニーでもくろみ、達成してきたことでもあった。

付記しておきたいのは、この年の八月に東ドイツ政府によって、一夜にして東西ベルリンを分断する「壁」(最初は鉄条網）が設けられたことだ。二八年後の八九年一一月に「ベルリンの壁」は崩壊するのだが、同年同月ソニーはハリウッド・メジャーのコロンビア映画を買収している。

フランスの思想家、ジャック・アタリは八九年を「二一世紀が始まった年」ととらえているが、ベルリンの壁がつくられた六一年と崩壊した八九年は、ともに〝時代の分水嶺〟だった。ちなみに、戦後の世界経済を支えたブレトンウッズ体制（ドルを基軸通貨とした固定相場制）がニクソン・ショックで崩壊した七一年も、時代の大きな分かれ目だった。

パラダイムの転換期にこそ経営者の力量が厳しく問われる。ソニーの経営陣はこれら三つの転換点で、それぞれどんなビヘイビアを取ったのか。まずは最初の六一年のケースから見ていこう。

ソニーの六一年は一月に社員の有志が、井深社長の藍綬褒章受章を記念するプレゼントを贈ろう、と社内に呼びかけることからスタートした。普通の会社ではほとんどありえないことだ。社員たちがポケットマネーを集め、東京藝術大学の助教授に依頼したのが〝金のモルモット〟像だった。

事の発端は、五八年に評論家の大宅壮一が『週刊朝日』で大手電機メーカーの東芝を取り上げた記事である。[26]「トランジスタでは、ソニーがトップであったが、現在ではここでも東芝がトップに立ち、生産高はソニーの二倍近くに達している。儲かるとわかれば必要な資金をどしどし投じられるところに東芝の強みがあるわけで、何のことはない、ソニーは東芝のためにモルモット的役割を果したことになる」、とソニーを皮肉った。

トランジスタを民生用に活用するという道を切り開いてきたソニーは、自分たちの熱い自負に冷や水を浴びせられたと感じ、「抗議しよう」と社員の反発も広がった。

盛田はそれを抑え、翌年に当の『週刊朝日』の誌面で『トランジスタ物語』なる、おそらく日本で最初のマルチプル広告を一三ページにわたり大々的に展開した。「三本足の魔法の小人」(わかりやすいトランジスタの解説)、「トランジスタは不精者」(井深と作家・有吉佐和子の対談)、「ソニーの誇り」(放送機器での技術力)など、ビジュアルといい内容といい、いま読んでも感心させられる力作だ。

最初は憤慨していた井深も「モルモット精神もまたよきかな」と、問題を切り返していく。のちに放送されたラジオ番組で彼は次のように語っている。

「私どもの電子業界では、常に変化していくものを追いかけていくのが、当たり前のことであります。**決まった仕事を、決まったようにやるということは時代遅れである**ということを、日本全体が忘れているのではないか」。「トランジスタの使い方というのは、まだまだ我々の生活のまわりに使われる新しいものがたくさん残っているんじゃないか。それを一つひとつ開拓して、商品にしていくのが、モルモット精神だと思う」。六一年は、この「モルモット精神」を本物にする闘いが始動した年だった。

そして二月、井深はニューヨークで開催されたＩＲＥ（アメリカ無線学会。現在のＩＥＥＥ：アメリカ電気電子学会）の展示会で、因縁の「クロマトロン」と出会った。それは、オートメトリック社の航空管制用ディスプレイで、ブラウン管の輝度が極めて明るく精細だった（基本特許はパラマウント映画が所有していた）。

クロマトロンを最初に見つけたのは、盛田説、エンジニアの木原信敏説と諸説あるが、「見つけたのは井深さんですよ。現に僕がそこにいたんだから」と証言するのは荒井好民だ（後に独立して国際コンサルタントに）。荒井は、日本生産性本部のワシントン駐在だったが、一年前のソニー・アメリカの設立に際して、英語力と交渉力を買われ盛田にスカウトされた人物だ。この時は井深に同行し、その後パラマウント映画との交渉を託された。

開発に本格的に取り組むと、コストをいとわない航空機管制や軍事用とは違い、家庭用に安定した品質で量産化するのは至難の業だった（社内ではその名をもじって「苦労魔トロン」と呼ばれた）。しかし、その苦労が世界を席巻する「トリニトロン」という金の卵を産むことになる。

もっとも、六一年はまだ現場の開発部隊はカラーではなく、白黒テレビのトランジスタ化（それに必要なシリコン・トランジスタの実用化）と格闘していた。そしてオーディオからテレビなどの映像領域へ進出するということは、大メーカーひしめく家電のメインストリームで勝負をかけることを意味していた。まず先立つものはお金だった。

「事業戦略と財務戦略を有機的に結びつける」

盛田は、六二年に大企業や研究所の首脳が集まった講演会で、「研究と企業のあり方について」――何が経営者として問われるのか、という体験的な本質論を語っている。

「井深社長は純粋の技術屋でありまして、私も同様で技術屋になりたくて、一緒に会社を始めたのですが、すぐお金が足りなくなります。金の足りなくなったことは社長はひとつも考えてくれませんので、やむなく私はお金を調達するほうへ回ってしまい、以来、もっぱら社長の使った金の尻ぬぐいで、技術の問題どころか、お金をいかにして調達するかに明け暮れてしまいました」

当時は新興企業が銀行借り入れすることは非常に難しく、作家の野村胡堂、愛知の実家、恩師の浅田常三郎にまで借金し、スレスレのお金で回してきた体験から、「新技術を開発していく一番の要点は、いかに能率良くその研究費を稼ぎ出すかということ」だと指摘、続けて本質を述べる。

「毎日スレスレの、尻に火がついたような仕事をやっている間に、走る癖がつきまして、とにかく当社は物だけは速いので、ぼやぼやはしていないつもりです。また、無駄をしては、たちまち会社がつぶれてしまいますから、無駄だけは致すまいと心がけてきたつもりです。世の中には思いつきやアイデアはたくさんあるのですが、**どのアイデアを取り上げて、思い切り集中するかの決断、これが一番大事**なことです。

アイデアをいかに具体化していくか。実は、実行する勇気のある人は非常に少ない。（うちが）トランジスタをはじめれば、皆さん乗り遅れまいと同じものをやる。それは勇気のない証拠だと思うのです。企業化する勇気と、**勇気を起こすに足るだけの確信をもつためのデータをつかんでいないからです。**わが社の中にも、まだまだ利用価値のあるものが眠っているのではないか。日本の中にも素晴らしいアイデアが、たくさん埋もれているのではないか。**足りないのは、集中できるだけの勇気と、確信をもつだけの勉強で**はないでしょうか」

資金調達においても、盛田は「勇気」をもってフロンティアに挑戦し、新しい財務戦略の道を切り開いている。「アメリカに行くたびに、次第にアメリカで行われている時価発行に関心を持つようになった」と述べ、「自分の株価を世に問う姿勢で株式を発行する。好業績は正確に株価に反映される。株価が高ければ、それだけ資本調達のコストは下がる。応募してくれた投資家には、責任をもって応えていく。この時価発行こそ、本来の資本調達のあり方ではないか。……ソニーはその道を選ぼうという決心をした[27]」。

盛田の方法論は共通している。実際に自分で体を動かして現場に行き、さまざまな角度から現実を観察し（手考足思）、環境のなかに潜む「価値ある情報」をつかみ（アフォーダンス）、自分のものにしたうえで（インサイト）、根本原則（本人はしばしば「絶対原理」とも呼んでいる）を確立する。彼が学んだ物理のアプローチだ。**根本が確立しているから、一貫してブレることはない。**

資金調達で、彼が確立した根本原理は「よい会社は、有利な条件で資本調達ができるはずである」というものだった。銀行融資が中心で、増資といえば額面が主だった五〇年代の日本で画期的な考え方だった。

「時期尚早」の声を押しのけ、五九年と六一年には時価に近い価格で公募に踏み切り、七〇年には完全一般公募による時価発行増資を実施した。これ以降、公募時価発行が日本で定着するようになった。

そして六一年六月。日本企業で初めて普通株二〇〇万株をADR(米国預託証券)方式で発行した。盛田は「このADR発行の仕事は、私の数々の経験の中でも最も困難な一大事業であった。われわれは日本の商法や大蔵省の規則に従うと同時に、米証券取引委員会の規則にも合わせなければならなかった。すべてがはじめての経験であり、手続きは複雑をきわめた」と述べる。[28]

SEC(米証券取引委員会)が納得する説明をするためには、すべての契約書を英語に翻訳し、微に入り細に入り会社の説明を文書で行わなければならなかった。何よりも、米国会計基準による連結財務諸表の作成と開示が義務づけられた。日本ではほとんど馴染みのなかった連結という考え方を理解し、経理のやり方を変え、実際に連結財務諸表を作成することは大変な作業だった。三カ月間の徹夜作業を経て「この大事業が終了するころ、われわれはもう立っていられないほど疲れてしまった」[29]という。

しかし結果は、発売後一時間半で二〇〇万株が完売する大人気で、「私は驚き、喜びをかみしめた。海外で初めて株式を発行して、四〇〇万ドル(当時一四・四億円)という小切手を手にしたのだ」。それだけではない。「連結決算を覚えたおかげで、わが社の経営状態がよくわかるようになり、わが社の経営方針に連結方式が指針として使われる端緒ともなった」

つまり、「**事業戦略と財務戦略を有機的に結びつける**」(元CFOの伊庭保)ことが可能になったのだ。困難な状況を切り返すために、好機をつかんでフロンティアに挑戦する、まさにモルモット精神を発揮した成果といえる。

同じように盛田の力量が試されたのは、五月の一五周年創立記念日に起きた急進派労働組合によるストライキだった。前年の三井三池争議や安保反対闘争による政情の影響もあって、上部団体の指示を受けた急進派組合のデモ隊が、当日の朝、社屋を取り巻いた。

本社工場が完成し（エレベーターのある本社を持ちたいという夢が実現）、「一五年の結晶を世の中の人たちに見ていただこう」と、皇族や池田勇人首相をはじめ、政財界の要人を招待して、新本社で式典を行うことになっていたからだ。

管理職と穏健派組合が社内に籠城し、「よりにもよって、こんな大切な記念日を潰そうなんて、ぶん殴ってやる」と激高する声を制止し、盛田はこう説得したという。

「これは非常に不幸な事件だけれど、ソニー、特に経営者が責任を負うものであって、組合

1961年5月7日の創立15周年記念祝賀会。完成した新本社で行われるはずだったが、急進派組合によるストライキで、急遽、高輪プリンスホテルに会場を変更。来賓に挨拶する井深社長（手前右端）、隣に座る予定の盛田はストのピケのため遅れ、まだ出席できていない。対面には前列左から順に茅誠司・東京大学総長、池田勇人首相、秩父宮妃殿下、経済学者・小泉信三、石橋湛山・元首相、小坂善太郎・外務大臣……といった顔ぶれが並ぶ。

員を非難することはやめよう。組合員の前に、彼らもソニーの社員であって身内の仲間なんだ。だから恨んだり、悪く言うことは絶対してはならない」。その場に居合わせた郡山史郎（後に常務）は、盛田の「人間としての筋金入りの信念に触れた思いがして、強烈な印象が残っている」と語った。

式典は、前日の夜に来賓たちに急遽連絡し、式場をホテルに移して執り行われた。盛田は「株主と社員は同列であるべきなのだ。いや、社員のほうがより大切かもしれない。……社員あってこその企業なのである。……われわれは世界のどこにあっても、社員をソニー・ファミリーの一員として扱うという方針を貫いている」と著書に明記している。[29]

こういう思いがあって初めて社員を活かすことができる。『学歴無用論』は、そこから生まれてきた。

そして六一年は、最後にもう一つ、一二月に同社のブランドを揺るがす「ソニー・チョコレート事件」が発生した。これについては、第5章のアイデンティティの箇所で、盛田の怒りとともに改めて触れることにする。

第2部

町工場から世界のＳＯＮＹへ、ＮＹ証券取引所上場、
規模の拡大と情熱の両立、学歴無用論

第5章

弩弓《どきゅう》の勢い

次元の違う競争に打ち勝つために

ソニーが時代へのチャレンジャーだった頃、その本領をまぶしく輝かせた一ディケード（decade）がある。創立一五年目の一九六一年からはじまり、七〇年末に至る一〇年間だ。この一年目と一〇年目に、興味深い一致が見られる。

・六一年＝日本企業として初めてアメリカでADR（米国預託証券）を発行

・七〇年＝初の完全時価発行増資、そして日本企業初のニューヨーク証券取引所上場

いずれも日本の企業として初めて実施された大きな財務のイベントだが、新製品によるビジュアル（映像）領域への事業進出と、ほぼ〝同期〟して行われているのだ。

・前者＝マイクロテレビ、六二年発売

・後者＝トリニトロン・カラーテレビ、第一号機一三型、六八年発売

アメリカ市場向けの本命、トリニトロン・カラーテレビ一八型、七〇年発売

テープレコーダーやラジオといったオーディオ分野とは違って、テレビに代表されるビジュアル領域へ乗り出すことは、次元の違う競争にさらされることだった。それは、世界の強豪企業が覇権を争う家電のメインストリートで、総力戦を闘うことを意味していた。当時、アメリカにはRCA、GE、ゼニスが、欧州にはフィリップス、グルンディッヒ、トムソンといった「エベレスト級」の（日本では松下電器産業、東芝、日立製作所といった）大メーカーが、ひしめいていた。

盛田は「世界をマーケットにする」と目標を掲げたが、ソニーのモデルとなった「世界企業」フィリップスをはじめ、それぞれの国（アメリカ、オランダ、ドイツ、フランスなど）で圧倒的な根城を張る王者たちが健在で、テレビ時代の到来とともにいずれも覇を唱えようとしていた。彼らとどう闘うのか。

この時代の日本に、企業分析の専門家たちがいれば、皮肉っぽくソニーの「無謀」を指摘したことだろう。まるで一五歳の少年力士が大相撲の横綱や大関と渡り合うようなものだ、と。それよりは、まず日本で少しでも地盤を固め、その後に海外に進出するという〝積み重ね発想〟での道を説いたに違いない。

だが、盛田の認識はまったく違っていた。その頃、松下、東芝、日立など家電大手による〝町の電気屋さん〟（当時は家電量販店は存在していなかった）の系列化が急速に進行していた。冷蔵庫、洗濯機、掃除機の「家電三種の神器」を擁した商品力と、資金力にものを言わせた大手のリベート政策や優遇積立金などに、オーディオ専業の町工場がかなうべくもなかった。

それなら、「勝てる保証はないが、日本よりは勝つチャンスが多い」アメリカへ、そして世界へ。必要となる資金も、**「事業戦略・ブランド戦略と一体化して」現地で調達する**というインサイトが、盛田のな

かで結実していく。

日本人離れした盛田の説得力

同社には、口うるさいご意見番がいた。会長の田島道治だ。田島は、初代社長だった前田多門の長年の親友。元・昭和銀行頭取で日銀参与。四八年から五三年までは宮内庁長官として、最も困難な時期に宮内庁改革を指揮したことでも有名だ。その長官時代を除いて、敗戦直後の四六年の創立時から六八年に亡くなるまで、監査役・会長・相談役として長い間、ソニーとともに歩んだ。

五九年から六六年までは会長であり、盛田は激しい議論をしたことを著書の『MADE IN JAPAN』で打ち明けている。[1] 盛田の物事のとらえ方と、人を説得する語り口の特徴がここには現れている。「私が副社長で田島道治氏が会長だった頃、私は会長と衝突をした。……私のある考えが氏を立腹させたようだった。私は田島氏が怒っているのを承知で、自分の意見を強硬に主張し続けた」と語る。苛立った田島は限界に達して、次のように言い放つ。以下は、その際のやりとりである（一部抜粋引用）。

「『盛田君、君と私は意見が違う。私は絶えず意見が対立するような会社にいようとは思わない。います ぐ辞める』。この点に関しては、私は強い信念を持っていたので、臆せず返答した。

『お言葉ではありますが、あなたと私がすべての問題についてそっくり同じ考えを持っているなら、私たち二人が同じ会社にいて、給料をもらっている必要はありません。この会社が**リスクを最小限に押さえて、**

どうにか間違わないですんでいるのは、あなたと私の意見が違っているからではないでしょうか。どうぞお怒りにならず私の考えを検討してみてください。私と意見が違うからと言ってお辞めになるというのでは、会社はどうなってもよいというのでしょうか』

これは、日本の会社にはない発想だったのだろう。田島氏は最初、驚かれた。もちろん氏は会社を辞められなかった。しかし、この種の論争は、わが社では目新しいことではなかった」

衝突の原因について、盛田は明記していない。だが井深は、田島との議論についてこう表現している。(2)「いつも変化する技術革新の考えを基調とし、これを誰よりも実際化していると自負している連中の集まり」だったソニーでは、生涯にわたって［論語］を研究していた田島とは、「『静』と『動』、『現状維持』と『現状打破』、『守備』と『挑戦』」……と、対照的な議論が日常茶飯事で行われていた。でも「道理がわかれば、両方ともすぐに納得し、さらりとしたものでした」

創業期のソニーには、田島をはじめ前田、万代といった長老たちが、若い井深と盛田を支える一方で、睨《にら》みをきかせていた。その緊張感のなかで自ずとコーポレートガバナンスが機能していた。

こうして若い二人は、リーダーとして鍛えられた。田島の生涯を丹念な取材で描いた加藤恭子の著書『田島道治』(3)には、本質を衝いた証言が載っている（発言者の樋口は、戦前から井深と行動を共にしてきた樋口晃・元ソニー副社長のこと。倉田は、井深が逝去するまで仕えた二代目秘書。引用部分は一部抄録し編集した）。

樋口：「井深さんと盛田さんはどんどん先へ進むわけですから。田島さんとしては、あの若いのはあぶなくてしょうがないってわけですよ。普通の会社がやらないようなことばかりやっているわけですから、気になるのは当然です。ところが、井深さんと盛田さんは頭の構造がまるで違いますから、二人にとってはあぶなくないんです」

倉田：「これは今、このタイミングでやらねば……」

樋口：「やっとかなければ次のステップへ行かないんです。それをやったからソニーは伸びたんです。世間並みのことをしていたんではソニーなんてありませんよ」

加藤は田島の思いを次のように書いている。「二人の若い企業家を育てる行く手に、技術発展で敗戦国を立て直す夢を描いていた」。そして、「(しょうがない奴ら）とみなしていた井深と盛田——だが、その手に負えない連中の創り出してくる製品に、はらはらしながらも驚き、表面には出さないものの感嘆していたに違いないのだ」と。

いずれにしても、六一年からの一ディケードでは、二人のリーダーが、常識を覆すような冒険に乗り出した。田島や長老たちとの議論の衝突も、多くなったことだろう。しかし、「**これは今、このタイミングでやらねば、次のステップへ行けない**」——。異なる意見は、経営者に判断の検証を行わせ、それでも前進するのだと覚悟を決めた時、現実の難題に腰砕けにならず立ち向かって行くことができる。その緊張感のなかで、経営者は前に進むのである。

話を元に戻そう。映像領域へソニーが乗り出す前の段階である。

経営トップが「次はテレビをやろう」と言い出した時には、実は社内にテレビの専門家は一人もいなかった。白黒の「マイクロテレビ」のときは、すでにカラーテレビ時代の幕が上がりはじめていた。カラーの「トリニトロン」のときは、すでに参入チャンスの窓が閉まりつつあった。

にもかかわらず、ソニーは、常識破りの知恵と行動力で、この闘いに挑んでいく。

途中には、土俵際に追い詰められ深刻な経営危機を迎えたこともあったが、すさまじい粘り腰で持ちこたえ、打ち勝っていく。ちなみに、連結決算（日本企業としてソニーが最初に導入した）で、六一年度と一〇年後の七一年度を比較してみた（図表1）。

業績は破竹の進撃で（利益の伸びのほうが大きい）、すでに輸出が売上の半分以上を占めている。つまり、「町工場」から、〝メイド・イン・ジャパン〟を牽引する「世界のソニー」へと飛躍したのは、この10年間だったことがわかる。テレビがこの成果をもたらしたものだとしても、何がそれを可能にしたのか。

「良い戦略は驚きである」とは、戦略の専門家リチャード・ルメルトの著書

図表1　ソニーの1961年度と1971年度の業績比較

	売上高（伸び）	営業利益（伸び）	営業利益率	輸出比率
61年度	186億円	17億円	9.1%	39%
71年度	1947億円（10.5倍）	262億円（15.4倍）	13.5%	54%

『良い戦略、悪い戦略』の第1章のタイトル（日本版）(4)だが、この一ディケードにソニーが打った戦略は、まさに「驚き」に満ちている。脂が乗りきった時期の井深（五〇歳代）と盛田（四〇歳代）、二人のリーダーが本領を発揮したチャレンジの内実に迫ってみたい。

半導体は「シリコンの時代になる」という洞察

次は、「トランジスタを使ってテレビをつくろう」——。井深がしきりにそう言いはじめたのは、五六年後半あたりのことだ。「ポケッタブル」ラジオTR－63として、五七年三月に発売されることになる製品の開発にメドが立った頃だった。これは飛ぶように売れ、トランジスタラジオが世に認知されるきっかけをつくった記念碑的商品となった。

だが、すでに井深の関心は、ラジオを卒業して次のターゲット「テレビ」に向かっていた。

後述するように、実は五三年に日本も「テレビ元年」を迎えていた。アメリカでは五四年一月からカラー放送がはじまった。この当時は、真空管がキーデバイスだった。

「新しい技術をどうやって一般家庭に入れて大衆商品化し、供給できるか」——それが井深が目指した夢だった。だから、その頃、流行った「街頭テレビ」に群がる黒山の人だかりを見るにつけ、一刻も早く自分たちもテレビに参入したい、という気持ちが高まっていったことだろう。トランジスタラジオがビジネスとして離陸できそうだという確信が生まれて、ようやくその気持ちを表に出せるようになったのだ。

問題は、この段階ですでに三年遅れていたことだ。時代の速度にいかに追いつくか。しかも自分たちがイニシアチブを取れる形で。そして、大衆が群れを成して求めるものをどう実現するのか。

当の井深は、後になってこう回想している。「私自身はテレビの技術をよく知らなかった。それだけにVHF用のチューナーの石（トランジスタのこと）さえつくればテレビはすぐできるものと単純に考えていた[5]」。ところが実際に手がけてみると、当時の最先端トランジスタを使ってもチューナーはできなかったし、社内にはテレビの回路を知っている技術者もいなかった。

判ったのは、テレビはラジオの延長ではない、という事実だった。

ラジオ用のゲルマニウムのトランジスタでは、「周波数も電圧も一〇〇倍厳しい」テレビの要求水準に応えられなかったのだ。

「やっぱりシリコンでないとダメだ」――半導体担当の岩間和夫常務（盛田の義弟、後に社長）は、そう洞察した。シリコンは熱に強く信頼性も高い。だが、当時は高純度の結晶を安定してつくりだすこと自体、極めて難しかった。テレビに使用したときにどんな問題が起きるかもわかっていなかった。その頃の民生用トランジスタ（半導体素子）は、ほぼ一〇〇％ゲルマニウム製だった。

現在、私たちの身の回りには、シリコン・チップがあまねく存在し、ついには〝身体化〟しようというレベルにまで達している。だが、シリコン半導体のスタート時点では、実際には何に役立つかがハッキリしていなかった。

これまで見てきたように、ソニーは、「トランジスタでラジオをつくる」という明確な目標を掲げ、その実現のためにキーデバイスのトランジスタそのものから、自社で一貫してつくりあげた。ラジオ用にトランジスタを磨き上げ、量産を可能にし、大衆商品市場への道を切り拓いて普及させた。そして今度は、テレビをシリコン製トランジスタでつくろうというのだ。これもまた、最先端の技術を、民生用に展開するという世界で初めての挑戦だった。それは半導体を遍在化させ二〇世紀という半導体の世紀の扉を開くことになった。

五六年終盤から着手した開発は、川名喜之らの技術者を集め、五七年初めには本格的にチームが立ち上がった。岩間は、「これからはシリコンとか化合物半導体の時代になるんだ。だから、今、ゲルマニウムでラジオをつくって儲けているのは、金儲けのためにやっているのではなくて、次の研究開発をやるための資金を得るためだ」、と檄を飛ばした。(6)

アメリカでシリコン半導体の開発が本格化したのは、五七年一〇月のスプートニク・ショックが契機(7)とされているから、ソニーは最も早く取り組んだ企業の一つといえる。

先行組には、デュポンやGEといった大メーカーがいたが、軍事用・宇宙開発用で、値段は一本が当時の大卒公務員の初任給(一万円。現在は約二〇万円)並みだった。そんな高価なシリコン半導体を、大衆商品に何本も使おうと発想する企業は、ソニーを除いて世界のどこにも存在しなかった。

しかし、もともとシリコン＝ケイ素は、地球上の土や岩に「無尽蔵に存在する」。したがって、「結晶づくりの工業化に成功し、量産が可能になれば、単価も下がり、(シリコンの時代)が必ずくる。(だから、日本の発展のためにも)なんとしてでも国産技術で高純度のシリコン単結晶をつくり出さねば」――。そう考えた井深は、素材メーカーのチッソ電子(新日本窒素の関連会社)を説得し、共同開発に持ち込んだ。岩間はゲルマニウムで培った「結晶づくりに必要なノウハウはチッソ電子にすべて与えてよい」と半導体チームの責任者・塚本哲男に伝えている。(8)

つまりソニーは「トランジスタ・テレビ」をつくるために、新しいキーデバイスの開発を同時並行で進めることにしたのだ。ラジオの時と同じである。

ちなみに、NHKが日本で初めてテレビの本放送をはじめたのは五三年二月。民放も日本テレビが八月から放映をはじめ、「街頭テレビ」の野球、相撲、プロレスなど生中継が人気を博した。

「爆発する空手チョップ。倒れる白人レスラー。超英雄・力道山の出現は、敗戦国民に自信を与え、将来への燭光を灯した」、と『テレビ30年』(東京ニュース通信社)は、当時の日本人の熱気を伝える。(9) テレビ時代の幕は、すでに上がっていた。テレビを希求する人びとに、どんなテレビを届けるのか。参入は遅れたが、この間のトランジスタ技術の進展と社会の変化が、ソニーにチャンスをもたらした。

ソニーがテレビセットの技術部隊を立ち上げたのは、五八年正月明けのこと。つまり、国産大手のテレビが販売されてから五年も遅れての着手である。ちょうど、ソニーに社名を変更したのは同年同月。その船出に合わせるように、井深は技術部のプロジェクトチームに、「世界初のオールトランジスタ・テレビを目指そう」と宣言した。

それは実は、シリコン半導体が可能にする〝新しいテレビ〟のことだった——。

当時、すべてのテレビには真空管が使われていた。消費電力が大きく・熱を持ち・寿命が短い真空管は、たびたび切れて、取り替えやメンテナンスが絶えず必要だった。「ポケッタブル」ラジオが大ヒットしたのは、ラジオから真空管を追放したからだった。それは、煩わしく面倒な作業を不要にし、電池で作動し、軽く・小さいので、どこにでも持ち歩くことができた。新しい**ライフスタイル革命**を実現したのだ。

ソニーは、単にラジオをつくったのではなく、**小さなポケットに入る製品によって、大衆が暮らしのな**

かで生活する喜びや知識・情報の収集をより自由にする〝新しいツール〟をつくったといえる。

そして今また、テレビでそれを実現しようというのである。そこに勝機を見出したのだ。だからこそどうしても、テレビ用のシリコン・トランジスタを開発しなければならなかった。

「このように敢えてハイリスクの二兎を追う戦略は、まさにソニー流で、テープレコーダー、トランジスタラジオに続く成功の方程式の一つだった」と唐澤英安（元・ソニー・プロダクツ・ライフスタイル研究所長）は指摘している。たしかに、テープレコーダーのときはテープを、ラジオのときはゲルマニウム・トランジスタを、キーになるメディアやデバイスから苦労してつくりあげ量産技術を磨いた。それはやがて磁気記録や半導体というソニーを支えるテクノロジーの幹となり、さまざまなプロダクツの花や実をつける系統樹として育っていった。

シリコン半導体に挑戦できたのも、ラジオでトランジスタの製造技術を立ち上げた実績があったからだ。ソニーの重要な「戦略」メカニズムの一つが、ここに現れている。

本格的に着手して一年後の五九年一月、井深は「私の正月の夢はトランジスタ・テレビの出現である」、と『週刊新潮』の年頭特集で語っている。二年余り四苦八苦したシリコン半導体も、ある程度手応えが出てきたので、さらに開発チームの尻を叩くために、あえて公にしたのだ。

それに刺激されて、春には東芝や日立が急遽、「トランジスタ・テレビジョン」を発表するのだが、商品化にはほど遠い段階だった。一方、ソニーでは五九年初めから、半導体とテレビセット、双方の開発チームによる統合会議をスタート、いよいよ追い込みにかかっていた。

その年の一二月、ついに世界初・最小の八インチ「オールトランジスタ・テレビ」ＴＶ８－３０１の完成を発表、六〇年五月から六万九八〇〇円で発売した。斬新なデザインと「携帯できるテレビ」というコンセプトは、国内外の話題を呼んだ。だが、使用したシリコン半導体の安定性が十分ではなく、画質的にも問題があった。一番の原因は、ブラウン管での最小規格サイズが八インチで、当然、真空管用のものしかなく、トランジスタとの適性がうまくマッチしなかったせいだった。

それならば、トランジスタと相性のいいブラウン管を、新たに開発すればいい——。そう考え、より小型の五インチに的を絞って、ガラスバルブの大手・旭硝子にアプローチしている。だが、金型を新たにつくる必要があり、受注を断られた。ならば、自分でつくればいいじゃないか。目標達成のためには徹底してやり抜く。それもこの会社の発展期の特徴であった。こうして「業界の標準規格外のバルブ成形という巨額な投資」に迫られ、各種部品の「新たな技術的なリスクにも挑戦する」だけでなく、「新しいガラス工場やブラウン管の工場も立ち上げる」[10]ことになった。

つまり、こういうことになる。「トランジスタでテレビをつくる」ために、新たにシリコン半導体を開発し量産技術を確立する。そのシリコン半導体と相性のいいブラウン管をつくるために、自前でブラウン管工場やガラス工場を立ち上げる。

二兎を追うどころか、三兎も四兎も同時に追う。「難しいことは、あえていくつも同時にやる方が楽」だというのだ。しかし、目標はただ一つ。全勢力を傾けて、的を射貫くだけだ。このやり方は、今後述べていく盛田のマーケティング・販売、財務などの戦略とも軌を一にしている。

六〇年に発売した八インチのテレビは、日本の家電各社の追随競争を呼び、産業スパイも跋扈《ばっこ》するようになった。このため、ソニーでは五インチテレビの開発コードを「SV-17」プロジェクトと呼んだ。他社には一七インチを開発していると思わせる〝秘密作戦〟を徹底した。

そして一〇月、ついにシリコン半導体を量産できる技術を見出す。アメリカの専門誌に載っていた数行の記事にヒントを得て、まったく新しいプロセスで生みだしたものだ。これがメサ型エピタキシャル・トランジスタで(11)、六一年から生産をはじめ、温度変化に強く・高電圧に耐えるシリコン半導体を、安定的に供給できるようになった。

こうしてでき上がったのが、六二年五月に六万五〇〇〇円で発売された世界最小・最軽量のオールトランジスタの「マイクロテレビ」TV5－303だった。

全国紙に一斉に掲載された全面広告には、「トランジスタがテレビを変えた！」と大きくコピーが打たれていた。女性の手のひらに軽々と五インチのテレビが乗り、画面には長嶋茂雄がホームランを打ったシーンなど〝決定的瞬間〟が映り込んでいる。「世界で初めてのエピタキシャル・トランジスタ使用」という小ぶりの文字が、大コピーの脇で誇らしげに肩を並べていた。

ちなみに、「トランジスタがテレビを変えた」という歴史的なコピーは、盛田がつくったものである。

「弩弓」の勢いがなければ、概念なんて変えられない

「われわれはテレビの概念を変えることができる」――。盛田がアメリカのダラスでそう宣言したのは、六二年一〇月一五日のこと。半世紀余り前にソニーが行った提案は、一人ひとりの個人にとって情報とエンタテインメントの窓口になるという可能性を拓くものだった。

二〇一〇年代半ばの今また、私たちはテレビが「新たに概念を変える」時代に、立ち会おうとしている。あらゆる〝モノ〟がネットにつながり、相互にリンク・同期する複数のスクリーン（スマートフォン、タブレット、パソコン、テレビなど）を通じて、情報とエンタテインメントを享受するだけでなく、編集し発信する（テレビはまだ緒に就いたばかりだが）こともできるようになった。

この時代に、テレビはどのように〝概念〟を変えていくのか。また、果たして人びとのデジタルライフのハブ（中軸）となりうるのか。その答えを、大衆の一人ひとりが「そうだ、これが欲しかったんだ」、と「かたち」にして提供してみせることができる企業はどこなのか。

半世紀前のソニーは、世界で最も豊かな社会だったアメリカの、「主婦たちをソワソワさせる」商品をかたちにしてみせることができた（後述）。それは、同時に盛田の悲願でもあった「メイド・イン・ジャパン」の（安かろう悪かろうという当時の）イメージを根底からくつがえし、日本製品に対する概念をも変えることにつながっていく。

そこには、なにがあったのか。改めて検討してみると、驚きに満ちた戦略があり、その実行に際しては、時機の見きわめ、覚悟の持ち方、勇気の奮い方、メッセージの届け方……それら一つひとつが、狙い澄ましたかのように的《まと》に打ち込まれ、「勢い」を生んでいたことがわかる。

六〇年五月には、斬新なデザインで世界初の「ポータブルテレビ」（八インチ）を打ち出し、話題を席巻（イタリアのデザイン展で金賞受賞）。注目度が高まるなかで、翌六一年六月には日本企業で初めてADRを発行、現地での資金調達とブランド浸透の二兎を実現。さらに、テレビに必要となるシリコン半導体の開発と量産化に初めて成功、六二年五月には日本で「マイクロテレビ」（五インチ）を発売した。

盛田はこの時を待っていたかのように、世界戦略を加速する。創設以来一五年余を経て、自身の経営者としての成長と会社の技術力や企業力が、大きな勝負を賭けられる段階に達してきた。海外からは、復興する日本への関心や先陣を切るソニーへの注目度が上がったタイミングだった。

中国の孫子の兵法に、「弩弓《どきゅう》」（石をはじき飛ばす発射機構を備えた大型の弓）に喩えた「勢いは弩を張るがごとくし、節は機を発するがごとくす」（兵勢篇）という教えがある。弩（石弓）を、いっぱいに引き絞って勢いを十分に蓄え、時機を逃さずその潜在的なエネルギーを一気に爆発させる、という意味である。[12] 現代風に表現すれば、「こちらの打つ手の効果が一気に高まるようなポイントをみきわめ、そこに狙いを絞り、手持ちのリソースと行動を集中すること」（前出『良い戦略、悪い戦略』）である。つまり盛田は、実現可能でもっとも効果があがるポイントを見きわめ、そこ（テコの支点）にエネルギーを集中させて、戦略を一気に進行させることに成功する。

いっぱいに引き絞って蓄えたエネルギーを、「決定的に重要な要素」に集中投下して、勢いをつくりあげる。逆にいえば、弩弓の勢いがなければ、大きな概念なんて変えられないといえる。

人びとを「ソワソワさせる」商品を〝かたち〟にする

盛田が「テレビの概念を変える」とスピーチしたのは、アメリカ屈指の高級百貨店ニーマン・マーカスの本店（日本の復興と東洋を紹介する特別展）でのことだった。地元紙には同百貨店支配人の次のような談話が載っている。[13]「開幕前日の下見会でマイクロテレビはすべて予約済みとなり、改めてソニー人気の凄さに驚いた」と。

その一〇日ほど前の一〇月四日、ソニー・アメリカは全米で「マイクロテレビ」TV5－303を発売した。日本での発売は五月だったが、これに関連してちょっと面白いエピソードがある。

アメリカで絶大な人気を誇る歌手にして映画スターのフランク・シナトラが、四月にワールド・ツアーで来日した折りに、ソニーの本社工場を見学している（余談だが、この時期、重要人物たちの本社工場見学が相次いでいる。六二年二月にロバート・ケネディ司法長官とライシャワー大使、三月に昭和天皇・皇后両陛下、七月に経営思想家のピーター・ドラッカー……などなど）。

シナトラは、マイクロテレビを目にするや抱きかかえるようにして、「ぜひ譲ってほしい」と案内した盛田に請うたという。満面の

「マイクロテレビ」（TV5-303）。アメリカでは「小さなテレビは売れない」が常識だった。だが、このシリーズは120万台の大ヒットとなった。

笑みで盛田が応える。「これは日本向けなので、アメリカのチャンネルに対応したものができ次第、必ずお届けする」。全米発売の翌一〇月五日、陣頭指揮の激務を押して、盛田は自らパラマウント映画のスタジオを訪ねてシナトラに贈り、約束を果たしている。

ちなみにパラマウント映画は、井深がそのカラー画質の美しさに惚れ込んだ「クロマトロン」ディスプレイ（航空機の管制用）の特許権を保有していた。同社の技術供与を六一年一二月に受けて、カラーテレビの開発にソニーは着手していた。縁ができたハリウッドのスタジオを、盛田が持ち前の好奇心で目を輝かせて見学したとき、二七年後に自らがメジャースタジオの一つ（コロンビア映画）を買収するとは想像だにしていなかったに違いない。

一方、御殿山の本社工場の見学は引きも切らずに続き、九月にはアメリカの証券アナリスト二〇人が訪れている。一行の女性アナリストは『朝日新聞』の取材に次のように応えている。「トランジスター・ラジオなどで、米国の主婦たちはどの日本製品よりも、ソニーの名前を知っています。それに、サンフランシスコのデパートのショーウィンドーに飾られたソニーの小型テレビをながめれば、どんな主婦でもほしくてソワソワしてしまいますものね(14)」

これは、ソニーのラジオやテレビが百貨店のショーウインドーに飾られる高級ブランドの仲間入りをし、女性の心情にも訴える力をもっていたことを示していた。何が人びとを魅了したのか。

第一にあげられるのは、**トランジスタの力で大衆のライフスタイルを変えた**ことだ。

当時は、ラジオやその後に登場したテレビも、真空管を何本も使って作動していた。だが真空管は、消費電力が大きく、発熱のため頻繁に切れ、故障の原因になっていた。町の電気屋はその修繕が大きな仕事だった。トランジスタはそんな煩わしさから人びとを解放しただけでなく、省電力のため小型化でき、電池で機能した。つまり、ラジオをポケットに入れてアウトドアに持ち出すことができるようになった。六一年公開の映画『ウエスト・サイド物語』のように、若者たちが流行りのポピュラー音楽やロックンロールに合わせて、街角で歌い踊ることを可能にした。

しかも電池式だから、コンセントの形態や電源周波数の違いを超えられた。

こんなエピソードがある。ゼネラル物産（現三井物産）から中途入社で外国部に配属された卯木（前出）は、机の上に山積みになっているアフリカからのレター（Inquiry：問合せ・照会）の整理を任された。その縁でアフリカに出張する社員のためのリポート作成を依頼され、上司に提出したところ、盛田副社長から呼び出しがかかった。

卯木は述懐する。「開口一番『あんたの（レポートを）読んだ。素晴らしい論文だ』。あの人は、またうまいんだよね。『あなたみたいにアフリカのことを知っている人は、日本にいない』と褒めまくるから、なんとなく尻こそばゆい。『ついては、あんた行ってくれないか』と来た。舞い上がった後に言われるものだから、引くに引けなくて『ああ、いいですよ』って言ったら、畳みかけるように『そんならいつ行ってくれる？　すぐ行ってくれないか』って……」

かくて、体調をこわした出張予定の社員に替わって、入社早々の見習い社員がアフリカ三〇カ国を巡る旅に飛び立った。フタを開けてみると、電線のインフラ整備が遅れていたアフリカでは電池で作動するトランジスタラジオが大人気となり（同じパターンは携帯電話やスマートフォンで再現されている）、一時はアメリカの販売実績をも上回り、担当の卯木は「アフリカン・キング」と呼ばれるようになった。

小さく軽くモバイルで、故障しないトランジスタラジオは、真空管ラジオとは違うライフスタイルを、世界の大衆に届けた。パーソナルなツールがもたらす新しい体験に、人びとはシビれた。その大ヒットの波のうねりに乗って、すかさずトランジスタ・テレビを投入した。ケネディが大統領専用ヨットに、「ポータブルテレビ」（八インチの最初のタイプ）を常備したのもこの頃だ。

第二の要因は、視覚と音の響きまで配慮した**「SONY」ブランドを決して安売りしなかった**ことだ。盛田家の家業は、三五〇年以上も続く酒造業で、嫡男の彼は一五代目当主でもあった。銘酒「子乃日松《ねのひまつ》」に代表される「商標が命」という感覚は幼い頃から刷り込まれていたが、一四代目の父・久左ヱ門から学んだことも大きかった。

一二代の骨董三昧、一三代の無策（台頭してきた安価な粗悪品に対抗策を打ち出せず）で傾いた事業を、一四代は名古屋に本店を移し、直接小売店に販売する直販方式に切り替え立て直した。粗悪品に対抗するには、自分たちの製品の良さを直接市場に訴え、支持を集めることだと考えたのだ。

海外進出の初期に導入したディストリビューター（問屋）との代理店契約を、時間とコストをいとわずすべて直販に切り替えるという、異例の決断を盛田ができた背景がここにある（訴訟に巻き込まれるケースも少なからず、法務スタッフの育成・強化も同時に行われた）。

海外営業の前線で豪腕を振るった宮本敏夫（後に常務）は、次のように語っている。

「**セールスというのは翻訳作業**なんです。開発技術屋が開発したものを、製造技術屋がその哲学を物体化して製造する。これはトランスレートしているんです。それを今度はわれわれ（営業）が、どういうふうに売ったらいいかと課題を受け取る。トランスレートしなきゃならない。ディストリビューターにどういう台詞でいえば泣いてくれるか。彼らはまた同じことを小売屋さんにいう。小売屋さんは大衆にまた。だから、開発からずっと何段階か翻訳作業の連続なんですよ。

盛田さんは、**間に他人が入っているとその先が見えなくなる**、と考えていた。トランスレートするときに〝誤訳〟されたら困ってしまう。間に入って口銭だけたくさん取って、あんまり売れなくてもいいやと思うかもしれない。いかにエンドユーザーの声を吸い上げて、それをまた反映して下へおろすかということについても、間に他人が入らないほうがミス・トランスレーションが少ない。そういうことを（見抜く力を）彼は、本能的に持っていたのですね(15)」

盛田自身の論理は明快だった。「ソニーは世界でまったく新しい製品を開発する企業なのだから、セールスは開発した本人があたらなければ、お客さんに商品の機能も便利さもわかってもらえない。つまり、ソニーの**マーケティングはコミュニケーションなのだから**、そこへ第三者が介入したら絶対にうまくいかない」

「この決定は非常に重要な意味を持っていた」と述懐し、続けて以下のように結論づける。「自力でセールスするとなると、次にはどんなことがあっても、**自分のブランドを通す**、ということが必要になってくる。（そのためには）よい店で扱ってもらうことが、非常に大切になってくる。……ただ商品をマス・マーチャンダイザー（量販店）で大量に販売するのではなく、超一流の店で扱ってもらうことにより、ソニー・ブランドの信用を高めようとした。商品の信用というものは、下からはなかなか上がらない」からだ(16)。

ソニー・アメリカの設立は、「世界中にオウン・ブランド、オウン・チャネルの販売網を完成させる」（吉井陞《のぼる》・元専務）ための橋頭堡だった。だから、「最初に売ってもらう店を慎重に選んで」リバティのような高級オーディオ専門店や、ニーマン・マーカスといった一流百貨店に、自前のセールスが直接アタックして（リバティの場合は盛田本人）、革新的な製品の価値を伝え、売り込むことに成功した。それがまた、人びとのあこがれをかき立てるもとになった。

イノベーションをどう実現するかは、日本企業が直面する大きな課題だが、それを伝え普及させる重要性が忘れられがちだ。せっかくの技術力があっても、世界に通用する「インダストリー化」（盛田）に関心が薄い。盛田は、単に販売網を整備したのではない。**製品開発の思想や概念を、どうユーザーの心に響かせるか。**ブランドを輝かせ、その信用を得るためにはどうするか、を全身全霊で考え実践していった。

ニューヨークの超一等地・五番街に自前のショールームを開設したのも、その一環である。そして、一年も経たないうちに、さらに驚きの行動に出る。「マーケットづくりで一番大切な、本当の『信用を勝ち取る』」ために――。これについては後段で述べるが、その前に、「テレビの概念を変えたマイクロテレビ」のイノベーションについて、もう少し検証しておこう。

大メーカーの「致命部に短刀を突きつける」

盛田は、普通の経営者ならば容易に口にできないような言葉を、確信をもって宣《の》べる時がある。たとえば社員の「履歴書を焼いてしまう」という発言。「学歴無用」宣言だが、これなども単なる思い付きやツイートの類ではない。観察し思考を重ねたうえで、言葉は放たれている。

六二年七月一六日の場合もそうだった。ソニー本社に集まった二〇〇人の社長たちは、度肝を抜かれたに違いない。ソニーの国内販売部門、ソニー商事（現ソニー・マーケティング）が三日にわたって開催した第一回専売特約店社長会議の席上でのことだ。

彼は、自らの経営と販売のフィロソフィーを、「ソニー圏」（ソニーの内輪の生存圏。半世紀前に生態系概念を導入）の仲間たちに、長時間にわたるスピーチで力説している。発売されたばかりのマイクロテレビに関する部分を抜粋引用してみる。

「私どものマイクロテレビの出現は、真空管テレビの売上に非常に大きな打撃を与えると考えております。又、打撃を与えるのでなければ、やりがいがないと思っております。TR－63（トランジスタラジオの最初のヒット商品）を、我々が出したときに国内の真空管ラジオメーカーの数社が非常に打撃を受けた。それと同じことが、又、日本に起きる。私どもはイノベーションによって食うか食われるかという業界にあって、我々は食っていかなければならない」

自分たちも、いつ犠牲になるかわからない。「そういう危険にさらされながら仕事をしている」と言い、簡単な試算をあげてみせる。当時のテレビはすべて真空管で作動していて、国内生産台数は月産四〇～五〇万台。一台に約二〇本の真空管が使われており、五〇万台では一〇〇〇万本に達する。それをほぼ、東芝、日立、松下の大手三社が供給している。トランジスタ・テレビの出現は、そのドル箱を直撃する。それは、彼らの「メインの仕事」ではなかったラジオやテープレコーダーの比ではない、「非常に大きな被害を与える」とし、次のように宣べる。

「我々が今やっておりますことは、東芝や日立や松下という日本の強大メーカーに、短刀を突きつけておることだと思っています。今や我々は大手に迫っているのです。従って、今度は各社の反撃も、今までとは全く違った仕方をしてくると思います。彼ら寝ている獅子を起こして、今やその致命部に短刀を突きつけている状況にある（のですから）」――。

短刀の切っ先をのど元に突きつけているというような台詞は、国内販売を強化するために、専売特約店の経営者たちの覚悟を促す鋭利なメッセージだった。また、余程の自信がなければ、吐けない言葉でもある。その確信を裏付け、「テレビの概念を変える」と盛田をして言わしめたものは、何なのか。

七〇年代最後の年に誕生した携帯音楽プレーヤー「ウォークマン」。盛田と組んで、その商品企画と普及に大きな貢献をした黒木靖夫が、百貨店のそごう宣伝部から二八歳で中途入社してきたのは六〇年のこと。その黒木が、六一年の晩秋に盛田に呼ばれたシーンを著書に描いている。

「『これを今度売り出すことにしたからな』、と言って鞄の中から小さなテレビを取り出して見せられた。それは一本のロッド・アンテナで見事な映像を映し出していた。この商品がその後一年間、私の生涯の重要なエポックを画することになろうとは、その時考えもしなかった」[17]

最初は小さな画面のテレビを発売すること自体が「冒険」だったが、盛田は「一人ひとりが使うテレビ」が求められているという仮説を生みだし、確信をつかんでいた。というのも、当時、日本でさえ六つのテレビ放送チャンネル（首都圏）があり、一家に一台のテレビでは、見たい番組を巡って〝チャンネル争い〟がおきていたからだ。

すでにラジオでは、「床の間や箪笥の上に置き、家具の一種だったのが、私どものトランジスタラジオの出現で考え方を徹底的に変えてしまった。アクセサリーの一つにしてしまった。一人ひとりがラジオを持って好きなプログラムを聞く。勉強しながらラジオを聞いているのか、聞きながら勉強しているのか、わからないような〝ながら族〟という言葉もできて、そういう時代が来ている。テレビもこんなにチャンネルが沢山になっているのに、これでいいのか。必ず一人ひとりがテレビを持つ時代が来る[18]」。

盛田は得意の大衆観察に基づいて、時代を洞察していた。

社内でも、「トランジスタを使ったテレビはどうあるべきか」と議論を繰り返して、五インチのテレビが完成した。八インチは他社がすぐに追随してきたため、開発プロジェクト自体を「SV－17」と名付け、産業スパイの目をくらます作戦にも打って出た。そんな秘密兵器を入社一年目の黒木に見せたのは、発売戦略会議をやるためだった。

作戦名をとって「SV－17会議」と名付けられたが、夕方から深夜まで続くため、夜食にうな丼が出され「うな丼会議」と呼ばれた。その場で黒木が驚いたのは、「経営の**トップから平社員までが同席して同じ口調で発言していた**」こと。さらに、広告代理店を入れずに「社内の人間だけで……キャッチフレーズからレイアウトまで決めてしまう……こうして全七段の新聞広告は社内会議でつくられていった。**井深や盛田までが一緒になって宣伝会議をやり、その場で決める**というやり方は他の会社ではあり得ない」、と記している[19]。こうして「マイクロテレビ」というネーミングは井深が、「トランジスタがテレビを変えた」という有名なコピーは盛田が、オリジナルに考え出したものだ。

日本で五月に発売された「マイクロテレビは華やかに市場に送り出された」（盛田）が、「生産の追いつかない驚くべき売れ行きを示した」のは、アメリカで発売されてからだった。その販売戦略もまた、当時の常識を破ったものだった。

ショールームという「メディア戦略」

黒木が盛田に再び呼び出され、「外国部」への異動を直接言い渡されたのは六二年の初夏。デザイン・宣伝畑を歩いてきた本人にとっては、「英語もできないのに何故？」という思いが強かった。英語に苦闘するなかで三度目に呼び出されたのが、その二カ月後。

「ニューヨークにできるだけ早く行って、ショールームをつくってこい。ドカーンと向こうの連中を驚かしてやろう」[20]という指示だった。「まさしく青天の霹靂」である。

これはと思える人材を、現場で鍛える盛田流のリーダー育成法でもある。

後に黒木は、日本で盛田が思いの丈を凝集してつくる（当時は）画期的なショールーム「銀座ソニービル」の企画を担当する。ニューヨークにショールームを構想した時点で、銀座やパリなども視野に入れていた。ちなみに、盛田のその国を代表する超一等地への出店は、後にスティーブ・ジョブズがアップル・ストア（国外第一号店は銀座だった）を生み出すモデルともなった。

超一等地に、高いコストを掛けてショールームを開設する狙いはどこにあったのか。

黒木の解釈はこうだった。「盛田はソニーという名前を一挙に売り込むことを考えた。ソニーを知ってもらうためには製品に触って見てもらうのが手取り早い。それはショールームだ。それには人が集まる賑やかなところで、話題を呼ぶところでなければならない。だとすればニューヨークの五番街しかなかった」[21]。

少し補足すれば、盛田は「メディア」としてショールームを位置づけることを、念頭に置いていたのだ。

彼は販売体制の強化について、『学歴無用論』で次のように語っている。製品づくりで「意図し企画した精神を、流通機構の末端にまでしみ通らせるルートづくり……ソニー・スピリットの理解者、同調者による販売機構をつくることで……初めてわが社独自の、未来へのビジョンを実現することができる」と。つまり、そのためのメディア装置としてのショールームであり、同時に顧客に〝ソニー体験〟を心身で満喫してもらいファンになってもらうための場をつくったのだ。

その盛田スピリットを、進化させ最も徹底させたのが、アップルストアだともいえる。ちなみに、アップルの基本理念には「我々が一番得意とするのは、優れたエクスペリエンスを提供すること」、そして同社の標語には「店舗は、アップル製品のオーナーを生み出し、ブランドに対する愛を育むための場所だ」が掲げられている、とカーマイン・ガロは紹介している。[22]

ともあれ、ニューヨーク五番街のショールームは、六二年一〇月一日にオープンした。

黒木によれば、「当時、ニューヨークには日本車は走っていなかった。……家電製品では三菱電機はデルモニコ……サンヨーはチャンネルマスター。つまり自分の名前では売っていなかった。そこでソニーだけがそれをやろうとしたのだ。盛田の愛国心が燃えていた。『日の丸を揚げるぞ』――盛田が(黒木にそう呼びかけた時、)自分自身に言い聞かせているようにも感じられた」、と書き記している。[23]

ニューヨーク五番街に初めて翻った日章旗は、敗戦国・日本の復興がついにここまで来た、という象徴だった。それは、アメリカに駐在していた日本人ビジネスマンや日系人たちに、その苦労に報い熱い涙をあふれさせた旗であり、明日への力を鼓舞する標《しるし》だった。

この出来事は、日本のマスコミでも大きく伝えられ、ソニーのステイタスを一挙に高めた。盛田の「メディア戦略」は、大成功だった。

経営トップが家族とニューヨークに移り住む

一日に数千人の客が押しかけるという報道もあったほど、ショールームは盛況であった。用意したマイクロテレビ三〇〇〇台の在庫は、たちまち底をつき一一月にはチャーター機三機で数千台を急遽、空輸した。アメリカでの小売価格は、一台二二九ドル（円換算で八万二四四〇円）、日本での売価は六万五〇〇〇円だったから高めの設定だ（船賃や保険料を加えた値段でもある）。

それでも当時の空輸代金は高く、盛田によればかなりの持ち出しになったが、「このチャンスを逃してはならない」と実施したという。初速の勢いを高め大衆の心を射貫くには、時機を失うまいと決断した。それだけ必死だったのだ。

その成果は、目論み以上にあがった。アメリカでのクリスマス商戦が反映された半期決算の六三年四月期を、前年同期と比較してみると歴然としている（**図表2**。括弧内は輸出分）。

トランジスタ・テレビの売上は、一年で四倍もの急伸ぶりで原動力は輸出（七倍の伸び）だった。六二年暮れには、売上一〇〇億円突破（半期）記念で特別ボーナスが全社員に支給された。

アフリカのセールスで実績をあげた卯木が、盛田邸の晩餐に呼ばれたのは、そんな賑やかなクリスマスの季節だった。ローストビーフをご馳走になり「うまいなぁ」と食っていると、盛田は例によってこう切り出したという。

「ところで、俺は来年からニューヨークに駐在することにした。家族も一緒に連れて行くから、お前もついて来い」。「えっ、ニューヨークですか?」。「そうだ。俺が行く一カ月前に行ってくれ」。「先に行って、何をするんですか?」。「アメリカを全部回って、報告してくれ」

正月明け早々、卯木はソニー・アメリカに赴任するために出立。盛田は、まずは単身で二月から駐在した。ニューヨークでの住まい探しや、三人の子供たちの学校通学の手配など、生活のためのもろもろの準備が必要だった。

そこまでして、なぜ盛田は、家族揃って現地に駐在しようとしたのか。ソニーの事業が軌道に乗ってきたとはいえ、実質的にマネジメントを切り盛りしていた経営トップが、日本本社を遠く離れた土地に家族とともに移り住む。井深をはじめ、当時の経営陣が大反対したのも当然である。

ましてや、当時は一ドル=三六〇円時代で、外貨の割当制限もあり、日航機もまだ飛んでおらず、直行便もなかった。交通も通信事情も現在とは比較にならないほど不便だった。それでも盛田は、反対する経営陣を説得して家族での移住を強行した。なぜだろうか。

実はニューヨークのショールームのオープンに際して、盛田は初めて良子夫人を同伴した。すると、アメリカ人たちが、それまでとは打って変わって盛田夫妻を自宅に招き、互いに格段に親密さが増すことを実感できたのだ。

図表2 ソニーのトランジスタ・テレビの売上(括弧内は輸出)

	トランジスタ・テレビ売上	トランジスタ・テレビ販売台数	全売上に占める比率
62年 4月期	8億円(2.8億円)	1.9万台(0.7万台)	8%
63年 4月期	33億円(20億円)	11万台(6.3万台)	29%

彼女は英語が話せなかったが、物怖じするタイプではなく、すぐにうち解け、もてなされ上手でもあった（後に、もてなし上手となる）。

「みなさん、ハニー、ハニー、ヨシコ、ヨシコと歓待してくれるものですから、主人はびっくりしたんですね。奥さんを連れて行くのと行かないのとでは、こんなにも違うのかと。それで、アメリカに溶け込むには家族で住まなければいけないんだ、とわかったのです」と良子夫人は述懐する。

盛田は『MADE IN JAPAN』でこう語っている。「アメリカ人の生活がどんなものかをほんとうに理解し、この巨大なアメリカ市場で成功しようと思うなら、アメリカに会社を設立するだけでは不十分である。家族共々アメリカに引っ越して、実際にアメリカの生活を経験しなければだめだと考えるようになった。……家族で住めば、旅行者にはとうてい望めないほどアメリカ国民を理解することができるだろう」

五番街ショールームのオープン後、帰りの機中で、来年、「（家族）みんなでニューヨークに引っ越そうと思うんだ」――。盛田が夫人に語ったその言葉が実現したのは六三年六月のことだった。

羽田空港から飛び立つパンナム機の前で、見送りの人びとに手を振る家族の、それぞれの思いと表情を捉えた写真は、ソニーの歴史を物語る最も印象的な一葉でもある。

このアメリカ駐在がテコとなって、世界のカスタマーのなかにブランドを確立する、という彼の夢が本物になっていく。そして、盛田の重要な海外展開のコンセプト「グローバル・ローカライゼーション」も、この体験がなければ、地に足がついたものとならなかったことだろう。

盛田一家がニューヨーク暮らしをはじめたのは六三年六月。この時、彼らを迎えたアメリカでは、ソニーのトランジスタラジオはもとより、他社のラジオやレコードプレーヤーからも、日本の歌手が歌うポップスが、いたるところで流れていた。「SUKIYAKI：スキヤキ」と改題された坂本九の「上を向いて歩こう」である。

六三年五月一一日にビルボード誌七九位に初登場したこの曲は、六月一五日付で全米ヒットチャート第一位に輝き、三週間にわたって（キャッシュボックス誌では四週連続）首位の座をキープ。ミリオン・セラーとなり、翌六四年には外国人として初めて全米レコード協会（RIAA）からゴールド・ディスク賞を受賞した。(24)

六三年といえば、イギリスでビートルズが大ブレークした年でもある。全英ヒットチャート第一位を記録した「プリーズ・プリーズ・ミー」を手に、マネージャーのブライア

1963年6月、盛田は家族と一緒に羽田空港を飛びたった。経営トップが率先垂範して、ニューヨークに家族とともに駐在し、世界戦略の覚悟を示した。「アメリカとアメリカ人をほんとうに理解する」ために。ここから「世界のソニー」が本物になっていく。

ン・エプスタインは、アメリカのキャピタルレコード（英大手レコード会社ＥＭＩ、現ワーナーミュージック傘下）に売り込みを掛けていた。だが、キャピタルは坂本九の「ＳＵＫＩＹＡＫＩ」を選び、それが全米から支持されたのである。

多くが「ナゾ」とされていたこの大ヒットを、丹念な取材で解き明かした音楽プロデューサーの佐藤剛は、著書『上を向いて歩こう』（岩波書店）で、一人の日本人の存在を浮かび上がらせている。

それが東芝レコードを立ち上げ、日本の著作権ビジネスの基礎を築いた東芝音楽芸能出版社長の石坂範一郎（ビートルズの来日公演のプロデューサーでもあった）である。彼は、「全世界に向けて日本の音楽を普及させるというミュージック・マンとしての夢」を抱き、将来の音楽ビジネスを見越して、「上を向いて歩こう」を世界に売り出したという。

石坂は「世界の市場がどれほど大きいかを知っていた。だが、立ちはだかる壁が高いことはもっと知っていた。それを承知の上で、あえて日本の曲が世界に出て成功する可能性に、積極的にアプローチした」。その行動を成り立たせていたのは、**寝る間を惜しんで集めた情報や知識と「海外の要人との間でひとつずつ積み重ねてきた、個人的な信用**であった」と佐藤は書き、こう指摘する。

「戦後の焼け野原から復興した日本の国が、ようやく世界に肩を並べて、自国の新しい文化を発信できるまでになった時に、その役割を託された歌が『上を向いて歩こう』だった」

「日本の音楽を世界に普及させる夢」を抱いた一人の人間がいたから、世界の「ＳＵＫＩＹＡＫＩ」（現在でも歌い継がれている）が生まれた。それは、「日本のテクノロジーを世界に普及させる夢」を抱いた盛田の姿とも重なる。アメリカ人の耳や目のアンテナが、日本に向けられ最も感度が高まったタイミングで、盛田は家族を伴ってニューヨークに引っ越したのである。

その地は、盛田に言わせれば「世界の国際十字路」だった。常識破りのこの行動は、「世界をマーケットにする」という発言が、単なるスローガンではなく、この「国際十字路」から世界へ飛び立ち、成功するのだという強烈な意思と戦略であることを表明していた。

羽田空港のパンナム機の前で、見送りの社員や親族に手を振る家族の写真は、小さな子どもたち（英夫一〇歳、昌夫八歳、直子六歳）のあどけない表情が印象的だが、それは社員への強烈なメッセージでもあった。これからは、ソニー社員の誰もが、家族同伴で海外に出ていく時代がやってくるのだ、と経営トップが自らの行動で体現したのだ。そして、石坂範一郎と同じく、海外の要人との間でひとつずつ個人的な信用を積み重ね、「世界のモリタ」となっていくのだった。

ソニーの「海外駐在家族の第一号」は、ほかでもないこの盛田一家だった。良子夫人はソニー・アメリカの「駐在社員の妻」として、当時の想い出を次のように綴っている。

「盛田は大見得を切って五番街にショールームをつくり、大見得を切って五番街にアパートを見つけ、子どもたちを良い学校に入れてアメリカの良い家族と知り合うことを考えました[25]」

大見得を切って借りたのは、メトロポリタン美術館の真向かい、五番街一〇一〇番地にある高級アパートの三階、バイオリンの巨匠ネイサン・ミルスタインの住居だった。持ち主が二年間パリに滞在するために、巨匠が見立てた一流の家具、室内装飾など、まるごとを家賃一二〇〇ドル（今なら数百万円相当）で借りている。「部屋数は一二もあって、小さな家に住み慣れた日本人にとっては、まるで御殿のようだった。寝室が4つ、……広間のような居間、その居間とは別な食堂……どこも広々としていて、家具の趣味もよく居心地がよかった」[26]と盛田も語っている。

普通の「駐在員」には、決して望みえない贅沢な空間だったが、実は社交のための重要な舞台装置であった。（空間だけでなく地の利など）「条件はすべて整っていた」と本人も言うように、盛田の人脈形成とイメージ演出のうえで願ってもない物件だった。

なにしろ「夜になって美術館の明かりがともり、建物の正面が光の海になると、まるでパリにでもいるような気分に」なれるのだ。アメリカの東部エスタブリッシュメントたちをホームパーティに招き、彼らと情報を共有し、家族ぐるみの交流を通じて、インフォーマルな人脈のネットワークを築くことができる。盛田は「世界のソニー」を考えた時、そこまでの構想力で将来を描いていたようだ。最初は、純粋にソニー・ブランドの信用を高め、プレミアムイメージを得るための背伸びであったにしても。やがて、その意味の大きさに気づいたはずだ。

そして、この場所から良子夫人の「おもてなし」がはじまっていく。後にミセス（良子夫人のこと）は『おもてなしの心とおもてなしをうける心』（文化出版局）という本を著しているが、そこにはある意味でソニー・スピリットが発揮されたことが見て取れる。

「外国のお客さまをご接待するということが多かったので、そのつど、どうすればいちばんお客さまに喜んでいただけるかしら、どうしたら日本を、日本人の家庭を理解していただけるだろうか、といつも一生懸命に考えながら、今日まで過ごしてまいりました」[27]。そして「〝おもてなしの心〟に国境などあるはずがないという」持論から、「日本人に喜んでいただけることは、外国人にも必ず喜んでいただける」という考えから生まれた「盛田式マナー」が、著名人とのエピソードを交え、具体的に紹介されている。

他の真似をするのではなく、顧客のために何ができるかを、五感を研ぎ澄ませて察知する。そのうえで自分の頭で考え、創意を重ねて提供する様子が描かれている。ニューヨークの盛田宅に招かれた客は、思うように英語が通じなくても、そのもてなしに感激して「ハニー、ヨシ」(ヨシは良子の愛称)と親密さを増していった。

「盛田さんは、成金の雰囲気ではなくて、自信をもって堂々とパーティをやっていた。(少なくとも)そういう風に見せたから、みんなが認め出した。それに、この青年実業家にはなんとも言えない魅力があった」、と阿川尚之・慶應義塾大学常任理事(元ソニー社員で盛田とは公私にわたって親しかった)は語る。そして、ある人物から聞いた話として次のように指摘する。「盛田さんはある時、俺は姿勢がいいんだと話したらしい。それというのも、アメリカに行って背の高い彼らに負けないようにしていたら、姿勢がよくなったんだ、と。……彼はアメリカで、ものすごく努力されたんだと思う」

自らがそうであったように、盛田は現地の日系社会とつきあうのではなく、英語ができなくてもアメリカ人の社会に飛び込むことを、社員だけでなく、家族にも求めた。夫人にはアメリカで運転免許を取得するように勧め、子どもたちは現地の学校で学ばせた。子どもたちが通った名門セント・バーナード校とその姉妹校は、ADR発行での幹事証券スミス・バーニー(現モルガン・スタンレー・スミス・バーニー)の担当役員アーネスト・シュワルツェンバック(後のソニー・アメリカ社長)とその部下の紹介だった。

この一件は、ソニーの将来にも大きな意味をもつことになった。

「この学校で私どもは、大勢の家族と知り合い、CBSの大物であったミスター・ペイリー(CBS創設者で会長のウィリアム・ペイリー)とも親しくなり、CBSソニーレコードがスタートし、今のソニー・

ミュージックエンタテインメント等、ソニーのハードからソフトへの産業展開の足がかりになったのです。本当に、人とのつながり、これがビジネスの根本だ、ということを私は主人から教えられました」、と夫人は記している。[28]

彼女は、盛田にとって一緒に闘う戦友だった。盛田の著書によれば、ニューヨーク滞在中だけでアパートに接待した客は四〇〇人余りにのぼった。それだけではない。お抱え運転手に早変わりして、空港までの送り迎えや、技師を乗せてアンテナの感度テストで郊外を走り回ったりもした。三〇歳台の彼女は、盛田のアパートの一室で他社のテレビを調べたりテストしたりしていた日本人のエンジニアや、駐在社員たちとほぼ同世代だった。

「皆んなハングリーで、アメリカを知り、アメリカ人を知り、彼らのなかに入って、ソニーを知ってもらい、製品を買ってもらうのに必死でした」——それが、「世界のソニー」の原点だった。

日の丸の旗が翻る五番街のソニー・ショールーム。その斜め向かいの、道を隔てたロンジンビル二階に現地法人ソニー・アメリカは新しく拠点を移した。盛田の社長室には、日本から持参した掛け軸が掲げられていた。それには、墨痕あざやかに「日本が生んだ世界のマーク」という文字が書かれていた。[29]

アメリカ人の従業員や来客に「ありゃ一体なんだね?」と尋ねられるたびに、駐在社員の卯木は「いささか閉口した」という。「Boys, be ambitious さ」とか「一寸の虫にも五分の魂さ」と、ちょっと脱線気味の説明をしてお茶をにごしていた。当時は、アメリカの家電大手ＲＣＡやゼニスとは、「比べようもないくらい小さな会社」で、「競争相手というのもおこがましい」現実のなかで、アメリカ人に理解してもらうための苦肉の解説だった。

しかし、その軸の語に卯木は「今に見てお れ!」という気概を感じとっていた。それというのも、盛田が直に語る「夜更けの講座」を幾度も聴いていたからだ。

「売れないセールスに疲れて思案投げ首のわれわれに、『おーい、メシ食いに行こう』と声をかけて」、夜九時を過ぎても開いている中華レストランで、盛田の「講座」は開かれた。食事をしながら社員の意見に耳を傾け、**「セールスの本質は教育だ」**、と自らのマーケティング哲学や経験を語って、みんなを鼓舞するのが常だった。

アメリカでソニーをどのように売り込み、これまでになかった製品がもたらす利便性や新しい体験を、いかに大衆に訴え「教え込む」か。盛田の持論「セールスは教育」を、広告でどう表現すれば効果的か。新聞・雑誌をめ

五番街のソニー・ショールームの真向かいに、1963年に移転したソニー・アメリカの本社。総勢40名ほどの小さなオフィスだったが、ブロードウェイの倉庫兼用のオフィスに比べれば格段の進化だった。最前列で椅子に座っているのが現地法人社長でもある盛田。すでに住居もマンハッタンに移していた。

くりながらチェックしていた彼の目は、早い時期からある広告に着目していた。フォルクスワーゲン（VW）「ビートル」の一連のキャンペーンである。

それは、「一九六〇年代の米国の広告界に震撼を与え、クリエイターたちを刺激し奮起させた」歴史的な広告だ。日本の著名なコピーライターだった西尾忠久が設けたホームページ「創造と環境」で、広告の概念を変えた作品を現在でも見ることができる。[30]

たとえば、有名な「レモン」（酸っぱい果実＝欠陥品）という広告は「船積みされなかった」不良品のビートルを一ページ大で紹介、品質に対する圧倒的な信頼感を生んだ（それだけに２０１５年に発覚した「不正ソフト」事件の衝撃は大きかった）。「Think small」は、紙面一面の白地の片隅に小さなビートルの写真を載せ「小さいことが理想」なのだと、ライフスタイルの変更をアメリカ人に迫っている。

制作したのは、アメリカの広告会社ＤＤＢ（ドイル・デーン・バーンバック。現オムニコム傘下）。早速、ソニーも広告を依頼すべくＤＤＢ社にアプローチしたが、最初は断られている。ソニーが提示できた広告予算も低かったせいだろう。

ここで役立ったのが、「大見得を切って借りたアパート」と子どもが通う「名門校」だった。ホームパーティで培った人脈が功を奏した。アメリカＶＷのトップと子弟を同じ学校に通わせていた縁で、ＤＤＢのバーンバック社長本人とパイプがつながった。上記の西尾のウェブには、盛田から直接聞いたというエピソードが載っている。[31] アメリカＶＷのトップが二人をランチに招待してくれたのだ。以下はその際のやりとり（一部抄録、括弧は筆者が捕捉）。

バーンバック：「ＤＤＢをより発展させるために幹部会を開き、見込みクライアントをリスト（アップ）

した。日本からはソニーを選んだ」

盛田：「いくらの年間広告予算で引き受けてくれるのか？」

バーンバック：「DDBが現在引き受けている最低線は一〇〇万ドルである」

盛田：「ソニーはテレビとラジオで五〇万ドルの広告予算だが、やがてもっとふえると思うが……」

バーンバック：「DDBはソニーに興味をもっている。（オーケー）五〇万ドルで引き受けよう」

この時のランチの話を、その後、盛田は外国部にいた黒木に、「おい、今度からアメリカの広告はDDBにやらせることにしたからな。バーンバック社長と飯を食って話したんだが、彼の広告哲学には痛く感銘してね」、と語っている。(32)

バーンバックの広告哲学の一端は、ツイッターでまとめられてもいる。「商品について正しい情報を提供しながら、誰も聞いていないこともあります。人々が腹の底から感じるような言い方をしなければなりません。感じなければアクションは起きないからです」／「商品に確信を持つ必要があります。仕事に確信を持つ必要があります。深い確信だけが作業に活力とエネルギーを与えるのです」／「世論の測定に夢中のあまり、世論を構築することが可能なことを忘れがちです」／「ビジネスの世界で生き残る人は知っています。未来は常に勇気あるものの手に委ねられるべきであることを」……。

金額の交渉の前に、二人は互いの哲学に共鳴しあっていたのだろう。

かくて、ソニー・アメリカは、六三年一二月にDDBとアカウントを開き、これも伝説と化したDDBによる「マイクロテレビ」の広告シリーズが翌年からはじまった。

『ライフ』誌などに掲載された「Tummy Television」は、六五年には国際電通賞、六六年にニューヨーク広告作家協会から最高賞のゴールド・キーを受賞している。"Tummy"は小児語で「ぽんぽん（お腹）」のこと。太ったおじさんが立派なお腹の上に、小さなテレビを乗せて就寝前に番組を楽しんでいるユーモアあふれる広告だ。「The Walkie-Watchie」は、首からマイクロテレビをぶら下げてテレビを見ながら歩く（ウォーク）おじさんの写真と、ウォーキー・トーキー（携帯式無線機）をもじったコピーがつけられている。「Telefishin'」は、ボートに乗って釣り（フィッシング）しながらテレビを視ている広告……。

この一連のシリーズを眺めていると、ＤＤＢの想像力は、今日のスマートフォンやタブレット端末によるモバイルライフに到達していたことがわかる。ソニーが開いたトランジスタの時代と新しい商品は、明らかに次の時代を胎蔵（未来を予告）していたのだ。

このようにして、盛田は当時、世界で最も優秀なクリエイターたちと組んで、新しいライフスタイルのメッセージをニューヨークから発信したのである。

「ソニー・チョコレート事件」――盛田の激怒とスゴみ

そしてもう一つ、この時期、盛田が発信した重要なメッセージがある。

「ソニー・チョコレート事件」という商標の侵害問題である。これに関しては、盛田自身が『学歴無用論』で熱い思いをこめて筆をふるっている[33]（『学歴無用論』は盛田の発言を、社員がゴーストライターとなってまとめたが、この件についてはほぼ本人が執筆した）。

ここでは、事件を担当したソニーの顧問弁護士・中村稔の著書『私の昭和史・完結篇』[34]も参考にして、簡単に経緯に触れておきたい。

デパートで「SONY」の商標（まったく同じ書体）をつけたチョコレートが売られているのが発覚したのは、六一年一二月。実は、その前年にハナフジ製菓は、商標登録の「菓子およびめん類」という分類で「SONY」を出願、六一年七月には登録されてしまっていた（ソニーは「電子機器」の分類で登録していた）。しかもハナフジは、社名まで「ソニーフード株式会社」と改称。キャンディーなど全製品にSONYを冠して販売する勢いだった。

盛田は珍しく「怒り心頭」に発し、なんとしてでも販売を止めさせるように指示。六二年三月に不正競争行為差止訴訟と仮処分命令を東京地裁に申請した。しかし、欧米では「著名商標」（一般的によく知られている商標）の所有者の権利は認められていたが、当時「わが国の法律の下では厚い壁があった」（商標法は類別に登録するからである）。そのため、専門家たちは「悲観的な見方をしていた」（すでに異なる類で登録され商標権が発生していた）。

これに対して、盛田は〝根本原理〟に遡って反論する。

「そういう法律の考え方自体がおかしいのではないか。商標はその製品に対して責任を持ち、保証するという責任主体の意思を表明するもので、その企業の生命だ。その生命を奪うようなことは許されない」、として徹底的に闘う方針を打ち出した。

ソニー陣営は、花森安治（生活雑誌『暮らしの手帖』編集長）や秋山ちえ子（エッセイスト）などの証人（ソニーが「チョコレートまで販売するようになったのか」といった証言）だけでなく、商標侵害の新しい概念「稀釈化」と「只乗り」理論を日本の法廷で初めて主張した。

中村弁護士によれば、「稀釈化」は、「もしソニーという名称を無関係な多くの企業がその名称として用いれば、識別力が失われ、(苦労して築き上げた）訴求力が減殺」されること。また「只乗り」されると、「ソニーフード製品の品質をソニー（株）としてはコントロールできないから、粗悪な製品が販売されて、ソニー商標の名声・信用が傷つけられ、ソニー（株）は営業上の利益を害される危険がある」というものだ。しかも、心理学者に依頼して市民を対象にした調査によって、「ソニー」と「チョコレート」がもつイメージが意外にも酷似しているというデータを提出。商標の「混同」が起きる可能性を実証した。

その結果、六五年一〇月にソニーフード（ハナフジ製菓）の商標登録は、「無効」との審決が下された。これは「著名商標を保護するという考え方を、日本で最初に確立した画期的な事件」（法務関係者）だった。

ソニーが急成長するにつれ、内外の企業から「BONY」「JONY」に「SONNY」「SOM・Y」、町では「ソニー美容室」「ソニー焼き肉店」などの商標侵害が続々と発生していたが（いずれも実際にあったもの）、無効審決以降は、次々と仮処分命令を申請できるようになった。

九三年には、日本の法律そのものが改正され、著名商標は保護されることになった。盛田が提起した問題は、法律の考え方そのものが改定されることで、立法的にも解決されたのである。

ソニーは、全世界で商標登録を急ぎ、六六年には一二三カ国一七〇地域という世界トップの記録に達した。盛田の**「商標は企業の生命」「ブランドこそ販売の基本」**という明快な**メッセージ**は、ソニーのアイデンティティと存在感を世に知らしめることになった。

第6章 起死回生のメカニズム

〝ケネディ・ショック〟と松下・ソニーの窮状

メトロポリタン美術館の真ん前、ニューヨーク五番街に面した高級アパートに、「大見得を切って」盛田は居を構えたが、そこからソニー・アメリカのオフィスまではバスで通っていた。「ニューヨーカーに混じって彼らの会話を聴きながら毎日バスで通勤し、社会学者でもあるかのように彼らの習慣を観察した(1)」。人びとの声に耳を澄ませ、わずかな兆しも見落とさないように観察し、「手考足思」(手で考え足で思う)を実践するのが習わしとなっていた。

週末や休日のホームパーティでは、東部エスタブリッシュメントたちと(堂々とハッタリもかまして)親交を深め、楽しく言葉を交わしながら情報を共有した。こうしてアンテナの感度を研ぎ澄ましていく。アメリカとはなにか、人びとはなにを求めているのか、今なにが起こっているか。

パクスアメリカーナは、絶頂期から下り坂に転じようとしていた。登り切った頂きで風はざわめき、灰色の雲が動きを速めていた。

財政政策を重視し、減税によって経済成長を促してきたケネディ大統領は、ドル防衛のために、一九六三年七月に金利平衡税（アメリカ人による資本流出つまり外国証券投資に課税する）を表明。米機関投資家の日本株購入に急ブレーキがかかった。下落した株価に追い打ちをかけるように、一一月には当のケネディ大統領が暗殺された（翌年にはベトナム戦争も本格化していく）。

〝ケネディ・ショック〟は世界を震撼させ、株価はさらに暴落した。日銀の金融引き締め策と相まって、日本の内需は低迷。家電不況が販売店を直撃した。その象徴が、東京オリンピックを間近に控えた六四年七月に行われた松下電器の「熱海会談」である。

松下系の販売会社や代理店には、「ナショナル」商品の在庫があふれ赤字店が続出。窮状を訴える声や不満の声に押され、松下幸之助（当時六九歳。三年前に社長の座を娘婿の正治に譲り、会長となっていた）は立ち上がらざるを得なかった。

熱海ニューフジヤホテルの広い会場に、全国から集まった代理店社長・販売店店主たちとの会談は、松下への苦情や批判が殺到、これに幸之助も応酬。互いに問題点を指摘しあって紛糾した。日程を延長した三日目、幸之助は涙を落としながら頭を下げた。「結局、松下電器が悪かった。好況に慣れて安易感をもった松下電器が、まず改めるべき点は改め、その上で皆さんにも求める点があれば改善を求めたい」「心を入れ替え出直したい」、と自ら手書きした「共存共栄」の色紙を全員に手渡した。その後、幸之助は営業本部長として現場に復帰。事業部による直販制や販売会社の整備強化など新販売制度に「社運を賭けて」乗り出した。(2)

実はソニーも、〝社運を賭けた勝負〟で大変な窮状に直面していた。

まずは決算から見てみよう（当時は半年決算、利益は税引前利益、比較はいずれも前年同期比）。六三年一〇月期には借入金が九二億円と一年で倍増、六四年一〇月期には初の二〇％減益に。六五年四月期は輸出が貢献（売上に占める輸出比率は六三％に達した）、二ケタ増収（売上一五一億円）となったが、借入金は一二八億円と過大に膨れあがり、再び減益となった。

ソニー会長として、厳しい眼を光らせていた田島道治は、日記に短いメモだけを残している。[3]

六四年四月一五日「会社近況ニツキ　内科的ハ断念　外科的ノコト　懇談」

六五年一一月七日「会社ノ前途苦慮」

田島の言及は、これ以上ないので、「会社」（＝ソニー）の当時の情況を推測してみよう。前者の「内科的」とは、盛田をアメリカ駐在から呼び戻すことか。「外科的」とは銀行借入のことか、もしくは銀座ソニービルの着工を延期または止めさせることか。つまりは景気後退のなかで、経営方針を攻勢から守成へ切り替えることであっただろう。簡潔な文体には、経営に対する危機感がにじんでいる。後者の「前途苦慮」の背景には、井深大の肝いりで発売した「クロマトロン」の問題があった。

NHKと民放でカラーテレビの本放送がはじまったのは、六〇年九月。家電大手各社のテレビ受像機の市販もこの時からだ。ソニーが「クロマトロン」方式のカラーテレビの発売にこぎ着けたのは、六五年五月。ほぼ五年遅れの参入で、画面の明るさが評判となったものの、歩留まりは一向に改善しなかった。

開発は難儀を極め「苦労マトロン」と呼ばれたのに、発売以降は、売れば売るほど赤字が増え、展望が見えないせいで「苦労魔トロン」と〝魔〟の字に変えられた。経営陣は、カラーテレビの市場参入の窓が閉まるのではないか、と焦燥感を一段と募らせていた。

そのうえ、盛田が推進していた銀座ソニービルの大きな投資は、〝謹直の人〟田島には不必要な贅沢としか思えず、二人の創業者が突っ走る姿に危惧の念を重ねたのだろう。

当の盛田は、六四年八月一日には、二年間の予定だったアメリカ駐在を、半年分を残して急遽切り上げ帰国した。七月三一日に盛田の父・久左ヱ門（ソニー相談役でもあった）が死去したからである。急な帰国は、盛田家の家業の相続問題もあったが、ソニーの経営が厳しい綱渡りを強いられていたことが大きい。

投資がかさむ二つの大きなプロジェクトを抱えての資金繰りと、松下幸之助が反省したように、「好況に慣れて安易に」流れていなかったかをチェックし、経営のタガを締めることも必要だった。そして結果的には、ソニーらしいやり方で、これらの問題が解決もしくは手が打たれていく。

まずは、どのようにして世界的なヒットとなった「トリニトロン」は誕生したのか。ソニーの成功メカニズムを知る重要なカギを、そこに見出すことができる。


井深は、カラーテレビの開発にあたって、人びとの生活に即して定義している。

「家族が明るい夕食を囲んで、みんなで楽しめる明るいカラーテレビ」――。井深の定義を正しく理解するために、半世紀前の状況に遡って説明しておきたい。

六〇年代初期のカラーテレビは、昼間や電灯の下では、色の違いが明瞭に見えないほど画面が暗かった。値段も高く庶民には手が届かない贅沢品であった。六〇年発売の国産カラーテレビ第一号は二〇インチで四五万円。六一年に販売されたトヨタの大衆車第一号「パブリカ」は三九万円だった。最初はお金持ちの邸宅の応接間で、カーテンを閉め切って鑑賞するような代物だった。

井深の定義には、①誰が（普通の庶民が）、②どのような場で（明るい蛍光灯の下の茶の間や食卓で）、③どのようなサービスコンテンツを（家族で楽しむ番組を）、④いつ（夕食時に）、⑤どのように楽しむか（家族みんなで食事をしながら）、といった誰もがわかる形で、プロダクト・プランニングが目指すターゲットと構成要素が明示されていた。

このターゲットに視点を置くと、当時、世界の家電メーカー各社が採用していたアメリカのＲＣＡが開発したシャドウマスク方式（ブラウン管）は、「どうしても踏襲する気にはなれなかった」（井深）ことがわかる。というのは、赤緑青の色信号をもった電子ビームを、ガラス面にある蛍光体の赤緑青に正しく当たるように絞り込むシャドウマスク（遮蔽板）があって、構造上一五％しか電子ビームが透過できなかったからだ。当然、画面は暗く、電灯の下では見えづらかった。

ではどうするか。暗中模索の折りに、六一年三月にノーベル物理学賞受賞者のＥ・Ｏ・ローレンス博士が考案した「クロマトロン」と井深は出会った。航空管制や軍事用ディスプレイとして展示されていたが、明るい色彩に彼は目を見張った。理論的にも明快で、原理的にはシャドウマスクの六倍もの明るさが可能という触れ込みだった。

「これならわれわれが取り組んでもいいし、自分たちの技術なら、やってのけられるだろうと、自信過剰の結果、これに取り組んだ」と井深は語っている。(4) 六一年一二月には、特許権者のパラマウント映画との技術援助契約を受け、半導体製造技術課長だった吉田進、同係長の大越明男、宮岡千里、加藤善朗といった若手の精鋭たちで開発チームがつくられた。

ところが実際に取り組んでみると、頻繁に放電現象が起き、白黒テレビで開発してきた自慢のトランジスタは「バタバタと壊れた」。もっと大きな問題もあった。「システム全体の調整が難しいのでは」と一抹の不安をおぼえた盛田の予感通り、電子銃やガラス、フレームに張られたワイヤーなどの位置関係と距離が、ミクロン単位で精密に組み立てられないと、良品として完成できなかった。この複雑さは、工場で量産するときの大きなネックとなった。

難題に次ぐ難題をなんとか越え、六四年九月にクロマトロン方式のカラーテレビを発表したが、生産ラインの歩留まりが極度に悪く（一〇〇本のブラウン管をつくっても商品になるのが七～八本）、発売にこぎつけるには六五年五月までかかった。販売価格は一九インチで一九万八〇〇〇円だったが、工場原価は四五～五〇万円であったという。[5]

盛田は「クロマトロン方式のテレビは一万三千台作っただけで、全部日本で売り切り、それっきり製造を中止した」と著書『MADE IN JAPAN』でキッパリ述べている。（出荷価格は販価より低いので）仮に一台売る毎に三〇万円の赤字だったとすれば、これだけで三九億円の赤字となる計算だ。年商三〇〇億円程度の中堅企業にとっては、深刻な問題だった。

他方、シャドウマスク方式は、通産省の支援で、NHKと家電七社、大日本印刷など大手企業による共同開発組合を結成し、量産化技術を進化させていた。

後になって井深は「時間、人、カネ、技術をどんどん費やし、……われわれはこのクロマトロンと心中してどうにもならぬ、という非常に苦しい立場におかれた」と振り返っている。「一方、アメリカではどんどんカラーテレビが普及し、日本でもシャドウマスクの技術が確立して、どのメーカーもこのカラーテレビでよい業績をおさめはじめた」

盛田はそんなことはおくびにも出さなかったが、販売部門や経営幹部の突き上げに、内心は焦燥感を募らせていたはずだ。井深にもそのことは痛いほどわかっていた。「私としてはこの五年間、足踏みをしたクロマトロンの失敗は自分の責任であると痛感していたので、どうしても挽回しなければならなかった」

そこで井深は、行き詰まった開発をリセットして再出発するために、社長自らプロジェクト・マネージャーとして陣頭指揮に乗り出した。六六年秋のことだった。松下幸之助が、家電不況の危機に営業本部長に就任し、販売体制をリセットするため陣頭指揮をはじめた姿と重なる。

さまざまな可能性を探っていた折りに、GEがシャドウマスクを改良したポルタ・カラーという方式を開発。ソニーに一緒にやらないかと声をかけてきた。これは、電子銃を三本水平に並べた方式で構造が簡単、回路も作りやすかった。岩間専務と担当の吉田課長が渡米し、検証したが「吉田君は、どうしても、うんと言わんのですよ」、と岩間は本社に電話をしている。

井深が定義したカラーテレビのターゲットに、「この方式では明るさも画質も近づけない」と吉田が判断したからだった。しかし帰国して間もなく、吉田は岩間に呼ばれ、こう宣告された。

「今年末までで、ソニー方式のカラーテレビの開発は断念する」――。

六六年の一〇月中旬のことだった。開発部門は重苦しい空気につつまれた。

ソニーの経営者としては、カラーテレビ参入の窓が閉まる前に、なんとしてでもレースに登場しておく必要があった。そのためには、シャドウマスク方式もやむなしという経営判断だ。

家電業界には、普及率四％のバーを超えると急激に市場が立ち上がる（＝新規参入の窓が閉まる）という経験則があった。内閣府の統計を見ると、カラーテレビの世帯普及率は六六年に一・六％だったが、六七年は五・四％、六八年は一三・九％、六九年は二六・三％と、うなぎ登りに立ち上がっている。まさに、ギリギリだった。

デッドエンドまで、残された時間は一カ月半。厳しい冬に向かい始めていたある朝、凍り付くような噂がヒソヒソと流れはじめた。「井深さんが、来週火曜日の取締役会で辞任するらしい」

カラーテレビ開発の責任をとって辞められる、という噂には、前触れがあった。「井深さんが、カラーテレビの〝色の道〟に迷ってソニーがつぶれそう」という風評だった。当時の開発課では、机の周りの丸いゴミ箱に腰を下ろして「どうなる？」などと話し込んでいる者がいたり、試作用の作業台の周辺でもヒソヒソ話が起こっていたりした。そんな重苦しい空気が、パッと一掃されたのは、その二、三日後である。

みんなが一斉に慌ただしく動き出し、職場に緊張感が張り詰めた。それが、のちにトリニトロンと呼ばれることになる「ワンガン・スリービーム」（一電子銃三ビーム）のアイデアが確認された瞬間だった。

打ち切り期限まで残り一週間の〝起死回生〟

吉田は、三本の電子銃を横一列に並べるＧＥ方式（前述）を検討していたときに、「一つの電子銃で三本の電子ビームを出したらどうか」という閃きを得た。そんなことをすれば「画像がぼけるだけ」が専門家の意見だった。が、大越係長が賛同、とにかく「試してみる」ことになった。

実験を担当した〝専門家〟の宮岡は「どのくらいフォーカスが悪くなるか、データをとって上司を納得させよう」と、とりかかった。が、スイッチを入れた途端、一本の輝線が横に走って鋭くフォーカスした。心臓がドキンと高鳴った。二本目の輝線がきれいなスポットを結んだときには、宮岡の手は震えていた。たちまち全員が集まり、井深も社長室から息せき切って駆けつけた。

「こりゃ行けるよ。スジがいい」。井深は即座に実験のすべてを理解したのだ。彼はのちに「三本のビームが主レンズで一点で交わったらどうなるかは、光学的にもわかっていなかった思想である」と語っている。[6] 理屈ではなく、実際に「試して」みて、発見できたことだ。

井深は著書『わが友 本田宗一郎』で、親友だったホンダの創業者の言葉を引用している。[7]

「**人生は見たり、聞いたり、試したりの三つの知恵でまとまっているが、その中で一番大切なのは試したりであると**僕は思う。ところが世の中の技術屋というもの、見たり、聞いたりが多くて、試したりがほとんどない。僕は見たり聞いたりするが、それ以上に試すことをやっている。その代わり失敗も多い。失敗と成功はうらはらになっている。みんな失敗をいとうもんだから、成功のチャンスも少ない」

井深は、傷だらけの本田さんの左手は、こうした無数の「試したり」の結果なのでしょう、と讃えている。ソニーの開発チームが、このとき専門家の常識に流され、「試す」ことをしなかったらトリニトロンは生まれていなかった。宣告された打ち切り期限まで、あと一週間を残すのみだった。

商品化を急ぐため、電子銃だけをこの新方式（一ガン三ビーム）に換え、ブラウン管はシャドウマスクで行くという目先の論理に傾きかけたとき、吉田と大越の技術屋魂は、井深の定義を元に、その流れを引き戻した。もちろん井深の意見は「どうせやるからにはシャドウマスクにするつもりは全然ない」、だった。

最大の山場は乗り越えたが、製品化までにはまだいくつも壁は残っていた。

トリニトロン開発物語には後段のストーリーがあるのだが、ここでは割愛する。ともあれ、大越の発想でシャドウマスクに替わる新しい「アパーチャーグリル」（縦のすだれ状の色選別機構。その名の通りすだれの隙間から光りが透過する。写真印刷技術を使うので生産性が格段にあがる）が実現。この結果、シャドウマスクよりも三〇％以上明るく、生産工程での歩留まりも一挙に向上するメドが立った。

六七年一一月には、ついにその日がやってきた。完成したブラウン管は、鮮明な画質、軽快でキレのよい美しいカラーを表示した。急ぎ足で駆けつけた井深は言葉を詰まらせ、しばらく声が出なかった。ようやく口をついて出たのは「うん。これでいい……みなさん、ありがとう」だった。眼には涙がにじんでいたが、すぐに次の言葉が続いた。「これを、すぐ一〇万台つくろう」——(8)。

この新しいカラーテレビは、「三本の電子ビームが一つの大きなレンズの中でまとまり、強くフォーカスされる」ことから、クリスチャンの井深が「トリニティ」（父と子と精霊による三位一体）をメタファーにして、「トリニトロン」と名付けた。

そして、六八年四月一五日、二年前にオープンしたばかりの銀座ソニービル八階で、トリニトロンの製品発表会が行われた。その席上、井深はめずらしく「世界のカラーテレビ界に革命をもたらす」、とスティーブ・ジョブズのような発言をしている。

井深は、後述するようにこの記者会見の席上で爆弾発言を行い、独自のイノベーションの方法論にもつながっていく。そして、「必要な資金はすべて私が考えます」と見得を切り、ソニービルに巨額投資をしながら、この開発を支えた盛田の闘いもまた、イノベーティブなものとなる。

ソニーの経営会議は、毎週火曜日の午前中に行われている。それは、同社の前身・東京通信工業の設立が、四六年五月七日の火曜日だったことと関係している。

「パスポートサイズ」のカメラ一体型八ミリビデオの開発と普及で、大きな実績を築くことになる森尾稔(元・副会長)が最初に配属されたのは、カラーテレビ(「クロマトロン」)の開発部隊だった。「苦労魔トロン」と呼ばれた開発は、難航に難航を重ね五年を経ても赤字解消のメドが立たず、ついにプロジェクトの打ち切りが内定。一カ月半を残して六六年末までと期限が切られた。

その打ち切り寸前の土壇場で、後に「トリニトロン」となる技術の突破口を見出したのだった。プロジェクト・マネージャーを兼務し、陣頭指揮していた井深社長が「スジがいい」と看破した、この「一ガン三ビーム」の電子銃。それをセットしテレビに仕立てたのが森尾だった。入社四年目の二七歳の青年がテレビの回路設計を担当していた。

彼が所属していた第一開発部は、ソニーの原点ともいえる本社工場の四号館三階にあった。火曜日の昼前になると、六階の役員会議室から、経営首脳陣がぞろぞろと降りてきて、「カラーテレビはまだか、まだか」と現場をのぞきに来るのだった。ちなみに、井深社長と盛田副社長の部屋も同じ棟の七階にあり、経営トップが開発部隊の現場に、いつでもふらっと立ち寄れる構造になっていた。**経営と開発の距離が直に近く、一体感があった。**

その日も昼前にやってきた一行は、七インチのブラウン管が光っているのを見ながら、「これがなかなかきれいでいい。(とりあえず)これで発表しよう」と話が進んだ。六七年二月初旬の火曜日のことである。

当時、CES(Consumer Electronics Show)はニューヨークで夏に開催されていたが、そこに新しいカラーテレビ方式「ビビッドカラー」（まだ「トリニトロン」と命名されていなかった）を出展することが、その場で決まった。

七月初め、森尾はワーキングサンプル（デザイナーのイメージ図に基づいてテレビセットにしたもの）を副社長の部屋に持参した。スケッチより、どうしても後ろが長くなってしまっていた。

「みっともない格好になってしまって……」と言い添えたとき、盛田は「いや、キミいいんだよ、そんなのは。デザイン屋さんは（この段階では）勝手に絵を描くだけだから、楽なんだよ」、とエンジニアの苦労を慮《おもんぱか》ってくれた。初めて一対一で対面した森尾は「副社長だけど、おっかなくないな」と一瞬思ったが、盛田はCESに出張することになっていた彼に向かって、こう付け加えた。「絶対に一ガンだと言っちゃいかん。一ガンと言ったら、それはクロマトロンの技術だと思われてしまう」

パラマウント映画が基本特許を持つクロマトロン管は、「一ガン」であり、ソニーのクロマトロンは家庭用に改良を加え、三本の電子銃を使う「三ガン」としていた。前述したように、トリニトロンは「一ガン」だが三本のビームを照射する独自方式であり、アメリカの専門家には一ガンといえば、クロマトロンと誤解されかねなかったからだ。

説明の手間や訴訟などに、大事なエンジニアの時間を費消したくない。だから不要な一言を発しないように、注意を促したのだ。ちなみに世界を席巻していたのは、米RCAが特許を持つシャドウマスク方式で「三ガン」だった。若い社員が得心できるように理由を説いてきかせ、将来の法的なトラブルに巻き込まれないよう、事前に配慮する盛田の慎重さが、森尾にはことさら印象に残った。

疑心暗鬼を吹き飛ばした一枚の写真

六七年早々には、社内向けの配慮の手も打っている。六六年晩秋、カラーテレビ開発プロジェクトの最も苦しい時期に、社内に流れた噂は「井深さんが〝色〟の道に迷い」、「クロマトロンの失敗の責任を取って社長を退任される」というものだった。

盛田は、即座に反応している。「組織が大きくなるにつれ、中継点が多くなって」情報がよどむ一方、「興味あるゴシップなどは、おどろくべきスピードで」広まると指摘。「会社内の積極的な情報交換の重要性」を訴え、情報を受け取る側の姿勢を問うた。臆断や人づての間接情報ではなく、正確な情報を「直接やりとりするコミュニケーションの大切さ」を、社内に幾度も呼び掛けている。

そのうえで、六七年一月に配布された社内報の新春号には、井深と盛田との初めての大型対談(「トップ大いに語る」)を特集し、象徴的な写真を大きく掲載した。それが、マスメディアを通じて世界にも広く流布している有名な写真だ(次ページ)。そこには、ファウンダー(創設者)の二人が、実に愉しそうに、腕相撲に興じているシーンがとらえられている。

何があっても井深を支えるという盛田の強い決意と、「自由闊達にして愉快なる理想工場」を実現するという夢に向かって、二人が力を合わせるのだという固い絆を、社員であればたちどころに見て取ることができた。井深と盛田の不仲説も、この写真一枚で吹き飛ばしたのだ。

同時に、製品別に関連部門をまとめ、何が戦略目標なのかをハッキリ示す組織改革を行っている。カラーテレビの開発を担う第一開発部、VTR（ビデオテープレコーダー）開発を担当する第二開発部に再編し、取り組みの強化とスピードアップを図ることを狙った。

前者には電子管開発部長（トリニトロン・プロジェクトのプロデューサー役）だった吉田進を、後者には〝希代のエンジニア〟木原信敏（テープレコーダーを最初から開発してきた磁気記録の大家）を、それぞれ部長に付け、会社が将来を賭ける大型プロジェクトに位置づけることを明示した（一月一六日付）。

六七年二月には、トリニトロンの試作機ができ、井深は「これで行ける」といよいよ自信を深めていく。それでも、まだいくつかの関門は残っていて、開発の「死の谷」は容易に渡らせてくれなかった。一一月になって、ようやくすべての技術にメドが立ち〝谷〟を渡りきったときには、チームの全員が感動の

ファウンダーの二人、井深と盛田が笑いながら愉しそうに腕相撲に興じている。1967年1月の社内報に大きく掲載されたこの写真には、社内の疑心暗疑を吹き飛ばす“メッセージ”が籠められていた。

あまり、声も出なかった。

そして、問題の翌六八年四月一四日を迎える。この日、銀座ソニービル八階で、独自のカラーテレビ方式「トリニトロン」技術の記者発表が行われた。それまでに用意できた二〇台のうち、良いものを選んで一〇台がサンプルとして並べられていた。

その席上で、記者の質問に答えた井深が爆弾発言をする。

「発売は、今年の一〇月に行います」——。

現場責任者の吉田は、「あっ」と息をのみ、思わず井深の顔を見た。常識ではそんなに早くできるわけがないからだ。課長の大越明男は、飛び上がらんばかりに驚き、困惑した表情で上司の眼を追った。吉田の眼は、井深をじっと見つめたまま動かなかった。が、内心は複雑だった。

「また井深流でやられた」と思いつつも、「本当にそんなことができるのか」という不安と、「それほど急がなければならないのか」という切実感に、「井深さんの期待にどうすれば応えられるか」という思いが、複雑に絡み合っていた。

発売時期について何も聞かされていなかった実行部隊は、技術発表の会見が終わっても顔を引きつらせたままだった。発売までに、半年しか時間はなかった。果たしてそれまでに、新たに製造機械を準備し、「開発と製造の両方をパラレルに進め」、安定した品質で量産に持ち込めるのか。[9]

ここで少し補足説明をしておきたい。一般的に、製品開発に成功すれば、製造部門にバトンタッチされ、量産技術の確立を経て工場の生産工程に入る。この場合、開発は製造に引き継ぎを行うものの、それぞれの担当エンジニアは異なるのが普通である。

しかし井深は、開発の責任者だった吉田に「製造まで面倒をみてほしい」と言い出したのだ。「それは私の任ではありません」と断る本人を、二度三度と説得し、ついには自宅にまで引っ張り込んで口説き落とした（その結果、吉田が製造部長を兼務する辞令は三月におりている）。

開発者から製造担当者に技術を引き渡すには、それなりの時間と手間がかかる。したがって、現在では「コンカレント・エンジニアリング」という手法が取り入れられ、開発の終盤の段階で製造部門のエンジニアが加わり、並行して量産過程へ移行していく生産方法が採用されるようになってきた。

だが井深の場合は、「コンカレント・エンジニアリング」よりも、もっとドラスティックな発想」を行ったといえる。技術のすべてを知り尽くしている開発者が、直接、製造まで担当するというものだ。商品化へのスピードが至上命題になっていて、時間を最優先するためには何をしなければならないか。そこから制約条件をはずして考えた結果だ。六八年初頭のことである。

前に述べたように、中継点を介さず「直に、ストレートにつながる」というのは盛田の基本姿勢でもある。**一番大事なターゲットを設定し、それを実現するためには、制約条件をはずして考える。**盛田の場合も、「世界のソニー」を実現するためには、まずアメリカで基盤を確立する。ニューヨークの檜舞台で信頼を確立するのも、その一環である。輸出にあたっては商社を介さず、現地での販売も直販方式に切り替えていく。それは、新しい製品のコンセプトや使い勝手、開発に籠めた思いを、顧客にできるだけ「直接に伝えたい」（マーケットをエデュケーションしたい）と考えたからだ。

英語ができないとか、輸出は商社に頼むものだ……といった**制約条件や既存の常識に囚われていては、時間や資金の乏しさにつぶされる。「やり方を変えて問題を解決する」**のだ。

その意味では、ファウンダー二人の発想や方法論には共通点がある。井深と盛田のソニーは、そうやって生き抜いてきたのだ。

井深はトリニトロンの発表の場で、こんなことも語っている。「スジがよかったので総力あげてかかりました。既成品のまねをしていれば間違いはないのでしょうが、それではよりすばらしいものは何もできません。**見きわめて踏み切る**——ともかくこれがウチの信条です」（『日本経済新聞』一九六八年四月一六日付）。

秋にトリニトロンを発売するにはどうするか。井深は、ここでも最初にターゲットを定めて、そこから人材と社内資源を「見きわめて」、大胆に「踏み切る」判断（吉田に製造まで託す）を行ったのだ。彼らならやってくれるという部下に対する全幅の信頼と、これまでの経験からプロジェクト・マネジメントに関する、ある手応え（後述）をつかんでいたことも背景にある。

トリニトロン・プロジェクトの戦略スタッフとして活躍した加藤善朗は、『「やり方を変えて問題を解決する』のが、井深流マネジメント・スタイルの神髄」と指摘しているが[10]、吉田はその神髄をものにして、一種の生産革命まで実現するのである。

当時、ソニーの工場ではカラーテレビは「クロマトロン」を製造していて、生産ラインでは三〇〇人ほどが働いていた。吉田が大崎工場長に就任してすぐに気づいたのは、現場がすっかり「意気消沈」していることだった。ミクロン単位の調整が必要で、製造が難しく不良品が続出。「クロマトロン（電子管）の残骸がガサガサといっぱい転がっていた」（別のソニーOB）という証言があるほどだった。つくればつくるほど赤字が積み重なっていることを現場はよく知っていて、自分たちの責任も感じていた。

「この人たちのところで、別のもの（トリニトロン）をやってもらうわけですが、（彼らは）非常に自信がないんです。またクロマトロンの二の舞になるんじゃないか、という心配をもっていた」。だから、最初の仕事は、なによりも彼らの意識を切り替えることだった。

「必ず出来るのだと信じ込ませるために」、最初にやったことは二〇人ほどのグループに分け、茅ヶ崎にあった保養所に一緒に泊まり込んで、トリニトロンの構造から原理、どういういきさつでできて、どんな特徴があって、シャドウマスクと比較して何がよいかを、徹底的に説いたという。「疑問をもっている人はたくさんいた」から、夜を徹して討論し、それを一〇数回にわたって、繰り返した。[11] 開発を行った人間でなければ、とうていこなせない作業だった。

全員に行き渡ったところで、まだ半分くらいは半信半疑だったという。「それでも半分でも信用してくれることは随分進歩だと、さらにやる気を起こしてもらうことを徹底した」。そうした対策の一つに、製造ラインの課制をなくしたショック療法もあげられる。

すべての課がなくなったので、課長はいなくなり全員が係長に降格された格好になった。「活きのいい課長からはブーブー言われ、食ってかかられた」が、ラインは係長制にしてそれぞれ三〇人ほどに再編。これとは別に、スペシャリストからなる「課長団」（ラインはもたない）を設け、炉の温度のコントロールやパーツの組み合わせをどう効率化するか、などアドバイザー兼サポート役に徹するように指示。つまり、係長をヘッドにした縦のラインと、課長アドバイザーによる横のサポートというマトリックス・コントロールを導入した。

そしてラインが安定して軌道に乗り次第、課長制を復活させることを最初に宣言している。

この生産革命の成功について、吉田は次のように語っている。

「開発でも何でもそうだと思いますが、ターゲットがハッキリしていれば、必ず自分たちの力でやれるんです。同時に、自分たちに力があるんだということ、それぞれの人の能力を信頼させることが非常に大事です。それが結局、やる気を起こすもとになる。いうなれば、そういった人たちに生命を吹き込むといいますか……」。そして、こう結んでいる。[12]

「人間はみな弱いですから、弱いものをいかに強くするかに尽きるんじゃないですか」

現場の苦労を体で知っている本物のリーダーだからこそ吐ける、言葉だ。

井深が残したイノベーションの方法論

製造を託された吉田が、自分の考える通りに実践できたのは、「防波堤となってくれた人」がいたからだという。電子銃の開発に見通しがついた瞬間（六六年一二月末）から、社長の井深が吉田のチームにバリアーを張ってくれたのだ。一切のノイズをシャットアウトし、集中できる環境を用意した。

あるとき吉田は、盛田副社長に呼ばれた。「いま営業と揉めているのだけど、彼らは一九型（テレビ画面が一九インチ）を熱望している。どうしたらよいかね？」。吉田が「一九型を商品にするには発売が一年遅れますよ。時間を大切にするなら一三型です。これには条件がすべて整っていますから」と即答すると、盛田は「よし、わかった。それなら一三型で行こう」と打てば響くように快諾した。ここでも販売からのノイズをカットしてもらえた。

かくて技術発表から半年後、六八年一〇月三一日に、ソニーは世界初のトリニトロン・カラーテレビ、一三型KV－1310を一一万八〇〇〇円で発売した。井深の公約通りだった。発売時には五〇〇〇台を初期出荷したが、一年で一七万台を販売する大ヒットとなった。

トリニトロンは、井深が自らプロジェクト・マネージャーとなり、全身全霊を注ぎ込んだプロダクトだった。それは開発の最前線でフルに関わったという意味で、ソニーにおける彼の仕事の集大成でもあった。そして井深は、トリニトロンの技術にメドが立った段階から、社長の座を盛田へ禅譲する考えを持ちはじめている（当時、ソニー会長を退任し監査役となった田島道治の「日記」による。[13] 実際の社長交代は七一年六月に行われた）。

おそらく、そんな背景もあってトリニトロンで実践したイノベーションのプロセスを、後世にも役立つ方法論としてまとめたいと考えたのではないだろうか。新しい取り組みをはじめた。

経済同友会の幹事に就任した時期とも重なり、日本の東海道新幹線やアメリカのアポロ計画といった大規模プロジェクトがなぜ成功したか、事業を推進したトップ（アポロ計画ではリンドン・ジョンソン大統領、新幹線では十河《そごう》信二国鉄総裁）をはじめ、実際の担当プロデューサーらに直接会い、リーダーや人材の役割、人間の力を働かせた仕組みなどを探究した。

そのうえで、トリニトロンでの自分のやり方と重ね合わせ、「説得工学」という造語でノウハウを抽出している（より専門的な「F－CAP法：Flexible Control Planning & Programming System」と名付けた方法論にまで昇華しようとしていた）。

イノベーションのマネジメントに関するエッセンスが詰まっているので、ごくさわりの部分だけでも紹介したい。当時、トリニトロン・プロジェクトの開発スタッフで、井深から「F－CAP法」の取りまとめを託された唐澤英安の解説をもとに、エッセンスを四つに絞って再構成してみた。

「説得工学」の四つのエッセンス

［1］ターゲットとなる目標（大目的）は、ただ一つ。喜んで参加し、達成をしたいとの願望を共有できる、たった一つの明確な目標を設定する

たとえば、新幹線の場合は「東京と大阪を三時間で結ぶ超特急列車」というただ一つの目標があり、アポロ計画では「人類として初めて月に降り立ち、無事に地球に生還する」という明確な目標が設定されていた。目指すものが誰にでもわかりやすく共感できる。しかも達成できない場合には、それをごまかすことができない達成ポイントがハッキリと示されている。

トリニトロンについても、井深は人びとの生活に即して、新しいテレビの定義を明示した。当時のカラーテレビは、昼間や蛍光灯の下では色の違いが明瞭に見えないほど画面が暗かった。値段も高価で、庶民には手が届かなかった。そこで、彼が掲げた目標はこうだった。「家族が明るい夕食を囲んで、みんなで楽しめる明るいカラーテレビ」

ここには、①誰が、②どのような場で、③どのようなコンテンツを、④いつ、⑤どのように楽しむのか。「そのシーンがハッキリわかるように、簡潔なステートメントに織り込まれている」

二一世紀に入って、薄型テレビで韓国勢の大攻勢の前に、日本の家電業界はまさに〝顔色なし〟の凋落ぶりをさらしたが、二〇一〇年頃までは、日本メーカーは「テレビはわれわれの顔であり、家庭の必需品」と語っていた。「テレビが家庭の必需品」であるというならば、この時代にどんな形と内容であれば〝必需品〟となりうるのか。①誰が、②どのような場で、③どのようなコンテンツを、④いつ、⑤どのように楽しむのか、そのシーンがハッキリわかる新しい定義が必要だった。

複数スクリーン（テレビ、PC、スマートフォン、タブレットなど）時代に、エンジニアやデザイナー、専門家たちが領域を超えて「喜んで参加し、達成をしたいとの願望を共有できる」テレビとはなにか。それに答えることができなければ、必需品にはなりえない。

［2］目標はただ一つだが、目的はいくつあっても構わないし、時に変化もさせる

アポロ計画では、ドイツのU2ロケットの開発者であったフォン・ブラウン博士のように、ロケットを飛ばす喜び（個人の目的）をモチベーションに参加した人もいた。つまり、「一つの達成目標（ターゲット・大目的）に対し、それを支える（多くの）目的群がある」。もちろん、それらを結びつけ、進捗状態を確認し、調整する機能も必要だが、それは四つ目のポイントとなる。

［3］プロジェクトを推進するプロデューサー役に人材を得ることが、最も肝要な第一歩

プロジェクトのオーナー（企業の場合は社長や経営首脳）の最も重要な仕事は、エッセンス［1］と［3］である。優れたプロデューサーを見つけ出し、存分に力を発揮してもらう仕事は、決して簡単ではない。人材を説得する力と、その気になってもらう環境づくりも必要だ。

アポロ計画の基礎を築いたNASA二代目長官のジェイムズ・E・ウェッブ（二〇一八年以降に打ち上げられる次世代の宇宙望遠鏡にその名が冠せられる）や、新幹線プロジェクトの技師長だった島秀雄、それにトリニトロンの吉田といった、プロジェクトの推進役となるキーマンを、得られるかどうかが成否の分かれ目となる。

［4］型に嵌《は》めない「フレキシブルPERT法」

PERT（Program Evaluation and Review Technique）法は、アメリカのポラリス潜水艦の弾道ミサイル開発で採用された手法である。プロジェクトのタスクを分析し、全体の進捗状態をチェックしながら、ボトルネックとなる活動（クリティカルパス）を見つけ、そこに資源を集中するなど重点管理し、時間の進捗管理に効果を発揮するマネジメント法のことだ。

しかし、井深は型にはまったことや、予算や計画といったことを最も嫌う。当初、スタッフがPERT法を採用しようとしたとき、こう言われたという。「**予算や計画は、ない方が良い。**担当者の発想を妨げ、どうしても縛られてしまう。特にマネジメントは、その方が楽だから、それを守るのが仕事になってしまう。だから、計画をつくることはまかりならぬ。まして、他所の人が開発した方法をそのまま導入するというのは言語道断である」

そこで、計画ではなく、希望的予測で、いつどのような試作がどこまで進むかを見ることができるチャートをつくっていく。**現場の発想や意識を縛らないように、**作業の全体像がつかめる利用法を開発していった。それを毎朝八時三〇分の朝礼で、チャート図に示しながら計画を見直し、プロジェクトの参加者全員が情報を共有しながら、自律的に動けるようなリズムをつくっていった。また装置や測定器など、必要なツールは最高のものを購入することが推奨された。

それは**「カネがない」といった制約条件に依存した言い訳を、排除する**ためである。予算があると、その枠一杯まで使おうとするが、自由裁量に任されると組織全体に思いを巡らせ（全体の情報が共有されていることが前提）、セルフコントロールも働きはじめる。

こうした「フレキシブルＰＥＲＴ法」の基本姿勢を、唐澤は井深の言葉をもとに五つにまとめている。[14]

①**時間は競争優位に立つ唯一の条件**である

②**おカネは無限にあると考えよ**

③**人も人材も無限にあると考えよ**

④**制限条件に頼って発想するな。**制限条件は挑戦の対象としてモデルを作れ

⑤**前例は常に打破すべきであり、従うことは恥**

「やり方を変えて問題を解決する」とき、あるいは現実に立ち向かってイノベーションを起こそうとするとき、これらのポイントは、たしかに発想を変えるカギになる。井深と深く共鳴しあっていた盛田も、基本姿勢は同じだっただろう。

たとえば、カラーテレビ開発で井深が難儀の極みにあったとき、「必要な資金はすべて私が考えます」と宣言した盛田は、「おカネは無限にあると考えよ」を実践面でサポートしたのだ。では、一体どのように具現化していったのか。そのイノベーティブな闘いぶりを見ていこう。

第7章 スーパーCFO

「正気の沙汰とは思われない」

それは、一見、奇妙な新聞広告からはじまった。

一九六六年四月二六日、『朝日新聞』朝刊の半ページを使って大きく掲載された銀座ソニービルの〝お知らせ〟。まず目に飛び込んでくるのは、「お知らせすべきか　どうか　いくども迷いました」という特大の活字と、背広を着た中年男性がうつむいて悩んでいる後ろ姿の写真だ。その脇には少し小さな文字で、ソニーが数寄屋橋角に新しくショールームビルを建て、四月二九日にオープンすると告知。「ソニーにとって大きなよろこびです。しかし、数寄屋橋交差点　一日の交通量は約三〇万人」と続く。「しかし」以下は、再び特大の字に戻る。

実はこの日は国鉄と私鉄の賃上げ闘争による「統一スト」決行日とぶつかった。時間切れで一部はストに突入し交通が混乱、全国一三〇〇万人の足に影響が出た。そんなリスクのある日に、事前に用意する広告はどうあるべきか。普通のオープン広告とは違う知恵と工夫、機転も要求された。しかも中労委（中央労働委員会）斡旋でストは行われず平穏な日常となる可能性もある。ゴールデンウィークを見込んでのオープンには、直前の〝交通ゼネスト〟という事態にも違和感のない告知、つまり賢い配慮が要求された。

広告は、「迷い」の理由を次のように述べる。通行量（コピーはストを意識してか「交通量」としている）三〇万人、「その一割の方が来館されても三万人……ごゆっくりご覧いただくには二万人でも多いかと思います」。そして、「どうぞ　ソニービルは開館当初の混雑をさけてご覧下さい」と大きく記し、虫眼鏡で見なければわからないような小さな文字で、「地上八階（二六のフロア）地下五階。〝不思議のビル〟を、ごゆっくりお楽しみください」と結んでいる。

奥ゆかしいけれど、メリハリをつけて興味を惹くように伝えている。もちろん、ビル全体のイラストと各階の説明はあるが、広告スペースの四分の一を占めるにすぎない（四分の三は、右の言い訳じみた——その実、計算され尽くしたコピーに使われている）。何があるのか、実際に虫眼鏡で一つひとつ階を追って読んだ人もいるのではないか。そこには後述するように、〝世界〟が広がっていた。それは、数寄屋橋に〝世界の交差点〟が生まれ、〝ソニーの世界〟を体感できる場ができたことを示していた。

広告主体を現すSONYのロゴには「日本の生んだ　世界のマーク」、全体の囲みには「WORLD FAMOUS SONY」と刻印されている。敏感に社会性に配慮する企業姿勢を伝えながら、新しい世界をもたらすソニーのブランドイメージを築いていく。控えめだけれど、ユニークかつインパクトのあるこの告知自体が、日本初の本格的なショールーム専門ビルを象徴していた。

一体なぜ盛田は、「正気の沙汰とは思われない」（本人の言）こんなビルを、つくったのだろうか。そこには、無理を押してでも実現したい、盛田の強烈な思いが潜んでいた。

六〇年代中盤に脂が乗りきった二人のファウンダーは、ともに大きなプロジェクトをマネージャーとして指揮した。井深（五〇歳台）は独自方式のカラーテレビ開発で、盛田（四〇歳台）は銀座ソニービルで、誰もやらなかった挑戦を自ら率いた。

トリニトロン開発では、二〇億円（現在価格で約一五六億円）[1]を投入したとされているが、ソニービルの総工費は三二億円（同約二四九億円、土地代は含まない）だった。もっとも、トリニトロン以前のクロマトロンの開発と発売後の赤字分を勘案すれば、テレビの開発プロジェクトに投資した金額は上述の三倍の六〇億円（同約四六八億円）以上に膨れあがる計算となる。

ソニービルのプロジェクトがスタートしたのは六三年の年初で、まだ売上高は二〇〇億円余、資本金二七億円の中堅企業に過ぎなかった。工場増設などの設備投資も目白押しのなか、二つの大型プロジェクトを同時並行で進めていた経営者は、きわどい勝負に体を張っていたことになる。

しかもそのビルは、日本で初めてのショールーム専門ビルであり、目先の収益に直結するものではなかった。盛田自身も、「日本でいちばん値の高い土地……に、ビルなどを建てること自体正しいのかどうか。……一電機メーカーの分際で正気の沙汰とは思われないかも知れないし、思い上がりもはなはだしいといわれるかも知れない。第一、やっている私自身、その当時、とんでもないことだと思った」と『日本経済新聞』で正直に打ち明けている。[2] 社内にも「ぜいたくビル」（田島会長）という批判があったが、「やむにやまれぬ」思いで「建てると決めた以上は、最大の効果をあげる」と心に決めたという。資金調達も担当していた盛田は、苦しい資金繰りを覚悟のうえで踏み出した。実際、「猛烈に頭を回転させて」知恵を振り絞って奮闘する。これについては後で詳しく述べる。

問題は、なぜ盛田がそれほどまでにショールームビルにこだわったか、である。

ちなみに、六〇年代後半の銀座ソニービルは、現在のものとは内容も位置づけも大きく異なっていた。言葉を換えて結論を先に述べれば、こうも指摘できる。

あのとき、盛田が目指したスピリットは、スティーブ・ジョブズに持って行かれ、今日ではアップル直営店で生きている。海外展開第一号店となった銀座アップルストア（設計は日本人）と、銀座ソニービルは徒歩圏内にあり、現在のアップルとソニーの違いを実感できる。その盛況ぶりとコンセプトの差は、盛田が築いた後を継いだだけのソニー経営者たちと、盛田スピリットの本質を学んで二一世紀に活かしたジョブズとの、時代認識と打ち手の差である。


盛田は、ビクターのレーベルに使われていた「His Master's Voice」（蓄音機から流れる主人の声に耳を傾ける犬の絵。元来は蓄音機の名門、英国グラモフォンの商標）に、心を惹かれていた。憧れのレーベル（犬の名前から「ニッパー」とも呼ばれた）を付けたビクターの広告塔を、銀座や有楽町駅から眺めながら、盛田はソニーのブランドに欠けているものは何か、いかに世界に伝え広げるか（「ニッパー」の商標はアメリカではRCAが使用）と彼我の差を思いながら、思案を巡らしていたという。

だから、日本ビクターが屋上広告のスポンサーを降りた時、すかさずその場所を押さえ、「日本の生んだ　世界のマーク」の大ネオンサインをつくった。SONYのロゴの下には当時、珍しい電光ニュースを流して人びとの目を釘付けにした。そして、ニューヨーク五番街に初めて日章旗を翻したショールームが、耳目を集めていた頃、新しい構想に向け動き出した。ネオンサインを設置した古いビルとその周囲を買い取り、銀座にショールーム専門ビルを建てようというのである。

そごう宣伝部にいた黒木（前出）が、ソニーに中途入社したのは六〇年九月。大阪に本拠を持つそごうが、首都圏進出第一号として銀座の玄関口、有楽町駅前に東京店をオープンしたのは五七年五月。黒木は、このときの〝有楽町で逢いましょう〟キャンペーンに一部員として加わっていた。そごうが、レコード会社の日本ビクター（後のビクター音楽産業）、映画会社の大映と組んだ共同企画は、フランク永井の歌が大ヒットしたことで伝説的な成功となった。

盛田は、英語もできない黒木（専門はデザイン）を外国部に配属し、ニューヨークのショールーム開設を経験させる。帰国して間もない六二年一二月、彼はホテルオークラの一室に呼び出された。

その会議は「奇妙なものだった」、と黒木は著書（『大事なことはすべて盛田昭夫が教えてくれた』）に書いている。(3)「今日は、ここに泊まり込んで、徹夜で会議をやってみようと思う」と盛田。部屋に集められたのは、元上司で総務部長の倉橋政雄、新ビルを管理するソニー企業の井上公資部長、東京オリンピックで駒沢体育館を設計した建築家の芦原義信、そして外国部で係長になったばかりの黒木、計四人だった。

三〇歳で入社二年目、しかも「外国部員の私がなぜここに？」と顔に浮かべた疑問を見透かしたように、「黒木。（銀座のショールームは）おまえがやれよ」との一言。

盛田は、〝有楽町で逢いましょう〟キャンペーンでの経験、五番街ショールームで学んだもの、さらにこれから密になる海外との関わり、そうした体験を活かせる〝時代の才能〟を、彼に見出したのだろう。

それが証拠に、盛田肝いりのプロジェクト「ウォークマン」のプロデュースで、後に黒木は大きな役割を果たし「ミスター・ウォークマン」と呼ばれるようになる。

もっともこの時は、単にビルを建て何階かをショールームにするのだろう、と思って参加したが、自らの認識の甘さにすぐに気づかされた。盛田は、通常のビルの構造には飽き足らず、客の動線を考え、いかにソニーを体感し、楽しんでもらえるか、そのために最適なビルのあり方はなにか、構造をどうするか……と討議をはじめたからだ。黒木は「これほど真剣に企画を練るとは思ってもいなかった」と述べている。(4)

深夜になった頃、盛田が突飛なアイデアを提案した。

「グッゲンハイム美術館のようなものはできないかな」――。

ニューヨーク五番街にあるグッゲンハイム美術館は、フランク・ロイド・ライト(二〇世紀を代表する建築界の巨匠)の代表作の一つで、白亜の渦巻き状の建物がアート作品のように特徴的だ。入館者を、最初にエレベーターで最上階にまで上げ、らせん状のスロープをゆっくり歩いて下りながら、作品を鑑賞できる仕掛けになっている。

銀座のビルは、スロープにするほどの土地がなかったので、ワンフロアを田の字に切って四つを段違いに並べると「花びら状の渦巻き」になると建築家が提案、ようやく構造が決まった。グッゲンハイム美術館のように、エレベーター(当時、日本一の高速)で最上階に上がってもらい、商品を体感しながら二六の花びら状のフロアをゆっくり歩けば、自然に地上に降り立つわけだ。

さらに交差点に面した「角地に小さな庭をつくったらどうか」という案に、盛田はすっかり乗り気になった。「土地一升金一升の超一等地」を三三平方メートルも空けるのは、究極のぜいたくだったが、「それならばここを日本一の庭にしようと大それた夢を抱いて、思い切ることにした」という。その「夢の庭」は、

「ソニースクエア」と名付けられ、待ち合わせ場所や各種のイベントと「四季折々の季節感を銀座に届ける」小さな広場として、大きなパブリシティ効果を発揮した。

外部のデザイナーを一〇人ほど集めて、ディスプレイのデザインをはじめたが、単に商品を並べるだけではなく、いかにお客が楽しさを体感できるかの模索もはじまった。盛田の指示で、黒木は渡米してディズニーランドに一週間通い、ニューヨークの世界博や科学博物館に毎日詰め、大衆が何をおもしろがるかを観察し、探し歩いた。

そうした成果が反映されたビルは、階段を歩くとドレミの音階が鳴る仕掛けなどを「満載」してオープンした。ソニー製品だけでは、二六フロアが全部埋まらなかったので、トヨタ（未来の車）や日本楽器（竹のパイプオルガン）、専売公社（世界のたばこ）……といった企業のショールームも揃えた（盛田がトップセールスで各企業の経営者を口説いた）。そのうえ、輸入雑貨のソニープラザ、イタリアンレストラン、地下には高級フランス料理のマキシム・ド・パリを本店のしつらえそのままに持ち込んだ。まだ、日本人が世界の生活文化や本場の味を、知らなかった時代である。

つまり、数寄屋橋に **〝世界の交差点〟をつくり出し**、企業の夢を語りながら、**〝ソニーの世界〟**を体感してもらおうとしたのだ。その意味では、「生活スタイルを売り込む」アップルストアと同じだ。アダム・ラシンスキーの『インサイド・アップル』には、アップルストアについての同社マーケティング担当幹部の次の言葉が紹介されている(5)。

「わが社の製品を使っていなくて、わが社の製品でどんなことができるのか知らない人たちを納得させなければならなかった。そういう人たちが店に入ってきたときに、マックを見て、触り、感じて、使い、何かやってみる体験ができなければならない」。次いでラシンスキーは「アップルのストーリーは身近なわかりやすさから始まる。『どんなものを買いたいか』ではなく、『どんな人になりたいか』と顧客に問いかける。……製品そのものよりブランドと結びついたイメージを売り込むのだ」と述べている。

新しい生活スタイルを提案する〝ソニーの世界〟を、**「見て、触り、感じて、使い」体験できる場**を生み出して、マーケットを〝教育〟し、ソニーのブランドイメージを顧客のなかに確立する拠点。まさに**メディア**としてのショールームだった。同時に、老舗が軒を並べる銀座に最先端文化の発信基地を最初につくったともいえよう。

オープン当日は、開館前に二〇〇人の行列が並び「一時間に千人のスピードで行楽の人波をのみこんでいた」（『朝日新聞』四月二九日付夕刊）という。その一週間後は、ちょうどソニー創立二〇年周年に当たっていた。「二〇周年の記念行事は止めた」と語った盛田は、新装なったフロアを歩きながら黒木に語りかけたという。「これでとうとうビクターを抜いたな」と。[6]

その一〇年後に、松下電器・日本ビクターとのVTRを巡る死闘が待っているとは、常に先を読んできた盛田でさえ夢にも思っていなかった（後述）。

「極秘」指令、ニューヨーク上場

「重要な話がある。ホテルにすぐ来てくれ」。その電話を、ソニー・アメリカ駐在員の大塚文雄がニューヨークの自宅で受けたのは、七〇年六月初めの夜更けのことだった。ホテルの部屋に駆けつけた大塚に、盛田は畳みかけるように言った。

「松下のニューヨーク証券取引所への上場準備が、かなり進んでいるらしい。キミは上場準備を（急いで）進めてくれ。うちが、日本をここまでもってきたんだ。いいか、絶対にソニーが一番になるんだぞ。東京に帰ったら佐野君にも話しておくから。この話、漏らすなよ(7)」

盛田は、東京に帰るまで待っていられなかった。輸出立国・日本を「ここまでもってきた」開拓者の自負が、二番手になることを許さなかったのはもちろんだ。だがもっと大事なのは、戦略的なイベントでいかに高い効果を上げるかである。**チャンスという獲物を仕留めるには、素速く矢をつがえ、的を射貫く必要がある。**だから大塚を帰すと、盛田はすぐにソニー本社の自分の部屋に電話を掛け、社長室の佐野角夫を呼び出した。

「これは極秘だ」——。日本企業で初めての「完全」時価発行増資を無事に終えて、一息ついていた佐野は、副社長からの突然の国際電話に驚いただけではなく、最初の一言に全身が緊張した。

「ニューヨークでの株式上場を決めた。情報が漏れないよう最大の注意を払い、大至急、準備に取りかかってくれ。松下も上場準備をしているらしい。松下に先を越されたら、上場をやめる(8)」。佐野は五年前に社長室に異動になり、証券業務を担当していた。後に常務になるが、このときは三二歳の平社員だった。

「盛田さんの〝勅命〟を受けた嬉しさと、日本の株式市場と比べ、時価総額で一〇数倍の規模（当時、ニューヨーク二三〇兆円、東京一六兆円）を持つひのき舞台に、日本企業として初めて挑戦できるという興奮」が、体の芯を熱くした。「新緑がまぶしかった」と本人は記憶している。

それからは、本社六階の角にあった窓のない〝倉庫部屋〟に、スタッフ数人と閉じこもる日々がはじまった。ニューヨーク市場への上場は、日本企業に前例がないため手本はどこにもなかった。

ウォール街の弁護士事務所から送られてくる資料が唯一の頼りで、取引所の規則を読み込み、膨大な英文の上場申請書類と格闘した。二人以上の社外取締役の選任、四半期毎の連結決算といった重要な経営マターの変更も必要だった（これは盛田が担当）。ここでも日本の商習慣や制度を説明し、アメリカの弁護士に理解してもらうのは、極めて骨の折れる仕事で、英文で数行の文章をつくるのに二、三時間かかることもあった。

追い込みの時期には、連日、会社のソファで仮眠をとりながらの作業が続いた。盛田に「一番でなければ中止だ」とクギを刺されことが、徹夜もいとわない動機付けになった。

ニューヨークで担当する大塚は、それを受けて法律事務所や幹事証券会社と相談しながら、印刷所への出稿・校正を繰り返し、上場審査部に通った。

すべての作業を終えた上場申請前夜の八月四日、弁護士から「We are the first Japanese company!」と聞かされたときの彼の感激は、盛田がくれた一枚のテレックスと盛田が『ウォール・ストリート・ジャーナル』に掲載した一面広告のコピー「SONY is the only Japanese company listed on the New York Stock Exchange」に凝集している。

数カ月後、すっかり仲良くなった上場審査部の担当者から、大塚はこんな話を聞いたという。「何カ月も後からきたソニーが先になったのは、経営統治組織が明瞭なうえに、取締役と会社との間に特別な利害関係がなく、ウォール街として文句のつけようがない会社だからだ」と。

一〇年前に盛田自身がＡＤＲ発行を手がけたときから、「この日を目指して、世界に通用する経営組織

をつくり上げて」来たのだ——と大塚は、このとき思いが至った。(9)

ちなみに、松下電器（現パナソニック）がニューヨーク証券取引所に上場したのは、ソニーより一年余り遅れた七一年一二月のことだった（パナソニックは二〇一三年四月に、ニューヨークでの上場を廃止している）。

「スーパーCFO」のイノベーション

盛田には、資金調達に対する強烈な思い、哲学があった。そこが、国際化にあたっての知名度アップが狙いだった松下電器の場合と違っていた。

「ソニーの歴史は、資金不足の歴史なんです」と徳中暉久・元CFOは次のように解説する。

「成長資金をすさまじい勢いで必要としていて、盛田さんは会社ができてからずっと、担保や信用がないなかで、いかに資金を集めるかで苦労されてきた。その苦労のなかから、ソニーの財務上のいろんな、日本初のやりざまが出てくるのですね。アメリカに移り住んで、日本を見てみると、日本の制度やしきたりに対する疑問点だったり、日米で相容れない部分もいっぱいあったのです。そういうのを、一つずつ解きほぐしながら、新しい形で道を拓いていったのです」

盛田は「アメリカへ行くたびに、……時価発行に関心を持つようになった。自分の株価を世に問う姿勢で株式を発行する……時価発行こそ、本来の資金調達のあり方ではないか」と考え、「よい会社は、有利な条件で資金調達ができるはずである」という哲学を持つようになった。そして「その哲学が通用する市場で資金を調達しようという目標を設定した」と書いている。[10]

新製品開発のためにプロダクト・プランニングの具体的な目標を設定した井深と、「**商品の面で世界市場を相手にするからには、資本の面でも世界市場を考える**」という目標を設定した盛田。二人が呼吸を合わせたかのように、資金調達の大きなイベントは、必ず重要な新製品の登場と軌を一つにしている。たとえば、**図表3**の通りである。

これをみると、まさに事業戦略と財務戦略が同期している。世界初、日本初の新しい製品（モノ）が誕生し、それにシンクロするかのように市場からの資金調達（カネ）が連動している。しかも、それぞれ時代の才能や人材（ヒト）が、持てる力を発揮しようと情熱を燃やしていた。経営トップの目標設定が具体的であり、そこへの動機付けや気配りにメリハリが効いていて共感させる力があったからだ。ヒト・モノ・カネの三位一体となったつながりが、こ

|図表3|ソニーの新製品開発と資金調達の動き

	55年	9月	日本初のトランジスタラジオTR-55発売
→		8月	東京店頭市場に株式公開（3月「SONY」の商標登録を出願）
	58年	6月	トランジスタラジオTR-610発売、世界的な大ヒットに
→		12月	東京証券取引所第一部に上場（1月社名を「ソニー」に変更）
	60年	5月	世界初の「ポータブルテレビ」TV8-301発売、アメリカで脚光
→	61年	6月	ニューヨークで日本企業初のADR発行（60年2月ソニー・アメリカ設立）
	62年	5月	世界最小の「マイクロテレビ」TV5 - 303発売、大ヒットに
→	63年	4月	二回目のADR公募（62年10月ニューヨーク五番街にショールーム開設）
	64年	9月	世界初の「クロマトロン」方式カラーテレビ商品化発表
→		12月	モルガン・トラスト銀行よりインパクトローン200万ドル調達
	68年	10月	世界初の「トリニトロン」カラーテレビKV-1310発売、大ヒットに
→	70年	4月	日本初の完全時価発行増資、
→	70年	9月	日本企業初のニューヨーク証券取引所上場
→	70年	10月	日本企業初のロンドン証券取引所上場、同アムステルダム証券取引所上場

の時期、ソニーの成長神話を実現したといえる。

優れたＣＦＯ（最高財務責任者）であった徳中（前出）は、自らのロールモデル（規範となる手本）として元・副会長の伊庭保を、敬意を込めて「スーパーＣＦＯ」と呼んでいる。

ソニー生命の社長をしていた伊庭が、九〇年代初めのソニー本体の経営危機の際に、大賀典雄社長によって本社に呼び戻され、ソニーに初めてＣＦＯ（日本初）の大きな役割と機能を樹立し、それによって九九年まで困難な時期のソニーの経営を支えた。

当の伊庭は、ＣＦＯについて次のように定義している。「ＣＥＯ、ＣＯＯ（最高執行責任者）の良きパートナーとなると同時に、チーフ・オフィサーという言葉が示すように最高経営責任者の一人であり、私自身は**ＣＦＯは『企業価値の番人』**であり、『Profit is Opinion. Cash is Fact』を行動指針としてきた。その重要な役割は、**経営目標の達成もしくは経営課題の解決のために、事業戦略と財務戦略を有機的に結びつけること**」である。[11]

伊庭は、そのことを盛田から学んだ。そしてソニーの財務戦略の歴史を俯瞰して、こう指摘している。「一貫して直接金融への関心が高く、外為（外国為替）取り扱いが多いという特徴があった。これらの分野は様々な規制も多かったため、ソニーは企業財務の分野でもイノベーションに挑戦することとなった」

さらにこう付け加える。「資金そのものも為替も、頭の痛い問題ばかりだったけれども、自ら陣頭に立って、みんなと議論し知恵を集め、指揮した盛田さんこそ、（本当の）**『スーパーＣＦＯであった』**」――。

「クロマトロン」での赤字がかさむ苦難と、銀座ソニービルへの巨額の投資が、ソニーの資金繰りを苦しめた六四年から六五年にかけても、盛田は思わぬ手を打っている。

この時期は、マクロ経済も大変な事態に直面していた。ケネディ大統領の金利平衡税導入を契機とする世界的な不況で、高度成長を謳歌してきた日本は深刻な不況に見舞われた。家電販売の不振を象徴した松下電器の「熱海会談」や、山陽特殊製鋼の戦後最大の倒産、山一證券の経営危機で日銀が特別融資を行うなど、嵐が吹き荒れた。ソニーの株価も六三年の半分以下に落ち込んでしまった。

このとき、盛田はアメリカの名門銀行、モルガン・トラストからインパクトローン（使途を制限されない外貨貸し付け）二〇〇万ドルを調達（六四年一二月）、さらに六五年一一月にはＩＢＭに技術援助契約を行うという離れ業を行っている（政府認可がおり公表されたのは六六年一月）。

後者は、高密度記録用のメタル磁気テープの活用を模索していた一人の研究員のアイデアが契機となった。開発されたものの時期尚早とされていたこのメタルテープが、コンピュータの記録用に使えるのではないかと着想したのだ。盛田の了解を得て、ＩＢＭにサンプルを試しに送ってみたところ、先方が異常なほどの関心を示したという[12]。

なにしろトーマス・ワトソン・ジュニア会長が、直々にソニー本社にやってきて、「フィフティフィフティの合弁会社」を設立しないかと持ちかけてきた。ＩＢＭは、ソニーが持つ磁気テープの開発力と製造ノウハウを欲しがった。ところがソニーの技術陣は、汎用メインフレームのシステム３６０で世界に君臨していたコンピュータの巨人、ＩＢＭに主導権を奪われ「買いたたかれる」ことを危惧した。

一方、先行投資に回す資金を、喉から手が出るほど必要としていた盛田が、このチャンスを逃すはずがなかった。それぞれの算段や思惑が折り合う地点を見出して、盛田が出した解がＩＢＭへの技術輸出だったというわけだ。

これによって、ソニーは「多額のロイヤリティ」（契約一時金一〇万ドル、一巻あたり一〇セントのロイヤリティを一〇年間にわたって受け取る）だけでなく、大きな「信用と宣伝効果」を得た。「外国技術導入に明け暮れる日本の産業界にとって近頃にない朗報」（『朝日新聞』）といった具合に、マスコミはこぞってソニーの快挙を報じた。

そのうえ翌六七年には、さらに驚くようなことが起きる。ここでも一人の閃きがソニーを救うことにつながった。六一年にソニーに入社した吉井陞は、三井銀行の八重洲支店長として、東通工時代の青年・盛田と出会い資金面のアドバイスをしていた。金融との関わりを強化したかった盛田が、その専門知識と渉外の力量を買って、支店長を歴任していた彼をスカウトしたのだった。

吉井は、ＩＢＭとの交渉の席にも立ち会っていたが、ワトソン会長の合弁会社設立案もヒントにしたのであろうか、「ＩＢＭに技術援助を提供するだけでなく、株をもってもらえば両社の絆はもっと深くなるに違いない」と考えたのだ。井深と盛田に構想を打ち明けると、二人は双手をあげて賛成したという(13)。

渡米した吉井（当時は常務）が、ＩＢＭ本社の役員食堂で面談したのは、契約交渉で知り合った技術担当副社長だった。「ソニーの株は、もっと高くなる可能性を秘めている」と、技術開発の動き（新しいカラーテレビ方式の開発やＶＴＲの展望など）とともに伝えると、今度は国際財務の責任者に紹介された。

かくて、ＩＢＭが時価六三三円の株を五〇万株、市場を通じて購入するという成果となり、これが報道されるとソニーの株価は一気に一〇〇〇円の大台に乗った（この投資は、ＩＢＭに三年で八倍以上の大きな実りをもたらした）。

ソニーの外国人持株比率は六六年末に一七％だったが、ＩＢＭの購入を契機に六七年末には二五％に到達。外為法の制限枠（外資による日本企業買収を防止するための規制）に抵触する事態となった。外国人投資家が、ソニーのＡＤＲが上場されている米国店頭市場に殺到し（この時点では、まだニューヨーク証券取引所に上場していなかった）、東京市場の株価に大きくプレミアムがついて取引される「異常事態」（日米で二重価格）まで発生した。

そのため外為法の制限枠の撤廃を政府に働きかけるように、強い要請を受けることにもなった。

盛田はこの事態に、規制の自由化を唱える一方で、大蔵省に特例措置を求める交渉を進める。そして「ソニーに限って段階的に枠拡大を認可する。ただし五〇％を超えないよう上限は四七％」との特例を引き出した。もっとも、盛田はさらなる増枠を考えていたようだ。[14] 心配した社長室の佐野が、「これではＴＯＢ（株式公開買い付け）の標的になります」と意見すると、盛田は「井深さんや私を超える経営者が現れるのなら、どうぞと言いたいくらいだ」と一笑に付したという。

怒濤の上場――二四時間、地球上で取引できない場所はない

世界初の「トリニトロン」カラーテレビが日の目を見るや、「これからは暴れさせてもらう」と語った井深の言葉を、体現したのは盛田だった。七〇年には日本企業の歴史のなかでも、初めてといえるほどの資金調達と上場ラッシュを実現している。

四月三〇日には、日本企業初の「完全時価発行増資」で、一株三二〇〇円で三〇〇万株を発行し、九六

億円を調達した。時価発行増資は、六九年一月に日本楽器（現ヤマハ）が実施したものが日本企業の第一号とされているが、実は株主優先割当（一対〇・一）による募入方式だった。無償交付との抱き合わせではなく、一般の個人株主に向けて、完全な時価発行増資を行ったのは、ソニーが初めてである。

日本では増資といえば株主への額面割当が常識だった時代に、直接金融への道を切り拓いたといえる。ヤマハの川上源一社長（当時）とは違い、盛田は**日本の資本市場の不備にも積極的に問題提起**を行っている。前述した外人持ち株比率の上限撤廃もそうだが、七二年には売買単位を小口化（一〇〇〇株単位に）し、一般投資家のすそ野を広げた。ほかにも七七年には、東京証券取引所の谷村裕理事長へ宛てた公開書簡で、「プレミアム還元論は株式の価値を薄めようとする思想の混乱」[15]の現れとし、日本の資本市場を世界に通用する水準にするように整備を求めた。

完全時価発行増資のわずか四カ月後に実現した、ニューヨーク証券取引所への上場は、「世界のソニー」になるための最も重要なイベントでもあった。

七〇年九月一七日、ニューヨークでの上場初日のセレモニーは、盛田が伝統の鐘を鳴らして、最初の一〇〇ADRを購入して取引がはじまった。当日の扱い量で上位一三番目という新規上場としては「空前の人気」だったという。終値は一五・二五ドル（円換算で五四九〇円）となった。

ほっと一息つきかけた佐野に、また国際電話がかかってきた。

「次はロンドンをやる」。すでに盛田は現地ロンドンに飛んでいた。こうして一カ月にも満たない一〇月五日には、ロンドン証券取引所に上場（EDR：欧州預託証券で）、さらに一〇月一四日にはオランダのアムステルダム証券取引所にも上場した（CDR：キュラソー預託証券）。この間、パリ市場にもアプローチしている。

七〇年は、婚約したばかりの佐野にとって目の回るような日々だった。婚約者に会う時間もないと思わずこぼした言葉に、盛田はすぐに反応した。「そりゃ、キミ、すまんな。私が会う。会社へ連れてきなさい」。彼女を連れて行くと、「忙しくてデートもできないでしょう。いま彼は会社にとって重要な仕事をしているので。すみませんね」と弁明してくれたという。きめ細かい気配りが、経営者にとってどれほど大事かを、盛田は熟知していた。

かくて、次々と世界のリーディングボードに怒濤の進撃で上場し、その数は一八証券取引所に達した。そのとき、盛田はうれしそうにこう語ったという。「これで、わが社の株は、ほとんど一日中、世界のどこかで取引されるようになったな」(16)。

しかし、それは本人をして「一日二四時間執務体制」(吉井の言)を強いる結果ともなった。盛田は、このあとも無担保・無保証の社債の発行や、そのための日本企業初のS&Pによる格付け取得(AA:ダブルA)など、〝スーパーCFO〟の面目躍如たる活躍をする。

盛田が骨身を削ってまで奮闘して築いたソニーは、二一世紀に入ると後継経営者たちが成長戦略を打ち出せず、資産切り売りに邁進。〝ごくつぶし〟と呼ばれかねない事態を招いた。

二〇一四年四月、新しくCFOとなった吉田憲一郎は、「企業価値の番人」としてのDNAを再生し、事業戦略と財務戦略を有機的に結びつける〝スーパーCFO〟となれるのか。天上の盛田は、期待を込めつつ厳しく見守っていることだろう。

第8章 ボーン・グローバル企業

生まれながらのグローバル企業

ソニーが「グローバル化2・0」へ向けて跳躍した時期は、一九七一年――この年に盛田は社長に就任している――をはさんで、前後それぞれ三年ほどの間だった。驚くほどの行動力で、全世界にソニーの価値連鎖を構築していった。

手際のよさは、まるで〝盛田マジック〟を観ているかのようである。それは、頭で生み出されたものというより、カオスの淵に立って、全身で時代と向き合うことで得られたものだった。変化のわずかな予兆を察知して、「世界を手足で把握する」ことによってである。現実を見すえてどう判断し、どんなビヘイビアをとったか。「グローバル化2・0」へのプロセスを検証していこう。

まず、「グローバル化2・0」と名付けた理由を説明しておこう。ソニーは、太平洋戦争の敗戦直後に誕生した町工場だが、創業初期からいきなり世界を目指した点が、他の大勢の日本企業と異なっていた。

普通は先に国内で基盤を固めてから、海外に目を向ける。輸出にあたっては、商社や現地の代理店といった仲介業者を使うのが、当時の定石である。

そのパターンを、ソニーは踏まえようとはしなかった。LC（輸出信用状）のなんたるかもわからない段階から、ろくに英語もできなかった盛田自身が陣頭に立って、商社を介することなく海外に進出した。そして自分たちが製品に込めた願いや熱量を、正しく世界に伝えるために、自前の力でディーラー直販網をつくっていった。

つまり、半世紀以上も前に敗戦国・日本で生まれた、最初のグローバル志向のベンチャーだった。現代の用語に照らせば、さしずめ「**ボーン・グローバル企業**」（生まれながらのグローバル企業）ともいえる。もっとも当時は、米ソ対立の東西冷戦下にあり、市場も西側に偏っていた。世界人口は七〇年でも三七億人で、現在の七一億人の約半分だった。交通・通信網を含めて、今日のようなグローバル経済のダイナミズムには欠けてはいたが、ソニーはグローバル化の次のステップへ向けて、自らの道を拓いていく。

ちなみに、「ボーン・グローバル企業」の概念が誕生するには、九〇年ごろまで待たなければならなかった。『国際化』とは、領域を超える行為」であると定義して、国際経営の系譜を解き明かした琴坂将広の『領域を超える経営学』(1)によれば、この用語が生まれたのは九三年だった。

琴坂は、「ボーン・グローバル企業」を次のように解説する。小規模だが「存在感を日に日に増していき、完全に多国籍企業の要件を満たし、ときに急速に成長する新興企業」。それはITがあまねく地球を覆うようになった時代に現れた、新しい潮流である。いわば「**世界を使って起業する時代**」を象徴する、「誕生初期から全世界的な価値連鎖のポートフォリオを構築する企業」なのだ。

盛田は、世界のどこにでも通用する社名として「ソニー」を考案したが、その際にも「ソニー電子」といった存在を限定する名前を排除した。彼は、世界を意識した時から、領域を超える存在を目指していた。まさしくソニーは、「ボーン・グローバル企業」を先取りしていたのだ。

そして「グローバル化2・0」とは、全世界を俯瞰してトータルに統合するグローバル化と、それぞれの地域ごとの歴史・風土・慣習・文化・制度などを深く理解し現地に適合するローカル化――琴坂の言葉を借りれば、「グローバル統合」と「ローカル適合」の「両者が全世界で協同」できる経営をイメージしている。盛田自身は早くから、その必要性に気づいて「**グローバル・ローカライゼーション**」という言葉まで自分でつくった。ここからは、グローバル化の新しい次元への彼の闘いぶりを、具体的に見ていこう。

「これは何かが起こる前ぶれだ」

三〇年以上にわたってソニーの海外営業を担ってきた田宮謙次（元専務）には、いまも鮮明に記憶している「タイム誌事件」（本人の言）がある。

アメリカで最大級の部数を誇るニュース雑誌『タイム』の七一年五月一〇日号。その表紙を飾ったのが盛田だった（同誌のウェブサイトの写真を参照いただきたい）。アンクル・サム（アメリカ合衆国を擬人化したキャラクター）が手に持つソニーのマイクロテレビ、そこには盛田の精悍な顔が大写しになっている。戦後、『タイム』の表紙には、天皇陛下や首相などが登場したが、戦後の経済人としては九年前の松下幸之助に次いで二番目だった。

その『タイム』誌発売の一週間後、ソニー・アメリカ主催のセールスコンベンションがマイアミのホテルで開催された。中西部一四州をカバーするシカゴ支店長だった田宮をはじめ、ニューヨーク支店長の卯木ら五人の幹部が、前夜祭のディナーパーティで盛り上がっていたなか、盛田のスイートルームに緊急招集された。

アルコールも入った田宮たちが、にぎやかに部屋に入ると、盛田と彼のメンターでもあった顧問弁護士のエドワード・ロッシーニが、「ものすごく沈鬱な表情で座っていた」。

盛田の第一声は、テーブルの上に置かれた『タイム』誌を指さして、「これを読んだか?」だった。全員がうなずくと、「どう思う?」とさらに尋ねた。以下は、その際のやりとりである。

支店長たち：「タイムの表紙を飾るなんて、こんなありがたいパブリシティはかつてなかったことです」。「幸之助さん以来でしょう。日本人で二番目じゃないですか」。「コンベンションの前でしたし、丁度いいタイミングでみんな喜んでいますよ。年間の買い付けの場ですから、注文は五割増しで増えるんじゃないですか」

盛田：「いや、Invasion（侵入・侵略）と表紙に書いてある」（この号の特集は「How to Cope With JAPAN'S BUSINESS INVASION：日本のビジネス侵略にどう対処するか」となっていた）

支店長たち：「ですが、本文は日本が侵略してくるような厳しい内容ではないと思いますよ」

盛田：「それはそうだが、これ（Invasion）が気に入らない。これは何かが起こる前ぶれだ」

田宮は、自分たちが盛田の部屋を退出したあとのことを、こう推測している。

「盛田さんは、そのあともロッシーニと話をしながら、日本でモノをつくってアメリカへ輸出するというビジネスが、いつまでも通用しない、と見通したのだと思う。これまでのやり方は将来の問題になると。だから、アメリカで生産拠点を持たなければいけない、と彼はこのとき決心したのだと思いますね」

すでに、七〇年八月には、日本製テレビがダンピングの疑いで、全米の税関で関税評価が差止めされる問題が起き、さらに一二月には米財務省が日本製テレビの対米輸出にダンピング認定を行うという事態となっていた。七〇年のアメリカの国際収支は史上最悪の九八億ドル超の赤字で、七一年五月五日には「ドル売り」が欧州市場を襲った。

よく見ると、五月一〇日号『タイム』誌表紙の盛田の顔には、「MADE IN JAPAN」と透かしの刻印が斜めに懸かっている。確かに空気が変わりはじめていた。盛田は支店長たちに見えていなかった現実＝次にやってくる変化を、このとき明敏に肌で察知した。日本の消費財メーカーで初めてアメリカに本格的なカラーテレビ生産拠点をもつ構想は、この『タイム』誌の表紙から具体化へ向けて動き出した。

実は、盛田は社内では早くから「海外に工場をつくろう」と言ってきた。すでに五九年には、アイルランド政府の誘致に乗って、シャノン空港内のタックス・フリーゾーンにラジオの生産拠点をつくっている。だが、これは手痛い失敗をもたらした。

初めての海外工場の新設にあたって、彼は社内に向けてこう説明している。「これは〝大演習〟だ。世界中がマーケットだから、将来いろんなところに工場を持たなければならない。それには、海外で自分たちの手で工場を運営するという演習をしなければならない。まずここは儲けることよりも、技術者が外国人を使って十分に会社を運営できるようになることが大事だ」と。

実験という意味もあってか、部品も七〇%ほどを現地調達したという。だが、フタを開けてみると、狙っていたアイルランドのEEC（欧州経済共同体）加盟も実現せず、英国や欧州での販売ルートも確立していないなかで、在庫と不良仕掛品の山を築くことになった。

シャノン工場が操業して四年目、再建のために送り出す駐在マネージャーに、盛田は次のように声を掛けた。「ビジネスでも戦争でもそうだが、ただ勢いに乗ってがむしゃらに進むのではなく、納めどころ、退きどころを考えながら、前進せよ」[2]と。

ビジネスの現場で諸要件を考え、撤退も想定した両面作戦を考えるよう指示したのだ。結局、一年近くかけて在庫を一掃し撤収のメドを立てた。こうして最初の海外工場は六六年一月に閉鎖されている。

「あれは、まだ三〇歳台だった盛田さんの若気の至りで、（タックスフリーで）関税分が安くなるんだと意気揚々とやったわけです。だけど見事な大失敗で、あのとき盛田さんは骨の髄まで味わったと思うんです。はじめにマーケットありき、だと。マーケットのあるところに工場をつくる、という格好いい言い方は、実はこうした過去の苦い経験があったから出てきた考えなんです。**まず試してみて、いろんな失敗をやったなかで、それを無駄にしないで学んで次につなげ、伸ばしていった**のです」

そう語るのは、若い頃に盛田の「カバン持ち」として薫陶を受け、のちにソニー生命を立ち上げることになった安藤国威（元・ソニー社長）である。その後、盛田自身は「アメリカに工場を作るには、製品が全部アメリカで売れるという体制がなければ、工場を作る意味がない」[3]と明確な方針を打ち立てている。

話を七一年に戻そう。現地法人ソニー・アメリカを、ニューヨークに設立して一一年。全米に販売基盤を確立し、ブランドへの信頼度も圧倒的だった。『ロサンゼルスタイムズ』紙によれば、「米最大手の電機メーカーが依頼した消費者調査で、アメリカ人が品質でトップに選んだのはソニー」という報道（七一年三月）が出るほどだった。

問題は、その信頼に応える品質で現地生産ができるか、なにより人件費の高いアメリカに進出して採算がとれるのか、ということだった。このとき、まだ一ドルは三六〇円だった。

ニクソン・ショックに快哉を叫んだ男たち

七一年の二月に、ソニーは事業部制を導入していた。テレビ事業部のホームベースは、本社近くの大崎工場だったが、アメリカでの生産計画を検討するなかで、一番の問題は「賃率」（計画に基づいて割り出した、操業時間当たりの労務費の単価）だった。計算すると、アメリカは日本の四倍の高さだった。これではとうてい採算がとれない、と現場は頭を抱えた。

そのうえ、ベトナム戦争の泥沼（フランシス・コッポラ監督の映画『地獄の黙示録』のような終盤期）が続いていて、ベトナム帰りの従業員は午後三時になると、コーヒーブレークに倉庫や工場の片隅でマリファナを廻しのむ、といったことまで喧伝されていた。実際、アメリカの製造業は疲弊し、「メイド・イン・USA」の品質の悪さに対して、「メイド・イン・JAPAN」の品質の良さが脚光を浴びていた。アメリカ企業自体が、次々と海外へ工場を移転させていた時代である。

そんなアメリカに、なぜわざわざ工場をつくらなければならないのか。大崎（テレビ事業部）でも侃々諤々の議論が続いていた。それでも盛田の方針は揺るがない。それならば、「一番逃げ帰りやすい西海岸にしよう」、とサンディエゴに用地を見つけた。

計画を詰めるなかでは、「ドルが下がるかもしれない。金が光を取り戻す」と鋭い読みをしたスタッフもいたという。その日も、大崎工場七階の食堂では昼食をとりながら、「ドルの信認の背景はなにか。秩序が乱れるとき、価値の根源はどこに求められるか」といった議論をして、職場に引き上げようとした時だった。食堂のテレビにニュースが飛び込んできた。

「ニクソン大統領が金とドルとの兌換（交換）を停止し、輸入品に一〇％の課徴金を掛ける」、と突然発表したというのである。八月一六日（アメリカ時間一五日）の「ニクソン・ショック」である。世界に衝撃が走ったが、とりわけ第二次大戦以降、二〇年以上にわたって一ドル＝三六〇円の固定レートで、輸出立国を実現し成長を謳歌してきた日本の衝撃は大きかった。

しかし、サンディエゴ・プランで賃率の高さに途方に暮れていた大崎のスタッフたちは、「そりゃ、きた」、「やった！」と思わず快哉をあげた。「賃率はすぐに四倍が二倍になるぞ」、「金は二〇〇ドルにまで上がる（金の取引単位、一トロイオンスは、それまで三五ドルだった。二〇一五年は一一〇〇ドル前後）」。戦後の国際通貨体制の大転換点だった。

そして盛田はこの日すかさず、現地での工場建設にゴーサインを出している。

一〇月二五日には建設に着工。翌年八月二九日、アメリカで初めての本格的な生産拠点サンディエゴ工場で、トリニトロン・テレビ製造ラインが稼働した。しかも七三年二月には隣接地にブラウン管工場まで着工、翌年八月には日本企業で初めてテレビの一貫生産体制を稼働させた。

その二カ月前には英国ブリジェンドにカラーテレビの現地生産工場も完成、欧州戦略の重要拠点となった。ニクソン・ショックと第一次石油ショックを契機に、世界史のパラダイム転換が起き、ソニーは「メイド・イン・ジャパン」を牽引する輸出の旗手から、まずアメリカ、次にヨーロッパで、生産拠点を擁して現地に根付く経営に大きく舵を切った。

ソニーの出生の地である日本と、世界の各地域のローカル性との軋轢や対話から、それらを超えてグローバルな統合企業となるための、プロセスがここからはじまる。盛田自身も「世界のモリタ」となるための重要なステップがスタートしていく。それは円高と貿易摩擦という、大きな闘いに対峙することを意味していた。「グローバル化2・0」への跳躍が、否応なく要求されるようになったのである。その時機が盛田の社長就任とピタリと符合している。

ハーベイ・L・シャインが、盛田と初めて会ったのは六七年一〇月だった。「プロフェッショナル経営者」と自他共に認めるこのアメリカ人は、日本で「稀にみる、すごい才能をもったビジネスマンに出会った」時の感動が、今でも忘れられないと手記に綴っている。(4)

シャインは、ハーバード大学ロー・スクールの出身で、アメリカの三大テレビネットワークCBSの法律顧問を経て、当時はCBSレコード・インターナショナルの社長をしていた。世界中に子会社を立ち上げる戦略を展開中で、「なかでも日本は最も優先すべきマーケットだった」。ちょうどその頃、日本の外貨審議会が資本自由化の答申を行い（六七年六月）、外国のレコード会社も五〇％出資の枠内で、日本企業と合弁会社を設立できることになった。

早速、来日してパートナー探しをはじめたシャインだが、日本の〝見えない壁〟にぶつかって難渋していた。合弁に興味を示すところはあっても（原盤供給のライセンシー契約を結んでいた日本コロムビアも含めて）、具体化しようとすると前に進まないのだ。あげくは、「どこも口を揃えて、お役所は何年も許可を出さないだろう」というのだった。

「イエスかノー」か、自らの態度を明らかにしない会社ばかりで、パートナー探しは行き詰まり、シャインは苛立っていた。そんなときに、放送機器で取引のあったソニーを思い出し、アドバイスをもらえないかと、友人を介して盛田とのランチの約束を取り付けたのだった。

盛田は、これまでの日本人と違って、自然な振る舞いで客を温かくもてなす作法が身についていて、シャインは最初から好感を抱いた。そして数分後には、さらに驚かされることになった。ホテルのレストランで席に着いて、来日の目的を述べ、ＣＢＳレコードとその世界戦略について説明をはじめたところ、話の途中で盛田にさえぎられた。

「私は、アメリカに住んでいたので、ＣＢＳレコードとコロンビアレコードに関しては何でも知っています」。そして、いきなりこう続けたのである。「ソニーはコンテンツビジネスを手がけたい。ＣＢＳとは合弁でぜひレコード会社を立ち上げたい」

シャインは、「彼のあまりに早い決断に驚き」を隠せなかった。まだテーブルにはスープも運ばれていなかった。盛田に圧倒されながらも、来日以来、何度も聞かされた一つの懸念を口に出した。「政府の許可が、いつおりるかわかりませんよ」。それに対しては、「九〇日以内に許可をもらって、六カ月以内に事業を開始できますよ」、と即座に答えが返ってきた。

耳を疑ったシャインが「そんなに早くできるのですか」と改めて聞き返すと、「心配しないで。政府との交渉はソニーに任せてください」と盛田は自信たっぷりに言い、明るい笑みを浮かべた。

ソニーのコンテンツビジネスについては後述するが、シャインが驚いた即断即決の背景には、前述の言葉（「CBSレコードに関しては何でも知っている」）にあるように、すでに盛田なりに研究済みだったと推測される。

というのも、盛田が「世界のソニー」のインサイトを得たフィリップスは、フィリップスレコードを擁し、シーメンス傘下のドイツ・グラモフォンと組んで、クラッシック音楽を中心に一大勢力を形成していた（のちのポリグラム）。また彼が好きなビクターのレーベル（英国グラモフォンの犬の商標）を日本で使用していた日本ビクター、さらに東芝にも有力なレコード部門があった。

盛田が描いていた「世界のソニー」構想のなかには、早い時期からレコード会社（音楽メディア）をもつ夢が織り込まれていたのは間違いない。それにソニーには、東京藝術大学とベルリン国立芸術大学音楽学部を最優秀の成績で卒業し、六二年まで現役のバリトン歌手でもあった大賀取締役（当時、第一製造企画部長）がいた。

チャンスの前髪をすばやくつかめたのは、すでに準備ができていたからである。

「ソニー本社との〝へその緒〟を切り離す」

かくて、シャインが盛田と出会った六カ月後の六八年三月には、盛田の言葉通りCBS・ソニーレコード（現在の日本のソニー・ミュージックエンタテインメント）が設立された。社長には盛田が就任したが、実質的な経営は六月に専務となった大賀が担うことになった。

資本自由化後の外資との合弁第一号であり、シャインも記しているように「最も成功した日米合弁会社の始まりでもあった」。社名を「CBS・ソニーにするか、ソニー・CBSにするか」から揉めた合弁交渉は、社名についてはシャインの主張が通り、経営はソニーが担当。CBSレコードの楽曲提供も新会社に有利な条件となった。わずか二年で黒字化したこの会社は、その後、一〇割配当を続ける異例の高収益企業となり、シャインはCBSに大いに貢献した。

タフでスピーディな合弁交渉とその後の交流を通じて、シャインの有能さを知った盛田は、七二年一〇月に彼をスカウトしてソニー・アメリカの社長に迎えた。しかも、このとき米国法人CEOの肩書きまで与えている。そこに、「グローバル化2・0」へ跳躍しようという盛田の意図がこめられていた。現地生産拠点サンディエゴ工場が稼働したのは、二カ月前の七二年八月。「メイド・イン・ジャパン」の輸出企業から、「世界のソニー」を標榜する多国籍企業へ。転身のステップを本格的に踏み出した。

シャインは、そのことを次のように理解した。「私の仕事は、親会社であるソニー本社とソニーアメリカをつないでいた『へその緒』を切り離すことだ」と。

これはシャインに直接インタビューし、周到な取材でアメリカ経営の実際を描いたジャーナリストの加納明弘が、本人から聴き出した言葉だ。[5] そして、次の発言が興味深い。「私は問題を常にシャイン流、つまりアメリカ式に処理した。なぜならば、私に投資した日本人は、アメリカ式マネジメントをソニーアメリカに持ち込むことを期待して、私を社長にしたのだし、私はその期待に応えたのだ」(『ソニー新時代』プレジデント社より)。

シャインは、ソニー・アメリカ自身が「ソニー製品の……何をいつどれだけ輸入するかの決定権を持つ」ことと、「マネジメントの基本をソニーアメリカ自身の利益を重視する方向に持っていく」という方針を掲げ、主に二つの手法を導入した。それが「バジェットシステム」（予算制）と「ジャスティフィケーション」（正当化）で、「企業運営の中心を予算に置き、ジャスティファイ（正当化）できない支出は、一ドルとも認めない」というものだった。

その際のシャインの口癖が二つあるという。一つは「理由のない数字はない」というもので、「予算要求を論理的に説明（正当化）できない場合には、その欠陥を指摘し完膚なきまでに批判した」。二つめは「経営に驚き（サプライズ）があってはならない」というもので、上下一〇％の変動は予測の範囲内だが、それを超えると「サプライズ」とされ、原因が徹底的に究明されたという。

こうした経営管理は、当時としてはアメリカで最新のＭＢＡ流の手法だったが、日本が出自の「自由闊達な」ソニーの文化とは余りにもかけ離れていた。

シャインの下で、実際にアメリカ流経営の洗礼を浴びた日本人たちは、どう受け止めただろうか。

青木昭明（後に執行役員専務）は、東京大学工学部を卒業したあと、ノースウェスタン大学大学院で材料工学の博士号を取得した理系の明晰な人物だが、入社五年目にソニー・アメリカのセールス最前線に送り出された。異質の体験をさせるソニー流の人材育成法である。

青木は全米のディーラーをどぶ板営業で回って、「売ってなんぼという本当のビジネスの基礎を学べた」と語るのだが、シャインには「こっぴどく怒られた」という。最初に二〇〇万ドルの予算を達成したので、営業チャネルもできた今年はもっと頑張ろうと一〇〇〇万ドルに設定した。ところが実際は四〇〇万ドル程度しか達成できなかった。前年の二倍の実績をあげたのだが、シャインの怒りは激しく、予算を五倍の一〇〇〇万ドルに設定したことに伴う間接費用の増加分、部下のリージョナル・セールスマネージャー五人のボーナスが消えたことなどを、厳しく指弾された。

予算を達成できそうにないときは、寝言にまで「予算」が出てきてうなされたという。青木は「アメリカ流の予算管理が重要だとわかったけれど、がちがちギリギリと細かい管理をやるので、息が詰まるし、将来への布石という長い目でみた投資ができない」と痛感した。

こんな挿話もある。「日本語がわかって、ビジネスがわかるアメリカ人を採用してほしい」と盛田から指示を受けたソニー・アメリカの人事担当、和田憲治は、ハーバード・ビジネス・スクールで、後にソニーで活躍するジョン・オドンネルを見出した。彼はソニーに入社すると決めてはいなかったが、セントラルパークを見下ろすエイボンビル四三階の盛田の部屋に入るなり、盛田がにこやかに握手しながら第一声を発した。「ジョン、あなたのような人をずっと探していた」

面談が終わると盛田は、隣の部屋にいる社長のシャインにも会わせるように指示したという。シャインは、「あなたは朝起きて、洋服を着るのに、ワイシャツが先かズボンが先か」と尋ねた。ジョンが「ズボンです」と答えると、「私はソニー・アメリカを効率的にするために、いろいろやってきた。ワイシャツが先であるべきだ。これを効率というのだ」と説明したという。

翌日、シャインに呼び出された和田は、こう言われた。「お前は、あの男を採用するのか？　それは日本の人事としてか、ソニー・アメリカの人事の立場でか？」。和田が日本の人事として採用したいと述べると、「それでは彼の経費は日本で持つように」と厳しい口調で言った。「それはおかしい」と抵抗すると、

「それでは二五%の経費をソニー・アメリカで負担しよう。お前が採用した四人に一人は、ソニー・アメリカに戻ってくるかもしれないから」(6)……。

この逸話には、完膚なきまでに徹底するアメリカの気質を感じる。シャインが体現したアメリカ流経営管理（当時はフラットで自由な経営風土の「シリコンバレー」はまだ形成途上で、東海岸流の数値による管理が主体だった）の功罪については、後述するビデオ戦争で再度触れることになる。だが、彼が「バジェットシステム」をソニーに植え付けたこと、システムを動かすためには厳しいコントロールが必要だと教えたことは、グローバル経営を考える重要なポイントともなった。

大事なことは、アメリカ流から学び、日本流を再考し、それぞれの領域を超えて、ソニー流をどう打ち立てるかである。「グローバル化1・0」の失敗も踏まえて、「グローバル化2・0」への盛田の挑戦は、より深く（根を張り）・より広く（広がり）・より高い（志）ものとなっていく。

資本主義の大転換点でDNAを「ON」にする

「これは何かが起こる前ぶれだ」——。七一年五月、盛田は、わずかに突出した兆しからそのことを感知した。それは、常日頃から現実を観察するなかで、初めて得られた考察でもあった。世界は、新しいパラダイムへ向けて大転換がはじまろうとしていた。

エコノミストの水野和夫は、「資本利潤率」に着目して、資本主義の大転換を説明している。資本主義の本質は、資本を投下し、利潤を得て資本を増殖させることにあるが、肝心の利潤率が七四年から低下しはじめたと指摘する。

水野によれば、この年、資本利潤率とほぼ一致する一〇年もの国債利回りが、英国と日本でピークを打ち、八一年にはアメリカが続き、先進国の利子率が趨勢的に下落。限りなくゼロへ向かって転落していく。七〇年代に起きた二回の石油ショック、七五年のベトナム戦争の終結は、近代資本主義の大前提であった「もっと先へ」（地理的・物的空間の拡大）と、「エネルギーコストの不変性」（先進国が資源を安く買い叩く）という、二大要件が成立しなくなったことを意味するという。そして、実物経済のフロンティアがなくなり、高い利潤率を謳歌できなくなったとき、「延命策」としてアメリカが生み出したのが、「電子・金融空間」という新たな「空間革命」だったと述べる（『資本主義の終焉と歴史の危機』集英社新書）。

その契機が、七一年八月一五日のニクソン・ショックである。ドル防衛のために金との兌換が停止され、「ペーパーマネーとなったドル」は現在、実物経済の数十倍もの金融グローバリズムとして、世界を徘徊している。

ただ、経営の現場に生きる企業経営者には、長期的な視座を踏まえたうえで、なおこの現実のなかでどう生きるのか、という生存の闘いに迫られている。

二一世紀の現在、ソニーがまさに苦吟しているのは、アメリカ主導の「空間革命」のなかで、自らの立つべき位置を確保できず、事業のイニシアチブを発揮できない現実である。その責任を、二〇世紀末に第六代目社長となった出井伸之と彼の後継経営者たちに帰する声は大きい。

だが、改めて経営のメカニズムをつぶさに視て行くと、創業経営者がマネジメントを担っていた約四〇年前に、「空間革命」の淵源があり、同時に〝成功のジレンマ〟が生み出す問題がすでに芽を吹き出していた。

ちなみに、七一年にはインテルが世界で初めてマイクロプロセッサ（超小型演算装置）4004を発売している。これは日本のビジコン社が、電卓用に論理回路を提示し、設計製造を依頼したもので、インテルはこの意匠権を数千ドルでビジコン社に売却する寸前で、撤回した。[7] もしこの判断がなければ、後にアンディ・グローブが経営の舵を握り、彼のいう「戦略転換点」を乗り切れたかどうか。そして、IT界の巨人としてシリコンバレーに君臨することも、「インテル・インサイド」のロゴマークがウィンドウズ・パソコンに貼られることもなかったかもしれない。

何かが変わろうとしていた。盛田がソニーの第三代目社長に正式に就任したのは、そんな七一年六月二九日のことだった。

この時期、ソニーの業績は絶好調だった。世界初の一三型トリニトロン・カラーテレビKV－1310が発売されたのは六八年一〇月末（この一機種だけで一七万台出荷）。トリニトロンの前と後で、収益は大きく変化した。

六八年度（一〇月期決算）の売上高は七一二億円、営業利益八四億円だったが、以後は毎年二ケタの増収増益で、七一年度には売上高一九四七億円、営業利益二六二億円に達した。三年でそれぞれ二・七倍と三・一倍の急伸ぶりである。当時、「(世の中の) 減産も不況も、松下も無関係」(吉井陸常務) といった「荒い鼻息」や、「ソニーはドルショックや円切り上げ不況の圏外にある企業」といった報道も、なされたほどだった。

しかし、ソニーの経営者は危機感を抱いていた。トップが交代した直後の七一年七月初め、経営幹部を集めて開催された「部課長会同」[8]で、井深と盛田は新任の挨拶に代えて次のような宣言を行っている。ニクソン・ショックが起きる一カ月余り前のことである。

会長に就任した井深：「当たり前のことを、当たり前にやっていたのでは、ソニーで（事業や経営を）やっていく意味がない。組織破壊や人のやりとりでは、（会長として）相当〝暴力〟をもって、やらなくてはならないと思っている」

社長に就任した盛田：「私どもは、**もう一度〝ソニーらしいやり方・行き方の再発見〟をする**時期に来ている。組織、運営、仕事のやり方などを白紙にもどして、再検討してみるのが私の役割」

盛田は続けて、以下のように語っている。

「日本の世界における立場、地位が（この）数カ月間で、えらく変わってしまった。ドルが足りないといってきた日本で、ドルがたまりすぎて困っている。輸出が奨励されてきたのに、この頃では輸出する奴は悪いことでもしているかのような雰囲気がでてきている。……我々は、今まで以上の成長を、何をもってやっていくかと考えると、大変な問題である。……ややもすると組織の中にはまり込んでしまい、自由闊達に物を見られなくなっている。官僚主義が芽生えてきている気がしてならない。これが今の危険性ではないか」。そして、こう締め括っている。

「私ども**トップの仕事の一番大事なことは**、いいことを聞いて喜ぶことではない。マネジメントの最大の要諦は、**トラブルシューター（問題解決人）**であることだ。問題を解決するのが、私どもの仕事だ。だから、失敗はかくさずレポートしていただきたい。それは、会社に周知させ同じ失敗を繰り返さないためだ。何度も申し上げるが、私どもの仕事はトラブルシューティングである」

これが、新社長が社内に向けて発した第一声だった。夢やスローガンをぶち上げるのではなく、〝外〟（世界）と〝内〟（社内）の変化を見つめ、やがて大きな問題となる内外二つの変化に向き合っている。それは、もう一度、ソニーを「白紙にもどして」再出発する＝DNAを「ON」にすることをも意味していた。

ここでは内の変化（硬直化）について見ていこう。実は、枠にはまって流れが滞る現象は、すでに五、六年前から生じていた。規模の拡大で「組織の中継点が多くなり、正確な情報が素速く伝わらない」（盛田）〝組織中心主義〟がはびこりはじめていた。それは、新しい製品を開発し、スピーディなフィードバックが生命線のソニーにとって、深刻な事態だった。

「日本は課というものが、家族的な一つのユニットになっているが、それは本当はおかしいと思う。会社がユニットであって、会社のなかに課単位のユニットはあるべきではない。会社と会社が競争しているのであって、課と課が競争しているわけではない。いちいち職制や組織を通さないと情報交換できないというとでは、えらいことになる。お互いに同じようなことが行われていても、それを知らないということでは、無駄骨になる。**組織化・合理化の美名のもと、正式の通知・書式・情報経路などを重要視して、次第に官僚化しつつある**のではないか」

そう看取した盛田は、社内のセクト主義や形式主義に対してまず、一撃を食らわせた。

同じことを盛田は、六年前にも行っている。六五年四月、社内で「学歴無用！」を宣言し、**社員の「履歴書を焼いてしまう」**と公言して人事部を慌てさせ、社員や世間を驚かせた。当時、ソニーの厚木工場長として、新しい労務マネジメントに挑戦していた小林茂は、次のように記している。

ソニーは「トップの直接処理する人事はまったく学歴主義ではなかった」のに、「企業規模が大きくなり、トップが中堅以下の人事にタッチできなくなると」気がつけば、「いつのまにか学歴主義に毒されていた。これではどうにもならないという切実感から、……学歴主義廃止が実施された」と。そして学歴主義人事をやめるからには、「実力主義人事が実施されなければならないが、これはなかなか容易なことではない」。だからといって、学歴主義を続けていては、いつまでたっても体質は変わらない。

そこで、こう考えたと解説する。「まずかまわずにレッテルをビールびんからとってしまえ、レッテルがまちがっているのだから、とにかくそうすることが緊急の必要事である。そうすれば人びとは、やむなくビールびんの中味を……評価せざるを得なくなるであろう。最初はへただろうが、誤ったレッテルを貼るよりはよい。そしてせっぱつまった止むを得なさから、実力主義人事のシステムが、社内から可及的すみやかに創造されてくるはずである。これがソニーの履歴書廃止の真の意味である」と。(9)

小林は、共同印刷で労務担当の取締役をしていたが、井深社長に見込まれ六一年にスカウトされた。実はこの年、皇族や政財界の要人を集めた創立一五周年記念式典の当日に、急進派労働組合によってストを打たれたという事件が背景にあった。井深は、ソニー・スピリットに沿った労務マネジメントの立て直しを託したかったのだ。

入社にあたって、小林は「トランジスタのことを少し勉強したいので、適当な本はないでしょうか」と井深に尋ねている。すると、「そんな勉強は必要なし。読んでもどうせわからん」と返され、こう言われたという。「小林君、工場をつぶしてもかまわない。思いのままにやってくれ」と。「これは井深さん独特の芸術的表現で、その時、私はひじょうに正しくその意味を理解したと思う。そしてうれしかった。わが人生ではじめて最高の上司を得たのである」、と著書（『ソニーは人を生かす』）に書いている。

一方、盛田本人は「学歴無用」をどう説明しているか。社内での「学歴無用」宣言の一年後に刊行され、（誤解も含めて）世情を騒がせた彼の最初の著書『学歴無用論』(10)でこう述べる（既述）。

「日本の会社は不合理性に満ち満ちているように思われる。**トップ・マネージメントには企業というものの根本理念が見当たらず、**……（年功序列のもとで）あたら優秀な才能を埋没させ、無能をヌルマ湯に温存する弊害がある。社員はそれにのうのうと甘えて事なかれ主義に堕し、沈滞しきっている」と見立てる。

これでは、開放体制のもと「激烈な国際競争の渦中に乗り出してゆけば、アメリカをはじめ諸外国の、骨の髄まで営利に徹した会社と普通に競争すれば、日本の会社が負けるにきまっている。日本の経営者は、この点をはっきり自覚し、なんらかの方策を講じなければならない」。

激しいグローバル競争に直面している現在の日本企業の問題とも通底している。では、どうすればいいのか。盛田は同書で次のように述べている（抄録）。

「学歴無用論」の真意と覚悟

「アメリカに右へならえして、アメリカ経営学を導入するのが、解決の道だろうか。私はそうは思わない。……鵜呑みにするのは、かえって危険である。日本とアメリカでは会社の成立する社会的基盤が、根本的に違っているからだ。かといって漫然と現状を見過ごすことは、もっと大きな間違いだ。アメリカから取り入れるもの、学ぶべきものは堂々と学び、かつ日本の歴史的土壌を見きわめ、そこに足をつけたままで、現実的に不合理を是正してゆくべきなのである。社員を〝無難なサラリーマン〟から〝意欲あるビジネスマン〟へとレベル・アップすることに努めなければならない」

そのときにネックとなるのが、「日本および日本人に決定的に欠けている、人を正しく評価する習慣」であると指摘する。だからソニーでは、学歴偏重という安易な手がかりに寄りかかることを防ぐために、会社の公式記録から学歴を抹殺したのだという。

抵抗や混沌は覚悟のうえ。そこから社員一人ひとりの「個人の能力を最高度に発揮せしむ」(設立趣意書の文言)こと。そこに責任をもつのが経営者の仕事だとする。

この本は二五万部のベストセラーとなり、盛田は日本でも一躍有名になった。先に述べた小林茂の著書『ソニーは人を生かす』も同じ六六年一〇月に発売され、五〇刷を超えて増刷された。さらに、七一年には井深が『幼稚園では遅すぎる』を世に問うている。[11] これは六九年に財団法人・幼児開発協会を設立し、自ら理事長となった井深が、その研究や活動から、人生の可能性を決める幼児期の育て方・環境がいかに大切かを訴えた書物。世界で翻訳され、版を重ね現在でも新装版が読まれている。

興味深いのは、ソニーの経営に関わった人物が、ほぼ同じ時期に、いずれもベストセラーを生み出していることだ。しかもこれらの本は、人の可能性をどう見出し、評価し、生かすかという共通の問題意識で貫かれている(井深と盛田の著書は、現在でも参考になることが多い)。

つまり、この時期のソニーの経営は、かくなるほどに「人間」を見つめ、「生き生きとした人間としてのソニー」(盛田の言葉)をつくろうとしていたということだ。しかも、それらはいずれも、実に効果的な情報発信として、ソニーのブランド価値を高めたことも見逃せない。

日本の求人広告の歴史を変えた、とまで言われる二つの広告が、相次いで出稿されたのは六九年一月と六月のことだった（次ページ写真）。

『出るクイ』を求む！」と「英語でタンカのきれる日本人を求む」である。盛田のフィロソフィーと言動から生まれたが、いずれも『朝日新聞』朝刊に掲載された。出るクイが打たれる日本で、「『出るクイ』を求む！」のコピー本文は、こう呼び掛けている。

「積極的に何かをやろうとする人は『やりすぎる』と叩かれたり、足をひっぱられたりする風潮があります。……いいアイデアを育てる人はなかなかいません。反対に、ダメだダメだとリクツをつけて、それをこわす人はたくさんいます。しかし、私たちはソニーをつくったときから、逆にそういう〝出るクイ〟を集めてやってきました。ソニーがつねに他に先駆けて個性的な新製品を出し、わずかここ十年間に『SONY』を世界でもっとも有名なブランドの一つにすることができたのも、ひとつにはそのように強烈な個性をもった社員を集めその人たちの創造性を促進してきたからだと思います。ウデと意欲に燃えながら、組織のカベに頭を打ちつけている有能な人材が、われわれの戦列に参加してくださることを望みます」

一方、「英語でタンカのきれる日本人」は、タイトルコピーの手書き文字が、当時としては極めて斬新である。これは新設された国際貿易課が募集したもので、「『生きた英語』を話せる方」「技術を愛する方」という条件がついている。

いずれも、盛田の「内」（社内）と「外」（世界）の問題に対峙する、という熱意をたっぷり含んでいる。「大学名を鼻にかけた人間ではなく」、この熱量に感じ入った時代の才能が蝟集《いしゅう》してきたはずである。かつての創業期のように、DNAを活性化させようとしたのだ。

「『出るクイ』を求む！」と「英語でタンカのきれる日本人を求む」は、日本の求人広告の歴史を変えたとされる。盛田はソニー創業期の息吹を活性化させようとした。

ある日の夜、若い社員たちと懇談していた盛田は、うつうつとして楽しまない一人に気づき、盃をすすめて悩みを聴き出した。「入社する前、僕はソニーをすばらしい会社だと思い、……惚れ込んでいました。ところが僕は今、ソニーのためではなく、課長のために働いているという気がするんです。……（この課長は）はっきりいって無能です。それなのに、僕のやることも提案もすべてこの人物を通さなければならない。僕の今の立場では、この無能課長イコール、ソニーというわけで、僕はすっかりくさっているんです」

「これは私にとっても棄ててはおけぬ話だった。わが社にはこの種の問題を抱えた社員が大勢いるかもしれない」[12]。これを「トラブルシューティング」（前述）するため、盛田が考え出した解決策は、ユニークなものだった。「**社内募集制度**」で、三つのステップから成り立っている。

①新しく人材を募集する職場の求人募集を、社内報に掲示する（社外募集の場合も同じく社内募集案内を出す）。②社員は、自由かつ内密に応募できる。上司に断わる必要はない。③求人した職場の責任者との面接を経て適材と判断されれば、トップを通じて、社員が所属していた部署の管理者に初めて通知され、配置が転換される。以前の職場の上司は、その異動を断ることができない。

この仕組みには、「社員はより満足のゆく持ち場を見つけることができ、同時に、人事部は部下に逃げられる部課長の問題点を知ることができる」、と盛田は二重のメリットがあるとする。

六六年五月につくられたこの仕組みは、現在でも機能している。ソニーによれば、制度の導入以来、八〇年代後半までは毎年二桁（五〇～一〇〇名未満）の社員が異動したが、それ以降は年に二〇〇～三〇〇名のペースとなり、累計で異動者は六〇〇〇名以上に達するという（エンタテインメントや海外は対象外）。

会社はつぶれるようにできている

ソニーのOBたちが口を揃えて、「あれは強烈な洗礼だった」と述懐するのは、入社式で初めて接した盛田の謦咳《けいがい》である。新入社員を前に、盛田社長は先制パンチを食らわせるのが恒例だった。たとえば七二年三月二一日に本社八階大講堂で、五〇〇〇人を前に行われた入社式で、次のように訴えている。抄録引用するが、凡庸な経営者ではないことがわかる。

「学校生活と、これからはじめる生活とは根本的に違うのだという認識を、はっきりもっていただきたい。学校はお金を払って学びに行くところですが、会社は皆さんに給料を払う責任があります。われわれが第一に心配するのは、あなた方を迎えることで、ソニーがプラスになるかどうか、戦力になってくれるかどうかです。

（同時に）認識してほしいのは、あなた方の一生にも一つの大きな危険が伴うということです。自由経済のなかで厳しい競争をしている会社の宿命に、こちらが勝てるだけの能力をもっていなければ、わが社はつぶれるわけです。つぶれる可能性のあるソニーのなかで、がんばってわが社をもり立てていこうと意欲に燃えた人だけが、集まっているのがソニーグループです。

皆さんが入ることがプラスになるように、と祈る私たちの気持ちは切実なものがあります。ソニーが大会社だから、給料もいいだろう、景気もいいだろうと思って加わられたのでは、私たちも迷惑です。あなた方にとっては、ただ一度しかない人生ですから、自分が満足できるような人生を過ごす権利と義務があります。ですから、もしソニーでは自分の人生に満足が得られないということであれば、自分のために早くやめたほうがいい。私たちの側からいっても、たいへん迷惑です」

会社は、時間の経過とともにエントロピー（無秩序さ・乱雑さの度合い）が増して、つぶれるようにできているともいえる。人が怠惰に流れやすいように、会社もわずかな油断から病が忍び寄る。全身センサーのような盛田は、そのことを熟知しているから、新しくソニーマンになる一人ひとりに、自覚を促している。続けて、こう呼び掛ける。

「ソニーは荒海を航海する一隻の船のようなもので、一人ひとりが役割をもった一つの運命共同体です。だれかが一つまちがいを起こし、機関が爆発をしたとか、どこか船底に穴があいたとか、それを見すごしたら、船は全部沈むことがある。船長の責任は非常に重いが、まちがいをしでかしたときに、沈没することにおいては、船長のまちがいも、船底におる人のまちがいも同じです。会社のトップは運航の方向を決める責任をもっているが、皆さん方のなかに、私以上に社長としてちゃんとソニーの運航をまとめる人があれば、私は喜んでこの座をあけ渡したい。またそうでなければ、ほんとうの適材適所はできない」

「学校の試験には、ゼロから百点の間しかないが、会社の試験には、千点もあればマイナス一万点もある。仕事は自分の頭で、自分の

1972年3月21日、盛田社長は新入社員のなかに混じって記念撮影した。社長も社員も、「ソニー丸」という船に乗る同じ志を共有する“仲間”なのだ、というメッセージが伝わる。

力でやり方を考え出すものだが、チームの基本ルールはある。チームワークが組めなければ、才能があってもただの積み荷でしかない。ソニーのルールにのっとって、最高の能力を発揮するプレーヤーを期待している。ソニーに対する責任は、社長も新人も同じです。**私はあなた方の〝仲間〟として、**皆さんと共に、ほんとうに生きがいのある人生が送れるように、努力をしていきたい」

盛田は、このとき新入社員たちのなかに混ざりこんで、一人のソニーマンとして写真を撮らせている。厳しい要求者として、新人たちに洗礼を浴びせながらも、共に闘い、共感できる仲間の一人なのだ、と伝えている。

「前途は予測不可能で暗雲がたちこめている」(本人の弁)時代に、盛田は新しい課題に挑戦しようとした。現場の課長・係長との会合に出席した時、ある係長のこんな発言を聞いた。

「上司の命令が、課長と課員、係長とヒラ社員の段階までくると、いつの間にか、社長がこう言った、副社長の命令だ、の一言で済まされてしまう」と。相互のコミュニケーションによって、「納得ずくで仕事に取りかかる」ソニー本来の流儀が崩れつつあることに気づかされたのだ。

そこで、七〇年二月には「極めて憂慮すべき事態」として、先の係長の発言を紹介し、社内に向けてこんな訴えを行っている。

「(実態が)この発言通りだとしたら、どのような結果になるか。極論すれば、ソニー内が不満と不信の砦になってしまう。『社長の、あるいは副社長の命令だ』の一言で、職場のリーダーと部下のコミュニケーションの場が断絶し、疑問だらけのまま、大きな不満が生まれる。納得できないで、命令だからやる仕事に、皆さんは生きがいを見出すことができるだろうか。仕事のエキスパートであるべき中間管理職、職場リーダーの責任は不在のままで終わってしまうのだ。

それは権限と責任をないがしろにしたやり方だ。**相互の信頼を欠いた命令からは、進歩はおろか、責任感の生まれる余地もない。**〝誰々の命令〟が、マネジメントの方便であってはならない。一般社員の皆さんも、つまらぬ遠慮などせずに疑問点の解明を行い、納得したうえで仕事を受けるようにしてほしい。**疑問を残したまま、命令だからやるといった、いいかげんな態度は個人的にマイナスであるばかりか、会社にとっても大きな損失**である。〝厳しい環境下〟のソニーには、積極的で前向きな姿勢と、信頼を基軸に据えた相互の意思疎通が必要なのだ」

六〇年代中盤以降の問題意識は、「学歴無用」宣言で「履歴書を焼いてしまう」からはじまって、七〇年代以降の資本主義の大転換の予兆を嗅ぎ取り、そこで勝ち残るために、新しいマネジメントを打ち立てる盛田の闘いだった、ということができる。

アメリカとの貿易摩擦が生まれ、ニクソン・ショックと石油ショックが続いて起き、七五年にはビル・ゲイツとポール・アレンがマイクロソフトを設立、その翌年には二人のスティーブ（ジョブズとウォズニアック）が「アップルI」を発売している。

トリニトロン・テレビや三・五インチフロッピーディスクなどの開発企画で活躍した加藤善朗（前出）は、盛田の新しい闘いを次のように表現している。

「技術の進歩と新商品の成功により、ビジネス規模の拡大と大規模な開発活動が避けられなくなってきたとき、盛田さんは、井深さんの新しいものを求めて困難に挑戦する情熱、やり方を変えて問題を解決する姿勢を維持することで、過去に成功した既存の大企業のまねでなく、新しいマネジメント・スタイルを開発しようとした」

それが、「小集団で効果のあったマネジメント手法のよいところを残しながら、大きな集団でも使える管理方法の開発である。すべてのマネージャーが二つの価値観を両立させようとして苦しんだ。この苦しみの中から急成長のエネルギーが出てきたといってもよい。二つのコンセプトの葛藤から、いろいろユニークな経営手段が工夫されたのである」[13]。

それは、いかにソニーのＤＮＡを「ＯＮ」にするか、という手抜きが許されない闘いであった。

第3部

VTR戦争とミスジャッジ、アメリカ世論を味方につける、ソニー・スピリットの再構築

第9章 タイムシフト

"毒気"を吐くタコの赤ちゃん

一九七三年にオンエアーされたトリニトロンのテレビCM、「タコの赤ちゃん」をご覧になっただろうか。中高年世代にはユーモラスでかわいい映像に、ちょっと毒気の利いたナレーションがかぶさる広告が、記憶に刻まれている方も多いはずだ。実はそれが、盛田が編み出したVTRの製品コンセプト「タイムシフト」にもつながっていく。まずは映像とともに流れていたナレーションを思い起こしてみよう。

「ぼくタコの赤ちゃん。これから世の中に飛び出そうと思うのです。よっこらしょ……どっこいしょ。イボイボの足が八本。ねっ、ソニーだとよく見えるでしょ」。この自然シリーズは、「タツノオトシゴの誕生」や「サワガニの親子」編もあって、後者は最後の締めのナレーションが、「……はっ、よく見えない？あの～ぅ、ソニーのカラーで見ていただくと、鮮やかに見えるんですけど」、とますます毒気が強くなる。

これらの広告を担当したのが、国内販売を担っていたソニー商事（現ソニーマーケティング）の宣伝部にいた河野透である（制作は博報堂）。彼は、後に「ウォークマン」のネーミングを考え出し、有名な〝哲学する猿〟のテレビCMなどでも目覚ましい活躍をする。

河野は、この宣伝にあたって「経営トップにはコミュニケーション上のリスクがあることを説明」している。「この表現にはこういう嫌みがある。毒がある。場合によっては、そのからくりに勘づいた筋から小言が入るかもしれない」と。すると、「それがあるならやれ」と了解が出た。「毒で嫌味な仕掛けの部分でGOサインを出してくれた」、と語っている。(1)

同じようなケースは、ソニー・アメリカが打った初めてのテレビCMでも起きた。ドイル・デーン・バックに依頼した「ポータブルテレビ」の広告が〝猛毒〟を含んでいた。コメディアンの大御所が、ハワイで「真珠湾攻撃なんてもんじゃない。驚きの小型ポータブルテレビが上陸しまっせ」といった主旨をユーモラスに語るものだ。全米ネットで流れるだけに、事前に映像をチェックしたソニー・アメリカでは、「Never Forget Pearl Harbor!」のタブーに触れると大騒ぎになった。

顧問弁護士の意見で「ミスター・モリタに決断を仰げ」となり、おそるおそる電話をした担当の大河内祐への盛田の答えは、一言だった。「やってみなさい」

新しい商品の価値をどうやって、ユーザーに伝えるか。「昔にさかのぼるほど、ニッチ・ビジネスの性格が強かっただけに、価値を広くユーザーに伝えることは、今よりもっとむずかしい課題であった。（そういえば）盛田さんのセールストークに、つねに〝ユーモア〟があったのも、〝価値を伝えるため〟の腐心であった」、と大河内は学んだという。(2)

「交渉に当たっては本音をいう。ただし、ユーモアを添えて」。それが盛田の「コンビンシング・パワー」

〈説得する力〉を構成する重要な要素の一つだった。

話を元に戻そう。「タコの赤ちゃん」で「僕自身もソニーも、テレビメディアの使い方を覚えた。こういう変化の起こし方がテレビメディアの使い方なんだ。それを実感した」と河野は語っている。「毒で視聴者の心をしっかりグリップして、大きな変化につなげていこう」、その基本姿勢を貫いていけば、「SONYブランドに愛顧を貯めていくことはできる」と気づいたのだ。実際、このCM以降、トリニトロンのシェアは一気に跳ね上がった。

現在でいえば、新しいメディア（モバイルによるネット環境やSNSなど）の使い方に、インサイトを得たということかもしれない。ちなみに、「毒とは、何でしょうか」という質問に、河野は「理屈や経緯を全部剥ぎ取って、**ソニー体験を自覚した時の、その瞬間での感情かな**」と答えている。

本音は、往々にして強力な毒気でもある。それをどのようにして相手に伝え、わかってもらえるか。細かい心配りが必要だ。盛田の工夫や腐心はそこにあったし、それでもビデオの規格統一の場合のように、たまには通用しないこともある。だから、後になって彼は「相手の波長に合わせて発信する」ことの重要性を、ことある毎に経営幹部や社員に訴えはじめる。そこには、「ベータマックス」という当時、画期的な録画・再生マシンをめぐる二つの死闘から、得られた教訓がこめられていた。

「タコの赤ちゃん」が放映された七三年は、時代を画する出来事が連続して起きた年である。

一月には拡大ＥＣ（欧州共同体）が発足し、ベトナム和平協定が締結（実際の戦争終結は七五年四月）。二月には、ニクソン・ショック後の国際通貨危機がさらに深刻化し、ドル売りが殺到。スミソニアン合意はたちまち崩壊、欧州や東京でも市場が閉鎖される騒ぎとなった。一〇月には第四次中東戦争が勃発し、世界を揺るがす石油ショックを引き起こし、一一月には日本へ「買いだめパニック」や狂乱物価の奔流となって押し寄せた。

二年前に社長に就任、名実ともにソニーを背負って立つ責任者となった盛田は、これらすべてと対峙し、荒海を乗り切らなければならなかった。そしてこの時期、大きなプレッシャーとなっていたのは、井深が会長となって第一線を退いたあと、次の時代のソニーを支える製品を、どのように開花させ、「インダストリー」にしていくかだった。

ことに、「ポストカラーテレビの本命」とされたビデオ（VTR）は、井深から託された大きな宿題であり、エンジニア集団・ソニーを率いて行くうえでの、結節の要石（キーストーン）でもあった。盛田が懸命に探っていたのは、明るく鮮やかなトリニトロンの「ソニー体験」を、よりリアルなものにするために、ビデオのコンセプトを、どう確立するか、というものだった。

ソニーは、最も早くからVTRの研究に着手した会社で、トランジスタラジオの開発に取り組もうという矢先の、五三年から手がけている。「テープレコーダーが音の缶詰めなら、テレビの絵と音の缶詰めもできるはず」という発想だ。社名はまだ東京通信工業で、翌年には通産省に補助金を申請するも、「そんな夢みたいなものができるわけがない」と一蹴され、断念した経緯がある。

業務用のテープレコーダーを開発したアメリカのアンペックス社が、五六年に世界初のVTRを発売すると（業務用冷蔵庫ほどの大きさで約二五〇〇万円もした）、ソニーは翌年に研究を再開。一二月にはNHK放送技術研究所と組んで国産初のVTR（白黒、アンペックス方式）を早くも完成させた。

トランジスタで小型化に成功し、六三年には世界初の小型VTRのPV－100を、六五年には世界初の家庭用VTRのCV－2000を発売。前者は小型といっても重量六〇キログラムだったが、後者は一五キログラム。値段も前者の二四八万円から、後者は二〇万円を切るまでになった。もっともいずれも、白黒のオープンリール方式（テープ幅一インチ）で、扱いやすいカセット方式でカラー化できるには、あと五年近く待たねばならなかった。

こうしたビデオ開発の中軸となったのが、〝希代のエンジニア〟木原（前出）である。彼は、CV－2000が完成した時、井深に連れられ東芝の岩下文雄社長を訪ねている。このときのエピソードが、当時の情況（＝世間一般の常識）を物語っている。

井深：「（持参した製品を見せながら）今度こういう、テレビを記録してすぐに再生して見られる機械をこしらえたのですよ」

岩下：「えっ？　そんなもの要るの？　テレビを二度視るバカはいないでしょ。こんなもの売れやしませんよ」

木原はこう語る。「ビデオを家庭用にしたことは、凄いことなんだけど、家電の大会社の社長さんが、ハッキリそうおっしゃったのです。私は何度も経験してきたのだけど、（人は）新しいものの価値って、（すぐには）わからないんですよ」

実際、CV－2000（Cはコンシューマーの意味）は、家庭用を謳ったが二年間で二〇〇〇台しか売れなかった。懸案のカセット化をカラーで、世界で初めて実現した家庭用ビデオカセット・プレーヤーの試作機を、木原が完成したのはその五年後、七〇年一月のことだった。

この画期的な技術をベースに、ソニーは松下電器と日本ビクターに声をかけ、カラービデオの規格統一を呼び掛けた（三月に三社で合意）。それぞれの技術を公開し、「最も優れた、使いやすいフォーマットを標準規格に採用する」という方針がとられた。

検討会を重ねて、カラーの変換方式にビクターの技術が採用されたことと、技術的に実現が難しいという要望で、カセットサイズを二割ほど大きくした以外は、ソニー方式（翌年「Uマチック」と命名）がほとんど採用された。これが一二月に正式に統一された「U規格」である。[3] このとき同時に、三社でVTR基本特許の「クロスライセンス」が締結された。

「あれがそもそも間違いであったかもしれない」。木原は後日、ベータマックスの敗色が濃くなるにつれ、悔しさを込めてそうつぶやくようになる。

苦心して開発した先進技術を、なぜ盛田は松下とビクターに公開し、特許まで互いに（クロスして）実施権を許諾しあえるようにしたのだろうか。世界に目を移すと違ったシーンが見えてくる。

六〇年代末から七〇年代初めにかけて、家庭用ビデオ機器の開発をめぐってカンブリア爆発さながらに、次々と新機軸が生まれていた。米放送大手CBSは、「EVR」（Electric Video Recording＝カートリッジ入りフィルムで白黒・一時間再生）試作機を六七年に公開。予定単価二〇〇ドル、カートリッジ七ドルという衝撃の価格だった。七〇年にはカラー化に成功、記者発表では「美しい画面を見た聴衆からは、感嘆のどよめきが起きた」という。熱い報道が繰り返され、パートナー企業も続々登場した。モトローラはカラーEVRプレーヤーを八〇〇ドルで量産計画していたという。[4]

一方、カラーテレビのブラウン管「シャドウマスク」の特許がドル箱だったＲＣＡは、レーザーを使った家庭用ビデオディスク「セレクタビジョン」に注力していた（五〇億ドルの開発費を投入したという）。放送局用ＶＴＲの覇者アンペックスも、家庭用ＶＴＲ「インスタビジョン」を開発。コダックもテレビ用の「スーパー八ミリ」プレーヤーの仕込みにかかっていた。

七二年には、ハリウッドメジャーのＭＣＡまでが、レーザーディスクを発表した。ヨーロッパでは家電の王者・フィリップスが、「ＶＣＲ」（二分の一インチテープのカートリッジ型ＶＴＲ）を七〇年に開発、ドイツの家電大手グルンディッヒもこの方式に参画していた。さらにアメリカでは、起業家グループがアブコ社（航空関連企業）の資本を得て「カートリビジョン」というカセット式ＶＴＲを開発。二時間録画が可能で、七二年にはシアーズなどの店頭で一三五〇ドルで販売された（ハリウッドと組んでレンタル専用の映画カセットまでつくった）……。

高級誌『ニューヨーカー』の記者ジェームズ・ラードナーは、著書『ファースト・フォワード』でその頃の澎湃《ほうはい》たる気運を表現している。「最終的に勝利を収めるのが、レコードプレーヤーの変種になるのか、映写機形式やテープレコーダー形式になるのか、予断は許されなかったし、まったく常識をくつがえすような新機軸が王座を占めてもおかしくなかった」。ちなみに、当時の『ライフ』誌は「家庭用ビデオ機器がアメリカ人のテレビ習慣と生活スタイルに及ぼす衝撃は、テレビそのものの登場以来最大のものになるであろう」（七〇年一〇月号）と予測していた。

盛田は、終始そのただ中にいた。ソニーが先行していた技術を、松下電器と日本ビクターにオープンにし、「Ｕ規格」で統一したのは、家庭用ビデオ機器のワールドワイドな本命争いのなかで、日本勢が一頭地を抜くためであった。それには松下の販売力と量産力が必要だった。また、松下の要請によって声をかけたビクター（当時は松下の子会社）は、テレビ受像機を発明した高柳健次郎博士を擁し、技術力は決してあなどれなかった。

もちろんソニーとしての算段はあった。テープレコーダーやトランジスタラジオで体得したのは、他社が参入することによって市場が一挙に広がり、開発者メリットを大きく獲得できることだった。フォーマット（規格）採用企業からの特許料収入や、独自開発してきたテープというパッケージ・メディア、トランジスタや磁気ヘッドなどの部品の供給は、収益のすそ野を広げ、利益を積み上げる重要な要素でもあった（特にテープの収益力は高かった）。日本勢がイニシアチブを握る家庭用ＶＴＲのフォーマットを世界に形成すること――それが盛田の大構想だった。そして、八〇年代に入って、その夢は見事に実現する。

ただし、イニシアチブを握ったのは、「ベータマックス」のソニーではなく、「ＶＨＳ」フォーマットを開発した日本ビクターだった。この誤算は、どこで生じたのか？

本章冒頭の「タコの赤ちゃん」が、それに関係していると言ったら、驚かれるだろうか。さらに、「ネットワークの外部性」（利用者の数が増えれば増えるほど、利用者の利便性が増加する現象）という、八〇年代以降の情報化時代を規定する流れが、ここから表舞台に登場してくる。

尾を引いたソニーの圧勝

ソニーが、世界初のカラービデオカセット「Ｕマチック」を発売したのは、七一年一〇月のこと。再生専用のVP－1100は二三万八〇〇〇円、録画機能も併せ持つVO－1700は三七万八〇〇〇円だった。「持てるノウハウをすべて傾注し」、それまでのVTRに比べ、画期的な性能とサイズを実現した製品だったが、それでも大きく、高かった。

たとえばテープのカセットは、週刊誌より少し小ぶりだが少年漫画誌のように肉厚サイズで、値段は一万円もした。ちなみに、当時の映画館入場料は七〇〇円～八〇〇円である。これでは、とても家庭に普及しないと見た井深は、Uマチックの原理試作機ができた六九年秋の段階で、「ソニーの社員手帖」（文庫本サイズ）を掲げて、「せめてこれくらいの大きさにならないか」、と厳しくも明確な目標を設定。木原チームの挑戦意欲をたきつけている。

一方、盛田は、Uマチックを誰にどう売るかを考えていた。着想したのは「企業内コミュニケーション」というコンセプトだった。ソニー・アメリカでビデオビジネスを担当していた若手社員の鶴見道昭が、わざわざ呼び出されたのは、日本でのUマチック発表会だった。製品がずらりと並べられた会場の入り口で、盛田は来客を待ち受け、招待した大企業のトップが姿を現すと、寄り添ってシステムの説明をはじめる。鶴見は、その横で盛田のセールスの実際をつぶさに見て学んだ。

日本IBMのトップへのセールストークを、盛田は次のように切り出したという。「社員は社長のお話を聴くだけではなく、実際に見たいのです。社長の表情から意をくみ取ります。ですから、ビデオでメッセージを全社員に送ってあげてください……」

後日、ニューヨークの高級ホテルで開催されたアメリカでの発表会当日、準備を託された鶴見は、日本での勉強の成果を反映させて、「まず何もわからないお客さまに、まとめて基礎的なプレゼンをして、あとで一人ひとりにじっくり説明をする」手順で、準備万端ととのえていた。開場五分前に現れた盛田は、椅子が整然と並べられたプレゼンコーナーに目をやるなり、「これはなに？」と険しい表情に変わり、次の瞬間「すぐに全部片付けなさい」と指示した。日本の場合と同じく入り口に立ち、来客を一人ひとりエスコートしながら、会場に並べられた機器を一つひとつ説明する（もちろん社員を横に立たせて）。盛田のそんな姿を見ながら、鶴見は自分の生半可な勉強の過ちに気づいたという。

「そこには、〝まとめてプレゼン〟だの、〝こちらの説明を聞かせる〟などといった、押しつけがましさは一切なかった。お客さまの抱えている問題に耳を傾けながら、自分の言いたいことを、自分の言葉で語っていく。来場されたお客さまは、みんな大企業のトップ、それに各企業の事情はさまざま。よほどの説得力で各個撃破しなければ、売れるはずがない。全員に、通り一遍の説明などしては、かえってマイナス。それが盛田さんのセンスであった[5]」

こうして盛田の陣頭指揮による「ワン・ツー・ワン・マーケティング」で、ソニーは七二年早々のコカ・コーラ社をはじめ、ＩＢＭ、フォードなどアメリカの大企業から千台単位の大量受注を次々とものにした。日本でも全農の発足を契機に六〇〇〇台もの数を受注した。

ちなみに、松下電器、日本ビクターとの三社で共有した「Ｕ規格」だが、松下は「Ｕビジョン」、ビクターは「Ｕ－ＶＣＲ」として、ほぼ同時期にそれぞれＶＴＲを発売した。ところが、ふたを開けてみると、前述のように「コンセプト」を明確にして、マーケット・クリエーションできたソニーの圧勝だった（もっともこれが後に尾を引くことにもなる）。

盛田は、企業内のコミュニケーションと社員教育のツールという、これまでになかった業務用ビデオ市場を開拓したのである。さらに、ベータマックスが登場すると、Uマチックは放送機器のデファクト・スタンダード（事実上の標準）へと進化の道を辿っていく。やがて森園正彦が率いた厚木工場の放送機器ビジネスは、ソニーの屋台骨を支えるまでに育つことになる。

井深大が目標設定した「ソニー手帖」（文庫本）サイズのカセット化を実現した試作機は、七二年秋にでき上がった。

「これは魔法の箱みたいだね」——。木原のもとで開発を担当していた河野文男に、盛田はそう語っている。それは、苦労したエンジニアを動機づける魔法の言葉であった。それだけではなく、後にベータマックスの事業責任者となる河野に、人びとの生活に魔法のような「革命」（盛田）をもたらそう、と呼び掛けるニュアンスも込められていた。

VTRは、テープをカセットから引き出して、回転するヘッドドラムに巻き付けて録画・再生する。このとき無理な負荷をかけると画面が揺れたり、テープが摩耗し切れたりすることもある。いかに安定して走行させるかがポイントで、「Uマチック」では四分の三インチのテープをやさしく装填するローディングが工夫され、「U」字型に似ていたことから、そう名付けられた。

「魔法の箱」の新しい試作機は、Uマチックをベースに開発され、二分の一インチのテープを「β（ベータ）」の字型にローディングしている。それに「アジマス記録方式」を新しく実用化した。これまでは、回転ヘッドが信号を記録する時に、隣にくる次の信号が混ざらないように、すき間を空けていた。そのすき間をなくし、「ベタ」に詰めれば最大限（「マックス」）、テープの記録密度を上げることができる。そこでヘッドが隣の信号を拾えないように、角度をずらすという新機軸で問題を解決した。「β」と「ベタ」の「マックス」、それに英語の「ベター（より良い）」をかけて命名されたのが、「ベータマックス」だ。

ソニーのVTR開発の流れは、五三年からはじまり、一〇年後の六三年にはPV－100で製品化にこぎつけ、PV（パブリック・ビデオ）→EV（エデュケーショナル）→CV（コンシューマー）→Uマチック→ベータへと、七二年にようやく家庭に入れる本命が誕生した（ほぼ二〇年かかった）。Uマチックに劣らない画質で、重量は三分の一軽く、部品点数は二分の一になった。

その「ベータマックス」第一号機SL－6300が、満を持して発売されたのは七五年五月一〇日のことだった。「ん？ ちょっと待て」と鋭い読者は思われたことだろう。試作機が完成したのは、七二年秋なのに、発売はなぜ七五年五月と二年半余りも後なのか。関係者の証言を総合すると、七三年の夏頃には、金型や工場（ソニー幸田）の什器・備品を含めて、ベータマックスの生産態勢はほぼ完了していた。七三年一月に、技術準備室長（後のビデオ・テレビ事業部長）となった河野は、「やれって言われれば、いつでも半年で出荷してみせますよ」、と盛田に何度も請け合っていた。

つまりベータマックスは、遅くとも七三年秋には十分に発売できていたはずである。ところが実際は七五年五月だった。

マスコミ報道などでは、ベータが完成したのは七四年八月とされている。その翌月の九月から、ソニーは松下電器とビクターに対して、規格統一への働きかけをはじめたからだ。そしてソニーからの再三のアプローチにもかかわらず、松下電器は意思決定が遅れに遅れ、しびれを切らしたソニーはついに七五年五月に先行販売に踏み切ったとされている。[6]

ほぼ八カ月間、ソニーは待たされたというのが定説だ。だが、実際には試作機は七二年秋に完成し、七三年夏頃には生産準備も完了していた——。つまり、さらに約半年以上の空白期間が加えられることになる。そこに、なにがあったのだろうか。盛田は、なぜもっと早く発売しなかったのだろうか。すでに故人も多く、現時点では完璧な究明はできないが、いくつかの解明の材料はある。

すでに見てきたように、七一年に盛田が社長に就任した直後にニクソン・ショックが起き、七三年には国際通貨危機は一段と深まってドルが大暴落（円急騰）。ダンピング問題や輸入課徴金など日米貿易摩擦もいよいよ激化した。盛田は、メイド・イン・ジャパンを牽引してきたリーダーとして、それらの問題と対峙、調整役としての役割も期待されながら、経営者としては「グローバル化2・0」に邁進していた。

井深・盛田のファウンダー二人が、社長・副社長として二枚看板を背負っていた時代に、うまく機能していた経営のメカニズムは、井深が第一線を退いたことで、社長の盛田の双肩にすべての重荷がかかってきた。技術畑の岩間和夫専務を急遽、ソニー・アメリカの社長にし（現地での生産と販売を学ばせる）、翌七二年には役員たちを次々昇格させ、CBS・ソニーの社長をしていた大賀を呼び戻し（一挙に常務にした）、経営者育成を急いだが、成熟にはもう少し時間を要した。そこに石油ショックが襲ってきた。おそらく七三年後半の盛田には、ビデオ戦略をじっくり構築する余裕は持てなかったはずだ。

もう一つ見逃せないのは、彼が独禁法に強い関心を持っていたことだった。六九年一月に米司法省から独禁法違反で提訴されていたIBM。その海外事業を統括するWorld Trade Corporationの取締役に七二年三月に選任されている。さらに盛田が注視していた米ゼロックスに、独禁法の網が懸かったのも同年一二月のことだった（当時、富士ゼロックス取締役だった小林陽太郎との親交も一〇年前からはじまっていた)。他人事とは思えなかったに違いない。

ベータマックスは、七三年には家庭用ビデオとしては並ぶもののない傑出したマシンだった。それだけに、独禁法に抵触しない形で、規格統一を進め、いかに家庭に普及させていくか。映画ソフトもまだない時代に、大衆の心を鷲づかみする「コンセプト」を、どう打ち出すか。強風と高波に飲み込まれるような嵐の海で、八面六臂の活躍をしながら、多元連立方程式の解を模索していた。それがベータマックスの発売が、何度も(七回という説もある)延びる背景にあったのではないだろうか。

実は、ベータマックスの規格統一や事業戦略の失敗を将来に活かすために、九二年に当時の大賀社長の肝いりで、あるレポートが作成されている。二年がかりで、トップを含めた関係者五〇人以上にインタビューし、意思決定プロセスを含めて事業戦略を分析したものだ。失敗を総括し次に活かすための学習をしないのが、日本人の悪しき慣習だが、このときのソニーは違っていた。これを検証すれば、段ボール二箱分の資料とともに、事実の確認と背景が明らかになるだろう。

だが、完成した「ベータマックス・レポート」は、(日本の慣習にならったのか)最終的には当の大賀社長の指令で、関係者にコピーが配布されることもなく、社内の金庫に厳重に秘匿されてしまった。役員二人の印章がなければ閲覧もできないし、存在さえ知らない経営陣も少なくないという。二一世紀を担う若い世代が経営判断を学ぶためにも、オープンになることを望みたい。

さて、ベータ発売にあたって盛田は、どのようにマーケット・クリエーションしようと考えたか。そこにベータがVHSに敗れた理由も、日本のビデオ産業が世界を制覇できた理由も胚胎している。

「タイムシフト」というコンセプトの誕生

七三年といえば、五月にはアメリカテレビ芸術アカデミーから、日本のメーカーとして初めて、ソニーに「エミー賞」が授与されている。映画の「アカデミー賞」、音楽の「グラミー賞」と並ぶテレビ界最高の栄誉とされ、全米にテレビ中継もされる大きな賞だ。トリニトロンの画期的なテレビ技術の開発に対して贈られたものだ。そして七月、そのトリニトロン・テレビのCM「タコの赤ちゃん」は、テレビ広告電通賞を受賞した。「近年にない着想とテクニックで、カラーテレビならではの教育的表現に成功し、深い印象を与えた」と絶賛された。

ちょうどこの時期に、ベータマックスの生産準備が完了している。「タコの赤ちゃん」が体現した愉快でちょっと毒気のあるCMは、トリニトロンならではの美しい映像を楽しむ「ソニー体験」を訴えている。美しい絵を美しいまま記録・再生するテレビのテープレコーダー、それがベータマックスなのだ、と盛田は考えたはずだ。つまり、それは画質を優先させるという選択だった。

文庫本サイズの小さいカセットのまま、長時間記録を実現しようとすれば、当時の技術では画質の劣化は避けられなかった。七五年にベータ規格のライセンスを希望してきた日立など「二時間記録」を要望する企業は複数あったが、ソニーはUマチックと同じ一時間録画で十分だとする立場を崩さなかった。トリニトロンのきれいな絵を、きれいなまま記録・再生するビデオが、「ソニー体験」だからだ。

盛田はマーケット・クリエーションの糸口をそこに見出したのだが、大衆の心を鷲づかみにするだけのコンセプトを練る時間はおそらくなかったのだろう。彼が最初に着想したコンセプトは、熟し切らないまま世に問うた「ビデオテレビ」（「テレビの自我を確立する」）というものだった。

七五年五月に、ベータマックスと同時に発売されたのが、この「ビデオテレビ」で、ベータに一八型のトリニトロン・テレビを組み合わせ、すぐに録画再生できる製品だった（四四万九八〇〇円）。当時、スタートした事業部の名前もややこしかった。テレビビデオ事業本部のなかに、ビデオテレビ事業部（ベータを担当）とテレビ事業部が存在していた。

盛田の考え方は、こうだった。「ビデオカセットが備わって初めて、テレビが自分のものになる。たれ流しがたれ流しでなくなる。大ゲサな表現かも知れないが、テレビにおける自我の確立が、ビデオで可能になるのです[7]」

七月にはチューナーを内蔵したベータマックスSL－7300（二九万八〇〇〇円）が、アメリカでは「ビデオテレビ」LV－1901が秋から販売された。その同じ七五年の秋に、日本ビクターはようやくでき上がった「VHS」の試作機を、松下幸之助に見せている。後述するがVHS方式は、基本設計が二時間の録画再生となっていて、一時間のベータ方式との大きな違いが売りだった。幸之助は頬ずりするかのように喜んだという。

一方、ソニーは七六年に二時間録画を可能にした「ベータⅡ」の開発を完成させた（発売は七七年）。この時、盛田はビデオテレビ事業部長の河野を自宅に呼んで、販売方針を検討している。

盛田：「河野さんね、これどうやって売ろうか。いろいろ面白いことを考えているんだけど」

河野：「そうですね、僕は映画とかソフトをつけたほうがいいと思うんですが……」

盛田：「それはダメだ。ソフトは必ずポルノ（アダルト・ソフト）に流れる。それは、ソニーのイメージ、ベータのイメージを崩すことになる。だから、ソフトはやらない、ノーだ」

その夜は、これ以上話は進展しなかったが、翌朝、河野の自宅に盛田から電話がかかってきた。

盛田：「河野さん、わかったよ。売り方が、わかったよ」

河野：「えっ、それはなんですか？」

盛田：「タイムシフトだ、タイムシフトだよ」

この日の朝、ビデオの新しいコンセプト「**タイムシフト**」（時間をずらして観る）が誕生した。それは、テレビを時間の束縛から解放した。テレビだけではなく、パソコン、タブレット端末、スマートフォンで「見たいときに見たいものを観る」、という現在に続く〝ライフスタイルの革命〟につながっていく。そのコンセプトが生まれて二カ月後。アメリカの大手映画会社ＭＣＡ／ユニバーサルが著作権侵害で、ソニーを提訴。ベータマックスの販売差し止めを求める裁判がはじまる（後述）。もし「タイムシフト」という盛田のコンセプトがなければ、この法廷闘争は敗れていた、とされている。後に世界を制覇する日本のビデオ産業は、「タイムシフト」によって救われた、ともいえよう。

直面した三つの選択肢

破竹の快進撃を続けてきたソニーの成功神話が、初めて大きく頓挫したのが「ベータマックス」を巡る闘いだった。この戦闘の局面は、大きく三つに分けられる。

一つは、「VHS」との間で繰り広げられた世界の産業史にも残るVTR規格戦争である。二つ目は、ハリウッドのメジャー（大手映画会社）から著作権侵害で訴えられ、アメリカの連邦最高裁まで争われた、これもまた歴史に残る大事件。三つ目は、規格戦争で敗れた後、いかに撤退作戦を行い、次の成功へ向けて展開するかという未来のための闘い、である。

七一年に五〇歳で社長となった盛田にとって、井深の後を継いだプレッシャーのなかで大きな試金石となったのが、これら三つの闘いだ。そこには、彼自身の「ミスジャッジ」が招いた失敗もあったが、現実を直視し失敗を克服する過程で、経営者としての凄みが浮かび上がってくる。

既に述べてきたように、家庭用VTRの決定版「ベータマックス」を、ソニーが最初に発売したのは七五年五月。だが、実際は、七三年の夏頃には、金型など工場の生産準備もすべて整い、当時、世界で群を抜いて傑出していたビデオが、ゴーサインを待つだけの段階に達していた……。

このとき、あなたがソニーの社長であったならば、次の選択肢のどれを選ぶだろうか？

①一社独占による先行優位の確立

②ソニーと松下電器の二社、あるいは日本ビクターを加えた三社による寡占

③広範なグループ形成による市場の急速な拡大

なおこれらは、ソニー社内で経営幹部に対して実施された「ベータマックスを〝総括〟するための調査レポート」で、実際に用いられた質問項目である。

当時を振り返ってみると、テレビ番組を録画再生できるといっても、家電大手（東芝）の首脳が「テレビを二度視るバカはいない」と述べるほど、実感が伴わないものだった。

そのなかで、盛田は前述の三つの選択肢の、どれを選んだのだろうか。なぜベータマックスは、世界のデファクト・スタンダード（事実上の標準。今流でいえばプラットフォーム）にならなかったのだろうか。ソニーの経営を変えた屈曲点について、改めて検討していこう。

VTRの規格統一を巡る交渉と戦いには、各企業の戦略や思惑、当事者たちの人間的な感情、偶然の作用や誤算も張り付いて、一連のドラマが形成されている。その間の経緯については多数の報道や著作が（それぞれ情報源の意図も込めて）残されている。

全体の流れを辿ると、技術で先行したソニーが、執拗なほど熱心に松下電器にアプローチしていること、そして両陣営にまたがった共同作業ともいうべき二つの出来事が、大きな節目になったことがわかる。

一つは、七〇年一二月一五日に、ソニー・松下・日本ビクター三社で「U規格」が統一され、同時にこのときVTRの基本特許に関して三社で「クロスライセンス」（互いの基本特許を無償で使用できる）が結ばれたことである。これは七〇年一月にソニーが世界で初めて完成させたカセット方式のVTRを「叩き台」にして（惜しげもなく公開して）、松下・ビクターの要望や開発技術を入れて規格にまとめたもので、正式合意から規格完成まで九カ月ほどかかった。

そして、ほぼ同時期に「U規格」に基づいて三社から製品が発売されたが、結果的にはそれぞれ悔いの残る内容となり、後の展開に尾を引くことになった。

つまり、ソニーは家庭用として開発したつもりだったが、工場での量産効率を重要視する松下側の要望を入れ、製造しやすい大型のカセットサイズに規格を変更したため、コンシューマーには受け入れられなかった、と考えた。一方、松下とビクターは、七二年から盛田がはじめた海外セールスの力量との差に、愕然とすることになった。コカ・コーラ、IBM、フォード、西独の銀行協会など、欧米で次々と「Uマチック」VTRの大量受注を実現していったからだ。

盛田は、Uマチックが家庭用には入らないと見切った段階で、企業や大組織の「教育や情報共有のためのコミュニケーション・ツール」というコンセプトを打ち立て、情報システムとしてUマチックを売り込んだ。かつてニューヨークに駐在して築き上げた人脈や、アメリカ屈指の名門モルガン銀行（現JPモルガン・チェース）の国際委員会委員、IBMの取締役でもある「世界のモリタ」のネットワークに、大きくモノを言わせたトップセールスは強力だった。

ちなみに、当時のU規格VTRの販売力は「ソニー二〇：松下一〇：ビクター一」が業界での通説だった。(8) ソニーの社内資料によれば、七六年四月期で、Uマチックの売上は五六億円強（半期）で一万八二三八台を出荷、うち輸出は一万六八七四台で九三％に達した。海外販売網の強さと、新しいメディアの〃ゼマンティク〃（社会的・文化的な意味）を発見し、コンセプトにまで仕立て上げた盛田のマーケティング力は、U規格製品の赤字在庫に苦しんでいた松下、ビクターにとって、脅威以外の何者でもなかった。

大きな節目になった二つ目の出来事は、U規格の統一から五年半近い歳月が経った七六年四月五日、日本ビクターの本社役員会議室で開催された、ビデオのいわゆる「鳴き合わせ」会談である。それは、この年の一月に、社長の座を岩間和夫に譲り、会長兼CEOに就いた盛田にとって、ソニー創立三〇周年を一カ月後に控えた〃辛い一日〃となった。

七六年四月五日。この「鳴き合わせ」会談に、ソニーからは、盛田会長、岩間社長、大賀副社長が、松下電器からは松下幸之助相談役と稲井隆義副社長が、ビクターからは松野幸吉社長と徳光博文副社長が出席、三社の首脳陣が勢揃いした。その後ろには各社の事業責任者や技術幹部も数名ずつ並び、関ヶ原合戦を前に陣立てを整え、互いににらみ合った図のようでもあった。

ここで三社が開発したVTR、ソニーの「ベータマックス」(前年に市販済み)、ビクターの「VHS」(試作完成機)、松下の「VX-2000」(松下寿電子工業が開発した発売直前のもの)を、それぞれ品定めしようというのだ。当日の朝に録画した同一の番組(子ども番組「みんなで遊ぼうピンポンパン」。なんだか皮肉っぽい)を再生し、直接比較した。値段は安いが性能が落ちる「VX」は、初めから両陣営首脳陣の視野には入っていなかった。

この場に同席していたソニーの河野は、そのときの状況をよく覚えている。最初は和気あいあいと名刺交換からはじまったが、「河野です」と差し出した名刺を見て、幸之助は「河野、この人は高野さん。でもな、読み方によってはこちらもコウノさんや。仲ようしてなぁ」と言ったという。その高野《たかの》鎮男は、ビクターのビデオ事業部長でVHSの生みの親であり、寡黙だが詰め将棋のように手を打ち、後に「ミスターVHS」と呼ばれる人物だった。

一方の河野は、最初の幸之助の〝食えない発言〟(幸之助はVHS規格にソニーを引き込もうとしていた)に、ソニーへの「敵愾心」が燃えていると感じたのだった。実際、一週間ほど前に、ソニー本社を訪れた幸之助から盛田が聞かされるまで、ビクターがVHS方式のVTRを開発していることは、正式には一切伝えられていなかった。ソニーが呼び掛け、技術を松下とビクターに公開し、三社でU規格統一に合意した七〇年三月から数えて六年。七四年秋にソニー首脳が、はじめに松下、次いでビクターに持ちかけたベータへの規格統一の誘いからしても、一年七カ月が経過していた。

ソニー側が、初めて目にしたVHSの実物は、苦労して実用化したベータのアジマス記録方式もそのまま使われていた。再三のソニーからの呼び掛けにもかかわらず、延々と伸ばされたあげく、技術的にもキャッチアップされた製品が、秘密裏に開発されていた。ソニーの目から見ればそう映る。

「これはベータのコピーじゃないですか」、と悔しさが滲んだ怒りの言葉が盛田から発せられ、そこからは議論の応酬で会談は紛糾した。

このときからベータ対VHSの規格戦争が本格化していくのだが、両者の最も大きな違いについて一瞥しておきたい。

ベータは文庫本サイズのカセットで録画時間は「一時間」、VHSは新書版より一・五センチ縦長とやや大きいが録画時間は「二時間」、が基本設計となっている。ビクター陣営は、この時間の差によるお得感を巧みに強調し、それが勝負を分けた主要因というのがもっぱらの見方である。もっとも、この「鳴き合わせ」会談の場で、録画時間の問題が出たとき、ソニーが車に積んで用意していたのは、ベータマックスの「二時間」録画機種だった（これが七七年三月から発売される「ベータⅡ」で、この二倍モードが実質的な標準になっていく）。つまり二時間には、七七年発売の製品から対応していた(もっとも販売済み「ベータⅠ」との互換性を保つため、数万台の購入客には切り替え機が必要となった)。ビクターのVHSの発売が七六年一〇月末なので、これに遅れること五カ月弱で並んだことになる。

むしろこの問題の本質は、これまでほとんど指摘されていないが、テープに記録再生する心臓部ともいうべき「ヘッドドラム径」にあった。

ベータのヘッドドラム径は約七五ミリ、対するVHSは六二ミリだった。ビデオの技術は、記録密度をどんどん上げて行って、より小さなサイズで長時間化を実現するというのが、開発の流れである（現在ではチップ化され、さらにクラウドに吸収されつつある）。テープの厚みや質を考慮しないで、面積密度だけで比較すると、ドラム径が小さいほど密度は上がることになる（ちなみに、ベータの後に登場した八ミリビデオは四〇ミリ）。

すなわち、面積記録密度を比較すると、ベータを一とすれば、VHSはドラム径が小さいので一・二となる（75÷62＝1.2）。この差は（テープ性能が同じであるとすれば）、そのまま長時間記録の差として残ることになってしまう（最短記録波長が短いぶんだけ画質にしわ寄せがいくことになるが）。

ということは、長時間競争では、ドラムの構造上、VHSは常に一・二倍の余裕をもって対応でき、そのぶんベータは技術的に無理を強いられる（コストがあがる）ことになる。

VHSが六二ミリに設定したのも、したたかな計算が読みとれる。テレビ放送の標準規格（地上波・アナログ）は、日本はアメリカのNTSC方式を導入したため同じ六〇ヘルツである。ベータもVHSも二ヘッドなので、ドラムは一秒間に三〇回転して信号を記録・再生する。だがそれ以外のヨーロッパや世界のテレビ放送は、PAL方式（ドイツ中心）とSECAM方式（フランス中心）に大別され、ともに五〇ヘルツ（ドラムは二五回転）で、ヘッドの周速が二割少なくなる。VHSは、これに合わせてドラム径を設定したと読み解ける。

つまり、先行していたベータがドラム径七五ミリを採用した事実をつかんで、（ベータが五〇ヘルツにも対応できるなら、VHSも六〇ヘルツに対応できると見て）、その二割小さい六二ミリに設定したわけだ（75ミリ×50／60＝62ミリ）。こうしてVHSは、詰め将棋のように、優位な態勢を一つひとつ築き、配置を固めていった。

次に述べるように、ベータの進化が一時停止していた約二年の間、ビクターの高野は必死に技術を磨き、ソニーの弱みをいかに衝くか、知謀を巡らせていた。

一方のベータは、七三年には群を抜く革新的な製品だったが、そのままスタンバイ状態が二年ほど続いたことになる（規格統一に首脳陣が駆け回っている期間を含む）。**ベータの進化は、一時停止したままなのに、ベストな製品を開発したという自負（自意識）はそのまま一人歩きしていく。**

折しも、七三年はソニーの技術力が世界から絶賛された年でもあった。五月にはトリニトロンが日本企業初のエミー賞に輝き、一〇月には江崎玲於奈がソニー時代の研究に対してノーベル賞を受賞した。「U規格」のときとは違い、「ベータ」規格では決定版を開発したので、これに乗りませんかという技術力を誇示する姿勢が、鼻についたことも、もろもろ指摘されている。前述したU規格のときの、三社それぞれの悔い（反省）が、これに拍車をかけた点も見逃せない。

改めて考えてみれば、ソニーの強みは常に挑戦者であったときに発揮されている。盛田は、後に「一位を脅かす二番手であれ」と強調するようになるが、それは**いつでもトップに立てる実力を蓄えながら、絶えず挑戦を忘れるな**というメッセージだ。この会社（ソニー）は、少しでも守りに入ったり、一瞬でも思考を停止したりすれば（**驕りもまた思考停止の症状だ**）、たちまち脇の甘さを衝かれることになる。ベータの規格戦争で、盛田はそのことを身に沁みて学んだのだ。

老獪・幸之助と盛田の「ミスジャッジ」

ソニーの業務部長だった宮本敏夫が、社長室長になったのは七五年一二月。松下電器に対する規格統一への交渉が、最後の追い込みにかかっていた時期で、盛田は幸之助に電話も頻繁にかけて、説得にあたっていた。その際には、テープレコーダーで、通話内容がすべて録音されており、社長室長が両者の話をイヤホンで聴くという仕組みになっていた。

宮本は、当時の状況をこう振り返っている。「盛田さんが、一生懸命になって東京弁的に向こうを納得させようとすると、『ふーふん、ふーふん』と幸之助さんがいうのですな。終わったあとで、(盛田さんが)『おい、どうだね』と聞くから、『これはまた、幸之助は大阪弁的なインチキなごまかしをやっているんですよ』というと、『そうじゃないんだよ、きみは！　あの人は若いやつを育てるので、俺なんかはかわいがられているんだ。あの人のいっているのは本当だから、これはベータに乗るよ』とおっしゃるんです。私はものすごくガックリきまして、あの商売人の盛田さんがどうしてこんなことを信用しちゃうのかなと思った[9]」

盛田が、「幸之助はベータに乗る」と確信したことは何度かあったようだ。妻の良子夫人はこう語る。「松下幸之助さんと二人で決めたのです。ベータはいい物だ、もう少しすれば、二時間三時間と(録画)できるようになるから、これで行こうやと。それで、ここへ(大阪から自宅へ)帰ってきまして、本当に滅多にそういうことはないのですが(盛田は酒が余り飲めない)、シャンパンで乾杯したんです。そしたら次の日になって、松下さんから直接電話がかかってきて『うちの技術屋さんは本当に技術がわからない。僕の言うことを聞いてくれないんだ』と嘆いていらっしゃった」

八〇歳を越えていた幸之助に、三〇歳ほども年下の盛田は「そうおっしゃらずに、がんばってください」といった類の言葉をかけて、なおも希望を託していたのではないだろうか。

松下側の事情もあった。幸之助は、松下から決定的なVTRが生まれてこないこと、「四国の暴れん坊」松下寿電子の稲井社長（松下電器の副社長でVTR総括責任者でもあった）が強引に進める「VX」方式（前述）にも手を焼いていた。さらに娘婿の松下正治社長のリーダーシップの欠如にも、苛立っていた。

だから、七五年九月中旬にビクターの高野事業部長が、VHSの完成試作を初めて披露するまでは、ベータ規格に乗ることもやむなしと考えていたと推測される。それだけに、幸之助はビクターの横浜工場の応接室で、名付けられたばかりの「VHS」（ビデオ・ホーム・システム）を初めて目にした時、セットを頬ずりせんばかりに撫でまわし、「ビクターはええもんを考えたな」と嬉しさを隠さなかったのだ。(10)

そしてこのとき以降は、幸之助の老獪な〝演技〟（宮本は「背信行為」と表現している）に、盛田は信頼を寄せていたことになる。

規格統一への働きかけの最中の七五年一〇月に、幸之助と盛田は対談集『憂論』をPHP研究所（幸之助によって創設された出版社。『憂論』の企画もPHPからの提案だった）から発行している。二人はその年の七月から、日本の政治や社会の病根を経済人の目で見直し、変革を唱えるために、東京と大阪を行き来して親しく語り合った。前述の「俺なんかは、かわいがられているんだ」という盛田の言葉は、それ以来の二人の関係を象徴している。この「ミスジャッジ」もまた誤算につながった。

初期段階での、もう一つの「ミスジャッジ」は、七三年の金型製造への判断が早すぎたことがあげられる。早い段階から「二時間録画」（この場合は基本設計をやり直すことになる）や「ライセンス」を要望する他社の声に、もう少し素直に耳を傾けていたなら、事態は別の展開になっていたはずだ（ベータのライセンスについては、井深が反対したという宮本の証言がある。後述）。

時間は十分にあった。完成試作の段階で比較しても、ベータはＶＨＳに比べ三年は先行していた。金型製造をもう少し遅らせ、技術進化を織り込んで「高画質・二時間録画」の開発に本腰を入れていたら、ビクターが、幸之助を喜ばせることも、ソニーの脇の甘さをつくこともできなかったに違いない。

ミスジャッジは、人間である経営者に避けることはできない。しかし、そこから何を学び、どう回復し、いかに将来につなげるか。経営者の力量が試されるのは、ここからである。同時に、私たちが学べる教訓も探っていきたい。

第10章 自家中毒

断末魔のうめき声をあげた瞬間

ベータマックス〝事件〟が、勃発したのは一九七六年一一月一一日のことだった。予兆がなかったわけではなかった。二カ月前に、最高級のスーツを身にまとい、〝牙〟を隠した二人の人物がハリウッドからやってきた。ニューヨークに滞在していた盛田を尋ねてきたのは、大手映画会社MCA／ユニバーサルの実力者ルー・ワッサーマン会長とシドニー・シャインバーグ社長だった。五七番街西九番地に移転したばかりのソニー・アメリカのヘッドオフィスは、ソニー内では地名から「ナインウエスト」と呼ばれるようになるのだが、化粧品大手のエイボン本社が入っていたことから通称「エイボンビル」でとおっていた。

その四三階にセントラルパークを見下ろす盛田の執務室があった。ソニー・アメリカ社長のハーベイ・シャインも同席し、オフィスでは四人で「友好的な商談」が行われたという。『ニューヨーカー』の記者ジェームズ・ラードナーは、著書で次のようなやりとりを明かしている。

商談のあと役員会議室に席を移し、仕出しのディナーで歓談していた真っ最中に、シャインバーグは顧問先の法律事務所からのメモを手に、「ごく平然とした口調で切りだした」。「ベータマックスの生産・販売・使用は著作権法違反であると確信する」と。したがって全製品を「市場から撤回するか、もしくは著作権使用料の支払いを提示しなければ、ユニバーサルは提訴に踏み切らざるを得ないだろう」と。

ラードナーは、その日の商談は、ワッサーマンが強力に推進してきたMCAの「ディスコビジョン」（レーザーを使ったビデオディスク。再生専用で録画はできない）の共同開発だったことを匂わせている。ベータが成功すれば、「ディスコビジョン」が「永久に日の目を見られなくなる」という動機が、背景にあったというのだ。

盛田はこう返答したという。「その意見には真っ向うから反対しますよ。現在オーディオの世界でテープレコーダーとレコードが共存しているのとまったく同じで、ビデオディスクとビデオレコーダーも、将来共存できるに違いありませんから。……商談を交わしたその舌の根も乾かないうちに提訴するなどと、脅しに出る神経が（私には）理解できない」と。

二人が帰った後、盛田はシャインに「（ユニバーサルとは）共同戦線をいくつか張ってきた……友人が訴えたりなんかするものか」と胸を張り、「本気で裁判に訴えるなんてことはあり得ない」と語ったという。そのときのシャインの返答が真実を衝いている。「親友中の親友が訴訟に走ることもある。これがアメリカですよ。……ことビジネスに関する限り、だれもが肉食人種と渡り合ってるんです」（『ファースト・フォワード[1]』)。

その言葉通り、MCA/ユニバーサルは、呼び掛けに賛同したウォルト・ディズニーとともに、ソニー・アメリカとベータ販売店を相手取り、ロサンゼルス地裁に著作権侵害で提訴した(一一月一一日)。一二日正午すぎにその事実を知ったシャインは、緊急招集をかけた法務スタッフとの作戦会議の後、午後六時(東京時間一三日土曜日午前八時)に、盛田の自宅に電話を入れた。前述のラードナーは、シャインから直接聞いた話として、次のように紹介している。

「盛田会長はゴルフに出かける身支度をしている最中でした。正式に提訴されたことを私が告げると、彼は断末魔といってもいいぐらいのうめき声をあげましてね。電話の向こうで窒息してるんじゃないかと、気が気じゃなかった[2]」

田宮謙次(元専務)は、六八年から八七年までアメリカに駐在し、盛田と二人三脚のように全米各地をまわり、営業基盤づくりや日米摩擦を巡る渉外問題で苦労を共にしてきた。なかでも最も危険でやっかいな問題が、「ベータマックス訴訟」だった。

「私はアメリカに二〇年いました。最後はニューヨークに一三年いて、いろんなソニー・アメリカの難題をくぐり抜けてきましたが、そのなかで最大の難問題がこれでした。連邦最高裁まで争って八年かかった。弁護士費用も多額でしたが、もし負けていれば、映画会社の損害賠償というのは青天井ですよ。会社が吹っ飛ぶ危険もありました」

その切迫感のなかで、盛田は腹を決める。戦いを前にして、ソニー・アメリカで次のように方針を明示し、檄を飛ばしている。

「ソニーはテクノロジーの進歩によって、世の中にない製品をつくって、マーケットを創造してきた。テクノロジーが新しい市場をつくり、ライフスタイルを変え、新しいカルチャーを生み出したと言える。しかし、肝心の**テクノロジーの進歩が、古びた法律によって阻害されるようなことがあったら、ソニーという会社はこの世に存在できない。**

だから、われわれは徹底的に闘わなければいけない。この訴訟は、**科学技術というシビリゼーション（文明）に対する挑戦**だと、私は理解している。最終的には、**法律まで変えなくてはいけないと思っている。**

ただ、今は現在の法律で裁かれるのだから、その法律のなかで勝つか負けるか、やってみようじゃないか」

リーガル・リエゾン（法務の連携役）としてアメリカに駐在していた、当時、三一歳の徳中暉久（後に副社長兼CFO）も、盛田のこのスピーチに鼓舞された一人だ。「ベータマックス訴訟は、シビリゼーションに対する挑戦である！」とキッパリとした口調で宣言した盛田を、「かっこいい」と思ったという。

徳中は、直接この訴訟に携わったわけではないが、法務関係者として近くから観察していて、特に印象に残ったことがあるという。それは盛田の訴訟戦略が、「**世論をいかに味方につけるか**」に絞り込まれていたことだ。「単に裁判所で法廷闘争するだけではなく、アメリカの世論というものに、どう働きかけるか。グラスルーツ（草の根運動）的なメッセージの伝え方、キャンペーンを非常に重視していた」と指摘する。

その際に、テコのように大きくきいたのは、盛田が七六年秋に考え出した「タイムシフト」というコンセプトだ。「タイムシフト」は、「あなたが忙しくて見られないテレビ番組を、時間をずらして観ることができる」というもので、「見たいときに見たいものを観る」という現在のライフスタイルにつながるコンセプトだった。ベータマックスを発売した当初は、映画など映像ソフトがまだ存在しなかった。そんなときに、いかにこの製品を売ればいいか。ビデオの本質はなにか、と問い続けた結果のインサイトだった。

新しい製品をつくっても、それが人びとのハートに刺さらなければ、普及はしない。**世の中になかった製品であればあるほど、新しい定義を生み出し、わかりやすいコンセプトに仕立て上げることが求められる。**それは「ゼマンティク」（文化的・社会的な意味）を発見する行為だといえる。そうして発見した〝文化的意味〟に、高密度の熱量を注ぎ込み、強い思いで貫けば、エンジニアや社員のモチベーションに火をつけることができる。井深と盛田という二人のファウンダーが、ソニーで実践してきたのは、このモチベーションのメカニズムである。

話を元にもどそう。ソニー側の訴訟方針は、この「タイムシフト」をベースに構築されていく。

青年・盛田がアメリカに渡ったばかりの頃、アメリカの法とビジネスについて伝授してくれたメンターが、弁護士のエドワード・ロッシーニだった。このロッシーニをヘッドに、彼が所属していたニューヨークのローゼンマン法律事務所の著作権の専門家やソニー・アメリカと東京本社の法務部門、それに敵陣のホームベース、ロサンゼルス在住のディーン・ダンラビー弁護士で、ディフェンス・チームは編成された。

ダンラビーは、ロッシーニが「Strong on foot」（法廷での格闘に強い）と推薦し、盛田もその能力を買っていた。ラードナーは、ダンラビーの風采を「ファッション業界から見離されたボディラインを持つ大男」「思索に耽りはじめると、冬眠中のクマ」と表現しているが（『ファースト・フォワード』）、闘争の場ではたちまちグリズリー（灰色熊）に変身する。

こうした猛獣をどうマネジメントするのか。本社の法務部は、ニューヨークとロスの弁護士同士の主導権争いや戦術を巡る軋轢などを、実地に調査し、盛田の方針と丁寧にすりあわせを行って、よいチームづくりに心をくだいている。特に二審後はチームの集中力が高まっていったようだ。後日、ダンラビーは「これほど気持ちよく、仕事をさせてもらったことはなかった」とソニーのスタッフに感謝している。

一方のMCA／ユニバーサルは、お抱えのローゼンフェルド・メイヤー法律事務所を軸に弁護団を構成、一〇〇〇件を超える証拠書類を法廷に提出。ソニーも段ボール箱五〇箱以上の書類を用意し、「双方合わせて、一四五名にものぼる証人を召喚する態勢が整った」という。

全米注視のなかではじまった訴訟は、一審のロス地裁ではソニーの主張が認められた。一般公衆に無料で放送されているテレビ番組を、家庭内で私的に録画するのは「フェアユース」（公正利用は著作権侵害の除外）にあたるとされた。「タイムシフト」で時間をずらして見ているだけ、というロジックが最初の勝利をあげたわけだ。

ところが、二年後の八一年一〇月に出た控訴審（第九巡回控訴裁判所）判決は、ソニー関係者が「黒い月曜日」と呼ぶように、逆転敗訴となった。判事は「フェアユース」を著作権法の原点に戻って厳密に解釈し、情報入手やエンタテインメントのための「番組複製」は、公正利用ではないと断じたのだ。この二審の解釈については、多くの批判が寄せられ、後に最高裁の判決でも「誤り」と指摘されている。(3)

しかし、二審で三人の判事によって三対〇で敗れた時、連邦最高裁への上告が認められるかどうかもわからない段階で、最高責任者として何ができるか。

何もせずに成り行きを見守るのか、主任弁護士を入れ替えるのか、あるいは何か新しい対策をとるのか。この時、盛田は、みんながあっという手をアメリカの世論に向かって、打ち込むのである。

控訴審で敗訴した後、ソニー・アメリカの新社長となった田宮に、盛田から電話が入った。「アメリカの全国紙には何がある？」。当時は、『ウォール・ストリート・ジャーナル』だけだった。「その一面を借り切って、意見広告を打とう！」というのである。早速、社内の法務や広報スタッフ、それに広告エージェントを招集し、文案が練られた。ところが、東京と何度もファクスでやりとりするのだが、一向に盛田のOKが出ない。法律家が書いたような文章には「キミたちはわかっていない。人に直感的に訴えるようにしなくてはいけない！」と叱り、直感的なコピーを送れば「そんなもんじゃない、生ぬるい」と本気を出せと促し、思い切ってハードなコピーにすると「これはひどい、そこまで言わんでいい」……といった具合で、文面を決めるまでに丸三日を要した（掲載された文面を要約して紹介する。翻訳は筆者）。

「いったい何時でしょう？　それはあなたがどう見るかによります」――との呼び掛けからはじまる文章は、画家サルバドール・ダリの〝歪んだ時計〟（作品名『記憶の固執』）をイメージさせるかのような、長針と短針が合わない時計の絵とともに、まず人類と時間の歴史を物語る。

「暮らしの進化とともに、人は考え・創造し・発明し・発見するための時間を持てるようになりましたけれど、複雑で多様な現代世界で人はせかされて、もう一度、時間を「再配置」（rearrange）する必要が生じました。そのためのツールの一つとしてVTRがつくられ、それは新しい産業と新しい時代のはじまりであったと綴る。

次にベータマックスの「タイムシフト・マシーン」（ここでは直接このキーワードは使っていないが）としての機能と可能性を述べ、新しいライフスタイルをつくりだす「このツールを使用するあなたの自由が脅かされている」、とメッセージの核心へと迫っていく。

「最近、第九巡回控訴裁判所は、公共の電波であるテレビ番組を録画して個人で愉しむ非営利の使用が、著作権法の侵害であると述べました」。そして「In essence」（本質的に）を前置して、「本当は、控訴裁判所は放送番組をテープに録っている数百万もの善良なアメリカ人が、法を犯していると言っているのです」、と強烈なパンチを食らわせている。

最後にもう一発。「ソニー・アメリカは、これからも法廷で、この驚異のイノベーションを楽しむ消費者の権利を、守り続けることでしょう」と高らかに宣言している。

つまり、ソニーは「アメリカのコンシューマーを守る側にいる」ことを、すでに先を読んで明らかにしている。これには、二つの意味があった。

一つは、もし万一、連邦最高裁で負けるという事態になったら、「アメリカの法律そのものを変える」という覚悟の現れでもあった。ロビーイングでの議員と世論への働きかけをにらんだ打ち手である。大衆の利益を代表するパブリシティ展開をし、ハリウッド側につきそうな議員には、大衆を敵に回すのだという雰囲気をつくる、そのための布石だった。

アメリカの民衆を味方につけることによって、（それが人の生活の豊かさを阻害するものである限り）法律そのものまで変えようという発想をもった日本人の経営者は、盛田が最初で、おそらく最後だろう。

二つ目の意味は、和解を拒否するというメッセージ（「これからも法廷で、消費者の権利を守り続ける」）を、ここに入れたということだ。にもかかわらず、現にＭＣＡ／ユニバーサルの意向を受けて、大物が和解の打診をしてきた。それだけ意見広告のインパクトは大きかった。

盛田がいたから日本の電子産業が守られた

カーター大統領時代のアメリカ通商代表ボブ・シュトラウスが、盛田に会いたいとアプローチしてきたのだ。しかし、盛田は日米通商問題で彼とは旧知の間柄だったが、「この問題はアメリカ・マターだから」と田宮に振っている。「絶対、和解を持ち出してくるだろうが、そちらでハンドルしてくれ」と任された田宮は、ニューヨーク・ラガーディア空港のTWA（大手航空会社トランス・ワールド航空）のファーストクラスのラウンジを借り切って、会談に臨んだ。

シュトラウスは、席に着くなり「取引しようじゃないか」（Let's make a deal）と第一声を発した。「なにを今さら、そんな寝ぼけたことを言っているのか。最高裁で最後まで闘おうじゃないか。その後、どうするかはあとで考えよう。和解はできない」、と田宮はキッパリと返答した。

八三年一月からはじまった連邦最高裁の審理は、長官を入れた九人の判事で判決が下されるが、このベータマックス訴訟は、その年の唯一の「ランドマーク・ケース」（最高裁の判断次第で世の中が変わるような象徴的な事件）とされ、報道陣も殺到した。

最高裁の判決は、一年後の八四年一月一七日に示された。八人の判事の判断が四対四に分かれたが、ウォーレン・バーガー長官が、ソニー側に一票を加え五対四で、ソニーが勝訴した（二審の判決が棄却され、一審の判決が支持された）。事前の票読みでは、六対三でソニーが勝つと弁護団は読んでいただけに、きわどい勝負だった。最高裁の判決文は、「タイムシフト」という盛田のキーワードを初めて採用し、かつ多数回にわたってコンセプトを引用。「家庭内〝タイムシフト〟はフェアユースである、との地方裁判所の結論を十分に支持するものである」と結論づけている。最高裁の判決以降は、MCA／ユニバーサルは議会での公聴会やロビー活動で攻勢をかけてきたが、日・米のEIAJ（電子機械工業会）を軸にロビーイングで対抗、この頃になって、ようやく松下電器など他の日本企業も協力するようになった。

だが、訴訟が提起された七六年から八四年まで、八年間はソニー一社が孤軍奮闘した。弁護士のディーン・ダンラビー（前出）、ソニー側で訴訟の実務を担当した真崎晃郎らディフェンス・チームの一丸となった活躍があった。なによりも戦略を明示し、訴訟を陣頭指揮した盛田の存在が大きい。

俊才揃いのソニー法務部で、若い頃からその問題意識や切れ味で頭角を現していた李洋憲は、このように語る。「たまたまソニーが訴訟のやり玉にあがったわけですが、司法の場でもロビーイングの場でも、日本の家電会社は勝ち抜くことができた。でも、もしあの時、ソニーを率いる頭領が盛田さんじゃなかったら、あるいはソニーではなく、松下電器なり日本ビクターが訴訟でやられていたら、どうだったでしょうか。同じ結果が出たとは、僕には思えない。盛田さんが持っている力、アメリカにおけるインターフェイスの広さや人脈とか、いろんなものがプラスに働いていましたから」

そう、あの時、盛田がいたから日本の電子産業が守られた、といえる。ちなみに、八四年の家庭用VTRの日本での生産台数は二八六一万台、生産金額は二兆円を超え、カラーテレビを抜いて日本の電子産業を牽引する一番のドル箱となっていた。

「タイムシフト」というシンプルでわかりやすいコンセプト、それに「このオピニオン・アド（意見広告）

のアイデア、これで勝ったと、私は思っています。すべてが盛田のイニシアチブでした」。そう述懐する田宮は、感極まったかのように目に涙を浮かべていた。率先垂範で陣頭指揮した盛田の闘いぶりを思い、それにもかかわらず商売で負けた悔しさが、滲んだのだろうか。

最高裁判決が出た直後、盛田は雪の中を、夫婦で彼の「師匠」であった弁護士エドワード・ロッシーニのもとに報告に行っている。ロッシーニは裁判期間中の七八年に病のために亡くなっていたが、その墓前には、ソニーの勝訴を一面トップで報じる『ニューヨークタイムズ』が供えられた。このときカメラマンを同行し、写真を撮らせているのが盛田の憎いところで、アメリカでのスピーチなどで時々、それとなく使われたようだ（こうしたストーリーは、アメリカの経営者たちが好み、好印象を与えることができる）。

ソニー法務部は、業務部にあった法務契約担当部署が六九年二月に独立してできた。法務に長く携わり、ベータマックス訴訟でも本社側で良いチームづくりに尽力してきた米澤健一郎（後に執行役員専務）は、盛田を「日本の企業のなかに、**戦略法務（経営戦略に法務という機能を活用していく）を最初に確立した経営者だ**」と指摘する。

「ベータマックス訴訟の時も、盛田さんが『**訴訟って面白いね。最高のゲームじゃないか**』って言うんですよ。ファクトファインディング（数十年前の資料を倉庫などから調べ、事実を積み重ねて論理的に結論を導き出す）をはじめ、訴訟を維持していくのは大変地道な作業で、そんなときに訴訟を面白がっているマネジメントがいてくれると、法務部員は俄然、張り切るものです」

盛田自身は、前述のロッシーニから学んだことを、次のようにわかりやすく解説している。

「(ロッシーニは) どこまでが安全で、どこからが危険であるかを詳細に私に説明してくれ、そしてグレーエリアはまさにビジネスジャッジメントの領域で、トップ・マネジメントが決めることだと教えてくれた。……**ビジネスのリスクを的確に分析し、説明し、トップに決断を求める**この機能こそが、企業法務の基本だと思う。だから私は最後の決断は必ず自分で下すが、法務の人のいうことをいつも良く聴くことにしている。……高い授業料を払った経験がないと、トップも法務に関心をもってくれないかもしれないが、その授業料は余りにも高いものにつく(4)」

日本のあらゆる企業や組織が、海外オペレーションを急ぎ、グローバル化に挑戦しようとする今、各国の法律がもつ怖さやその闘いのきわどさに無関心でいれば、企業生命を失うほどのリスクにさらされる危険性がある。ベータマックス訴訟は、もし盛田がいなければ、日米貿易摩擦が深刻化していく渦中で、日本の産業は手痛い打撃を被った可能性があることを教えている。

そして、この訴訟でソニーが支払った費用は二五億円ともいわれている。二五億円を掛けて、法廷での戦いに勝ち、日本のVTR産業は守られた。それにもかかわらず、なぜ一番犠牲を払ったソニーが、商売の戦いでは負けたのか。逆に、そこからソニーが得たものはなにか。ベータマックスから、私たちがいま学べるもう一つの教えを探っていこう。

フォーマットを巡る戦いの基準点

家庭用ビデオ(VTR)については、存在さえも知らない若い人たちが増えてきている。ベータマックスは二〇〇二年に、VHSは二〇〇八年に相次いで生産も終了し、VHSのフォーマット・ホルダー（規格の開発・権利保有者）だった日本ビクターは、ケンウッドに経営統合された。

だが、そのフォーマット争いは、日本の電子産業がまだ元気だった頃、世界の覇権を巡って行われた産業史を画する闘いであった。同時に、それはフォーマットの争いが存在する限り、常に現在の視点から、見直すべき価値をもっている。なぜなら、フォーマットを巡る戦いの原点であり、ベンチマーク（基準点）とさえ言えるかもしれないからだ。

日本発の規格が、世界のエレクトロニクスメーカーを巻き込んだこと。年間の生産金額で2兆円を超える産業規模を日本にもたらしたこと。煩雑になるのでそれぞれの説明は割愛するが、その後の八ミリビデオとVHS－C、DVDとMMCD、ブルーレイディスクとHD－DVDなど数々のパッケージ・メディアや、マックとウィンドウズのOS（基本ソフト）、現在のスマートフォンのiOSとアンドロイド……こうしたフォーマットを巡るその後の戦いに少なからず影響を与え、経営判断の足がかりにもなっている。

しかも、ソニーのその後の経営においては、戦略転換をもたらす契機にもなった。

「歴史とは〝現在と過去との対話〟である」とは、二〇世紀を代表する歴史家E・H・カーの有名な言葉だが、カーは「過去は、現在の光に照らして初めて私たちに理解出来るものでありますし、過去の光に照らして初めて私たちは現在をよく理解することが出来る」と教えている。そして、こう付言する。「歴史とは過去の諸事件と次第に現われて来る未来の諸目的との間の対話」である。(5)

筆者の机の上には、VHSとベータマックスのビデオテープが載っている。いかにも大柄で造りも簡易っぽいVHSのカセットに比べ、ベータのそれはコンパクトでしっかりと手になじむ。どちらに愛着を感じるかといえばベータに軍配が上がるだろう。

にもかかわらずベータは、なぜ規格争いで敗北したのか。勝敗の要となった重要な分岐点がいくつかある。それらをポイントごとに、エピソードとともに紹介して、過去と対話しながら整理してみよう。未来はどう現れてくるだろうか。

エピソード1：井深の怒り「あんないいものはめったにできないんだ」

七五年夏頃のこと。日立製作所の首脳が、最初にベータに参画したいと名乗りをあげ、ライセンスの応諾を打診してきたことがあった。その問題を検討する経営会議の場で、知財関連を扱う業務部の宮本部長（前出。一二月に社長室長）が、「ライセンスすべきだ」と意見を述べると、井深会長から強烈な反応が返ってきた。

「『とんでもない！』といって怒るんです。『きみは技術屋じゃないからわからないだろうけど、ベータマックスというのは、あんないいものはめったにできないんだ。そんなものを人にあげる必要はない』とおっしゃるんです。すごい勢いで怒られた」と語っている。(6)

盛田が七〇年に松下電器、日本ビクターに呼び掛け、「Uマチック」の技術を惜しみなく供与し、サイズを大きくするなど二社の要望を入れ、四分の三インチVTRの「U規格」としてフォーマットを統一したこと（ベータは二分の一インチ）。三社でVTRの基本特許のクロスライセンスを結んだことへの、井深の反発の気持ちが込められていたのかもしれない。

そして、今度の「ベータマックス」という〝家庭用VTRの決定版〟は、「めったにできない」最高のものなのだから、これを妥協することなく押し通してほしい、という要望が滲んでいる（もっとも盛田は、会議のあと「お前、今晩暇か」と宮本に声をかけ、二人でその日の夜に東芝首脳宅を尋ね、ベータグループ入りを口説いている。宮本も指摘しているが「盛田さんは絶対に井深さんと人前で喧嘩しないんです。それが盛田さんの帝王学。井深さんはシンボルだから絶対に傷つけてはいかん。だけど俺は必要だと思ったことはやるんだ」と行動で示し、宮本をフォローする配慮も見せている）。

井深が言いたかったのは、最高の〝ソニー体験〟を、なにより優先させてくれということだ。

日立からも、後述するアメリカの家電大手RCAからも「二時間録画」を要望されていたが、当初この要望をソニーは受け入れなかった。「時間」より「画質」を優先させたのは、前述したように画面が鮮明できれいなトリニトロン・テレビの大成功があり、ビデオを「テレビの自我を確立する」ためのツールとして、盛田自身が位置づけていたからだ。

ビデオは、映画など市販の映像ソフトがなかった時代には、あくまでテレビの画像を録画再生するための「絵の出るテープレコーダー」にほかならなかった。

東京藝術大学の学生だった大賀が、井深に見込まれたきっかけは、「音楽家にとってテープレコーダーはバレリーナにとっての鏡のようなもの」と指摘したことが効いた。鏡が歪んだり曇っていては、バレーの練習にならないように、「きれいに再生できなければテープレコーダーじゃない」→「ビデオじゃない」という論理になる。

ベータマックスは、放送業務用に使われたUマチックに匹敵するほどの画質を録画・再生できるマシーンとして、家庭用に最適に設計されていた（録画時間もUマチックと同じ六〇分で十分ではないか。画質を犠牲にする必要はないという判断だったろう)。

しかも将来、ポータブル化してアウトドアへ持ち出すことまで考えて(ソニーのテープレコーダーには、「デンスケ」という野外のラジオ中継などで活躍した人気のポータブル機があった)、カセットの大きさは持ち運びしやすい「文庫本」サイズに設定していた。

そこまで考えていたものを、もう一度、カセットサイズやドラム径(ベータは七五ミリ)を練り直し、基本規格を二時間に設計し直すことは、「取引コスト」の観点から見て、「合理的」ではなかった。取引コストとは、人間同士の取引に伴い、駆け引きで発生する心理的な負荷や手間暇といった目に見えないコストのことである(菊澤研宗『なぜ「改革」は合理的に失敗するのか』に詳しい[7])。

しかも、七四年秋からは松下電器と日本ビクターに、ベータでの規格統一を呼び掛けており、基本規格の変更は、フォーマット・ホルダーとしての信用問題につながり、「取引コスト」は極大に跳ね上がる。

エピソード2:〝大衆のメンタリティ〟を見落とした瞬間

勝敗の分岐点として、最も大きな意味をもったのはアメリカ市場を巡る戦いだった。そこでは、最大手のRCAとゼニスを、ソニー(ベータ)と松下電器(VHS)のどちらが押さえるか、争奪戦がカギとなった。VHSが表に登場してくる七六年よりも前に、ソニー先攻ではじまっていた。

初期のソニー・アメリカ駐在員たちにとって、ゼニスやRCAは「あんな会社になりたい」という憧れの的だった。海外展開やビデオディスクに意欲的だったRCAとは対照的に、ゼニスは「Quality goes First」と品質を前面に押し出し、米国内市場を重視していた。それだけに、テレビメーカーのNUE

(National Union Electric)を買収するや、日本製テレビに対する独禁法訴訟を引き継ぎ、七四年には日本の家電メーカー七社を、ダンピング訴訟で叩く急先鋒となった。

そのため、盛田はベータ試作機が完成すると、ゼニスではなく最初にRCAの首脳に自らデモンストレーションしている。交渉を引き継いだ外国部長の卯木は、「彼らは最初から、ベータで二時間録画をつくってくれと言っていた。つくってくれたら乗る、というところまで持って行ったが、東京に帰って経営会議にかけると、大賀さんはじめ大反対なんだ。『画質が落ちる』というわけだ。二時間で録画したものは『見るに堪えない』と。そしたら、盛田さんが『じゃあ、これをつくればいいんじゃないか』と言って、出来たのがオートチェンジャー」だったと回想する。

一時間でテープが終わったら、もう一本のテープに自動的に切り替えるアダプター(補助機器)である。これならきれいな画質のまま、二時間に対応できるというわけだ。ところが、売り出してみると「(案の定)これが売れない。やっぱり〝大衆のメンタリティ〟はそういうものじゃない。だから『それは無理ですよ』と言ったけど、『エンジニアが絶対OKしない』と押し切られて、経営会議でも一時間で行くことになってしまった」、と打ち明ける。

「大衆は製品の厳しい審判官であり、正しい評価をしてくれる。だからこそ、大衆商品は一番やりがいがあるのだ」とは井深の言葉である。そこには、だからこそコンシューマーグッズには、手抜きは絶対許されないのだ、という意味も込められている。前述の「取引コスト」をいとわず、井深を説得して、基本規格をやり直すべきだった。それができたのは、盛田だけだっただろう。

この**大衆のメンタリティの一瞬の見落とし**が、尾を引くことになる。

もし、このとき頭を切り換えて、松下とビクターに「ベータマックスを叩き台に、みなさんの知恵と工夫を合わせて、二時間録画で最高の画質のものを共同開発しませんか」、と声をかけていたら、どうだっただろうか。日本ビクターの出る幕はなかったに違いない。

VHS規格の開発を支えたのは、ベータにはなかった「二時間録画」というターゲットだったし、他社に呼び掛け参加を促す際にも、あるいは大衆に違いを訴える際にも、最もわかりやすい訴求ポイントであった。すなわち、ビクターに突っ込みどころを与える余地もなかったはずだ。

だが、実際にはベータマックス第一号機は、「合理的」判断の結果として、基本規格を一時間として、七五年五月一〇日に発売された。

一方、日本ビクターがVHSの第一号機を発売したのは、ベータを研究しつくした一年半後の七六年一〇月三一日だった。VHSは、カセットサイズを大きく・ヘッドドラム径を小さく（六二ミリ）する簡易な方法で（量産もしやすい）、基本規格を二時間に設定した。

そして、これを最大の目玉にして、他のメーカーに参画を呼び掛け（OEMにも積極的に応じた）、ベータとの全面戦争に突入していく。

その結果、ソニーはVHSへの対抗上、二時間に対応せざるを得なくなってしまった。テープ速度を半分に落とすことで録画時間を二倍に延ばし、櫛形フィルターや新しい回路設計で画質改善の手を加えて改修し、「ベータⅡ」モードという苦心の作を新たに生み出した。

形のうえではVHSに遅れることわずか三カ月で、二時間対応機種を発表したのだ（発売は七七年二月と五カ月遅れ）。これでイーブンに持ち込めたはずだった。

盛田は、完成したばかりの「ベータⅡ」試作をテコに、ダンピング訴訟でソニーを訴えてきたゼニスにも、本格的なアプローチをはじめる。

実はNUE／ゼニス訴訟は、MCA／ユニバーサルが提訴したベータマックス訴訟とともに、七〇年台中盤にソニーが抱えたやっかいな二大裁判だった。だが、盛田はそのゼニスを、ベータ陣営に抱き込み、同時に提訴の取り下げを説き伏せようという、日本人離れした発想をみせる。

交渉役として折伏《しゃくぶく》を任されたのが、土地勘のあった卯木だった。ゼニス本社があったシカゴで支店長だった経験と、しぶとい交渉力が買われた。それに盛田の信頼が厚いロッシーニ弁護士（ソニー・アメリカの法律顧問で取締役）を同行させている。

交渉を重ねた末に、「これでソニーがちゃんと供給をしてくれて、他社に行かないのならば、あれやりますよ」という言質を、先方から引き出した。「あれ」というのは、ソニーへのダンピング提訴の取り下げ（七七年四月にソニーのみ実現）。「他社に行かないのならば」は、ライバルRCAを意識しての「エクスクルーシブ（排他的）なOEM」、を意味していた。

ソニーは井深の方針もあって、OEM（相手先ブランドでの生産）を請け負わない会社だったが、世界最大のアメリカ市場を制覇するためには、原則論を振りかざすわけにはいかなかった。

実はこの時、卯木はシカゴだけではなく、ニューヨーク（RCAの本社）にも行き来して、盛田のもう一つの指示「RCAも取ってこい！」も実現しようとしていた。その最中に、松下電器の交渉団もやってきたのだ。

ソニーが、日本ビクターのVHS第一号機の発売に遅れること三カ月で、二時間対応機種（「ベータⅡ」

モード）を発表し、同時にＶＨＳ陣営の東芝と三洋電機をベータに鞍替えさせることに成功。さらに米家電大手ゼニスとの提携も明らかにしたのは、七七年二月二日のことだった。

ちょうど、同じ日、ＲＣＡとの交渉のために、羽田空港からニューヨークへ飛び立とうとしていた松下電器の首脳一行に、そのニュースが飛び込んできた。松下正治社長は、二重のショックに襲われた。ＶＨＳの優位性である「二時間」を訴求ポイントに考えていたための焦燥感（すでにソニーはＲＣＡにも二時間対応を伝えていたのだが）、それにゼニスを取られた以上、なんとしてでもＲＣＡを押さえなければ、世界がベータで染められるとの危機感だった。(8)

二週間前には、山下俊彦が松下電器の新社長になることが発表され、二週間後の役員会で正式に会長に就任することが決まっていた正治には、なにより社長として最後の花道を飾りたいという焦りも強かった。そこでＲＣＡの無理難題に、松下は捨て身の作戦で応えるのである。

エピソード３：「We can not Turn Down」

ＲＣＡとの交渉に当たっていた卯木の自宅に、先方のエドガー・グリフィス社長から電話がかかってきたのは、七七年真冬の深夜も過ぎた頃だった。就寝中に起こされパジャマ一枚で受話器に出た卯木は、暖房の消えた居間でガタガタ震えながら応対したが、最後に相手が語った「松下のオファーは、We can not turn down なのだ」という言葉で、すべてを了解したという。

映画『ゴッドファーザー』などに出てくる「申し出を turn down（はねつける）ことができない」という表現は、「カネで買われる」というニュアンスが込められていると知っていたので、「松下は採算を度外視して、破格の条件で応じたのだ」と合点できた。

果たして七七年八月二三日の製品発表会で、姿を現したRCAのVHS方式「セレクタビジョン」は、録画時間が四時間、価格一〇〇〇ドルという衝撃的なものだった。七六年に販売したソニーのベータは一時間録画で一三〇〇ドル、七七年七月発売のゼニスは二時間で一三〇〇ドル。秋に発売予定の日本ビクターのVHSも二時間で一二八〇ドルと発表されていた。

その相場（一三〇〇ドル）ラインを大きく下回るだけでなく、「四時間、一〇〇〇ドル、セレクタビジョン」と銘打ち「大々的なキャンペーンを展開。しかも一台買い上げるごとに、世界ヘビー級チャンピオンのモハメド・アリの試合を録画したテープを無料で提供する〝おまけ〟まで付ける出血大サービス」だったという(9)。

もちろん松下のOEMである。RCAとの交渉で突きつけられた無理難題（アメリカ人が最も熱狂するスポーツ番組、アメリカン・フットボールの試合録画が可能な三時間以上を要求する。ソニーの二時間対応を踏まえたうえでのことだ）に、前述の松下首脳一行は、ソニーが「ベータⅡ」で見せたアイデアを援用することを閃いたのだった。テープ速度を半分にすれば、二倍の録画時間を実現できるというものだ。つまり、VHSの二時間は四時間になる（その分、画像は粗くなるが）。

この着想は、フォーマット・ホルダーである日本ビクターと親会社松下との軋轢も生むのだが、RCAがVHSを採用したことで、GEやシルベニア、西ドイツのサバ、テレフンケン、フランスのトムソンなど海外の家電メーカーが続々とVHS参入を表明していく。RCAとは、厳しい価格交渉にもなったが、松下の採算度外視の作戦は、VHS陣営にとっては大きな弾みとなり、勢いを生むことにつながった。

これに対して、ベータでは流れが滞っていた。ベータマックス訴訟がはじまった時、ソニー・アメリカ社長のハーベイ・シャインは「訴訟で罰金を食らうと、俺たちが払わなければならない」、と直属の部下だった岩城賢（後にソニー副社長）に、愚痴をこぼしていたという。

「負けたら一台につき払う金額が何ドルになるか。そうなったらソニー・アメリカは大損だし、ソニーだっておかしくなっちまうじゃないか」。シャインは、法律家出身で徹底したコスト管理主義者であっただけに、神経質になっていたことは想像に難くない。

七五年に発売したベータ第一号機のアメリカ市場での展開に際しても、盛田は「あっと驚かせるような登場のさせ方をしてアメリカ人の関心をさらい、それがどんなに彼らの生活をドラマチックに変えるかを示したかった」、と著書で述べている。[10] だから「金に糸目をつけず、大々的な宣伝・販売促進キャンペーン」を望んでいたのだが、「わがソニー・アメリカの社長は、そのために金を使うのをいやがった」と盛田は珍しく怒りをあらわにしている。

将来のための投資の重要性を再三にわたって説得し、最後には「ふた月の中に、ベータマックス・キャンペーンに百万、いや二百万ドル使わないようだったら、君はクビだ」、と後にも先にも抜いたことがないCEOの伝家の宝刀を、盛田は抜いた。これが効いて、キャンペーンは行われたが、その分、他のテレビや音響製品の販促費が削られていた。

訴訟以降は、前述の通りシャインはベータ販促に熱心ではなく、日本人駐在員の目には「ユニバーサルとの訴訟に敗れた際に、損害が増えることを懸念して販売を抑制している」としか見えなかった。ついに盛田は七七年七月に、シャインを会長に退かせ、実質解任した（シャインは七八年に退社、八〇年に大手レコード会社ポリグラムの社長に就任）。七〇年代にアメリカ型経営の限界を、反面教師として学んだ。

盛田は同じ著書で、「それはわれわれのドル箱になるはずであった」[10]と本音も漏らしていて、ベータ販売の初速に弾みがつかなかったことが、よほど悔しかったに違いない。

最後にもう一つ、「ソフト」の問題も見ておこう。

ハリウッド・メジャーのMCA／ユニバーサルに著作権法違反で裁判を起こされる二カ月前の七六年九月、盛田はユニバーサルの経営トップから、提訴の予告を受けていた。したがって、「ベータⅡ」の発売に当たっても、映画ソフトに大々的に乗り出すことはできなかった。裁判は盛田の「タイムシフト」というコンセプトを掲げて、八年後に連邦最高裁で勝訴を勝ち取るのだが、この間、ソニーはプロダクト・プランニングも販売も「徹底的にタイムシフト」に〝シフト〟した。

そして、「気がついた時には、向こう（VHS）がソフトを押さえていた」（河野）のだ。

その様子を、ソニー・アメリカにいた岩城はよく覚えている。「七七年か七八年くらいからRCAとかGEとかが、ダーッと入ってきて、ソフトのダビング屋が雨後の竹の子のように出てきた。誰が言ったのか、ソニーならテープが二本要るけど、VHSなら一本でできると噂が広がって、松下などもそれを意識的に使いはじめた。こうして、ソフトの側からVHSへ向かう流れがはじまって、八〇年が天下分け目の分岐点だった」

実際、日本でも七七年にはビデオソフトのレンタルセンターが日劇の地下一階に誕生し、翌年二月には社団法人の日本映像ソフト協会が設立されている。その調査によれば、七八年に二〇億円ではじまったビデオカセット（ソフト）の売上は、八〇年（二九億円）を過ぎてから倍々ゲームで急伸していく。八八年には一〇〇〇億円を突破、九八年には二一二一億円に達した。

これらは日本の数字だが、アメリカでは七〇年代にはソフトビジネスが離陸をはじめていたのだ。その流れを、VHS陣営の盟主である松下や日本ビクターは、訴訟を気にすることもなく、大衆の欲望に忠実に（ポルノも含めて）、商売第一でブルドーザーのように推し進めることができた。そして〝ネットワーク効果〟（そのメディアやサービスを利用するユーザーが増えれば増えるほど、効用や利便性が高まる）が生まれ、普及に加速がついていく。その意味では、八〇年は臨界的な普及率、クリティカルマスが生まれた年だった。

さらに盛田が、ポルノを気にしたのにも理由があった。テープレコーダーの時から教育市場に着眼し、学校から家庭へと普及の手足を伸ばしていった。いわば教育市場は、ソニーにとって重要な販売の基軸でもあり、ビデオも教育ルートから開拓していた。

「Uマチック」VTRは、企業や団体のコミュニケーションと教育用として位置づけ、世界で売りまくって他社を圧倒した。「LLシステム部」といった専門部署もつくって視聴覚教育市場を開拓中でもあった。一方では、もう一人のファウンダー井深が、理科教育振興や幼児の才能教育に熱心に取り組んでいた。

ブランドの信頼性をなにより大事にする盛田。わが子に身障者の娘を得たことから、子どもの教育やその才能開発にエネルギーを注いだ井深。二人のファウンダーのフィロソフィーには収益至上主義の発想はなかった。人の人生や暮らしに、これまでにない新しい価値をどう届けるか、どんな新しい工夫と切り口で普及させるか、そのクリエイティビティを発揮する会社として、「自由闊達にして愉快なる理想工場」

をつくりたかったのだ。

「タイムシフト」は、盛田が見出したビデオの新しい価値だったが、ソフトビジネスの登場で次第に陰が薄くなり、ベータの敗色が濃厚になっていく。

この時、盛田は自らのミスジャッジからなにを学び、また敗色濃いなかでエンジニアのモチベーションをどう維持し、なおかつ新しい成長へ切り返していったのだろうか。

つぶれる会社は〝自家中毒〟でつぶれる

「世の中には、衰退する会社、倒産する会社があります。なぜそうなったか、をよく見ますと、競争相手によって倒された例は余りありません。会社の内部の問題が原因で、いわば〝自家中毒〟で衰退してきているのが実情です。ソニーが外部から批判を受け、昔の評価を落としてきたのは、競争相手のせいではなく、われわれ自身に原因がある。自らの行動によって招いた結果であると反省しなければいけない」

これは、現在のソニー経営者によるスピーチではない。三五年以上前の八〇年一月。経営方針発表会で、経営幹部に向けて発せられた会長の盛田による言明である。

人間も組織も生体である以上、代謝などの流れが滞ると、たちまち自家中毒に陥る。体内で生成された毒物が溜まり、血流が梗塞し、神経も鈍磨する。在庫が貯まり、官僚化が進み、企業の社会感度が鈍る。

自家中毒は、患部が壊死し、放置すれば死に至る病でもある。盛田は、このあと幾度もこの用語（自家中毒）を使って、執拗に社内の奮起を促している。

別の機会には、こんなことも語っている。

「商売をするのに、非常に大きなファクターは、コンビンシング・パワー（説得力）です。いいものをつくっても、相手を納得させないと売れません。製品そのものにも、業界の先を見通す力、お客さまが喜んで買うコンビンシング・パワーがなければ、売れないのです。私が見ていると、（いまのソニーには）製品の良さを納得させる力がなさすぎます」

これもiPhoneとXperiaといった、現在のアップルとソニーの製品を比較しての話ではない。「自家中毒」発言の翌年、八一年八月三一日に行われた部課長会同での訴えだ。

だから、この前段ではこんなことも語っている。「ベータマックスは、われわれが先駆けてやりましたが、われわれの走るスピードが思うにまかせず、結局は現在のような状況になっております」

ベータマックスでは、七二年に完成試作ができた段階から、流れが幾度も滞った。石油ショック、日米貿易摩擦、発売時期の延期、規格統一を巡る松下電器との長すぎた交渉、ユニバーサルによる著作権訴訟、アメリカでの販促の問題など、大きな期待にもかかわらず、勢いよく流れに乗れなかった（それでも後述するように年間一〇〇〇億円台の売上は確保している）。

そして、ソニー創業以来初めての減益を記録した八二年。世界的なＡＶ（オーディオ・ビジュアル）不況のせいにしたがる社内の声を押しのけて、盛田は次のように叱咤している。

「私はかねてより、**つぶれる会社は〝自家中毒〟でつぶれる**のだと言い続けてきました。環境のせいではない。自分に問題がある。今、われわれがすべきことは、この中毒症状の範囲を縮小していくことです」

そして、八〇年一月に宣言した問題意識「ソニーはトップが何かをいわないと、社内が動かないという弊害がありすぎたのではないか」を踏まえて、「全員が〝プロ意識〟をもって仕事に取り組む」こと、「プロとして誰にも負けない力を持つこと」を求めている。自分たちの商品を、機会あるごとに実際に操作してみて、お客さまの身に立った使い勝手を考慮し、企画決定を推し進める責任感を持っているのか、と問い、こんな例まであげている。

「私が自宅で試用してみて、（担当責任者に）不備を伝えると『その点は意見が分かれ、皆で討議して決定したことです』という答えが返ってきます。せっかく皆で集まって話し合いながら、**お客さま不在の間違った方向に決まるようでは、〝烏合の衆〟としか言いようがありません**」

マネジメントが、社会やお客の身になって考える感度と感性を失い、烏合の衆になっているのではないか、と危機意識をあらわにしている。

ベータマックスの失敗から学ぶ五つの教訓

八〇年代に入って盛田は、なぜこんなことを言いはじめたのか。

八〇年早々に行われた経営会議の場で、彼は「このまま行くと、ベータは負けるぞ」と発言し、親しいアメリカの財界人のアドバイスを披露したという。「盛田さん、あなたはソニーとアイワ（六九年に資本提携し傘下に）という二つのブランドを持っているのだから、ソニーがベータをやるなら、なぜアイワにVHSをやらせなかったのか。アメリカ人にはリスクヘッジという考えがあるけれど、日本人は陣取り合戦みたいで一色に染めないと気が済まないのか、と言われた」と。

七九年末の生産シェアは、ベータ陣営は三九％でＶＨＳ陣営の六一％に対して、まだ踏ん張っていた。**図表４**を見ると「天下分け目の分岐点」になる八〇年を境に、ベータはつるべ落としでシェアを下げていく。

盛田は現実を見つめ、先行きを考えていた。アイワの話は、ソニーが次のステップへ踏み出すために、経営陣のマインドセットを切り替えようと、半ば冗談めかしながら、あえて語ったのかもしれない。その後、経営会議ではビデオの「総合戦略」（次世代ＶＴＲの八ミリやＶＨＳ参入）が検討されはじめる。実際に、ソニーがＶＨＳ併売を発表する一年前、八七年にはアイワが先行してＶＨＳを発売している。

新しい現実が発生していた。盛田が見つめていたのは、ソニーが抱えていた本質的な問題だった（自家中毒症状はその現れ）。ベータマックスが提起した問題は、現在にも尾を引いている。まとめを兼ねて、その教訓を五つのポイントに絞って考えてみた。

ポイント１：本当の敵は、視界の外から王手をかけてくる

七四年秋から松下電器と日本ビクターに、（Ｕ規格のときと同じように）懸命に規格統一を呼び掛けていたソニー経営陣は、その間「まさか、ＶＨＳが出てくるとは思ってもいなかった」。松下のＶＸ方式にしても、東芝・三洋電機のＶコード方式にしても、ベータの完成度にはとても及ばなかった。これ以上のビデオはないという自負が、ソニーの視野を狭めていた。

松下幸之助から盛田に「ビクターのＶＨＳを見てほしい」と正式要請があったのは、七六年三月下旬。実物を初めて目にしたのは四月五日だった。少なくとも、噂が漏れ聞こえ出した七六年初春頃までは、強

力なライバルの登場は想定していなかった。つまり、ベータの完成試作に次いで金型もでき、準備が整った七三年夏頃から数えれば、二年余りにわたって進化は一時停止状態にあった。

一方、ビクターは「ホンモノの家庭用ビデオとはなにか」という目標設定から、開発チームがデータを分析・ニーズを整理して、「ＶＨＳの開発マトリックス」を一覧図に仕上げている。[11] その図には、「ビデオ固有の条件」（二時間録画、共通性などの項目）、「家庭での条件」（価格、操作性、維持経済性）、「メーカーでの条件」（生産性、サービス性など）、「社会性」（情報文化など）の四条件で、「家庭での使われ方」を基準にしたプロダクト・プランニングを行っている。

緻密な分析とデータの洗い出しで、詰め将棋のようにいかに王手をかけるか。「ミスターＶＨＳ」と呼ばれることになる高野鎮男（ビデオ事業部長）の指揮で、逐一練り上げ、実践していったのだ。

またマトリックス図の中央には、「ドラム径六二ミリ」という文字が大きく書かれている。これまでも述べてきたように、ベータのドラム径は「七五ミリ」であり、しかもＶＨＳはカセットサイズを、ベータより一回り以上大きくすることで、長時間化と生産効率を簡易に実現した。いわば、ここが王手に至るキーポイントだった。アップルのｉＰｏｄが、

図表4 ベータ陣営対VHS陣営の生産台数シェア（％）比較

	75年	76年	77年	78年	79年	80年	81年	82年	83年	84年	85年	86年	87年
ベータ	100	61	56	40	39	34	32	28	25	20	10	4	4
VHS	0	39	44	60	61	66	68	72	75	80	88	93	93
8ミリ											2	3	3

注）当時の正確なデータは把握しきれなかったので、1988年に日本ビクターがまとめた内部資料をもとに作成。88年にはソニーがVHSを併売するので、87年までとなっている。これ以降は、8ミリビデオが伸び、やがてDVDに置き換わる。

ソニーのウォークマンを攻略する時にも、iTunesをキーにチェックメイトをかけたように。

視野が狭まった時、感度が鈍くなった時、本当の敵が死角から現れる。だから自家中毒が怖いのだ。

ポイント2：大衆のメンタリティを見落としたこと

大衆の損得勘定は、人間生活の基本要素である。理想と本音を、実利のなかにうまくバランスさせて、製品に落とし込まなければならない。「理想」で多くの人びとを共感させ、「本音」で得をしたと納得させる。それがあって初めて、盛田の言う「コンビンシング・パワー」を、製品が持つことができる。

ベータの場合、「美しい画や高機能」というソニー体験にこだわる余り、一時間録画という基本規格を選んでしまった。ベータならテープが二本要るけれど、VHSなら一本でいい、という最初に刷り込まれた大衆の意識は容易には変わらない。ましてや競合相手がそこを訴求ポイントに、販促攻勢をかければなおさらだ。

しかも二時間に対応するために、当初考案されたベータのオートチェンジャーは、余分な出費を招くうえに複雑感を与えてしまった。後に、VHSも同じ過ちを繰り返している。ビデオ撮影に対応するために、大柄なカセットを小型化したVHS－Cをビデオムービー用に登場させたが、撮影した録画を再生するには、デッキに挿入するためのアダプターが必要となった。この複雑感が、大衆のメンタリティから敬遠され、ソニーの8ミリビデオに対抗できなかった。

ポイント3：シンプルで使い勝手がよくなければ、ハートには届かない

筆者の手許にあるビデオテープを見てみよう。ＶＨＳのカセットには「１２０」とラベル表示してあり、通常使用で二時間録画、三倍モードなら六時間とすぐにわかる。ベータのほうは「Ｌ－７５０」とあり、それがなにを意味するかすぐにはわからない（この場合はベータⅡで三時間録画、ベータⅢで四時間三〇分を意味する）。

実はベータは、一時間のベータⅠだけでなく、長時間に対応するために、ⅡさらにⅢとモードを変え、三つのテープ速度で録画できるようにした。このため、時間表示ができなくなり、英米で使われているヤードポンド法の長さの単位「フィート」でテープ長を表現するはめになった。

ベータⅠでは「Ｋ－60」（六〇分）と時間表示だったのに、Ⅱ以降は「Ｌ－85」「Ｌ－１２５」「Ｌ－１６５」……「Ｌ－８３０」といった具合で、時間の単位と長さの単位が混在する（店頭で時間表示のＶＨＳテープと並べられると一層困惑する）。たとえば「Ｌ－８３０」は、ベータⅡで三時間二〇分、ベータⅢで五時間を意味するのだが、普通の庶民に実感できるレベルではない。

スティーブ・ジョブズが、徹底してシンプルさにこだわったことを、再確認しておこう。**ややこしいもの・複雑な印象を与えるものは、大衆のハートに響かない。**

ポイント４：決め手になる「コンセプト」の発見が遅れたこと

ベータで惜しまれるのは、決め手になるコンセプトの発見が、ほんの少し遅かったことだ。

ソニーが世界初の家庭用ＶＴＲベータマックス第一号を発売したのは、七五年五月一〇日。このとき単体だけではなく、トリニトロンと組み合わせた「ビデオテレビ」も同時に発売された。

実はこの年の一月に、盛田は「ビデオ元年」を宣言したが、ベータの開発に関わっていた技術者たちでさえ半信半疑だった。「テレビを録画することが必要なことなのか、意味があることなのか、という疑問の気持ちをみんな持っていましたね。しかも二〇万円もするわけだから、本当に売れるだろうかと思いました」、と当時のソニー社員も振り返る。(12)

当初、盛田が打ち出したのは「ビデオテレビ」というコンセプトだった。だが、これはテレビが主人であり、ビデオは従者としてお供をする関係で、従者に主人を上回る金額をお客が払ってくれるだろうかという疑問を、社員に抱かせたのだった。

より明快で、わかりやすいコンセプトを探していた盛田が、インサイトを得たのは七六年秋だった。まだ映画などの映像ソフトがなかった時代である。「タイムシフト」マシンという新しいコンセプトは、人の暮らしに「時間」の主体性をもたらすだけでなく、ビデオが世の中に与える便益（社会的・文化的意味）を、ハッキリと現していた。

もし「タイムシフト」というコンセプトが、第一号機の発売前の七四年に発見されていたら、「画質」を第一に優先する井深や大賀、技術陣に対しても、マーケティングを軸に説得の足がかりができたかもしれない。すでに六〇年代から、劇映画のテレビ放映は、二時間枠でアメリカや日本ではじまっていたからだ（『日曜洋画劇場』の放映が、テレビ朝日系列ではじまったのは六七年）。

前にも指摘したが、このコンセプトをもとに松下やビクターに、ベータを叩き台とする二時間録画の共同開発を持ちかけていたら、VHSが登場する余地もなく、ソニーは戦わずして勝っていたことだろう。

勝負を賭ける新製品については、トップが熟考に熟考を重ね自らの世界観を傾けて、社会的・文化的意

味を煮詰め、新しい定義を発見しなければならないのだ。「タイムシフト」という見事なコンセプトを発見しながら、現実にはポイント3で見たように、ベータのテープに「時間」を表示することもできなかった。盛田は、内心忸怩たる思いがあったに違いない。

ポイント5：メディアの法則とネットワーク効果

七七年一〇月、アメリカの家電大手RCAは、VHS方式で「一〇〇〇ドル・四時間録画」という衝撃のVTRを発売した（松下電器製）。この結果、一三〇〇ドルのラインで販売されていたものが、ソニーも含めて価格競争に巻き込まれ、八〇年代に入ると七〇〇ドル台へと価格帯が移行する。

これにつれてVTRの普及率が跳ね上がっていく。日本のデータだが、普及率は八一年に五％（四％がクリティカルマスとされている）を超えると、五年後には三四％、一〇年後の九一年には七二％に達した。

一方、ビデオソフトが生まれるとレンタル店があっという間に群生し、九一年の売上は販売用とレンタル用でそれぞれ一〇〇〇億円を突破している（日本映像ソフト協会調べ）。

ベータの「タイムシフト」で「自我を確立」（盛田の用語）させたVTRだが、八〇年以降はVHSの量産とビデオソフトの急伸という、これこそ〝ハードとソフトの相乗作用〟で、コモディティ化していく。まさにネットワーク効果を、まざまざと見せつけた。

それは、情報通信技術の進展によるネットワーク時代の先駆けであり、マクルーハンの「メディアの法則」を、経営者が常に意識して戦略を練らねばならない時代の到来を意味していた。マクルーハン親子はそのメディア論の集大成ともいうべき、四つの質問をあげている(13)。

①それは何を強化し、強調するのか？
②それは何を廃れさせ、何に取って代わるのか？
③それはかつて廃れてしまった何を回復するのか？
④それは極限まで推し進められたとき何を生みだし、何に転じるのか？

IT社会での企業の興亡も、これらの質問と無縁ではない。七九年にはスティーブ・ジョブズが、ゼロックスのパロアルト研究所で「ALTO」と出会っている。そのGUI（Graphical User Interface ＝アイコンなどの画像をマウスで直感的に操作する）とビットマップスクリーンを見た時、彼は「目からうろこがぼろぼろ落ちたよ。そして、未来のコンピュータのあるべき姿が見えたんだ」と伝記で語っている。(14)

盛田は、八〇年代からはじまる新しい時代を予感していた。七〇年代の終わりに感知したベータマックスの失敗、そこから次の一ディケード（一〇年）をいかに飛躍させるか。**ソニー体験の意味を定義し直すことが必要だった。**どんどん変わっていく社会や技術進化に、**社員のアンテナやセンサーを鋭敏にしなければ、企業は視野狭窄症に陥ってしまう。**

「自家中毒に陥れば、会社はつぶれる」。企業の〝社会感度〟を上げ、「ユーザーエクスペリエンス」を社員全員が考える「自由闊達」な会社にしよう、と。そのためには、経営陣や社員のマインドセットを変える禊《みそぎ》を済ます必要があった。

第11章 禊《みそぎ》

ソニー・スピリットの変質

「自家中毒に陥れば、会社はつぶれる」――。経営方針発表の場で、盛田がそう語ったのは一九八〇年一月だった。彼はたびたび（七〇年代後半から）自社の病状を「自家中毒」と表現しているが、公式の場で、「会社がつぶれる」とまで突っ込んで、改めて表明した。同社の「ドル箱になるはずであった」ベータマックスが、初期の勢いを失いはじめた頃である。

それは、単に急激な成長にマネジメントが追いつかないといったことだけではなく、ソニーが得意とするコンシューマー・ビジネスの「根本的なあり方を問う」問題でもあった。

第一次石油ショックに伴う経済混乱の後、日本企業は一斉に体質改善を迫られるが、ソニーは比較的早い段階で経営機構と人事の刷新に乗り出していた。七六年一月には、井深が名誉会長に退き、盛田が会長兼CEOに（日本で最初にCEO制度を導入した）、社長兼COO（最高執行責任者）には岩間和夫が就任。

同時に、大賀専務を副社長に昇格させ、吉田進ら三人の専務にも代表権を与え、六人の代表権者による「経営会議」をグループ全体の意思決定機関とした。

さらに創立三〇周年を契機に、ファウンダー（創設者）による経営から、次の世代へのバトンタッチを意識し、新たな人材を登用しはじめた。森園正彦（放送業務用の情報機器本部をドル箱に育てる）を筆頭に、黒木靖夫（クリエイティブ本部を立ち上げる）、大曽根幸三（ウォークマンなどゼネラルオーディオ事業を確立）、加藤善朗（三・五インチフロッピーディスクなどシステム事業を開拓）、岩城賢（総合企画でマネジメント・システムを構築）など、八〇年代に舞台に登場する彼らが、役を振られ出番を告げられたのが、この時期（七六〜七八年）である。

ソニーが最初の「戦略転換点」（後述）を迎えたのは、その少し後、ベータマックスの敗色が濃厚になった八二年である。盛田は、社会に対するアンテナ感度や人心の感知センサーが鋭敏で、「自家中毒」というわかりやすい表現で、いち早く社内を鼓舞しはじめた。それが八〇年正月明けのこと。七六年に行った首脳陣の人事刷新だけでは不十分だったのだ。経営幹部や社員のマインドセットが切り替わっていなかったためである。これまで同社を牽引してきた二人のファウンダーに寄りかかること（「井深さん、盛田さんがなんとかしてくれる」）が、常態化していた。「ソニーはトップが何かをいわないと、社内が動かないという弊害がありすぎた」、と八二年には盛田自身も言及している。

かつては、「あの二人を驚かせ、喜ばせてやろう」といった、ソニーの「自由闊達」の原点ともいえるスピリットがあった。宣伝やブランド・マネジメントを担当していた河野透は、仕事の基準点について、こんなことを語っている。(1)

「『盛田さんは驚いてくれるだろうか』、『盛田さんは感心するだろうか』……基準はその一点かな。……盛田さんが『いいねぇ、これ』と言ってくれる。自分ら現場も『でしょ、そうこなくっちゃ』となる」。「この人をギャフンと言わせたい。この人の知識や経験を超えてみたい。……もの凄く魅力のある方だったから、こっちも自然にそそられてしまうんだね。なんかもう、じっとしていられなくなる」

同じように、エンジニアにとっては、井深がまさに仕事の基準点だった。「井深さんは驚いてくれるだろうか」。「井深さんの夢を実現してあげたい」――。井深・盛田の人間性、明確な目標設定、動機付けの仕方、それらが相まって社員の可能性や頑張りを引き出し、ソニーの破壊的イノベーションを実現してきた。しかし創立三〇年を経て、井深は現役を引退し、企業規模の拡大につれて、社員が盛田の謦咳に接することも少なくなっていく。

基準点がだんだん見えなくなる一方で、トップのビヘイビアへの依存意識は、半ば慣習化して続いていた。たとえば「ソニー体験」のとらえ方が形骸化していく。ソニー・スピリットが、だんだん野性的なパワーを失い、希薄になってきていた。もう一度、**ソニーのDNAを「オン」にして、作興《さっこう》する**必要があった。ベータマックスの頓挫は、そのことを盛田に教える契機となった。

見過ごせば命取りになる「戦略転換点」

前に触れた「戦略転換点」は、インテル創業者の一人、アンディ・グローブが指摘した重要な経営概念だが、著書『インテル戦略転換(2)』で次のように記している。

「そこでは何かが大きく変わりはじめ、それまでとは何かが違う。しかし皆生き残るのに精一杯で、どれほど重要なことが起っているかは後になってようやくわかる」。それは、「企業の生涯において基礎的要因が変化しつつあるタイミングである。その変化は、企業が新たなレベルへとステップアップするチャンスであるかもしれないし、終焉に向けての第一歩ということも多分にありうる。……戦略転換点を見過ごすということは、企業にとって命取りになるかもしれないのだ」。

インテルは、日本の半導体メーカーの大攻勢がもたらした戦略転換点で、半導体メモリーからの撤退を決意。「パラノイア」（グローブの有名な用語）と化して、新たにMPU（マイクロプロセッサ）の覇者となる。このインテルの転換が、逆に九〇年代半ば以降、日本の半導体やエレクトロニクスメーカーに大きな戦略転換点をもたらすのだが、日本の大手企業はほとんどがその意味を正しく認識できなかった。

グローブは自社が迫られた「戦略転換点」を見過ごさなかった。盛田も、ソニーが直面した「最初の戦略転換点」を察知し、必死に手を打っていく。

ちなみに、九〇年代末から二一世紀初めに、ソニーは「第二の戦略転換点」に直面した。当時の出井伸之CEOは、それを感知しながら的確に対処しえず（現実を直視し死にものぐるいで闘わなければならなかった）、その後の凋落を招くことになるのだが、これについては後段で述べる。

盛田CEOが対峙した現実は、こうだった。ベータをできるだけ延命させながら（次の仕込みを準備するためにも）、エンジニアや社員の士気を落とさず、どう撤退作戦を行うか。同時に、新しい時代への成長戦略をいかに構築するか。経営幹部をどう自律へ向けて動かすか。実際の経営の転換点は、後述するように八二年だったのだが、誰の目にもそれが明らかとなった現象は、八四年の一月に集中的にやってきた。

一月一七日――。この日、ハリウッドの映画大手MCA／ユニバーサルとのベータマックス訴訟は、連邦最高裁でソニーの勝訴が確定した。だが、八年間にわたった孤軍奮闘の闘いの後、ふたを開けてみれば、VHSとベータのフォーマット戦争では、大差をつけられソニーは敗北の淵へ追い詰められていた。生産台数シェアで比較すると、八四年末には「VHS陣営＝八〇・四％」対「ベータ陣営＝一九・六％」となっている。

一月二五日――。この日から二八日まで四日間連続で、ソニーは日本の全国紙四紙（朝日、読売、毎日、サンケイ）の夕刊一面を使った前代未聞のキャンペーンを打った。サトウサンペイの漫画を掲載し、初日の「ベータマックスはなくなるの？」から、二日目「ベータマックスを買うと損するの？」、三日目「ベータマックスはこれからどうなるの？」、四日目「ますます面白くなるベータマックス！」、と〝庶民〟（庶民が本当にここまで考えていたかどうかはわからないが）の疑問に率直に答えようとした全面広告である。

だが、反語表現を使ったこのキャンペーンは、たとえば初日には、チリ紙交換のリヤカーにベータのビデオがゴミのように積まれているショッキングな絵で、巷に格好の話題を提供した。漫画には、「こんなことになるわけないよネ」と吹き出しがつけられ、「ベータマックスはなくなるの？」の大きな文字の下には、「答えは、もちろん『ノー』。」と句点の丸を打って、決意を込めている。かつてのソニーらしい大胆でインパクトのある広告だったが、巻き返しの契機になるどころか、結果は裏目に出た。これ以降、シェアは一挙に落ち込んでいる。鮮烈な印象に人は流されるものだ。それに、レンタルビデオの台頭などで〝ネットワーク効果〟が生まれ、いったん加速すれば流水の勢いの如く、とどめることはできない。

一月三〇日――。この日、ソニー本社講堂で午前一〇時に開かれた第六六回定期株主総会には、〝プロ株主〟（総会屋）が大挙して押し寄せた。前年に商法が改正され、特定株主への利益供与が一切禁じられた。彼らにとってみれば、その存在感を誇示し影響力を維持するには、ビデオ戦争で世間の耳目を集めていたソニーは格好の「標的」と映った。

総会の議長だった大賀（当時、社長に就任して二年目）は、著書で次のように述懐している。[3]「会場はハチの巣をつついたような騒ぎとなり、私が議長として議事を始めようとしても、特定株主からの動議提出が続いて進められるような状況ではなくなってしまった。私はマイクを使って『どうぞお静かにお願いします』と大声で制し、何とか総会を始めた時にはすでに定刻を三十分以上も過ぎていた」

大幅減益（後述）とベータの劣勢に関する質問が相次ぎ、「だいたい（大賀社長が）ベストドレッサー賞なんてもらうから、会社がおかしくなるんだ」など罵詈雑言が飛び交うなか、深夜一一時三〇分まで続く記録的なマラソン総会となった。並木政和（英国現地法人ソニーUKの立ち上げの後、広報室長を委嘱されたため経営側で同席）は、当日の状況をこう証言する。

「総会屋さんが三〇分に一回、『そろそろ手を打たんか』とやってくる。議長の大賀さんも、さすがに六時間くらいたって、ちょっと話をしようかという気になったらしいんです（筆者注：立ったまま議事進行をしていた大賀は、『あまりに疲れて熱を出し、途中から注射を打つありさまだった』と自ら語っている）。ですが、盛田さんはそれを察知して『大賀君、こうなったら最後までやる。夜中でもいい』とピシャリと言われた」

このときソニーは、昼飯と夜飯に弁当（料金五〇〇円を徴収）を出してまで総会を続けた。さらに、「総会屋さんが録音していたテープも電池もなくなってくる。『ソニーだからテープなんか腐るほどあるだろう』と言ってくる。もちろんありますけど、タダであげるわけにはいきませんと、きちんとお金を払ってもらった」。そう語る並木は「最後までやる、という粘りと、無駄なお金は一銭たりとも使わない、という盛田さんの姿勢は際だっていた」と振り返る。

しかし一三時間半にも及ぶ株主総会は、「ソニーになにが起きているのか」とマスコミがこぞって取り上げる恰好のネタを提供した。株主総会をいかに手短に終わらせるかが、総務部長と経営者の腕の見せ所とされ、長引けばいい会社とは思われなかった時代である。

「ベータマックスはなくなるの？」キャンペーンと合わせて、「ソニー神話の崩壊」が喧伝された。業績は、八二年一〇月期（単独・通期）に前年同期比二四％の大幅減益（営業利益）となったのに引き続いて、八三年一〇月期はさらに悪化した。売上は七七〇〇億円と八％減収、営業利益は二六二億円と五二％減（半減以下）という、まさに「ディザスター（惨憺たる）」（盛田）ものだった。

参考までに同時期で比較すると、松下電器は売上二兆七一八八億円で一〇％増収、営業利益も一一四五億円と一九％増益だった（八三年一一月期）。日本ビクターは売上五五二九億円と一一％増収、営業利益三〇〇億円で四％減益だが利益はソニーを上回っている（八四年三月期）。

総合力の松下、VHSで稼ぎまくっていたビクターと比べ、コンシューマーAV（オーディオ・ビジュアル）が命のソニーは、ベータが伸びなければ世界的なAV不況の影響をモロにかぶることになった。だが、盛田が「自家中毒」と看破したように、原因はむしろ社内にあった。

「八〇年代初めに何が起こったか。その原因としての七〇年代がある」。そう整理するのは、八〇年代に総合企画を担当した岩城（前出、後に副社長）である。「コンシューマーで食えるという気持ちが強く、事実それで食えていたし、『このビジネスがなくなるはずがない』と思い込んでいた。そこでは、『いい商品さえ出していれば売れるし食える』という自負と自信が七〇年代後半に色濃くあった。CCD（電荷結合素子、後述）には投資していたし、放送局用VTRシステムには力を入れていた。だが、CDは開花していなかったし、未来の種はまだわずかだった。ソニーのノン・コンシューマー（今でいうB2B、企業間取引）の比率は、売上の一割にも満たなかった」

当時は、カラーテレビやオーディオも需要が一巡し、VHSを持っていないソニーはビデオでも思うように伸びていなかった。むしろ在庫が膨らみ（八三年度の在庫日数は松下の一六日に対して三倍の四八日）、キャッシュ化速度も遅く（同じく松下三一日に対し七二日）[4]、資金効率が極めて悪化していた。

そこには、ソニーの「コンシューマー・ビジネスの根本を問う」（岩城）問題があった。盛田は、いち早くそれを察知したが、他の首脳陣や経営幹部にも認知できるようになったのが八二年のことだった。ベータ劣勢の焦燥感とAV不況の突破口が見えない沈滞感が、大幅減益を機に「このままでいいのか」という「大反省」に結節していく。その転回点は、ある〝事件〟が契機となった。

癌で闘病中だった岩間社長が、八二年八月二四日に亡くなったのである。闘病中に社長代行を勤めていた大賀が急遽、後を継ぐのだが、盛田は後継を誰に託するのかギリギリまで迷っていた節がある。大賀自身、まだ経営者としての準備が整っていなかった面もあった。「社長代行」と「社長」とでは、責任の大きさがまったく違うからだ。

「八二年の大反省」、エンジニアから尊敬を集めていた社長の死、を転機として、八三年五月から本腰を入れて問題解決の手が打たれていく。そして八四年の一月、前述したように〝禊〟が集中することになった。そのことを大賀は、一三時間半の株主総会に絡めて、こう述べている。

「私の人生の中でも、あれほど罵詈雑言を浴びせられた記憶はほかにないが、それは社長になった一種のみそぎのようなものだった。株主総会の場で消費者の側に立った様々な意見を聞かされたことで、私もソニーの社長であるという自覚を新たにし、社業にも一層、力が入ったのである」(5)

それでは八〇年代のソニーは、具体的にどのように再生に取り組んでいったのだろうか。

経営そのものをイノベーションする

ここからは、〝禊〟と〝再生〟について改めて考えてみよう。禊は「海や川の水で体を清め、罪や穢れを洗い流すこと」(『大辞林』)である。それは誤算や葛藤・悔恨、そして大いなる反省を踏まえたうえで、新しく生き直すために行われる。

八二年と八三年の「悲惨」な業績、規格戦争でのベータの濃厚な敗色、それらのあおりを受けた一三時間半の株主総会など……。一連の始末が、八四年一月に奇しくも集中した。社長就任二年目の大賀は、議長としてマラソン株主総会で頑張り通した体験を、社長の自覚が生まれる「みそぎ」だったと表現したが、一月のこうした出来事すべてが実は禊だった。まずは、原因としての七〇年代後半の振る舞いがあり、危険性を察知した経営トップの気づきがあった。八二年に「大反省」が行われ、「何をなすべきか、何をなすべきではないか、何ができるか」(盛田)という真摯な問いかけから、実践に向かって、生き直すための手が打たれていた。だからこそ、この機会を格好の禊とすることができたといえる。

問題が誰にも見えるようになった段階で、経営陣が慌てて手を打つようでは、経営者失格である。井深や盛田は、そのことを誰よりもよくわかっていた（創業期に前田多門、田島道治、万代順四郎といった錚々たる長老たちが、若い二人を厳しく鍛えたことも功を奏している）。禊の一〇年近く前、七五年一月に幹部社員を集めた席で、二人はソニーが置かれた事態を看破して、こう訴えている。

井深（当時、会長）：「わがソニーは、いつも日本経済のトップを切って成長してきました。初期のころは、ソニー独特のものを切り拓き、そこにソニーの生命があり、特長がありました。それが大きな世帯となり、大きな数字に接するようになると、これを縮めることは、破壊的な打撃をこうむらない限り、不可能だという〝弱さ〟を持つようになってきました」

大きいことは弱いことだと言い、「やることの本当の意図を持たずに毎日を繰り返す」つまらない会社や社員になっていないか、と問うている。そして次のように社員を鼓舞する。

「私どもは過去の虚名を捨て去り、積もってきたアカをふるい落として、身軽になって本当の生き方をしていきたいと思うのです。……これからは、**回復ではなく〝新しく生まれ変わる〟**のだ。問題を一人ひとりのものとして真剣に考え、具体的なかたちで示していく以外に生きる道はない」

盛田（当時、社長）：「たびたび私が言ってきたように、企業として最も注意すべきことは〝自家中毒〟であります。**自分が自分を苦しめるという現象**です。今まではこれで成功したという方法も、そのまま通用すると考えてはなりません。たとえ雨が晴れても、今までの時代は帰って来ない。今までと違った時代になるのです。新しい時代に即応した新しい考え方を、どしどし取り入れていかねばなりません」

今でも通用するほど、二人のファウンダーは強烈なメッセージを放っていた。石油ショックの後の、新しい経済構造にソニーがどう適応していくのか。盛田は「三〇年後も見据えて」、経営そのもののイノベーションに乗り出していく。

最初に着手したのは、経営機構と役員人事の刷新だった。ソニーの設立三〇周年にあたる七六年年明け早々に、トップの交代を発表した。

一部既述したが、改めて確認しておこう。井深は代表権のない取締役名誉会長となり、盛田が会長兼CEOに、岩間が社長兼COOに就任。日本企業初のCEO制を導入、最終責任を明確化した。

同時に、グループ全体の政策決定を行う「経営会議」を設け、会長＋社長＋副社長（大賀専務が昇格）＋三専務＝六人の代表取締役（会長・社長以外に新たに代表権者を四人に増やした）で構成。井深と盛田に依存しすぎた体制を改め、**衆知を集めて決する機動的な経営チームに切り替えた。**

さらに「経営諮問委員会」を設置した。井深（議長として主宰）＋代表取締役六人＋社外取締役三人（小山五郎・三井銀行会長、牛場信彦・元駐米大使、柏木雄介・東京銀行副頭取：いずれも当時）＝一〇人の取締役で構成。「経営を左右する重要事項・役員人事全般について、社外役員の意見を経営に反映、トップの独断・独善を排除して、第三者の公正な判断を導入する」、と当時の会社資料は記している。

このことは、今から四〇年ほど前に「コーポレートガバナンス（企業統治）」を、日本で最初に導入したことも意味していた。しかも、エレクトロニクス企業であるソニーの実情にふさわしくアレンジしている。統治を担うメンバーの構成比を、社内七割、社外三割とし、さらにエレクトロニクスの技術系が常にメジャーを占めるように設定してある（音響技術に明るい大賀を技術系とすれば、「経営会議」も六人のうち五人が技術系だ)。

ちなみに、二〇一六年三月現在のソニー取締役一二人の構成をみると、社内三人、社外九人とソニーを知らない社外取締役が七五%を占めている。一方、社内取締役も平井一夫CEOをはじめ技術系はゼロである。エレクトロニクス技術への深い知識と理解を持つ人間がいない現状では、主力事業の統治に関して、その識見を的確に発揮する体制とは言い難い。経営機構の改革にも着手する必要があるだろう。

さて、七六年に話を戻すと、往時のマスコミはソニーの機構改革の真意をつかめず、「盛田による独裁化」、「盛田一族による同族企業化」と断じて、もっぱら役員人事の批判に終始した。社長に就任した岩間は、盛田の妹・菊子の夫にあたり、さらに技術企画担当の役員で実弟の盛田正明が常務に昇格したからである。

盛田は、そうした批判に対して彼らしい言い方で答えている。「私は独裁者でもありませんし、なろうとも思いません。独裁者というのは、私に言わせれば、〝大天才〟でないと務まらないものなんです。……私は経営会議のメンバーの知恵の上に乗っかって、判断を下すだけです」[6]

世界的なモチベーターは希代の〝コミュニケーター〟

そもそもこの人事と機構改革の目的は、井深・盛田に依存しすぎた経営を、岩間社長を軸に経営チームとして衆知を発揮させ、次の時代に向けて切り替えることにあった。それに、盛田は世間で誤解されているような独裁型の〝ワンマン〟ではなかった。ビデオ・テレビ事業部長だった河野(前出)は、目を輝かせながら男が男に惚れ込むような語り口で、次のように証言する。

「盛田さんは、人をモチベートさせるのが、もの凄く上手いんだ。普通（経営者が）すぐ考えるのは、アメとムチでしょう。彼は決してそんなものは使わない。だけど気がつくと、みんな徹夜で一所懸命に仕事をしているんですよ。**彼が使うのは、やる気を出させる方法だけ**ですよ。『目標』を的確に示し、やった仕事に対して良い所と悪い所をキチンと『評価』し、そのうえで、これはこういうふうに売っていけると思うから、ここをもう少し頑張ってくれとか、値段はこのくらいにしようとかの『提案』が必ずある。僕が驚いたのは、盛田さんの一言で、アメリカ人たちが嬉々として仕事をする姿でした。その時、あの人は**世界的なモチベーター**だと思った。

不思議だったのは、たとえば**僕が盛田さんに動機づけられると、部下までその気になって動機づけの循環みたいになっていく**。彼は口には出さなかったけど、あんた方が懸命に開発したモノなら、必ず俺が売ってみせる、という『信頼感』のようなものがあった」

だからベータが劣勢となっても、エンジニアの士気は落ちず、跳ね返すために技術陣はあらゆる知恵を絞ることができた。ベータの技術は、PCM（アナログ音声をデジタル信号として伝送する）技術に応用され、デジタルオーディオやCDの製品化にもつながっていった。あるいは、放送・業務用のカメラ一体型VTRとして業界標準となる「ベータカム」としても結実した。

そうした、これまでソニーの中に蓄積されてきた技術の可能性を拓き、新しい事業へ向かう意欲を八〇年代へ向けて解放する動きに発展していくのである。八〇年代のソニーを代表するヒット商品になった「パスポート」サイズの八ミリカムコーダー（カメラ一体型ビデオ）を牽引した森尾稔も、こう語る。

「盛田さんは、お前考えろとか、誰かに考えさせろ、とか決して言わない。自分自身が考えるんです。それこそ脳みそが汗かくくらいに。僕ら**エンジニアはそういうものに非常に敏感**で、すぐに分かるんです。あっ、この人は自分で考えているな。そうきたか、だったら、こういう提案はどうか。こっちも負けないように、必死に勉強して考えるようになる。凄い刺激とモチベーションになったのです」

　上から目線で命令を下したり、ニンジンをぶら下げて走らせたりすることはしない。大きな目的とそのプロセスでの目標を明確にして、相手の波長に合わせて動機づける〝コミュニケーター〟であった。だからこそ、みんなが本気になって、衆知を集め、一体となって仕事に邁進することができたのだ。独裁者や凡庸な経営者は、そんな面倒なことはしない。

　盛田は七六年五月の創立三〇周年にあたって、「次の三〇年をどう生き抜いていくか」、創立記念日と同じ五月七日に生まれた若手社員を集めた座談会で、こんなことを語っている。[7]

「ソニー自体も一世代が過ぎて、それで次の三〇年・一世代の準備をしなければいけない。それが戦後世代の代替わりと同じときにきているわけだから、ソニー自体も本当にここは悩みどきです。これから、この次にソニーがどう発展していったらいいのか。これはちょうど戦後に会社を始めたときと同じような混乱の時代で、非常に難しい。こういう混迷の時代こそ、正しい判断を下すか下さないかで分かれ目になる。

　しかし、**目を次の三〇年に向ける**と、ソニーができる仕事は、もっと大きなものがあるのではないか。柔軟な頭で思い切り好きなことを考え、夢のようなことでもやってきたのが、ここまで伸びてきた一つの基だと思うのです。これからの三〇年はあまり現状にとらわれずに、もっと壮大な夢をみんなが描いていいのではないか。そういう自分の目標を設定することが大事です。目標設定はわれわれにも責任がありますが、下から盛り上がってくる意見もどしどし出してください」

実際、彼は八二年五月の創立三六周年に際して、全社員に向けて「二一世紀にソニーはどうあるべきか。ソニーの**未来への構想**」という「提言」の募集を行っている。以下に見るように、やり方もなかなかユニークである。盛田の提言募集は、「ソニーの未来のため」の、三つのシンプルな問いで構成されていた。

①自分の部（部、事業部、事業所）は、いま何をなすべきか？

②自分の部は、何をなすべきでないか？

③自分の部は、何ができるか？

「皆さんの仕事の中に、普段、見落としている大切な問題がひそんでいるかもしれません」――彼は、そう呼び掛け、いくつかの例をあげている。

・技術関係では、将来、非常に**大きなビジネスになるかもしれない〝種〟がありながら、その可能性について本気になって検討されていない**ものもある

・**ビジネスのあり方も、今のままでいいのか。**ソニーは今まで、製品のOEMや部品の外販は、原則やっていないが、本当にそれで良いのかどうか

・生産部門では、本当にどういうことが、われわれとして最も勉強しなければならないことか。**生産の考え方そのものに変革が必要ではないか**

・販売部門も、流通のあり方が国内、海外でもどんどん変わってきている。**今までの販売ポリシーでいいのかどうか……**

自由な発想で直接の担当者として意見を充分に闘わせて、「部としての結論を提言」してほしい。それ

を経営トップが「真剣に受け止め検討する」というのだ。「部」についての提言となっているが、社員の一人ひとりに対して「ソニーの未来」のために、あなたは何をやるか、何ができるか、と問うことにもつながる。そして所属する部の具体的な手立てになるように、衆知を集めようとしている。みんなの力で、困難な事態を乗り越えようというのだ（募集の結果は後述）。

ちなみに、当時の世界貿易（共産圏を除く）は八一年に一二％減少。アメリカでは、八二年に失業者が一一〇〇万人、失業率は戦後初の二ケタに達し、財政収支と経常収支の「双子の赤字」が深刻化。世界は同時不況に陥っていた。この時代に、コンシューマー用のAV（オーディオ・ビジュアル）を世界に輸出（輸出比率は七割強）していたソニーは、大きな影響を被ることになった。

八二年度の売上は、前年対比で音響機器とテレビが減収、それをビデオの伸びが補って、増収になったが営業利益は二四％減。八三年度は、音響、テレビ、ビデオの三本柱が軒並み前年割れで、創業来初の減収（八％減）、営業利益も半減以下となった。この時、ベータの売上は一九九二億円と七％のマイナスであった。VHS全体の生産金額が一兆五一四〇億円で一八％のプラスだった（八三年度）ことを勘案すれば、ソニー経営陣の焦燥感は相当なものがあったに違いない。

八〇年代初頭に総合企画室が行った調査も、ショッキングなものだった。それによると、AVの需要一巡で、「コンシューマー市場は、停滞期に入りリプレースにとどまる。今後はコンポーネント（情報機器など産業用・業務用の電子部品）が成長軌道に乗る」という内容だった。

これに対して、経営陣は「ショックと反発」を覚えたという。「ショックは、コンポーネントを手がけていなかったこと。そして、コンシューマーは伸びないということへの反発だった」（岩城）。まさに戦略転換点が到来、新しい手立てを急がなければならなかった。

こうして、まとまった戦略の方向性は、次の二つであった。
①会社のビジネスを、ノンコンシューマー市場が一番伸びると捉えて、ここに乗り出す。
②キーコンポーネント（キーデバイス）を最重要戦略と位置づける。
そして、盛田は三つ目の方向性を付け加えている。
③新しい時代に即応した新しい考え方を、どしどし取り入れていく。
これについては、自らいち早く実践している。社内の大反対を押し切って、七九年に発売した世界初のヘッドホンステレオ「ウォークマン」がそれだ。八一年には、若者の間で爆発的なヒットになり、時代を画する商品に育ちつつあった。「コンシューマーは伸びないと言っても、ウォークマンがあるではないか」。社内をそう勇気づけ「反発」の原動力となった事例でもある。

技術のイノベーションがなくても、ライフスタイルを変えるような「マーケット・クリエーション」が可能であること。新しいチャレンジとイノベーションの方法を、トップが率先して示して見せたのだ。

やがて新しい戦略の方向性は、八〇年代の「黄金期」を形成していく。ソニーが「生まれ変わる」ために、盛田と当時の経営陣は何をやったか。さらに詳しく見ていこう。

起源（オリジン）の気風を吹き込む

「独創性（オリジナリティ）とは起源（オリジン）に戻ることである」。これはスペインの偉大な建築家アントニ・ガウディの言葉だが、八二年にソニーは「創立の頃の雰囲気を、もう一度吹き込む」（盛田）ことで、「新しいソニーに」生まれ変わろうとしていた。この年の九月二七日、盛田は東京・高輪のホテルパシフィックに、部課長と関連会社首脳を含めた一七〇〇名を集めて「部課長大会同」を行っている。

世界的不況のあおりもあってソニーは苦難に直面していた。AV分野で唯一伸びていたのはVTRだったが、VHS製品を持たないソニーは高い伸びを謳歌できていなかった。また、前年の八一年にアメリカで発売されたIBM‐PCは、インテルのMPUとマイクロソフトのOS（後のMS‐DOS）が搭載され、当初二〇〇〇台の予定が一〇〇万台の大ヒットへと、爆発的な成長を見せる。技術の波がデジタルへ向かってうねりはじめ、パソコンの普及がIT（情報通信）時代の幕開きを告げていた。

もともとソニーは、トランジスタでラジオをつくるという明確な目標を掲げ、シリコン半導体の生産技術を実用化して、デジタル世界の扉を開いた企業でもある。トランジスタをラジオだけでなく、テレビやオーディオなどに展開、その「マーケット・クリエーション」を実現してきた。

トランジスタで卓上計算機を世界で初めてつくったのも、ソニーである（六四年三月一八日に発表。シャープも同日発表）。その三年後にはIC（集積回路）による電子卓上計算機「SOBAX（ソバックス）」を二六万円で発売した。しかし、七二年に登場したカシオ計算機の「カシオミニ」一万二八〇〇円の価格破壊には対抗すべくもなく、七三年には製造を中止し、撤退している。

数十社がしのぎを削る過当競争から早々に見切りをつけたのは、「商売のうえからは短期的展望に立ったのは正しかったのだが、長い目で見ればこれはいささか失敗だった」、と盛田は後になって著書で打ち明けている。(8)「その時の私は、わが社の……将来への確実な見通しを欠いていたと言わねばなるまい。あのとき電卓の製造を中止しなければ、わが社はいち早くデジタルの専門技術を開発して、パソコンやオーディオ・ビデオの分野で他社に先んじることができたかもしれない」

AVが頭打ちになり、八〇年代にはじまった「情報化社会」(当時、流行った用語)へ、会社をどう動かして行くべきか。AVでもまだまだやるべきことがあるように思えた。ベータマックスでの体験も踏まえて、盛田はソニー創業期の起源(オリジン)の気風を、もう一度会社に吹き込む必要があると考えた。冒頭の「部課長大会同」の締めくくりで、次のように訴えている。

「**新しいことを勇気をもって試みる**という創立の頃の雰囲気を、もう一度吹き込みたい。……ソニーは、皆さんの努力で、世界に先駆けて、いろんな製品を出し成長してきました。同時に競争相手に、大きなビジネスを与えてきたことも事実です。全部を自分のものにする必要はありませんが、ソニーの努力と技術で生み出した製品の価値判断を誤ったことがあるのではないか。これは、トップはもとより、担当事業部、担当者が**その本当の意味が判らなかった**のではないか。われわれがせっかく、造りだした製品の価値を、われわれが認識して最大限に利用することが必要です」、とまず大きな反省を行っている。

「競争相手に大きなビジネスを与えた」というのは、家庭用VTRや電卓、半導体などを指しているだろうし、後に見るようにアップルのiPodもその一環だ。そもそもこの「部課長大会同」は、同じ年の五月に、盛田が全社員に向けて「自分の部はいま何をなすべきか、何をなすべきでないか、何ができるか」を考え、部としての提言をまとめ社長に提出してほしい、とする「未来への構想」募集(前述)に基づいている。

それは、「二一世紀にソニーはどうあるべきか」を「真剣に」考え、「見落としている大切な問題や、みなさんの中に埋もれている新しいテーマや芽を見つけ出し、方向づけする」ために、衆知を集めようという趣旨であった。その結果を発表し、再生を意識づける「大会同」というわけだ。

当日は、一五例の「提言」が行われ、会長・社長が総括するという一日がかりのものとなった。この部課長大会同での提言を踏まえて、盛田は「これからの製品は単一商品ではなく、システムとして発達していくものがたくさんある。一事業部、一セクションだけで、製品を開発できるものではなく、**総合力を集中しないと、完全な商品にならない**ものが増えて」くると総括している。

さらに「目標の設定の大事さ」を第一にあげ、「客層の変化に対応していくフレキシビリティ（柔軟性）」と、同時に「長期的な視点からのコンシスティンシー（一貫性）」を持ち合わせてほしいと訴える。続けて「**組み合わせること**」と「**システムにしていくこと**」の重要性を、開発、製造、販売などの部門毎に説いたあと、「新しいソニーをつくるために、ポリシー、フィロソフィー、目標を決めなければならない、と痛感しました」とまで語っている。

八二年は戦略転換の分岐点となった年で、ソニーの歴史のなかでも特に重要な位置づけにある。実はこの年の年頭方針で、日頃は温厚で寡黙だが慧眼の士でもあった岩間社長が、珍しく雄弁に語っている。盛田が指摘した「商品がシステム化していく」例を述べている（抜粋引用）。

「私はソニーの中期的ビジネス領域は、『AV&C』（AVとコミュニケーション）にあると思います。『AV&C』をコンシューマー製品から特機（放送・業務用などの情報機器）を含めて、**一つの総合システムとして捉える**ことです。『マビカ』（注：八一年にソニーが世界で初めて発表した電子スチルカメラ。アナログ記録方式だったが、後のデジタルカメラにつながる）は、単に従来のカメラの機能を代替するというよりも、たとえば写真を電話を使って電送するというような新機能にこそ、革命的な意義がある。ビデオディスクは、コンピュータと結びついて、たとえば教育機器として素晴らしい機能を発揮するはず。

われわれの製品群を『AV&C』の総合システムという視点から検討してみると、まだいろいろなものが不足している。……この『AV&C』の確立の中で必然的に生まれてくる高技術のデバイス、たとえばCCD（電荷結合素子）とか、AD／DAコンバーターIC（アナログとデジタルを変換する集積回路）なども真剣にビジネスとして推進したい。ビジネスの柱を増やすことが大変に重要で、新ビジネスの可能性の芽を探し出し、育て上げることをテーマの一つにしたい。現在の競争市場では、常に先手先手を打っていく必要がある。事業部は鋭いタイミング感覚を身につけてほしい。……さらに、商品企画からユーザーに至るまでのマーケティングを総合的統一的に、一貫して追求できる体制を強化しよう」

そして製造と販売の緊密で弾力的な連携、生産技術の開発設計段階からの取り組みと一体化……などに言及、「逆境をはね返して新しい成長」の波に乗ろうと、社員に熱く告げている。これは岩間社長からの、ソニー社員への最後の公式メッセージとなった。

分岐点と「片腕」の死

井深や盛田の影で目立たぬ存在だが、岩間がいたからトランジスタの実用化が可能になり、シリコン半導体の開発でも世界に先駆け、ソニーの破竹の進撃を可能にした。また後述するように、現在のソニーで、エレクトロニクスの稼ぎ頭にして技術者の矜持を支えているイメージセンサー（撮像素子）も、彼の大きな遺産である。岩間には、技術の本流を見通す洞察力があった。

その岩間社長は、八一年の秋頃から体調を崩して入退院を繰り返していたが、八二年八月二四日に結腸癌で亡くなった。盛田は「私の兄弟であり、仲間であり、片腕である彼を、六三歳の若さで旅立たせた癌を、運命を、恨まずにはいられません」、と慟哭している。

ソニーの初めての社葬が九月四日に執り行われ、井深は弔辞で岩間のリーダーとしてのあり方を、こう讃えている。「私どもは、世の中に存在しないことを意識的に選んで挑戦してきました。その道の専門家や特殊技術者がいないばかりか、生産方法は確立されておらず、製造機械もないところからばかりの出発だったのです。あなたはこんな難しいプロジェクトに平然として当たり、特別の人を求めることもなく、社内の人を上手に割りふって、新しい仕事をさせながら、それを通して多くの新しい専門家をつくり上げてくれました。その集積が今のソニーの大きな力となったのです」

さらに「ソニーがいつまでも、あなたから学び続けなければならない点」として、「それが厳しさでもなく、怒鳴りつけるでもなく、**多くの人がついて行かざるを得なくなるようにする、あなたの身についた、人を引っ張っていく方法**」があったと指摘している。(9)

改めて考えてみると、ここにはソニー成功のメカニズムの一端が示されている。つまり、ソニーには井深、盛田、それに岩間という、**人を動機づけることに卓越した、豊かな人間性をもった三人の経営者がいた**ということだ。もし岩間が健在であれば、ソニーは「AV&C」(後にコンピュータを加えて「AV&CC」となる)路線を、総力をあげて推進し、デジタルの領域で大きな存在感を示していたことだろう。彼にもう少し時間があれば、IT技術への基盤を築いたうえで、大賀(もしくは後継にふさわしい人物)

にバトンタッチしていたはずだ。そうすれば、今日のソニーの凋落はなかったかもしれない。ここがソニーの分かれ道だった。右へ行くか、それとも左か。八〇年代終盤になって、その分岐が表面化してくる。

「だからね、大賀さん。頼むよ」

社葬は、大賀が自ら歌を吹き込んだフォーレの「レクイエム」が流され、七二〇〇人の会葬者が岩間に別れを告げた。後継社長を選任する臨時取締役会が開かれたのは、当日の午後のことだった。

急逝した岩間の後を、誰に託すか。盛田の実弟である盛田正明、森園正彦、吉田進といった技術系出身の役員の名前があがり、井深は正明を押していたという。これには、〝同族支配〟批判を避けたい会長の盛田が肯かなかった。盛田と井深の間で悩ましい議論が続いた。が、結局、レコードに替わる大型商品「CD（コンパクトディスク）」の商品化を主導し、そのメドが立ったばかり（四日前に発表会を終えていた）の大賀に落ち着いたのだった。

「役員室に向かおうとするわたしを盛田さんが呼び止めて『あなたを社長にするから、よろしく頼むぞ』と一言だけ言われました」と大賀は語っている。(10)

取締役会に出席した若尾正昭（当時、取締役総務部長）によれば、実際はこんな感じだったという。「盛田さんは立ち上って開会を宣した。続いて盛田さんは『実は、私共としては、大賀さんを新社長にと考えたのだが。それについては実は』と話し始めた。その時、隣に居た井深さんが、さっと立ち上って言った。『いいんだ。盛田君』。井深さんはそのまま大賀さんの方に向き直って言った。『大賀さん。要するに、すんなり決まったわけではないんだよ。だからね』。井深さんはそこで大賀さんの手を両手で固く握って言った。『だからね。大賀さん。頼むよ』。出席者全員の胸に熱いものが走った[11]」

臨時取締役会を終えると、そのままパレスホテルでの記者会見に向かった。大賀は、「ソニーのブランド価値をさらに高めることが、わたしの仕事だと思います[10]」と隣りの盛田を喜ばせる発言で、社長デビューをした。当時五二歳の若さと東京芸大・ベルリン国立芸術大学出身の経歴は、異色もしくは異質な存在と世間には映ったことだろう。

本人も認めるように、大賀が社長として性根をすえてかかるようになったのは、八四年一月の一三時間半にわたる株主総会を経てからだった。八二年の大反省と分水嶺、八四年の禊を経て、ソニーは新たな段階に入っていく。七〇年代に仕込んだ種が、八〇年代に花開き「ゴールデン80's」へ向かって飛翔することになる。ウォークマン、CD、八ミリビデオ、CCD、三・五インチFDD（フロッピーディスクドライブ）……、あるいはソニー・プルデンシャル生命保険の設立、アメリカのCBSレコードとコロンビア映画の買収へ。エレクトロニクス領域の多様化と、事業分野の多角化が同時並行で進んでいく。

その様子は、これまで蓄積してきた可能性を一挙に解き放ったかのようにも見える。井深、盛田、岩間の薫陶を受けたベテラン幹部と、ソニーの「自由闊達」な企業風土に魅せられて入社してきた〝時代の才能〟たちが、その力を発揮するのである。

第4部

新しい文化をつくる、ウォークマン誕生、生命保険会社の設立、ハリウッドメジャー買収

第12章 技術のカン・市場のツボ

「アイデア」は独りではいられない

「アイデアは群れをなして飛んでいる」——。ケヴィン・ケリー（スティーブ・ジョブズに大きな影響を与えた『ホール・アース・カタログ』やエッジの利いた雑誌『ワイアード』の編集長を務めた）は、テクノロジーの進化生態学ともいうべき著書『テクニウム』[1]で指摘している。

「アイデアは決して孤立しては存在しない。アイデアは、補助的アイデア、間接的概念、支持的観念、基本的な仮定、副作用、論理的帰結、それに並行して続く可能性などと蜘蛛の巣のようにつながっている。アイデアは群れをなして飛んでいる。あるひとつのアイデアを知性で摑むことは、そうしたものの大群を摑まえることなのだ」

ケリーは「テクニウム」という自らの造語で、現在進行中のすさまじいテクノロジーの大変革の全貌とそれを推進する原理を捉えようとしている。「テクニウム」とは、テクノロジーのイノベーションが知性の力で自己生成していく世界と解釈できるが、一九七〇年代末から八〇年代にかけてのソニーもまた「テクニウム」の先端に居続けようとしていた。

盛田は著書『MADE IN JAPAN』で、「オプト・エレクトロニクス（光電子工学）、デジタル・テクノロジー、ビデオ・テクノロジー、レーザー・テクノロジーといった他の先端分野について言うならば、ソニーは他に抜きん出た技術を持っている。ただし、これを生かすも殺すも、ソニーの社員のイマジネーション次第である」と述べている。八六年段階での彼の認識である(2)。

そして自社と日本企業の先行きを見通したかのように、「勝敗は、**持てるテクノロジーを最良の形でどう生かすか**にかかっている。……われわれは豊かな土壌を持っている。これから十五年の間にここから何らの収穫も得られないとすれば、それは経営者の無能を証明することに他ならない」、と経営トップの力量を問うている。

それは「新しいテクノロジー、新しい開発、新しい製品のマネジメントをいかにすすめていくかということだ。……現在**分散された状態にある全社の技術力をひとつにまとめ、有機的なつながりを持たせた新しいシステムを作り出していかなくてはならない**。われわれはすでにこの方向へ向かって動きはじめている。……しかし今後は、もっと柔軟性に富んだ構造が求められるだろう」。ただし、具体的にどう組み替え・統合するかについては、「まだ誰も解答を持っていない」と指摘する。

「**テクノロジーに対するマネジメントが今後の勝敗を決定する**ことになる」と、ソニーとすべての日本企業が「重大な課題に直面している」と三〇年前に見抜いていた。

ベータマックスによるフォーマット統一の失敗、それに覆いかぶさったAV不況という危機に際して、盛田はソニーがそれまで蓄積してきた技術や〝時代の才能〟を、自由闊達に飛び立たせようとしていた。これまで見てきたように、社員を動機づけ、衆知を集め、一体となって、あらゆるアイデアを群れをなして飛翔させ、そこからホンモノを摑もうとしていた。エレクトロニクスのなかの多様化と、事業の多角化である。

もちろんすべてが成功したわけではない。七七年一〇月には、得意の磁気技術を応用した電磁調理器を発売、一般家庭用ブランド「Ｓｏｎｅｔｔ」と名付け（ソネットは現在「Ｓｏ－ｎｅｔ」というインターネットプロバイダとして残っている）、白物家電にも自前で進出した。七九年には子会社ソニー・クリエイティブプロダクツを通じて化粧品にまで手を出している。もっともソニーならではの特色が出ず、前者は撤収、後者はソニーグループから分離した。(3)

盛田は七九年五月の創立三三周年で、あくまで「エレクトロニクスがソニーの本業」としたうえで、社内でこう語っている。「本業をより強固なものにするために、本社を中心とした衛星企業群を持つというのが私の考えです。ソニーの技術力、販売力、経営能力のどれか。ソニーの知恵を利用できる分野があれば、それを利用し今後の発展性のある分野に進出しておきたい」

多角化によってソニーDNAの可能性を拓き、事業リスクを軽減させるという発想は、本業凋落後の現在のソニーを生保、エンタテインメント事業が支える構図を、結果的にもたらした。顧みれば、盛田の構想力が今日の危機をなんとか持ちこたえさせている。問題は、エレクトロニクスのMOT（Management of Technology：技術のマネジメント）のほうである。

二一世紀に入って、日本企業の間でもようやくMOTに「重大な」関心が寄せられるようになってきた。

盛田は早くからその重要性に気づき、社長の岩間（COOだが、井深が現役を退いた後では実質的にCTO＝最高技術責任者を兼務していた）に託した。

ここでは、現在でも質・量ともに世界トップとされるイメージセンサー（撮像素子）技術につながるキーデバイス、CCD（電荷結合素子）とそれを搭載したカメラ一体型の八ミリビデオの開発を、MOTの視点からポイントを絞って見てみよう。

八〇年の正月明け早々だった。第二開発部の森尾稔に電話が掛かってきた。「お前にお年玉をやる」と受話器の向こうで落ち着いた声が響き、岩間から直接の指示が飛び込んできた。「越智君がやっているCCDが結構使えるようになってきた。あれを使って小さなカメラ一体型ビデオレコーダーをつくれ」

森尾のチームは、メタルテープを使った小型VTRを開発していた。これに、半導体事業部の越智成之のチームが開発していたCCDカメラのキー・コンポーネント（キーになる構成部品）を組み合わせ、新しい商品開発をしろ、というミッションだった。森尾チームは、メタルテープという新技術で次世代ビデオのフォーマット（規格）をつくろうと燃えていたので、「カメラ専用のフォーマットじゃつまらないな」というのが、最初の正直な印象だったという。

確かに、当時はビデオカメラは、ビデオレコーダーの三％ビジネスと業界では見られていた。ソニーの売上に、ビデオカメラ（放送・業務用しかなかった）の項目が登場するのは八一年度で、一四〇億円となっている。同期のベータの売上一七〇六億円に比べ、八％程度の規模しかなかった。しかし、岩間の指示には経営者としての注意深い配慮がなされていた。

八〇年初頭は、まだベータとVHSがしのぎを削っている段階で、マーケット全体も伸びていた。ここで据え置き型の録画再生デッキに使える次世代フォーマットが出ると、市場が混乱し、ベータの売れ行きにも（次世代フォーマットにも）悪影響が出ることは避けられない。

だから、小さな「カメラ一体型ＶＴＲを作れ」とターゲットを明確にして、未開拓の三％ビジネスを切り拓くマーケット・クリエーション（市場創造）を求めたのだった。

これは後に一世を風靡し、新しいライフスタイルをもたらした「パスポートサイズ」の八ミリカムコーダーとして実を結ぶ。岩間が描いたビジョンどおりに、大きなビジネスの柱に育つことになる。「分散された状態にある全社の技術力をひとつにまとめ、有機的なつながりを持たせた新しいシステムを作り出す（前述した盛田の発言）例ともなった。

そこではキーデバイスへの投資を回収するために、基本的に外販しなかった部品もビジネス化へ積極的に乗り出していく。なにしろＣＣＤには、トリニトロン・テレビの一〇倍＝二〇〇億円という巨額の資金を投入した。まずは、そのキーデバイス、ＣＣＤ開発のポイントを、半導体開発を巡る「経営陣の苦闘」のドラマと絡めて見ていこう。

ソニー半導体部門の主任研究員、江崎玲於奈がエサキダイオードを発明したのは五七年のこと。「エサキダイオードの研究をやりたくて」六二年に入社した越智成之（後に執行役員常務）は、現在、ソニーが世界トップの実力を誇るイメージセンサー、その基盤となる〝電子の眼〟ＣＣＤ開発を担った。彼は、技術開発の現場で二つの大きな教訓を学んでいる。[4]

学術的には極めて高い評価を受けた「貴重なデバイス」（エサキダイオード）が、ソニー内部では、「商品としてのキラーアプリケーションを見つけられ」ず、製品開発がほとんど中止されていたことを知って驚いた。そこから一つ目の大事な教訓を得た。

キラーアプリケーション（普及の大きなキーになる魅力的な活用方法）が見つからなければ、製品開発の〝死の谷〟は越えられない――だった。

もう一つは、電子卓上計算機SOBAXからソニーが撤退した背景に、「MOS」（金属酸化膜半導体。低消費電力に特徴）の取り組みに「熱心でなかった」ことがあげられるという。半導体は、バイポーラ型とMOS型の二つに大別される。トランジスタラジオに使われたバイポーラ型（応答速度が速い）に「熱中したソニーのトップが、なぜあれほどデジタルのMOSLSIに冷淡であったのか」、と疑問を呈している。一方、カシオ計算機はMOSの量産で圧倒的な強みを発揮し、カシオミニで激しい電卓戦争に勝ち残った。そこから越智が学んだ二つ目の教訓がある。

「システム（電卓）とデバイス（MOS）は研究の両輪である」――だった。

MOS型に「トップ（筆者注：井深のこと）が冷淡であった」背景に、越智は「デジタル商品にソニーの将来の夢を描けなかったのかもしれない」と推測している。確かにソニーは製品開発のビジョン先行型で、キーになる魅力的な活用法をターゲットにすることで、デバイス開発にも集中してきた企業である。

本書の前段で述べたように、〝トランジスタ革命〟はソニーの製品開発に並行して走ってきた。感度の良いポケッタブル・ラジオを実現するために、高い周波数特性のトランジスタに挑戦し、テレビの定義を変えた「マイクロテレビ」では、製品のためにシリコン半導体の開発を決意した最初の企業となった。

製品ターゲットを設定し、先端技術を常に先取りしてきたソニーは、トランジスタの量産でも世界トップクラスだった。ところが六〇年代後半から半導体企業としては、他社の後塵を拝するようになり、MO

S型の開発では完全に立ち後れた。そんな「壊滅状態」から、今度はCCDの開発を通じて八〇年代に閉塞状況を一点突破。画像センサー分野では再び世界のトップへと躍り出て、新しい可能性を拓いた。

この間に何があったのか。特にMOS型で時代に後れを取った経緯は、ソニー内部でも長らく謎とされてきた。

越智とともにCCD開発を担当した川名喜之（元・中央研究所副所長）は、後年その経緯を詳らかにしている。(5) この川名の記述を基に、同社の将来を決めることになった半導体を巡るストーリーを、時間を少々巻き戻して紹介しておきたい。

それはCCDに到る、〝凋落そして再生〟のドラマであり、この会社のスピリットや経営のあり方を知る貴重な証言となっているからだ。

「トランジスタが製品を変える」が信条だったソニー。だが、アメリカで集積回路への技術革新が起きると、半導体の新しい時代の幕開きに胸ときめかした技術者たちに対して、井深は水を掛けるようなことを言い出した。

五九年に、アメリカでプレーナー型（平坦な形状で、半導体を積層し多層構造を容易にする）とIC（集積回路）が発明されると、井深社長は「Planar（プレーナー）やICをやらない」と社内で宣言した。理由の説明もなく、「半導体エンジニアは一様に落胆した」という。

川名は、次のように続ける。「その後の（井深の）言動から、大会社が総力を挙げて技術開発を行うような商品はやっても勝てないからやらない、という事であったように推察される。もちろん特許料（五％と高かった）も想定していた事であろう。しかし、それではソニーらしい独自の製品を出し続けられる基盤となる半導体に後れをとる事になり、会社の盛衰に関わる事になるという思いは半導体関係者としては一様に持っていただろうと思う」（注：括弧内は筆者）。

ソニーの半導体開発を自ら先頭に立って率いてきた岩間は、プレーナー技術が登場してきた時、「いよいよ最終的なトランジスタの生産技術が現れたか」と高く評価した。しかし、井深はこれに着手することを禁じた。当時、ソニーは世界初のポータブルテレビを引っさげ、家電のメインストリーム＝カラーテレビに乗り出そうとしていた。世界の家電界の巨人がバトルを繰り広げるこの市場で勝ち残るためには、ニッチ市場で戦うのとは次元の違う総力戦が要求される。

恐らく井深にすれば、カラーテレビと新世代半導体という二つの総力戦（二正面作戦）を展開できる資金力も体力もないと判断したのだろう。製品の肌触りがわかるアナログ技術に親和性を感じる井深は、当然のようにカラーテレビを選んだ。しかしこれは、あれか、これかの選択の問題ではなかったのである。テクノロジーの本流を見据えていた岩間は、堂々と反旗を翻した。

六一年暮れに、岩間は半導体部の組織改革を行うよう研究課長に指示をした。「少数精鋭主義でやれ。人数を極力絞り、半導体部内の適当と思う人物を誰でもいいから選べ。俺が認めてやる。一月一日発足でやれ」。こうして六二年元旦に、半導体部開発課が発足した。「井深があんなにＰｌａｎａｒ（プレーナー）はやるな、ＩＣはやるなと命じていたテーマを中心に据えてやろうというのであった。……しかし、何故堂々と社長に反抗するような行動がとれるのか……井深さんとの間はどうなっているのかと皆気にしていた」

この当時、岩間は常務である。川名はこう指摘する。「この基本的な技術を毛嫌いしていては会社の盛衰に関わるとして岩間は（副社長の）盛田に相談したのであろう。その上で半導体開発課の設置は岩間の強行突破だったのかもしれない」。世界を駆け巡って時代の変化を摑んでいた盛田には、岩間の見通しの正しさがよく理解できていた。だから岩間を精一杯サポートしていたのだ。

井深（カラーテレビ）と岩間（半導体）の対立

岩間は六三年には半導体の研究開発部隊を厚木工場に移し、六五年にはプレーナー型の生産も一部はじまった。この時、それを知った井深社長から「プレーナー型の生産をやめろ」という厳しい通達が届いたという。六五年と言えば、ようやくクロマトロン方式のカラーテレビ発売にこぎ着けたものの、工場原価が販売価格の二倍以上という恐ろしい採算割れで歩留まり改善のメドも立たなかった頃だ。半導体への井深の「無法な指示」は、悲鳴に近いものだったのかもしれない。

プレーナー型の生産は止まったが、六六年にICの開発に成功すると、岩間は新聞広告で「ソニーはラジオをIC化し、すべての製品をIC化する」との宣言広告までぶち上げている（盛田の了解がなければできないことだ）。

社内では、「ICには大きな投資が必要で、生産規模の競争になる」と否定的な井深に対して、「ICはいずれLSIに収斂する。価値を集積するLSIはソニーに絶対必要だ」とする岩間の見解が対立した。六七年三月には世界初のICラジオ（重量九〇グラムの超小型）をソニーが発売するが、二人の対立はその前の人事でひとまずの終息を見ていた。

六六年六月に、岩間は専務に昇格したが、半導体事業の担当から外れたのだ（岩間は厚木工場の仲間に「俺はクビになったんだ」と語っている）。代わりに社長の井深が半導体の担当となった。開発方針を巡る対立をハッキリさせようと言う井深に対して、盛田も押し切られ、「一つの決断として（やむを得ず）了承せざるを得なかったのではないか」と川名は見立てている。

その頃、カラーテレビの開発は〝死の谷〟を渡っていた。「井深さんが色の道に迷いソニーがつぶれそう」という風評が流れ、「責任をとって辞任」という噂まで社内を駆け巡った。それを盛田は、社内報の六七年新春号に大きく掲載した一枚の写真で、吹き飛ばしたことは既に述べた。二人のファウンダーが腕相撲に興じている有名な写真には、何があっても自分は井深を支え、共に苦難を乗り越えて行くというメッセージが込められていた。

さらに六八年には、ICで日本進出を狙うTIとの折半合弁会社をソニーは設立したが、設立記者会見でソニー側の全株を三年後にTIに譲渡するという〝奇妙な〟発表を行っている。これに関しては貿易摩擦との格闘の章で後述するが、日米で政治問題化することを避ける盛田の奇抜なアイデアだった。その合弁会社の社長に井深を押し立てている。

こうして概観してみると、次世代半導体への取り組みを巡る井深と岩間の「対立と互いの苦労」があり、その両者の間を必死に「調整」していた盛田の姿が浮かび上がる。

それでも、半導体の責任者となった井深社長の第一声は、「ICはやるな」だった。

「プレーナーはやらない。ICもMOSも、コンピュータもやらない」とした「井深の保守主義」はどこから出てきたのか、と川名も自問しこう答えている。「嘗てソニーを躍進させた原動力であった井深が技術的保守主義に陥ったのは、過去の経験に基づく会社経営の精神及び彼の発明家精神（大会社が総力を挙げてやるものには手を出さない。他社が追随できないものをやる）によるものではなかったかと思われる。しかし、技術の方向を見ている人には理解不能な保守主義と映った」

七一年に井深は会長となり、盛田が社長に就任する。その二カ月前に岩間は専務のまま、ソニー・アメリカ社長としてニューヨーク駐在となった。盛田の後を継ぐための社長教育の一環だった。

七三年七月に本社の副社長として帰国した岩間が目にしたのは、「かつての栄光が見る影もなくなっていた」ソニーの凋落した姿だった。岩間が半導体の担当を離れて、すでに八年の歳月が経っていた。バイポーラ全盛時代には世界第一級の半導体メーカーでもあったが、「ＳＯＢＡＸもＭＯＳＩＣも壊滅状態」で、後継者も育っていなかった。

越智は、自著の専門書『イメージセンサの技術と実用化戦略[4]』でそう指摘している。

ＳＯＢＡＸ撤退の後、ソニーのなかでは数少ないＭＯＳの研究者であった越智は、ＭＯＳ技術の傍らにあるＣＣＤに着目する。「半導体素子から画が出る」面白さに惹かれたのだ。前述した電卓戦争の教訓（「システムとデバイスは研究の両輪」）から、「カメラシステムとＣＣＤデバイスとの、同一組織での同時研究」を、中央研究所ではじめていた。

そこへ、アメリカから戻ったばかりの岩間が訪れ、「君たちもＣＣＤをやっておるのか」と問題意識を共有できるエンジニアたちを、見出したのだった。岩間は、ベル研究所でＣＣＤを発明したウィラード・ボイルとジョージ・スミス（ともに〇九年ノーベル物理学賞受賞）と直接会い、その将来性を見抜いていた。技術者としてだけでなく、経営者としても「CCDの戦略的重要性を、いち早く認識したのはトップのなかでは彼だけであった」と川名は記している。

中央研究所所長を兼任した岩間は、副社長の多忙な合間を縫って陣頭指揮でCCD開発に乗り出す。研究所には「これからは電気から光の時代になる。難しいからソニーは光をやろう」と光記録技術や化合物半導体に焦点を合わせ、CCDの特別プロジェクトを立ち上げた。ターゲットは、「五年で五万円のCCDカメラを商品化する」という、シンプルにしてきついものだった。

岩間は「**われわれの競争相手は松下や東芝ではない。コダック（Kodak）だ**」と絶えず語っていた。具体的な目標と、世界を相手にするインダストリー化へ向け、経営者の志を明示したのだ。

毎月必ず開発現場を訪れた岩間は、進捗状況を聴き対応を指示した。越智は「われわれCCDのメンバーがもっとも共感し、強烈に働いたと自負している。ソニートップとわれわれCCD技術者の利害が一致したと感じた瞬間でもあった」と述懐している。エンジニアや社員を本気にさせることができる時、経営トップと現場との間には〝共感〟の一致（フロー体験）がある。イノベーションの基盤である。

岩間の狙いは、それだけではなかった。「CCDが（実は）MOSLSIと同じ技術で作られていることに注目した。ソニーの半導体のMOSLSIに対する後れを取り戻す良いテーマになると見たのだった」（川名）。「CCDのためだけにやるのではない。（CCDをテコに主戦場のMOSを物にし）ソニーの半導体を生き返らせるんだ」（越智）と決意していた。

しかし、現実の進捗は遅々としていた。厚木工場からも多くのエンジニアを動員し、七五年に半導体開発部に拡充した。が、「欠陥のない・解像度が実用的な一チップのCCDカメラを作ることは、極めて困難な夢のような高度な目標だった」と川名は振り返る。開発費と設備投資額は毎年増え続け、プロジェクト中止を求める声がトップ（井深）から末端まで社内中に広がった。

越智は次のように書いている。「なかなかできないCCDに対して、岩間さんは周りからの圧力をはねつけるように『CCD投資のリターンは二一世紀でよい』とかばってくれた。一方、われわれに対しては『こんなものはもうやめた』と、猛烈なプレッシャーをかけてくる。岩間さんに止められると一巻の終わりなので、われわれ担当者は死にもの狂いで働き、何度か危機をかいくぐった」

七六年に、岩間は社長・COOに就任、井深は名誉会長となり経営の一線から退いた。この人事を行い、企業としての旗幟《きし》を鮮明にしたのは、会長・CEOに就いた盛田だった。

後に、初めて「しっかりした解像度の画が出たとき」、ポラロイド写真に撮って岩間の部屋に駆け込んだ川名は、「『ようやく、できたな』たった一言、そう言われました」。喜びと共にこんな事で気をゆるめるなよ、というニュアンスが、そこには込められていた、という。

七八年三月に初めて一一万画素のCCDを、小型軽量のカラーカメラに搭載して発表すると、岩間は「それ量産だ」と直ちに動き出す。中央研究所の開発部全員に、丸ごと厚木工場への異動を命じた。「研究所は完成度を上げてはいけない。**研究所が持ちすぎると、研究は腐る**」との判断だった。

その後も、歩留まりの悪さを巡る紆余曲折もあるのだが、「一個や二個はできるというメドが立ってきた」のが、前に述べた八〇年の「お年玉」の話しにつながる。

ソニーの半導体技術を一身に背負って推進してきた岩間は、社長在任のまま八二年に癌で亡くなった。CCDの量産に成功するのは、そのすぐ後だった。彼の墓石に量産第一号のCCDを貼り付けたのは、後継社長となった大賀だった。「こうして奇跡的にCCDはソニーで生き延び、その後のソニーを救うことになった」と川名は述べ、次のように教訓を綴っている。重要なので抜粋して引用する。

「先端技術にどう取り組むべきかについて井深と岩間は意見が違っていた。岩間は決定的な対立は避けながら、**やるべき事はやり通すという難しい道**を歩んだ。そういう強い意志を持った岩間がいた事が、会社にとって極めて重要であった。盛田は岩間の意見を取り入れながら、井深との関係を調整した。盛田もまた難しい道を選んだと思われる。それでも井深と盛田との間の深い相互信頼の気持ちが問題の解決に貢献したであろう。こうしてそれぞれに優れた個性を活かす事が出来たのは、人間的な信頼に加えて問題を解決する知恵と忍耐力によると思われる。

岩間が世界の技術の動向に常に目を向け、あらゆる手段を使って情報を得ようとしていたことも注目すべきである。経営者は何時でも正しい情報、特に技術情報が手に入るとは限らない。積極的な努力が必要かと思われる。……（そのうえで）**何をやればよいのかと考えるのが経営者である**と思う。……これから何が大切になるかを判断する能力が経営者には基本的に重要である。

……盛田は世界中を飛び回っていたから、世界がどう動こうとしているのかよく分かっていたと思われる。……**世界を見て回り、自分で情報を取り、自社の状況と合わせて、その中で何が正しい政策か**、分けても今のソニーに特に必要とされるものは何かを常に追い求める努力が必要ではないだろうか。盛田、岩間の姿からそれを学ぶべきではないかと思うのである。中でも先端デバイス、その基本の材料技術について、ソニー競争力の源泉であったその先進性を学ぶべきではないだろうか[5]」

カメラに搭載するため、森尾稔の手許に届いた最初のCCDは一九万画素だった（現在は、四二四〇万画素のCMOSイメージセンサーを搭載したソニーのカメラが市販されている）。「解像度は不十分な感じはしたが、カラーはきれいだった」。八〇年六月には、小型VTRと一体化したプロトタイプが完成した。

ソニーの国際会議場は、東京・高輪の邸宅地の一角にあって、ケヤキの大木が心地よい緑陰をつくっていた（一連のソニー村の売却で今はもうない）。ここに首脳陣を集めて、でき映えを確認し「どう普及させていくか」の会議が、日曜日の昼間に開かれた。

ジーンズ姿で現れた盛田は、実物を手にすると、すぐに目の前の庭園に出て自分で撮影をはじめた。「あの人はわれわれが用意したデモ用のテープなんか、興味がないんですよ。そんなの見たって、きれいに映っているに決まっていると。だから、**自分で撮って映してみて、初めて納得**される。その第一声で『こりゃあ、リアリィー・イノベーティブだな！』と言われた。『リアリィー』をつけて」。森尾は会心の笑みを浮かべて、そう述懐する。

だが、会議は延々と夜中まで続いた。結局、「わしが山下社長（松下電器の山下俊彦社長）に直接、話をしてくる。二社で統一規格にしよう」と盛田が締めくくってお開きとなった。だが、翌月曜の朝八時半に盛田に呼び出されて、上司の木原信敏と駆けつけると、「せっかくわれわれが開発したのだから、まず最初にソニーの名前で発表しよう」と変更になった。

「そりゃ、やっぱり僕らもそうですよ。ソニーが開発したのに、松下と共同開発ができました、なんて言うのは情けないじゃないですか。一晩眠って、エンジニアの気持ちを忖度《そんたく》するとか、ブランドのことなど、いろいろ考えられた結果でしょう。ソニーがこれをやった、と一度は言いたいという私たちの気持ちを、

共有してもらえたんでしょう」（森尾）

かくて、八〇年七月一日に、東京で岩間社長が、ニューヨークでは盛田会長が、日米同時発表で、CCDカラーカメラと超小型VTRを一体化した世界初の「ビデオムービー」（盛田の命名、後に「カムコーダー」となる）が公開された。

もちろんベータの反省を生かして、「これを叩き台にして一緒に新しい世界を開きましょう」と世界のメーカーに呼び掛けた。八二年には、松下、日本ビクターも巻き込み、日立、フィリップスとの五社で、カメラ一体型VTR「八ミリビデオ」の新フォーマットが共同提案された。これには、内外一二七社が参加し、八三年には世界統一規格が誕生することになった。

八〇年代のソニーの再生戦略は、次の三つにまとめられる。

①**ノンコンシューマー**市場が一番伸びると捉えて、ここに乗り出す。

②キーコンポーネントと**キーデバイス**を、最重要戦略と位置づける。

③新しい時代に即応した新しい考え方を取り入れ、**多角化にも躊躇しない**。

ここまで述べてきたCCDの開発は、②の最重要戦略に適っている。CCDというキーデバイスが、八ミリビデオと融合し、「パスポートサイズ」に象徴されるビデオカメラの新たな市場を切り拓いた。それだけではなく、出遅れたMOS技術もこなして今日につなげている。現在、同社のイメージセンサーは、「人間の目の限界を超える」という目標をクリアしつつある。

事業としても、カメラやスマートフォンから、メディカル、車載用などのキーデバイスとして業務用・

産業用に外販し、①のノンコンシューマー市場でもそれだけ大きな存在感を示すまでになっている（ただ競争も激しく、世界最大・超高感度のCMOSセンサーはキヤノンが一億二〇〇〇万画素を完成させ、サムスンも急速に追い上げている）。

③は破壊的なアイデアだったウォークマンや、生命保険などへの事業の多角化があげられる。その極めつけは八〇年代終盤のアメリカのCBSレコードとハリウッドのメジャー、コロンビア映画の大型買収だった。この映画会社の買収は、ソニーを揺るがす軋轢や問題を生んだ。だが盛田の真意は、**古い概念では捉えきれない、新しい思考回路をソニーのなかに取り入れる**ことだった（後段で詳しく述べる）。八〇年代のソニーは、テクノロジーと時代の才能を一挙に解き放ち、可能性の王国を築こうと挑戦していた。

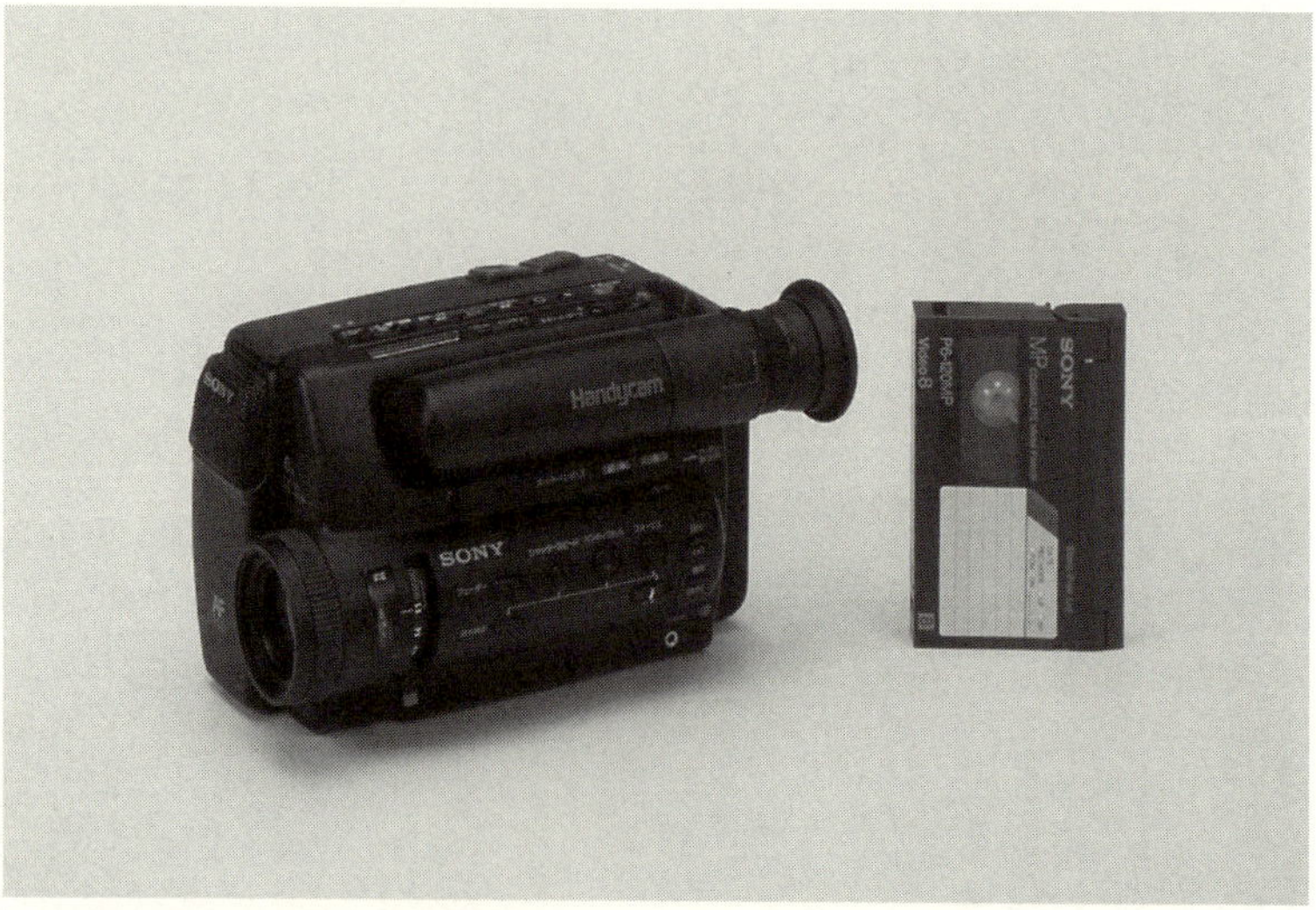

「手のひらに乗るビデオ」を目指して開発されたハンディカムCCD-TR55は、89年6月に790gで16万円で発売された。旅に持っていける「パスポートサイズ」を実現、5万台の初期ロットは2日で完売する空前の大ヒットとなった。マイクも内蔵されバッグに入れても邪魔にならなかった。

それは若いエンジニアの〝遊び心〟からはじまった

「こりゃすごいや！」。初めてその音を耳にしたとき、みんなが同じような感想を漏らしている。ウォークマンは、素直に音を聴いた人たちの〝驚き〟がつながって、開発のステップを駆けのぼっていった。世に喧伝されているウォークマン伝説がいうほど単純ではなかった。

伝説によれば、はじまりは井深名誉会長からの依頼だったとされている。海外出張の際に機内で音楽を楽しむために、初めて手のひらサイズを実現したカセットテレコ「プレスマン」（TCM‐100。七八年四月発売）に、「再生だけでいいから、ステレオ回路を入れてくれないか」と大賀副社長の部屋を訪れたのが、最初だという。

だが実は、それよりも前に別の動きがあった（伝説では、出張から帰国した井深が、盛田に聴かせたことが製品化につながったとされている）。それは、エンジニアの〝遊び心〟からはじまった。そして実際の商品開発は、こちらのルートからリンクが連なっていった。

当時、テープレコーダーを担当していた音響第一部では、売れ筋のラジカセ（カセットテレコとFM・AMラジオを一体化した商品）が、ラジオ部門に移された結果、次のヒットを探すべくテープレコーダーのステレオ化に必死で取り組んでいた。

そんな折り、音響第一部の浅井俊男という若いエンジニアが、「プレスマン」を改造（スピーカーと録音ヘッドを外し、ステレオ基板と再生ヘッドに置き換え、左右のイヤホン端子を取り付けた）、ヘッドホンで自分用に楽しんでいた。浅井の上司の高篠静雄が試しに聴いてみて、思わず口をついて出たのが冒頭の言葉だった。

それから間もなく、「浅井がおもしろいものをつくっている」という情報が、PPセンターの長である黒木靖夫に届く。このセンターは、デザインの主体性を確立するために、各事業部のデザイナーを集めて新たに設置されたばかりで、商品提案のために現場にも出入りして、製品開発に関する情報を集めていた（後述）。新しいネタを探していた黒木が、これに反応しないはずがなかった。試聴するなり冒頭の同じ言葉を発し、思わず「おもしろい」と叫んでいた。[6]

そのときの体験を、本人は「『運命』交響曲の出だしを脳天に叩き込まれた感じ」とやや大げさに表現しているが、当時はヘッドホンで音楽を聴くという習慣が一般になく、大出力のステレオ装置の迫力を、小さなテレコが生み出したことに正直、驚いたのだった。後に彼は、「ミスター・ウォークマン」としてマスコミに喧伝されるので、ベートーベン第五番「運命」の出だしも、あながち誇張だけではなかった。

脳内の神経細胞をつなぐシナプスのように、そこからウォークマンへ至る「こりゃすごいや」のネットワークが形成されはじめる。黒木が結節となって、音響第一部の大曽根幸三部長、そして会長の盛田へと、次々とシナプスが連結していった。

黒木は、井深と盛田に「浅井の改造プレスマンから一歩進んだ」原型モデル（プレスマンの兄弟機で、ヘッドが二チャンネルのBM－12から高篠がでっちあげたもの）を見せたところ、「二人は異常な興味を示した。しかし面白がり方は対照的だった」という（以下、黒木の著書『ウォークマンかく戦えり』から引用）。

井深：「ステレオはいま（二〇〇ワットとか）アンプの出力競争をしているけど、大出力の装置で大音響を出しても、鼓膜に届くのはほんの数ミリワットなんだ。ほとんどの音は壁と天井と床に吸収されてしまって、無駄になる。耳のそばでよい音が出ればそれでいいんだ。省エネ的にも省資源的にもすばらしい」

盛田：「いまの若い人は音楽なしでいきていけないんだよね。家や車の中にはステレオがあるが、外に出たとたんに音楽がなくなってしまう。ラジカセを外で聴くと迷惑がかかるし。いつでもどこでもいい音楽が聴けるようになったら、若者の必需品になるよ。ソニーはラジオもテレビもパーソナル化したから、今度はステレオをパーソナルにする番だよ」

七八年後半から七九年前半までの、まだ「ウォークマン」という名前さえなかった頃、そのテーププレーヤーの商品開発では、関わった人びとの反応は顕著に二手に分かれた。

素直に耳を傾けて「こりゃすごいや」と新たな可能性を感じ取った人と、後述するように「レコーダー（録音）機能のない、テープレコーダーなんて売れるはずがない」と頭で判断した人との違いが、ハッキリ分かれたのだ（大賀は「録音機能のないものは無理」というスタンスだった）。

盛田はさらに「ステレオをパーソナルにする」という自らの仮説を、いつもの行動観察で検証していく。対象となったのは、家族や周りにいた親しい人たちだった。現役の音楽家（ピアニストの中村紘子をゴルフに誘い、車中で本人の演奏をウォークマンの試作機で聴かせ、「盛田さん、これすごい」との反応に、プロの耳に応えられる製品だと確認）や経営者など。小林陽太郎（当時、富士ゼロックス社長）は、「今でも忘れられない」軽井沢での体験を語る。

「『トニー（小林のこと）、とにかく家に来てよ』と電話が掛かってきて、盛田さんの別荘に夫婦で伺うと、

『ちょっと、これ聴いてよ』と言われたのがウォークマンの原型でした。『すごい、音が綺麗ですね』と驚くと、『そうだろう、綺麗だろう』と笑みがこぼれる。

『これは新製品ですか。レコーディング機能は付くんですか』『それは付かない』『付かないで売れるんですか？』『うちの社員と同じことを聞くな』と。そして、盛田さんはこうおっしゃった。『付けなきゃダメだという社員も多いけど、僕はこの音の再生だけに特化しようと思う。他にないからだし、絶対にイケるという読みがある』と」

社長になって一年目の小林は、「商品や現物とかは、部下や専門家に任せっきりにする経営者が多いなかで（まして盛田はこのとき会長）、**トップ自ら自社の製品にここまで関わり、手で触ったり、他人の意見を聴いたり**する、そのリーダーシップのスタイルに深い感銘を受けた」、と言う。

この会話が行われたのは、七九年五月の連休なので、そこから三カ月ほど時計の針を巻き戻そう。盛田が、「自分も出席するから企画会議をやってくれ」と言い出したのは二月だった。

PPセンターの一室に、電話だけを引いた小さなホームベースがつくられ、そこに社内横断的に若手を集めて開発チームが顔を揃えた。原型をつくったエンジニアの浅井、メカ設計、原価計算、宣伝部員、デザイナー、それに大曽根部長、事務局を兼務する黒木の七人。

「さあ、始めるぞ」とやってきた盛田の第一声は、「学生に売るためには夏休み前だ。七月一日に売ろう」。これに対して若手たちは「それは無理です、四カ月では金型もつくれません」。値段の問題では「中高生を相手にするのだから三万円台だ」と主張する盛田に、「元のプレスマンは五万四千円もするんですよ。それを一万円以上安くするなんて、とても無理です」と原価計算の担当者が答える。

このあたりのやりとりは現場の雰囲気を伝えて面白いのだが、黒木の著書に詳しいので、そちらを参照いただきたい[7]。そこには、張り切ってやってきたのに、若手をうまく説得できなかったことを反省しながら、悄然と帰る盛田の後ろ姿も描かれている。興味深いのは、若手との間で自由な（遠慮のない）意見が交わされていること、それを怒りもせず受け止めて、どう納得させ・跳ね返すかを考えるために、一端引き下がった最高権力者の姿がある。

それでも七月一日発売という方針は変わらず、チームと製造部隊は四カ月で製品を出すという「無茶な」命題に突貫工事で取り組む。一方、価格設定を検討するために、国内営業を担当するソニー商事と打ち合わせをした大曽根に、「こんなの値段つけたって、録音もできないんだから、買う人なんていませんよ」、と営業部隊は「全然、聞く耳ももたなかった」。

しかし工場の現場では、二〇台ほどの原型を組み立てていたパートや若手が「これいいね」、「いくらで売り出すんだろう」と話をしていた。そのことを大曽根が、電話で盛田に伝えると「そうか、そういう人たちはいくらだったら買うか、聞いてくれないか」と言われ、確認すると「三万円だったら、すぐに買いたい」という人が一番多かった。盛田は、「やっぱりそうか。三万円なら売れるんだな」と得心したような声が返ってきた。

盛田会長がクビを賭けた「ウォークマン」

開発チームの会議で、盛田は価格を「三万三〇〇〇円に決める」と表明した。設定理由を聞いた黒木に

「今年はソニーの創立三十三周年だからな」と答え、ハッハッハと笑ったという。大曽根によれば、秋葉原の割引率（その頃、ソニーは一割引、松下、東芝は二割引）から決められたという（一割引いて三万円弱になる）。このとき、盛田は価格設定のツボについて語りはじめた。

「こういう全く新しい商品、見本も参考にするモノもない、こういう商品には〝値頃感〟というのが特に大切だ。このモノだったら、いくらなら売れるのか。モノには値頃感がある。ついでに言えば、**どんないいモノでも『いいけど高い』、これは買わないよ。『高いけど、さすがだな』というのは買ってくれる。**このニュアンスは、月とスッポンだぞ。値付けはこの呼吸が勝負なんだ」

まったく新しい商品は、認知されていないから高ければ手も出してもらえない。手を出して（聴いて）もらえれば、「こりゃスゴイ」＝「さすがだな」と実感してもらえる。そのためには手を出せる値付けがキーで、そこからお値打ち感が生まれるというわけだ。さらに、こうも付け加えた。

「担当者が原価計算したって、それは今の原価であって、大量に売れたときの原価なんて判るべくもない」。

ちなみに、ウォークマンの原価計算は、最初は四万八〇〇〇円だった（この原価と価格のツボに関しては、後述のCDで再度触れる）。盛田は一端、決めたとなると、次から次と「じゃあ、こうすればいい」、「あすればどうか」とアイデアを出していったという。

プレスマンの金型を九分通り転用するという案で、原価は三万四八〇〇円まで下がる。それでも赤字になる。「最低何台くらい売ったら、元がとれるんだい？」と尋ねる盛田に、「世界で売って三万台行ければ」と大曽根。

そんなやりとりの間に、「あいつら会長まで担ぎ出して、こんな半端な商品を売らせようとしている」

という声が、営業部門で高まっていた。国内営業は八〇〇万円をかけて市場調査を依頼。結果は、「音楽は再生できるが録音はできない。ヘッドホン以外では聴けない。そういう商品は誰も買わない」というものだった。提出された調査資料に、盛田は激怒したという。

「ソニーにとって、市場はサーベイ（調査）の対象じゃないんだ。クリエイト（創造）する対象なのだ。**全く新しい商品を出すということは、新しい文化をつくるということ**なんだ」。大曽根はこの言葉が今でも忘れられない。

さらに、関わった全員を揺さぶる発言もしている。「なんとしてでも三万台を売らないことには、元がとれないから会社としても困る。もしこれが売れなかったら、会長としてもやっていけないのだから、**会長のクビを賭ける。**売れない場合は、会長を辞めてもいい」

その一言に、「営業もクシュンとして、大

ウォークマン発売10周年記念で89年に撮られた写真。大曽根幸三・オーディオ事業本部長が手にしているのが第1号機、盛田が持つのは当時の最新製品。休みなく、アイデアを製品化し、「一度もトップの地位を明け渡したことがなかった」。

将がそこまで言うのだったら、とにかく営業活動やりましょう」と動き出した。「われわれにしたら、一〇〇万人の味方を得たみたいなもので、よく言ってくれた」と喝采をあげたが、その後から不安も襲ってきた。

「でも本当に売れなかったらどうしよう。会長は辞めるだろうし、俺たちも東芝か松下に行くか。でも関西弁が苦手だし……」、と万一の場合の〝脱藩〟も覚悟して、まなじりを決したという。

大きな成功を収める商品には、必要な出会いを呼び寄せる勢い（力）がある。「小さくて軽いポケッタブルなパーソナル・ステレオ」には、ピタリとフィットするヘッドホンが相応しかった。

ヘッドホンをつくっていたTD（トランスデューサー）部門が、軽く装着感を感じさせない製品をつくろうと〝ゼロフィット・プロジェクト〟をスタートさせたのが七五年。その動きとは別個に、技術研究所ではエンジニアの掃部《かもん》義幸が、超小型スピーカー（いい音を保ちながらスピーカーはどこまで小型化できるか）の研究に熱中していた。

掃部が行き着いたのは、振動板を鼓膜に一挙に近づけたインナーイヤータイプ（「N・U・D・E」という商品名で八一年に発売）で、この画期的なヘッドホンを商品化するためにTD事業部に移ったが、当時としては余りに革新的なため、「補聴器と間違われかねない」との判断で、時機を待つことになった。

そこで、前段階として開発されたのが、それでも世界最軽量だった四五グラムの「H・AIR」である。ヘッドホンといえば、お椀を左右に配したような厚ぼったいものしかなく、重量も三〇〇グラム以上が相場だったから、「十分、翔んでいた」。その発売が七九年九月とメドが立った矢先の三月のことだった。「降ってわいたように、ウォークマンの話が持ち込まれた」という。

ウォークマンと「H・AIR」の開発チームは、「互いの動きをまったく知らずに、別々にやっていた」のだが、盛田が二つをセットにして七月一日に発売するように指示した。掃部は、発売時期を二カ月も早められ、「戦場のような忙しさ」に見舞われたが、「このヘッドホンとウォークマンの神がかり的な巡り会いが、まさにソニーなんだなと思った」と語っている。(8)

月刊誌のグラビアで見開きを一杯に使って、当時の人気歌手・西城秀樹が、腰にウォークマンを付け、音楽を聴きながら短パンでローラースケートをする写真が巷の話題をさらった。確かに、軽快なそのシーンにはエア（AIR）のように軽い四五グラムのヘッドホンしか似合わなかっただろう。『月刊明星』が新しい若者文化の象徴として、ローラースケートとウォークマンを取り上げて以降、最初は余り関心を示さなかったマスコミが、堰を切ったように紹介するようになっていく。

その司令塔となったのが、宣伝部長だった黒木だが、そもそものきっかけは、ウォークマン発売の約一年前に（七八年六月）、「デザイナーをひとつにまとめて新しい仕事をしてみたらどうか」と盛田に言われたことに遡る。黒木は千葉大の工業意匠科を卒業しているが、社会に出てからは宣伝とショールームを担当してきた。したがって「商品知識やエレクトロニクス技術を知らないから、デザインの役には立たない」と一度は断っている。

そんな彼に、盛田は「Go for Broke! 当たって砕けろ、だ。失敗したら元に戻ればいい」、と説得した。黒木は、腹をくくって意匠部をつくり、各事業部の下部組織だったデザイナーを集結させた。そこでは、「売れる商品とは何かを、デザイナー側で考えてみよう」という意識改革と、商品企画の流れを変える試み（先にデザインありき）を、はじめた。[9]

「**デザイナーをマーケターにする、デザイナーが商品企画をする**」という趣旨を徹底させるために、五カ月後には意匠部を「ＰＰセンター」と改める。ＰＰとはプロダクト・プランニングの略で、名付け親は岩間社長だったというから、盛田と岩間が黒木に託したかったのは、新しい商品企画を生み出す**クリエイティブ機能**だった、といえる。

もっとも、本人は「わざとスペル・アウトしなかった。ＰＰとは何の略でもないことにした」と著書に書いている。デザイナーを集め、組織改称に伴って「エンジニアやマーケティング担当を加えても百数十人にしかならない組織に、プロダクト・プランニング・センターと名付けるのは、気恥ずかしさもあり、おこがましくもある」という理由からだ。

だが、黒木が本心でそこまで、けなげであったかどうかは判らない。ソニー・デザインの原点を構築したと自負する大賀副社長との、デザイン感覚を巡る対立や激論もこの頃から始まっている。つまり、はじめは表だって大々的にしたくなかったのだろう（ウォークマンの成果を得て、後に商品本部、さらにクリエイティブ本部に改称している）。それでも会議室で、灰皿が飛び交うような激しい議論が、この会社のデザインや戦略を活性化させ、際立たせていた。

ネーミングを巡っても話題は尽きない。「アレにはいい名前をつけなければ」と思案を重ねていた盛田が、海外出張から帰ってくると、黒木がやってきて「ウォークマンという名前にしました」と報告に来たという。『『変な名前だなぁ。もうちょっといい名前はないのか』と聞くと、『もう手遅れです。パッケージもポスターも全部、ウォークマンで進めてますから変えられません。我慢してください』とそう言うんです」、と盛田は回想している。(10)

実は、宣伝部とデザイン部門を中心にネーミングの募集が行われ、一〇〇を超える名前が集まった。結局、母体となった「プレスマン」から、歩きながら音楽を楽しむ「ウォークマン」を提案した宣伝部係長の河野透の案を、黒木が採用した。WALKMANのAの文字にスニーカーを履かせた有名なロゴも、このときつくられた。

ところが、「ウォークマンなんて英語じゃない」とソニー・アメリカでは「サウンドアバウト」、誇り高い英国では独自の「ストーアウェイ」、密航者（ストーアウェイ）なんて嫌だとスウェーデンでは「フリースタイル」、と同一商品が四つの名前で（いずれも商標登録）発売されてしまった。

しかし、「英語じゃないウォークマン」のインパクトが強く、外人の指名買いも多いことを確認したうえで、八〇年四月の全米のソニー・コンベンションの会場で「今後は、世界中すべてウォークマンに統一する」、と盛田は宣言している。現在販売中の商品の名前を変えるという、前代未聞の決定を、CEO権限で実施したのだ。

この意思決定の背中を押したのは、ミセス盛田だったことにも触れておきたい。良子夫人によれば「三つも四つも名前が分かれるのは、やめてください。根っ子は一つじゃないとダメです。ソニーだって、初めはおかしい名前だと言われたじゃないですか。それが今では、これだけメジャーになったのですから。ウォークマン一本にしましょうよ」、と強く後押ししたという。

八二年一二月、英国王立芸術院で東洋人で初めてアルバート勲章を受章した盛田は、スピーチでこう語って喝采を浴びた。「ソニーはいろいろ新しい製品をつくってきましたが、実は製品だけに限りません。言葉もイノベートして、ウォークマンを英語にしてしまいました」。現に、最も権威あるオックスフォード英語辞典に「ウォークマン」が詳しく掲載され、彼はそれが「なによりうれしかった」と述べている。

ウォークマン一号機は一五〇万台の大ヒット。八一年に発売された二号機は二五〇万台の爆発的ヒットとなった。発売以来の累計は、一〇年で五〇〇〇万台、二〇年で一億八九〇〇万台、まさに地球を覆うインダストリーを生み出し、若者文化の象徴となった。

改めてウォークマンを振り返ると、自分がほしいものを、自分でつくって楽しむ（今でいえば、３Ｄプリンターなどを使って自分でほしいものをつくるメーカー・ムーブメント）――そういう**エンジニアの遊び心が、最初のきっかけ**だった。そうした、ソニーのなかで「群れをなして飛んでいるアイデア」を、感度の鋭敏な人間がつかみ、次々とネットワークをつないでいった。その動きが波紋を広げ、セレンディピティ（思いがけないものを発見する能力）や、シンクロニシティが働いて、個別に動いていたものが、核となる人物の周りに引き寄せられるようにして凝集していったのだ。

そのようにして、画期的な技術を伴わなくても**既存の技術とアイデアの組み合わせで、イノベーションが実現できる**ことを、盛田は目に見える形にして示した。

大曽根（後に副社長）は、「発売以来二〇年間にわたって、一度もトップの地位を明け渡したことがないのが、ウォークマンだった。それは新しい機種が出るたびに、『さすがだ』と言われることを目指して、がんばってきたからだ」という。二〇〇〇年に大曽根は、アイワの会長としてソニーを離れる。アップルがｉＰｏｄを発売するのは、その翌年のことだった。

CDは「危ない一本橋」を渡ってやってきた

「石もて追われた」その日のことを、大賀は「昨日のことのように覚えている」とよく語っていた。それは八二年四月の出来事だった。エーゲ海を見渡せるギリシャ・アテネ近郊で開催されたレコード業界の国際会議（IMIC）総会には、世界のレコード会社の首脳たちが集まっていた。

そのちょうど一年前、ザルツブルク音楽祭で指揮者のヘルベルト・フォン・カラヤンが音頭を取って、ソニーとフィリップスが共同開発したCD（コンパクトディスク）が世界に披露された。以来、レコード業界ではこの新しい記録メディアが問題となり、当日の重要な議題に上っていた。

最初にソニーの技術者が、会場の試聴用にCDでカラヤン指揮のムソルグスキー『展覧会の絵』とモーツァルトの『魔笛』を流すと、「クリアでキラキラするような音」（燦然と輝く「燦」の字が好きだった大賀らしい表現）に満足しながら、本人は「圧倒的な支持が得られると確信」していたという。

ドイツ語に比べ英語がさほど得意でなかったせいか、マイケル・シュルホフ（後にソニー・アメリカ社長）[11]がCDの説明を行った。「ソニーとフィリップスは、共同開発したデジタルのプレーヤーをこれから世界に普及させます。私どもは自信をもってこの革命的なレコードを、皆さまにお勧めします」。その直後から「猛烈な反対意見」が、次々と飛び出してきた。

「だまされてはいけない」、「我々には長年築いてきたLPレコードというビジネスがある。すでに多額の投資もしてきた。ユーザーも満足しているんだ。なぜ、それを捨てなければならないのか」、「（CDは）

需要に結びつくのか、わからない」、「ソニーとフィリップスを儲けさせるだけではないか[12]」。

会場は、罵声と抗議でたちまち「反（アンチ）CD」で固まった。「誰一人として賛成の声はなく、我々の片方の親会社であるCBS（ソニーは米CBSと折半出資でCBS・ソニーレコードを六八年に日本で設立していた）でさえ、アンチ側に加わっている。私たちは、反対の大合唱のなかを皆に蹴飛ばされるように、石もて追われた。這々《ほうほう》の体《てい》で会場を逃れ、アテネの港町のレストランで、失意の余り呆然としていたことを、私は鮮明に覚えていますよ」

「それが今ではどうですか。世界のレコード会社は、CDのおかげで一段と大きなビジネスを実現できたし、二一世紀まで残るメディアを、音楽業界は必要としているという我々

1981年4月、ザルツブルク音楽祭でCDが世界で初めて披露された。プレーヤーのデモ機のボタンを押したのは、音楽祭の総監督を務める指揮者のカラヤンだった。彼の右で説明する盛田会長とその隣が大賀副社長。

の訴えに、間違いがなかったことが証明された」。現役の社長だった時代に、そのくだりをバリトンの声で、オペラでも歌うかのように、大賀は朗々と物語るのが好きだった。

CDは人びとや業界にとってはもちろんだが、ソニーにとっても大きな意味を持っていた。製品開発のプロデューサーとして大賀に脚光が集まりがちだが、CDは八〇年代のソニーが抱えていた多くの人材の総合力によって、初めて実現できたプロジェクトだった。

マーケットへの普及やインダストリー化では、盛田が決め手となる重要な役割を果たしている。さらに、岩間やデジタルに反対だった井深の力添えも見落とせない。キーになったエンジニアたちが事業部を超えてヨコに連携したこと。フィリップスやCBS・ソニーレコードとの協同作業、シャープや富士通をはじめ蒲田や品川の町工場にまでまたがった開発のベクトルが、いい案配で合致したことも大きかった。

業界や社内のアナログ推進派の大反対を押し切って、「本当に危ない一本橋」（大賀）を渡り切り、ソニーが世界で初めてのデジタル（オーディオ）メディアをモノにできたのは、技術と経営と市場の、それぞれカン・コツ・ツボの三拍子が見事にシンクロナイズできたからだった。

それはまた、ソニーの八〇年代後半の黄金期を築いた成功のメカニズムを、浮かび上がらせる。まずは、CDの製品開発のプロセスからみていこう。

NHKで音響研究に打ち込んでいた中島平太郎（NHK放送科学基礎研究所所長）が、「物づくりは楽しいぜ、来なよ」と井深に誘われ、取締役・技術研究所所長としてソニーに入社したのは七一年六月のこと。二カ月後には音響事業部長まで押しつけられ、民間企業のオン・ザ・ジョブ・トレーニング（OJT）

の洗礼を浴びている。早速取り組んだ「四チャンネル・ステレオ」や「エルカセット」[13]の事業化に失敗し、民間企業の厳しさにカルチャーショックを覚えながらも、中島は（七二年には常務として遇されていたが）、必死にソニーを学び・技術開発に食らいついていく。

　技術研究所は、中島の設計で無響室も備え六階建ての建屋として新しく完成した。が、ここは「表向きアナログオーディオの研究を推進する殿堂である」、と本人は著書『次世代オーディオに挑む』[14]に書いている。「表向き」とあえて表現しているのには、理由がある。

　この頃ソニー社内にはデジタルへの逆風が吹いていたからだ。七三年には例のＳＯＶＡＸから完全撤退し、デジタル技術に必要なＭＯＳ半導体の開発もストップした。それゆえ、中島がはじめたデジタルオーディオへの取組みは、新装なった技術研究所で、ひっそりと始められたのだ。

　中島の夢は、「よい音を追求するためにデジタル技術を使う」というＮＨＫ時代のアイデアに遡る。その埋もれ火を燃え上がらせたのは、研究所まで用意するという破格の待遇でスカウトしながら、デジタル化に反対していた井深だった。反対の論理はこうだった。

「（ラジオだってトランジスタが増えれば増えるほど音は悪くなる。）とんでもない大型のＬＳＩを使い、何千という回路と難しい技術を駆使しなければならないディジタルを、なんでオーディオに使わなければならないのか。オーディオの本質であるシンプル・イズ・ベストから外れる」[15]。さらに、中島自慢の無響室についても、こんなことを述べている。「音を評価するのに無響室のような所で、周波数特性のようなものを見てやっているから、ちっともいいものができないのだ。そういうやり方は忘れてしまって、出てくる音を、耳を頼りに評価し、開発したらどうか」。そして、さらに（あなたはオーディオで）「音を聴いているのか、音楽を聴いているのか」、と突っ込んできたという。

人間として技術にどう取り組むかが、鋭く問われた場面だ。井深は、**人間の身体性や五感の感覚**（後に第六感の研究まで行っている）**を基軸にしなければ、ユーザーの心に響く製品はできない**、と語っているのだ。彼はアナログに止まっていたというよりも、人間の本性に根ざすことを求めている。デジタル社会の現在に翻案すれば、〝**デジタルを超えた向こうに新しいアナログの地平を探せ**〟――と言いたかったのではないか。その大切さを、中島は人間の共通感覚として受け止めることができたエンジニアだった。

「音を聴くのか、音楽を聴くのか」。この一言が、「私の中にくすぶり続けていた『ディジタルオーディオ』への埋もれ火を燃え上がらせることになった」と原点を打ち明けている。

創業期に、井深や盛田を厳しくウォッチしていた田島や前田、万代といった長老・顧問たちのように、井深は自分の関心領域で直言居士であろうとしていた。こうしたメンター役として、技術者やマネージャーを刺激し奮起させるのが、**長老や取締役の重要な役割**でもある。

さて、ひっそりとはじめた研究は一年後に試作ができたが、期待した「よい音」そのものが出ずに行き詰まった。それを打ち破るのに貢献したのが、七五年に発売されたVTR「ベータマックス」だった。

デジタルで「よい音」を記録再生するには、アナログの約八〇倍、二メガヘルツほどの周波数帯域が必要となることから、中島は頭を抱えていた。それならば、「ベータを使えばいい」と閃いたのが、技研で信号処理を担当していた若いエンジニアだった。ビデオには六～七メガヘルツもの帯域がある。ビデオ映像の代わりに、音声をパルス信号としてデジタル化し、そのコードをテープに記録するというアイデアだ。そうすれば、新たなメカの開発は不要になり、しかもコストは格段に安くなる。

ベータをそのまま活用した世界初のデジタルオーディオPCM－1が、発売されたのは七七年九月。それまで、さほど関心を示してこなかった盛田は、完成した同機を見たとき「これは、いける」、と即座に判断したという。価格が四八万円と高く（記録用にベータも必要だった）、販売台数設定には慎重だったというが、このときから「デジタルオーディオ」をどう普及させるか、観察と仮説設定を繰り返す盛田の〝マーケティング脳〟が回路を形成しはじめる。それは八年後に大きな成果をもたらすのだが、その前にCDに至るプロセスをもう少し見ていこう。

PCM－1は最初に用意した一〇〇台が、オーディオファンや業務用に数日で売り切れたが、「クリアな音」に対する「熱狂的な評価と、圧倒的なトラブル」に見舞われた。(16) 一〇〇台に対して二〇〇件のクレームが殺到したという。「俺はまたPCMでクビになりそうだ」とつぶやく中島の声を、そばにいた土井利忠（後述）は耳にし、「クビを覚悟で挑戦しているのか」と心意気を感じている。だが、このクレーム体験は、電磁ノイズ対策や雑音の信号処理方式の設計ノウハウとして蓄積され、CDの開発に活かされることになった。さらにベータではなく、放送局用のUマチックビデオを使ったプロ仕様のPCM－1600も完成し、世界の録音スタジオのデジタル収録マスター機として定番になっていく。

そんな折りに、強力な助っ人が現れた。ベルリン・フィルハーモニーの常任指揮者で「帝王」とも呼ばれていたカラヤンだ。七七年一一月の五回目の来日公演の際に、かねてから親交のあった盛田邸を訪れた。

ミセス盛田（良子夫人）によれば、「カラヤンと主人がなぜ親しくなったかというと、主人は音楽家ではないのですけれど音楽が大好きで、一方、カラヤンは機械がもの凄く好きな方。ですから、大賀さんだと音楽の話になって、ぶつかるわけね。主人は音楽のプロではないですから、好きな機械の話に夢中になれるの。ですからカラヤンは、来日すると必ずうちに来てくれて、『ソニーは今度、何を出すのか、新しい機械をみたい』と。海外出張のときでも、カラヤンに会う機会があれば、必ず主人が自分で新しい機械を選んで、持っていって説明していました」。

その日は盛田邸で、カラヤンを歓迎する趣向として、プロ用のPCM－1600で録音したリハーサルの演奏を、発売したばかりのPCM－1用に変換して音を流した。すると、「マエストロはムッと不機嫌になり、「血相を変え」て、怒り心頭に発したという。

了解もなく演奏を収録し、それを断りもなく流したことを、中島は「平謝りにあやまった」。が、その間、「通訳のインターバルにも流れる音に耳をそばだてているマエストロの顔に、しだいに興味というか驚きのような表情が現れるのが見てとれた」。やがて、「機械好きな白髪の好々爺《こうこうや》」に戻ったカラヤンは、「これは、まったく新しい音だ。将来を拓《ひら》く音だ」と賞賛し、「この録音システムを自分の仕事場に設置したい」と言い出した。(17) 音楽界の帝王が絶賛したというニュースは、たちまちソニー社内を駆け巡り、デジタル反対派のトーンは一挙にダウンした。しかし、デジタルオーディオ・メディアを巡る本当の闘いは、むしろここから始まった。

ソニーにしかできなかった——カン・コツ・ツボ

デジタルオーディオのメディア（記憶媒体）が、ベータマックスの磁気テープから、光ディスクの円盤に切り替わったのは、世界初のデジタルオーディオPCM－1のトラブル体験が引き金になった。テープの目詰まりやヘッドとの接触の具合が悪いと雑音が発生、クレームが殺到した。

技術研究所所長の中島は、「デジタルでよい音を実現する」という夢のためには、信頼性のあるオーディオ専用のメディアを持つ必要に迫られた。着目したのはディスクだった。

「次の時代にソニーが持っていなければならない技術」に「オプトエレクトロニクス」（光電子工学）をあげていた社長の岩間は、中島との会話からオーディオディスクの可能性を一瞬で理解したという。その場で、ディスク開発部の宮岡千里部長に電話し、「メンドウをみてやってくれ」と指示を出している。[18] 実は、ディスク開発部ではビデオディスクの開発に血道を上げていた。そのため技研からの依頼（オーディオディスク）はいつも門前払いだったのだ。

ようやくディスクの入り口にたどり着いたが、当初は、映像の光ディスク（レーザーディスク）と同じ三〇センチの円盤で開発を進めていた。そこにフィリップスが、ポケットに入る一一・五センチの小さな光ディスクを持ち込んで、共同開発を打診してきた。フィリップスが最初に声をかけたのは、技術提携先の松下電器とされている。松下が乗らなかったために、ソニーにお鉢が回ってきた。

この場合、テクノロジーは正しい選択をした、と言える。そうでなければ、現在の一二センチのCDは存在しなかったかもしれない。なにより、世界のレコード業界やアナログのオーディオ事業関係者の大反対を向こうに回して、新しいメディアを世界に普及させるという力業は、ソニーにしかできなかったに違いないからだ。

大賀副社長のような音楽家出身で、アクの強い経営者が総合プロデュースし、会長の盛田が全面的にバックアップし、デジタルオーディオの夢を追っていた中島をはじめ、エンジニアたちが知恵を振り絞ったから、実現できたことだ。CBS・ソニーレコードという高収益のソフト会社を傘下に持っていたことも大きい。ここからは、いかにそれを成し遂げたかを、三つのポイントでまとめ直してみたい。なお、CDの開発・製品化の細かなストーリーは、ソニーの社史『源流』に描かれているので（同社ホームページにも掲載されている）、そちらを参照いただきたい。

ここでは、①技術のカン、②経営のコツ、③市場のツボ、の三点に絞って見ていこう。

①技術のカン——方向を見通す

七九年六月に、フィリップスとの共同開発が正式決定されたが、フォーマット（規格）を策定するに当たって、両者のコンセプトの違いから意見が激しく対立した。

フィリップスは、「イージーリスニングでポピュラー音楽を念頭に」置き、主な用途としてはカーオーディオを想定していた。当時、カセットテープが車載用にも普及し、ディスクの直径一一・五センチは、カセットの対角線の長さから決められた（自動車のダッシュボードに入る大きさ）。記録時間六〇分で、デジタルの量子化数は実用化が容易な一四ビットだった。

一方、ソニーは「厳しく音質を追求してクラシック音楽にも耐えるものをと考えていた」。大賀は「記録時間は音楽の楽曲の時間から逆算すべきだ」として、(19) ベートーベンの交響曲「第九」全曲を一枚に収録する（これはカラヤンのアドバイスでもあった）には、記録時間七五分で直径一二センチを主張して譲らない。ソフトに必要な時間から逆算して設定するという考えは、ベータの失敗から学んだ教訓である。

さらに、ディスクの量子化ビット数については、土井利忠（後に上席常務。ソニーコンピュータサイエンス研究所を設立。ロボット犬のＡＩＢＯも手がけた）が、将来を見越してコンピュータとの相性のいい一六ビットで押し通した（一六ビットの信号を変換できるＤＡコンバーターは、まだ民生用に使える段階ではなかったが、半導体の進化のトレンドから間に合うと踏んだ）。

東京とアイントホーフェン（オランダのフィリップス本社の当時の所在地）を、双方の技術者たちが往復するだけではなく、相互に長期にわたって派遣しあう異例の試みも行った。一時は交渉決裂まで切迫したこともあったが、ほぼソニーの主張通りの結論となった。ＰＣＭ－１の失敗から学んだ「誤り訂正」の特許（ＣＤがデジタル信号を読み取り損なったときに補正する）と、磁気記録で培ったノウハウも強力な交渉材料となった。

八一年四月のザルツブルク音楽祭で、カラヤンとともにＣＤを初披露した後、ニューヨークではプラザホテルとウォール街の二カ所で発表会を行っている。後者のアナリストレビューの席で、盛田は銀色に輝くＣＤを高々とかざし、次のように言い切ったという。「このディスクは、六五〇メガバイトの容量を持ちます。ということは、この一枚にニューヨークの電話帳が全て入ってしまうのです。**こんなにスゴイ情報が記録できるにもかかわらず、お皿自体は近い将来タダ同然になります**」――。

ＣＤが社会をどう変えていくか、という視点での初めての言明に、同席していたソニー関係者も度肝を抜かれた。ＣＤプレーヤーの開発を担当していた鶴島克明（後に執行役員専務）は、当時の状況は「未だＣＤのディスクさえ開発試作の段階で、歩留まりを言える程まで至らず、四苦八苦の状態だった」と明かしている。予想されるコストも一枚で数百円だった。

鶴島は次のように続ける。「しかし、現在はどうでしょう、盛田さんの看破された通りになっています。森羅万象すべからくある方向に収束することを身をもって体験し、鋭い感性を養われたと思う。私たちはその時点のデータをもってしか判断しきれなかった。盛田さんは、別方向の種々の観点から、こういう技術はこうなるものだという勘を働かせたのだと思います[20]」

前述した土井や盛田の〝**技術へのカン**〟が、IT（情報技術）へ向かうデジタルメディアの方向性を見通し、可能性を広げた。それがあったから、フィリップスとのヘゲモニーを巡る争いでも優位を占めることができたのだ。

②経営のコツ——独善ではなく本気とメリハリが要る

CDの開発では、大賀副社長がソニー側代表と総合プロデュースを、中島常務（音響事業部長・技研所長）が共同開発の責任者としてコーディネーターとマネジメントを、土井（技研）が信号処理とフォーマット、宮岡（ディスク開発部部長）がディスク、鶴島（オーディオ技術部部長）がハード、水島昌洋（開発推進室室長）が交渉の窓口と規格の取りまとめ、鈴木晃（DAD企画室長）がハードや生産、ソフトの準備や販売といった現場の調整を、それぞれ担当。**各事業部を横断するプロジェクト**が形成された。

これを盛田会長、岩間社長、ついには井深名誉会長までがバックアップするという、全社をあげての態勢が実現。**経営トップがプロダクト・プランニングに賭ける本気度**が示された。

他社との競合も予想されていたことから、大賀は七九年のフィリップスとの共同開発が決定したとき、製品発売の「Dデー」（重要な作戦決行日。第二次世界大戦時の連合軍によるノルマンディー上陸の史上最大の作戦で有名。この場合は新製品の発売日）を八二年一〇月に設定している。フォーマットの概略がようやく固まったのは七九年一二月なので、発売まで三年もなかった。

しかも初めての製品だけに、ピックアップやLSI、要《かなめ》の半導体レーザーなど、「量産に必要な部品が、まったく何もない」状態だった。ハードを担当する鶴島たちが、何が足らないか、どう開発するか、を一覧するために「開発課題を大きな紙に書いていった」ら、七メートルもの「巻物」（「絨毯」と表現する人もいた）になった。(21)

開発に難渋したキーパーツは、他社の力も借りた。半導体レーザーはシャープ、信号処理のLSIは富士通、光ピックアップのレンズはオリンパス。責任者の中島は、自ら大田区蒲田や品川の中小企業の親父や工員たちと、「一緒になって油まみれに旋盤をいじったり」して部品の試作も行ったことを、「若かりし頃を思い出してワクワクした」と述べている。(22) チームの中核にエンジニアの原点を大事にする人物がいたことは、開発の成功を約束するようなものだ。

八〇年には内外のハード、ソフト企業二九社からなるDAD（デジタルオーディオ・ディスク）懇談会が形成された。が、そこへの共同提案の際にも、大賀の指示で「システムの提案やライセンス契約で、ソニーが表に出ないようにした。市場で激しく争っている企業（ソニー）より、ヨーロッパの企業のほうがファミリー作りもしやすいだろう、ということでした。それに、フィリップスもオリジナル・プロポーザーとしてのプライドも保たれる。この戦略は非常に賢明だった」、と水島は語っている。(23)

ベータの反省を活かした判断が冴えていた。フォーマット提案の前にも、フィリップスとの間では「これはうちがやった、あれは自分たちがやった、ということを一切言わずに、Contribution is equal（貢献度は同じ）で行こう」と確認されていたという。[24]

もう一つ見逃せない大賀の経営判断がある。CDのソフトを展開するために打った手だ。ソニーが米CBSレコードと五〇対五〇の折半出資で設立した合弁会社CBS・ソニーレコードは、独自のビジネスモデルで高収益を上げていた。なにしろ米側の要求で一〇割配当をしても、利益が積み上がっていた。片方の親会社のCBS側は、新たな冒険に乗りだして、現在の取り分を減らすようなリスクは犯したくないのが本音で、CDには「反対だった」。

だが、ソフトをスタンピング（製造）する工場を持たなければ、CDの事業は成り立たない。もちろん米側は工場にも「大反対」。CBS・ソニーの静岡工場（ヘリコプターで出張の折りに、上空から盛田が見つけた場所）の投資資金一〇〇億円をどう調達するか、が問題になった。

大賀は「あの頃でも、CBS・ソニーには過去の利益の積立てであるRetained earnings（利益剰余金）がですね、二百数十億円あったのです」と言い、CBSとの会議の席で次のように「啖呵を切った」。『これは我々が稼いだカネだ。あなた方には毎年、高配当を行っている。利益の一部を新たな投資に使うのは、我々の当然の権利だ！』。そして（有無を言わせず）実行に移したのです」

大きな体から出るバリトンの声は、部屋中の空気を震わせたことだろう。「全世界のレコード会社が反対するなかで、ソニーはCBS・ソニーというレコード会社を片方の手に持っていた。しかも日本最大のレコード会社に育っていた。だからCDを導入できたのです」

③市場のツボ――値付けは会社のフィロソフィー

かくして世界初のCDプレーヤー第一号機CDP－101は、「Dデー」の八二年一〇月一日に、一六万八〇〇〇円で発売された。ソフトはビリー・ジョエルの『ニューヨーク五二番街』を筆頭に、五〇タイトルが発売と同時に用意された。

CDP－101は、「一〇〇年に一度の大発明という技術者の自負と誇りを」込めて型名101がつけられた。初期ロット三〇〇〇台は二カ月で完売。オーディオファンの支持で月産台数は八三年のピーク時には二万台に達したが、マニア層の需要が一巡すると、売れ行きは止まってしまった。

CDがブレークするには、あと一年待たねばならなかった。

実は第一号機が発売された時、ゼネラルオーディオ（GA）事業部で密かにはじまったプロジェクトがあった。GA事業部は、大曽根幸三が率いていたウォークマンの部隊である。八二年には、二五〇万台の大ヒットとなる第二号機WM－2を発売したばかりで、上げ潮に乗っていた。

「オーディオ事業部とは別に、〝自主番組〟（自前の開発）でやったのです。CDの手軽さを考えれば、むしろ我々向きの商品だと。ヒットするのは黙って手がけた自主番組ですよ。しこしこ開発して、ある程度カタチができたら、盛田さんなんかに見せると、いきなり取り上げてくれる。そうしないとオーディオ部隊に一本化しろ、とかいわれて、いつの間にか潰されてしまう。D－50の場合もそうでした。盛田さんに見せると『こりゃ、面白い』、『ほんとに音が出るのか』、『おっ、これはスゴイ！』。これでもう、一挙にオーソライズしてもらったんです」

これが八四年に発売された「ディスクマン」D－50である。開発に当たって、大曽根はほぼCDケース四枚分の大きさの木型を、エンジニアたちに示し目標を設定した。人間の手のひらに乗るサイズで、普通の人が扱いやすく、CDのインパクトを表現できるカタチ。そこにキーデバイスをどう隙間なく配置するか、ウォークマンのノウハウを活かすエンジニアの知恵を問うた。幸い、先行したオーディオ部隊のおかげで「部品のインフラ」は整いつつあった。

こうして完成した試作を盛田に見せたのだ。

盛田：「うん、なるほどね。これはいい。ところでいくらで売るのかな」

大曽根：「原価はいろいろ試算したんですよ」

盛田：「ふ～ん、それはそれでいいよ」（原価計算を説明する大曽根に取り合おうとしない）「持った感じ、やっぱり五万円だろうな」

大曽根：「それなら、会長、みんな買いますよ」（大曽根は、ウォークマンの時の経験があるので、大幅原価割れでも顔を引きつらせることはなかった）

盛田：「そうだろう。原価計算なんてどうでもいい。値段を決めるというのは、会社のフィロソフィーそのものだぞ。それは担当の部課長レベルで決めるものじゃない」

「盛田さんは、ピッと言いましたね」と大曽根。「一年ほどたってみたら、気が引けるくらい儲かるようになって、それをちょろっと言ったら『そりゃそうだよ、売れる値付けをしているんだから。コストを下げるやり方はいくらでもある。こういう**新しく開発したものをいくらで売るか、これこそ企業のフィロソ**

フィーそのものだ』と明確に言っていました」

現在の原価計算で安易な価格設定をしない。値付けは「こういう価値のモノをこういう値段で売る」という「企業のフィロソフィー」が表現されたもので、市場のツボを押さえる「値頃感」が生命線だと盛田は教えている。これまでにない商品の場合は特にそのことがキーとなる。

こうして世界初のポータブルプレーヤー「ディスクマン」D－50は、八四年一一月一〇日に四万九八〇〇円という「驚異的な価格設定」（原価の六割）で売り出され、五万台が二カ月で売り切れる爆発的なヒットとなった。ソフトのタイトル数は、この頃には三〇〇〇に達し翌年には七七〇〇で生産量も二一〇〇万枚に。これこそハードとソフトのシナジー効果で、「CDの大衆化を決定づけた」。D－50を発表した時、盛田は「CD元年」を宣言、音楽業界そのものをも活性化した。

改めて考えてみると、ここにはソニーの成功のメカニズムが見て取れる。**技術のカン・経営のコツ・市場のツボが、シンクロナイズしている**のだ。経営トップが、プロダクト・プランニングに深く関わっていること（値付けまで含めて）が、それを可能にしている。

大賀は、著書の『SONYの旋律』で、CDなどの例をあげて「他社のまねをしないということは他社からもまねのできない商品を作り上げなければならない。それには基本的に二つの方法しかない」[25]、と①と②を挙げている。これは、ソニーの成功の方程式と言い換えることもできる。

①商品企画のスタンダードを自ら押さえるか

②職人芸的な技術に裏打ちされたメカトロニクスを持つか

しかし、これに加えて、③技術の本流につながるキーデバイスを持つことも挙げておくべきだろう。そのほうが戦略をより明確にできたはずだ。

実際に、八〇年代後半のソニーの黄金期をもたらした背景には、キーデバイスやキーコンポーネントが自社製品の差別化に貢献しただけではなく、外販して収益の柱になっていったことが大きい。新しいコンシューマー製品を開発するために生み出されたキーデバイスが、外販されることで投資を回収し、それがまた次の新製品とキーデバイスの開発を可能にした。

CDはその戦略を意識的に展開できたケースでもあった。たとえば八七年の場合、CDプレーヤーの市場は世界で一三〇〇万台だったが、ソニー単体で販売した完成品は二七五万台で世界シェア二一%。ここにコンポーネントとして外販したメカデッキを入れると、ソニー製品の比率は二五%にアップする。さらにヘッドのピックアップやD／Aコンバーターといったキーデバイスを含めると五〇〜六〇%の大台に乗ってくる。ちなみに、キーデバイスとキーコンポーネントの外販は（CD関連以外も入れると）、八二年がほぼゼロだったが、八七年には一一〇〇億円に達している。

ベータマックスの敗北やAV不況の直撃による「八二年の大反省」を踏まえて、ソニーは戦略の大転換を行った。八三年五月には新しく事業本部制も導入し責任規定も変えた。事業本部長は担当するビジネスのすべて（内外の販社の在庫や利益を含む）に責任を持ち、評価も連結で行う仕組みに切り替えた。

そうした戦略転換点でレジリエンス（再起する力）が問われたタイミングに、CDが登場してきたのだ。その意味でCDは、七九年に盛田が掲げたビジョン「Ｓｏａｒｉｎｇ 80's（八〇年代に向けて飛躍する）」

を実現した立役者だったといえる。

さらに八九年には一世を風靡した「パスポートサイズ」のカメラ一体型八ミリビデオＣＣＤ－ＴＲ55が登場する。これも八ミリビデオというデファクト・スタンダードを押さえ、世界最小・最軽量というメカトロ技術を駆使し、ＣＣＤというキーデバイスがモノを言った。

前述した成功の方程式は、現代版としては次のように改訂できるだろう。

①「スタンダードを押さえる」は↓「サービス・プラットフォームの構築」へ
②「高度なメカトロニクス」は↓「ビット（デジタル情報）とアトム（原子）の継ぎ目のない融合」へ[26]
③「キーデバイスを持つ」（これは変わらず）

これらに、技術のカン・経営のコツ・市場のツボという人間的要素をシンクロナイズさせれば、レジリエンスを発揮して新しい成長が実現できることをソニーの実例は示している。

第13章 シロウトの本気力

ソニーの命綱

「いつか必ず、ソニーが生命保険会社をもっていてよかった、と思うときが来る」――。三六年前に盛田が発したその言葉は、現在、十二分に実証されている。

たとえば、売上が八兆二一五九億円だった二〇一五年三月期の連結決算で、セグメント別の営業損益を見ると、次ページの**図表5**のようになっている。

これを見ると、盛田が「ソニーの新しい柱をつくる」として多角化に乗り出した事業――年代順に並べると音楽、金融、映画の営業利益が比較的安定した収益源になっており、合計額は三一〇八億円（前年は同二七二一億円）で、エレクトロニクスの赤字をカバーし、屋台骨を支えている。特に金融はダントツの貢献をしているが、ソニー生命はその九割を稼いでいる。まさにソニーの命綱の役割を果たしている（ちなみに、ソニーの単独決算を見ると二一世紀に入ってからの一四年間で営業黒字となったのは二年しかなく、一二年間の赤字の累計額は七四九五億円にのぼっている)。

二〇一四年七月には、ソニーは品川駅直近の本社ビル「ソニーシティ」の敷地を、五二八億円でソニー生命に売却している。もともとこのビルは、音響関連の拠点だった芝浦工場の跡地を再開発したもので、地上二〇階・地下二階のべ床面積一六万平方メートルに、六〇〇〇人のグループ社員が〇七年から入居しているが、ビルの建設費一五〇〇億円はソニー生命が出している。つまり、本社の土地と建物は丸ごと子会社の所有となった。

そもそも盛田が、金融機関をソニーグループのなかに持つ、という構想を抱きはじめたのは、アメリカのシカゴでそびえ立つ白亜のビルを見た五八年頃のことだった。彼が初めて渡米したのは五三年だが、以来、全米を回るにつれて、大都市の中心部には必ず「Prudential」の文字を掲げる高層ビルが建っていることに気がついた。

「あれは一体、何なのか。Prudential(思慮深い)とあるけど」。「ミスター盛田、プルデンシャルを知らないのか。世界一の保険会社だよ(当時、全米最大の生命保険会社)」。そのとき、プルデンシャル生命の本社ビルを見上げながら、盛田は「あぁ、あれは保険会社だったのか。保険会社というのは素晴らしいな。あんな大きなビルがどんどん建つんだ。

|図表5|ソニーの2014年3月期と2015年3月期の事業セグメント別営業損益

	MC	G&NS	IP&S	HE&S	デバイス	映画	音楽	金融
2015年3月	▲2204	481	547	201	931	585	590	1933億円
2014年3月	126	▲188	263	▲255	▲124	516	502	1703億円

注)MCはモバイル・コミュニケーション、G&NSはゲーム&ネットワークサービス、IP&Sはイメージング・プロダクツ&ソリューション、HE&Sはホームエンタテインメント&サウンドの各分野の略。▲は赤字。MCの巨額赤字は営業権の減損1760億円が含まれている。

それにしても、なぜ建てられるのだろうか」。そのとき抱いた疑問は、金融分野進出のプロジェクトの過程で、「そうか、あのビルは彼らの商品である〝お金の倉庫〟のようなモノなのだな」、と気づくのである（保険業は、集めた資金を堅実な不動産投資によっても運用している）。

だから、八一年に会社が正式にスタートしたとき、社員を集めたセレモニーの席上、「この生命保険会社で大きなビルをつくってください」と締めくくっている。もっとも当時は、三三年後にソニーの本社ビルまで、まるごと持つに至るとは想像だにしていなかったことだろう。

あのとき盛田が、社内外の大反対を押し切って金融に進出していなければ、今日ソニーは持ちこたえていなかったのではないだろうか。もし多角化の支えがなければ、消滅の危機に直面していたに違いない。

金融のみならず音楽事業（CBS・ソニー）など、同社の多角化に共通しているのは、「シロウト」が既存のしがらみに囚われずに、事業の本質をつかんで独自のビジネスモデルを打ち立てていることだ。これは、と思う人材に能力をいかんなく発揮させたことも見逃せない。

本体にも影響を与えた二つの代表的な多角化のケースから、ソニー・スピリットの在りかとその実際を見ていこう。

You have nothing to lose!　失うものは何もない

盛田が金融に関心をもった背景には、彼のルーツも関係している。

実母の収は、岐阜・大垣藩の藩主一族で家老職（戸田治部左衛門家）を勤め、大垣共立銀行を創業した家の出でもあった。清酒など醸造業を営む盛田家の家業が、曾祖父の骨董三昧で屋台骨が傾いた時、まだ学生だった盛田の父一四代久左ヱ門は、大学を中退して再建に邁進。見事に立て直した。

その経緯は周囲から幾度となく聞かされていただろうし、父もまたわが子に小学生の頃から経営者教育をはじめていた。銀行家の子女を、父が妻として迎えた背景を含めて、盛田は金融の重要性を体感していたともいえるだろう。

また六九年三月には、日本人で初めてアメリカの名門銀行モルガン（現ＪＰモルガン・チェース）の国際委員会委員となっている。アメリカ資本主義の牙城の威容と存在感は、当時四八歳と委員のなかで最も若かった彼に、少なからぬ影響を与えたはずだ。同時に、ここでの人脈形成が大きくモノを言ったことは、このあとで述べていく。

さらにソニーが慢性的な資金不足で、絶えず資金繰りに汲々としてきたことは、実質的にＣＦＯ（最高財務責任者）の役割を担ってきた盛田にとって、大きな動機づけになったことも間違いない。ソニープラザ（アメリカ型のドラッグストアを日本に初めて持ち込んだ）やＣＢＳ・ソニーレコードなど、ソニー圏が拡大していくにつれ、こんなことを言いはじめた。

「三井だとか三菱、住友とか、そういうグループの中核の一つに金融業は必ずある。金融というのは、グループの安定を示し信用やバランスを保つうえで、われわれにも必要だ」。「ソニーも銀行を持てないものか検討しようじゃないか」、と具体化に動き出したのは七〇年代の中頃。三井銀行からも専門家を借りて、プロジェクトチームがつくられ大真面目に研究をはじめた。

その頃の日本の金融行政は、「護送船団方式」と呼ばれ、できるだけ競争を起こさず金融秩序を安泰に保つことが最優先され、監督官庁による厳しい規制が行われていた。

「（やはり）日本では、事業会社が銀行を持つのは無理だ」とわかったあとも、たとえばブラジルに銀行をつくり、それをソニー・アメリカが買収し、アメリカの銀行として日本に支店を持つことはできないか、といった具合に、海外も絡ませた「ありとあらゆる可能性」を検討。それでも、ソニーのようなメーカー（通産省の管轄）が、銀行を持つことは大蔵省が頑として受け付けなかった。

ただ、この過程で保険業だけは、門戸がわずかに開いていて、外資との合弁方式で資本金の一七％余り（関連会社を含めて実質五〇％）を事業会社が持てることが判明した。一足先にこれを活用したのは、堤清二率いる西武流通グループ（後のセゾングループ。二〇〇一年に解散）で、全米最大の総合小売業だったシアーズ・ローバック傘下のオールステート社と合弁で、店頭販売専門の生命保険会社を設立している。七五年一二月のことである。

その翌年四月、プルデンシャル生命のドナルド・マクノートン会長が、ソニー本社に盛田を訪ねてきた。盛田がシカゴで白亜のビルを仰ぎ見てから、ほぼ一八年の歳月が経っていた。前述したモルガン銀行の国際委員会での人脈つながりで、二人は「ドン」「アキオ」と呼び交わす親しい間柄になっていた。

マクノートンは、日本に進出しようと合弁相手を探しに来日していた。だが、色よい返事はどこからも得られず、愚痴がてら日本市場のヒントでも得られたら、と旧交を温めに来たのだった。

このとき盛田は、「ソニーは日本のマーケットをよく知っている。お手伝いをしてあげてもいいよ」と微妙な言い回しで感触を探っている。帰りがけのエレベーターのなかで、「アキオは本気で言ったのかな？」、とマクノートンが同席した部下に尋ねた。その一言を、見送りのために同乗していたソニーの役員が聞き逃さなかった。それは盛田を突き動かした言葉でもあった。

というのは、当初の目論みと違って、保険業で貯まった金をソニーに融資することができないことは、判明していた。短期的なメリットは期待できない。それどころか長期にわたって投資が必要になる。しかし盛田は、向こうが本気ならば、こちらも本気で生保事業に取り組もう、ソニーの可能性を広げるチャンスだ、と決意したのだ。ただ、「将来のグループの安定のために生保に進出する」という理屈は、当時のソニー社員にとっては具体的なメリットがわかりにくく、理解が得られにくい問題でもあった。

西武オールステート生命の前例（七五年設立）があるから、ソニーとプルデンシャルの合弁も「比較的スムーズに認可が下りるだろう」、と両社の合同プロジェクトチーム（七六年に発足）は見ていたが、予想に反して大蔵省の内認可はなかなか下りなかった。

七九年初め、ソニー・アメリカに駐在していた菊池三郎は、ニューヨークに出張にきた盛田の珍しく疲れた表情に接して驚いている。盛田は若手を集めて食事会を行い、自分の考えを伝え、意見交換を心がけているが、この時こんなことを語ったという。「目下、私はソニーが生命保険会社をやるために奔走しているのだが、電気屋がなぜ保険会社をやるのか、と社内外で反対の渦に巻かれている。まさに四面楚歌の状況で弱っている。しかし、私は絶対やるよ」(1)

その半年余り後には、本格的なＦＳ（フィジビリティースタディ。採算性や実行可能性を調査する）が行われている。経営企画、経理、法務、経営情報システム、プロジェクト推進などの各部門から課長・係長が集められ、保険業法、保険会計なども含めて細部を詰めていく。

アクチュアリー（保険数理の専門家）とビジネス担当とともに、このプロジェクトの先行二〇年の収支計算と、キャッシュフローの見通しを行ったのが河原茂晴である。彼の手記をもとに、盛田に報告をしたときの様子を再現してみる。(2)

河原：「単年度キャッシュフローで黒字になるのは一二年目、期間損益の黒字は一五年目からです」

盛田：「で、(キミの) コメントは?」(表情を変えないで問いかける)

河原：「一二年間も、キャッシュを注ぎ込んでいくだけのプロジェクトは聞いたことがありません。期間損益でも連結決算上、足を引っ張ることになるので、見合わせたほうがよいと思います。もっと投資効率の良い事業、もっと本業に打ち込むべきだと考えます」

盛田：「河原君、ソニーが戦後何に苦労したかというと、銀行からお金を借りること、資金繰り。グループ内に金融機能を是非持ちたいんだ。それが僕の夢なんだよ。FSの一五年、あれはあれでよいではないか」(盛田は、がっかりすることもなく、子どもが何か楽しいものを見つけたときのように、目を輝かせて語った)

河原は、鮮明な記憶として残っている盛田とのやりとりを思い起こしながら、「企業経営者とAccountant (会計士) とでは、経営の力量の違いが歴然としていたこと、**物事を見るときの視点が全く異なる**、ということ」を実感したと綴っている (ちなみに実際の業績は、FS通り一二年目と一五年目に、それぞれ黒字になった)。

ソニー・アメリカの経営企画を担当していた安藤国威 (前出。後にソニー社長) が、日本に呼び戻されたのは、盛田が社内外の反対で四面楚歌に陥っていた頃だった。現地で先方との交渉に携わっていたことから、プルデンシャル側の指名もあって合同プロジェクト「国際資金調査室」の四代目の室長となった (本社の職位では係長クラスだったので、人事部長からは「二階級特進だ」と言われたという）。入社以来、盛田の直属のスタッフとしてカバン持ちをしていた経験から、その思考方法もよくわかっていたことと、英語力と調整能力が相手側に買われての起用だった。

半年後にようやく内認可を得られ、合弁会社設立のメドが立った。そこで、安藤は盛田の部屋に挨拶に行った。「認可も下りましたし、これから帰ります」。「なんだって？　お前、どこに行くんだ」。「家族もアメリカにいますし、僕は日本よりも、海外で雄飛したいんです」。そこから、盛田の説得がはじまった。「キミは、これから保険をやるんだ。若いし、You have nothing to lose!（失うものは何もない）これからソニーの新しい柱をつくる気にならないかね。これで人生がダメになることはないし、成功すればこんな素晴らしいことはないんだよ。全く新しいビジネスの柱を、あなたがつくることになるんだ。生命保険という新しい分野だから、挑戦する甲斐があるよね」

英語も交えながらそう語り、小声で付け加えた。「余人を持って代えがたい、と言われたら、受けるのが男だよな」。肩を抱くように、そう言われたら男冥利に尽きるだろう。そのまま、経営会議に出席するように指示された。

会議には、井深名誉会長をはじめソニー首脳陣の顔が並んでいた。盛田は、緊張で身を縮めていた安藤を紹介し、「これから彼が免許の取得を担当します」と述べた（生保設立のための大蔵省の内認可は得ていたが、営業を行うための事業免許＝正式認可はまだだった）。

それを受けて井深が次のように発言した。「今、盛田さんが言ったみたいに、保険業は一〇年二〇年と時間はかかるんだけど、もうそろそろソニーも長期的に考えて、**将来の子孫のために美田を残しておく時**

が来たんだね。自分たちが生きている間には必要ないだろうけど、今こうやって植えた種がいつか必ずソニーの美田になるんだよ」、とハッキリと賛同してくれたという。

井深は反対ではないか、と思っていた安藤には、「美田」という言葉が胸に響いた。

その後、盛田は課長以上の幹部を集めた部課長会同で、「今度、ソニーは正式に事業免許をもらって、いよいよ生命保険業に乗り出します。そのリーダーは、今アメリカにいる安藤君がやってくれます。彼はまだ若いですが、長い時間がかかるこの事業を、絶対成功してもらうためには、彼のような若い人にやってもらうことが必要なのです」、と全社に宣言している。

アメリカに出張中だった安藤は、この話を聞いて、初めて「もうソニーに戻ることはないんだ。やる以上はソニーにしかできない生保をやろう、と臍《ほぞ》を固めた」という。

七九年八月一〇日。全米最大のプルデンシャル生命とソニーとの折半合弁会社、ソニー・プルデンシャル生命保険が設立され、安藤は新会社の代表取締役・常務に就任した。三七歳だった。

ソニーにしかできない生保とは何なのか？　大蔵省の事業免許が下りるまで、さらに二年を要した。安藤が、新しいビジネスモデルを煮詰めるには、十分な時間があった。

七九年一〇月一八日。『日本経済新聞』朝刊の最終面に、一風変わった求人広告が掲載された。

『苑子様、愛染生命とは違います』――。これがソニー・プルデンシャル生命が初めて打った広告（全五段）のキャッチコピーだった。日経の最終面は、文化欄や「私の履歴書」とともに小説が連載されていて、このときも一年前から続く作家・丹羽文雄の『山肌』が人気を呼んでいた。

この小説の主人公・三沢苑子は愛染生命で働いていた保険外務員だった。苑子とおぼしき中年女性の挿絵が鉛筆デッサンで描かれた『山肌』の真下に、先ほどのコピーがピタリとはまって、大きな活字のヘッドコピーへと目線を導く。そこには、「生命保険の新しい〝かたち〟を目指します。ソニー・プルデンシャル」とある。このアイデアを出したのは盛田である。生保のイメージを一新する新しい会社の誕生を告げるユニークな試みだった。人気小説をも取り込む社会感度は、たくさんの応募者を集め、採用数に対して五〇倍以上の倍率となった。

「愛染生命」には、これまでの日本の生命保険会社が仮託されていた。〝生保のおばちゃん〟という保険外務員が、血縁・地縁・人縁で、パッケージ化された保険商品を売っていく保険業。これに対して、「生命保険の新しい〝かたち〟」とは、十人十色の顧客ニーズに合わせて、それぞれの人生設計に役立つ、オーダーメイドの保険を設計販売することである。今日でこそ、コンサルティングセールスは盛んだが、当時はまだ誰も手がけていない画期的なものだった。

安藤たちは、生保事業への進出にあたって電気店ルートなどさまざまな可能性を探ったが、「本当の意味での生命保険を日本へ」持ち込むことが、一番大事だと判断した。合弁相手のプルデンシャルは、顧客の人生設計に役立つ「ニードセールス」（その人のニーズと必要性に応じた設計販売）が売りだった。それを日本流に仕立て直す必要があった。

プルデンシャル側には、日本人で初めて米国のアクチュアリー（保険数理人）資格をとった坂口陽史がおり、同世代の安藤とは馬が合った。「安藤さんと二人、お互い立場を忘れて腕まくりし、数々のマニュアルを日本化（ジャパナイズ）する力仕事に熱中する過程で、いわく言いがたい無形のコンセプトを私た

ちなりに肉体化していった」、と坂口は語っている。(3)

こうしたなかから生まれ、新会社のオリジナルなビジネスモデルにつながったのが、「ライフプランナー」というコンセプトだった。冒頭の人材募集広告では、「ライフコンサルタント」となっているが、その後、概念を煮詰めて「ライフプランナー」へと昇華され、商標登録もされている。設計販売するためには、営業マンは「プロ」としての専門知識を持つ必要があり、保険以外に法律、経済、税務などの深い知見が要求される。そこで四年生大学卒の男性で、顧客の人生に貢献するという会社のフィロソフィーに共感し、一生の仕事として追求する人材の育成と彼らを動機づけるシステムを構築する必要があった。

安藤は、「当時の日本生命が業界のWinner（勝者）だとすると、まったく逆のやり方をあえてやる」道を選んだという。保険に「シロウト」（素人）のソニーが、生命保険とは何かを咀嚼して、白いキャンバスに描いたビジネスモデル。それが成功するかどうか。合弁相手のプルデンシャルも確信が抱けず、最初は戸惑っていた節もある。

しかし、会長の盛田から「You have nothing to lose!」、と背中を押された安藤には気持ちを支える確信が三つあった。一つは、日本経済が高度成長を経てストック型へ移行してゆくため、時代がプロによるコンサルティングセールスを求める、と見通したこと。二つ目は、盛田から学んだソニー・スピリットへの確信である。〝「自由闊達にして愉快なる理想」の保険会社〟をつくる、と本気になったのだ。安藤は東京大学経済学部卒だが、盛田の著書『学歴無用論』に感銘を受けて、ソニーに入社した人物である。三つ目は、なにより、その盛田が支持してくれる自信があった。

これまでの保険セールスは、外務員（生保のおばちゃん）という契約社員・委託社員によって担われてきた。だが、「ライフプランナー」は、大卒で「異業種の有能な営業マンをヘッドハンティング」ないし募集して、社員として雇用契約を結び、教育を行い健康保険にも加入する。にもかかわらず、彼らの報酬は実績比例の「事業所得」となり、営業経費は損金として落とせる。

つまり、「雇用契約では社員でありながら、事業所得を得るという相反するコンセプト」である（このため「営業社員」と呼ばれる）。当時、「日本では誰も考えたことがなかったけれど、プロの世界をつくって、業界そのものを変えたかった」、と安藤は語る。

ちなみに、渡部靖樹の著書（『ソニー生命　4000人の情熱』）によれば、あるソニー生命の支社の壁には次のような張り紙が掲げてあったという。「C≧C＝C≧C」。これは以下の意味だ。

Customer（顧客）≧ Contribution（貢献）＝ Compensation（報酬）≧ Company（会社）

不等号と等号で関連づけられた4つの「C」が、言い得て妙な均衡を保っている。

大蔵省の内認可の後、営業を行うための事業免許が下りた八一年二月まで二年近く待たされたのは、既存業界の警戒感も強かったが、「ライフプランナー」のあり方が、当時としては常識破りだったせいでもある。

一方、盛田は、「これは究極のダイレクト・セールスです」という安藤の説明を、瞬時に理解し、支持してくれたという。実際に、盛田が世界の販売網を構築する際にやってきたことは、「世界中の販売会社をソニーの一〇〇%化していくプロセスだった」（前出の徳中・元ソニー副社長）。

重複になるが、徳中の説明に触れておこう。「製品に込めたエンジニアの思いやソニーのフィロソフィーを、きちっとユーザーに伝えるには、自分で売らなければならないと盛田さんは考えた。それまでディストリビューター（販売代理店）を通して販売していたものを、もの凄い時間とエネルギーを使って、訴訟も覚悟のうえで、直販化（小売店への直販）して行った」のだった。

安藤に言わせれば、「ディーラー（小売店）直販でも、内心忸怩たるものがあったはず」という。「本当はユーザーにダイレクトにやるべきだ、と考えていた。ディストリビューターを切れば、効率が悪くなると判っていても、切ったんです。**目先の利益や効率の問題より、何をしたいか。最後にどこに行きたいのか、ゴールはどこか。**盛田さんは、**そこが常に明確**だった」

だから、「ライフプランナー」には大賛成だったのだ（ちなみに、盛田が本当は目指していたユーザーへのダイレクト直販は、スティーブ・ジョブズがアップルストアで実現した）。

新会社の営業開始日は、八一年四月一日。この日、日経と朝日の両新聞には全七段の広告が掲載された。明るいスーツ姿の清新な男性が、「ライフプランナー・サービス」の設計用フォーマットを手に、さわやかな笑顔を見せている。そして、ヘッドコピーには次のようにあった。

「きょうから生命保険が変わる。ライフプランナーが変える。」――。このシンプルな言葉に、安藤は「目標」と「戦略」が込められているという。目標（明確なビジョン）は、生命保険を変えること。生命保険の本来の価値を、世の中に広げるというミッションである。戦略は、ライフプランナーという方法によって実現していく、と具体的な指針を明示している。

そして、この二つを実現するための基盤となる「企業文化」づくり＝〝「自由闊達にして愉快なる理想」

の保険会社〟を目指す。「これら三つがワンセットになっている」のが、ソニー生命が成功した理由だ、と安藤は指摘する。改めて考えれば、**「目標」「戦略」「企業文化」の三点セット**は、本体のソニーそのものの成功要因でもあった。

ソニー・プルデンシャル生命は、二七名のライフプランナーでスタートしたが、現在は四二〇〇名を超える。この間、八七年には合弁契約を終了させ、九一年にはソニー生命に改称。〇四年にはソニーが設立した金融持株会社ソニーフィナンシャルホールディングスの中核会社となった。

ただ、今後ソニーの金融事業が、①グループのラストリゾートのままに止まるのか、②金融事業としての成長戦略を果敢に打って出るのか、③さらにソニーのエレクトロニクス事業とのシナジー（ヘルスケアなど）を求めて舵を切るのか、ソニーグループの「目標」「戦略」「企業文化」の三点セットが、より大きな規模とダイナミズムで問われる転換点に差し掛かっている。

「ミスター・モリタは、日本人か？」

ソニー・プルデンシャル生命と並ぶもう一つの重要な多角化、CBS・ソニーレコード（現ソニー・ミュージックエンタテインメント）のケースを、ポイントを絞って見ていこう。

なお、アメリカに拠点を置き音楽事業を統括するソニー・ミュージックエンタテインメント（前身はCBSレコード）は、現在のソニー・ミュージックエンタテインメントと同名だが、親子関係はない。便宜上、ソニー・ミュージックインターナショナル（SME）とソニー・ミュージックジャパン（SMEJ）

と呼ばれるが、SMEJのトップは、ニューヨークに本拠があるSMEのダグ・モリスCEOや国際部門のエドガー・バーガーCEOに「レポートする必要はない」。

ソニーが八八年に米CBSレコードを買収、その後九一年にSMEJが東証二部に上場、二〇〇〇年にソニーが吸収し完全子会社化した。SMEJは、日本市場でのSMEの全楽曲の再販権は持っているが、「(創業からそうであるように)自己完結的に独自に活動」を行っている(一方、ソニー・ピクチャーズエンタテインメントジャパンは、ハリウッドに本拠があるソニー・ピクチャーズの子会社なので、マイケル・リントンCEOに「レポートの必要がある」)。

ややこしいが「歴史的な経緯の産物」(盛田昌夫・前会長)である。四八年前に遡って、時間と空間のフラッシュバックからはじめよう。[4]

■六七年一〇月一九日(木曜)正午:高輪プリンスホテルのレストラン――

アメリカのCBSレコード・インターナショナル社長のハーベイ・シャインは、初対面の盛田昭夫に勧められるまま、レストランのテーブルに着いた。彼が来日の目的を告げ、CBSレコードの説明をはじめた途端、盛田に制せられた。「その必要はない。御社のことは全て知っている」

この経緯については以前に詳述したが、日本での合弁パートナーを求め二カ月余りにわたって、一三社にアプローチしたものの、日本企業特有の〝見えない壁〟(「イエスかノーか」態度を明らかにしない)に難航。シャインは苛立っていた。そこで、取引のあったソニーを尋ね、盛田にアドバイスを求めようとしたのだった。それが、急転直下、会って数分も経たないうちに、合弁の具体化へ向けて動き出した。

■同年一〇月二〇日(金曜)午後二時:ソニー本社盛田副社長の執務室――

盛田は、電話で大賀第二製造企画部長（当時三七歳）を呼んで尋ねている。「CBSレコードとの合弁をどう思う？」。大賀が「オーディオ機器をつくるソニーには音源が必要です。レコード会社を持つべきです」と答えると、「そうだね、ソニーは音の会社なのだから（注、この時は、まだカラーテレビ量産のメドが立っていなかった）、音源を含めて全部そろえるのが我々の責務だ。大賀さん、あなたに合弁会社設立の条件を詰めてもらいたい」。

■同年一〇月二一日（土曜）午後三時：ソニー本社七階役員会議室——

ソニーとCBS、両社の経営首脳陣（来日していたCBS・コロンビアグループ社長のゴダード・リーバーソン社長も出席）による会議が行われ、合弁会社設立の方針が確認された。

■同年一〇月二三日（月曜）午前一〇時：ソニー本社七階役員会議室——

現場の責任者たちによる交渉がはじまった。そして、この二日後の二五日（水曜）には両社が一〇〇万ドルずつ出資し、資本金七億二〇〇〇万円の折半合弁で合意に達した。

初対面からわずか一週間で実現したことに驚いたシャインは、「ミスター・モリタは、日本人か？」と真顔で大賀たちに尋ねたという。「こんなに素早く動き、素早く決断できる経営者が日本にいるとは、私は今でも信じられない」と二十数年後に述懐している。

「ルールブレイカー」の三ポイント

六七年一二月一四日、CBS・ソニーレコードは政府に設立申請を行い（認可は二カ月後に下りた）、六八年三月一日に設立された。日本の資本自由化（外資参入を認める）の第一号だった。

ここからは、前述したソニー・プルデンシャル生命との共通点を探りながら、「ルールブレイカー」としてのソニー・スピリットを、ポイント毎に整理していこう。

①盛田の〝秒速〟判断

読者はすでにお気づきかもしれないが、CBSレコードとのきっかけは、前に見たプルデンシャル生命の場合と同じパターンである。プルデンシャルのマクノートン会長も、CBS側のシャイン社長も、愚痴がてら盛田にアドバイスを求めに来た。その時、盛田がつかんだチャンスの前髪から、大きなビジネスが生まれた。〝秒速〟とも言える瞬時の判断力は、直観だけではない。

自らの事業に何が欠けているか、これから何が必要になるかを絶えずリサーチし（「御社のことは全て知っている」という盛田の発言）、自分の頭で思考シミュレーションをしていた。チャンスが訪れたときには、すでに決断できるだけの準備ができていたのである。

②「シロウト」だから、常識を変えられる

ソニー・プルデンシャル生命の場合もそうだがCBS・ソニーの場合も、スタート時には当該業界の「経験者（プロ）」は採用していない。自由化にあたって、大蔵省や通産省が既存業界に配慮し、人材をスカウトしないよう条件をつけたせいもある。むしろそれは、歓迎すべきことだった。

ソニーは折半合弁でも、必ず経営のイニシアチブを握ることを条件にして、ゼロから白いキャンバスに

画を描いていく。それが、〝自由闊達にして愉快なる理想の〇〇会社〟を目指すソニー流だからだ。素人だから、業界の因習やしがらみに囚われることなく、事業を真っ正面から捉えられる。必死にやるから、試行錯誤や失敗は、ノウハウや成長の種に変わる。

CBS・ソニーの社長は盛田が兼務したが、大賀は専務（二年後に社長に就任）として経営を託された。「広く人材を求める。頭のいい人が集まる広告を」、という大賀の注文で生まれたのが話題を集めた求人広告だった（『朝日新聞』六八年三月一七日付朝刊）。

全七段の三分の二が白地で、中央にCBSのマーク「ウォーキングアイ」（歩く目玉）とSONYのロゴを入れ、「これが〈音楽〉の新しいシンボルです」とコピーが呼び掛ける。下には、CBS・ソニーで「音楽の夢を実現したい人／日本一のレコード会社にしたい人／創設の苦しみに耐え抜く人／……とにかく入りたい人」など、一六項目の人材リストが並ぶ。

この広告を掲載前の版下段階で、最初に見た人物がいる。後にソニー・ミュージックの社長になる丸山茂雄である。当時、読売広告社に勤めていた関係で、仕事先の製版所で「変わった版下だなぁ」と目をとめ、心惹かれて応募。第一期生八〇人の一人として入社している。[5]

ちなみに、このとき応募者は七〇〇〇人に達し、音楽を愛する素人のなかには、七〇歳の高齢者までいたという（情熱を買われて採用された）。CBS・ソニーが掲げたのは、「世界の音楽を日本に、日本の音楽を世界に」というビジョンだった。そのためには、まずは日本一のレコード会社を目標にし、その実現には何が必要かを見つけて、素人の強みを発揮する挑戦をはじめた。

最初に手がけたのは流通政策の革新だ。それまで、レコード会社の営業マンの仕事は売上金の回収がメインで、店からは返品も事実上フリーという不合理・不透明なものだった。そこで、同社は全国のレコード店に対して、四つの基本方針を明示する。

「一、現金決済による月末振り込み制度。二、返品率一〇%以内（逆に「押し込み」販売はしない）。三、卸目的の取引には応じない。四、リベート基準を明確化し、公正妥当なものにする」

しかし、これを「長年の業界慣行を破壊する行為」と断じた全レ連（全国レコード商組合連合会）が、猛反発。同社のレコードに対する不買運動まで起きた。

ところが、この年の六月に日本でも公開された映画『卒業』が大ヒット、サイモン&ガーファンクルの挿入曲『サウンド・オブ・サイレンス』はオリコンチャート一位に躍り出た。CBS・ソニーから発売されたこの新譜を求めて、レコード店店主が会社にまでやってくる事態となった。その後も、ヒットが続き（カルメン・マキ『時には母のない子のように』など）、四つの条件も徐々に受け入れられていく。創業二年目には売上二八億円を達成（目標は二四億円だった）、累損まで解消している。

③「定義」を変え、市場をクリエイトする

CBS・ソニーでもう一つ特筆したいのは、大賀と小澤敏雄（八〇年に社長に就任）のコンビがはじめたSD（Sound Development）事業である。七八年からスタートしたCBS・ソニーオーディションから発展し、八一年にSD事業部として新設された。これは創業以来、属人的にやってきたアーティストの発掘・育成を行う仕組みを、よりダイナミックなシステムとして確立したもので、この会社の大きな収益の柱となった。

同社の社史（『ザ・ルールブレイカー』）によると、「もともと、レコード会社はコロムビア芸能、ビクター音楽芸能など、アーティストのマネジメントをする会社を抱えていた」が、やがて「渡辺プロダクション、堀プロダクション（現ホリプロ）などの大手プロダクションが台頭し、アーティスト発掘、マネジメント、原盤制作、著作権管理などを自らの事業として統括するようになっていた。

極論すれば、レコード会社の役割が、制作したレコードのプレス、宣伝・営業活動と、その範囲を狭められていた。ＳＤ事業はこういった流れに逆行して、レコード会社でタレントを発掘し、そのアーティストの原盤権、音楽著作権を社内に留保することで、会社の利益拡大を図るものである。いわばレコード会社の復権を賭けた事業」であるとしている。

全国規模でオーディションを行い、ライブをチェックし、若い才能をサポートして磨きあげ、自社グループの各レーベルにプレゼンをし、そこで評価されれば契約・デビューする流れである。

現在までに三〇〇組以上のアーティストやタレントを発掘・開発し、人気アーティストを輩出している。単に「レコード会社の復権を賭けた事業」というだけでなく、レコードビジネスとアーティストビジネスを一体化したことで、さまざまな可能性を拓くことができた。

ライブビジネス（コンサートホール「Ｚｅｐｐ」を全国六拠点に展開。興行も企画）をはじめ、音楽チャンネルの放送局や関連出版事業、映像制作と配信、アーティストマネジメント事業、レコードの共同物流事業から発展したＪＡＲＥＤ（各種商品の保管・出荷・配送と管理を行う）や、経理・システム・人事・総務の受託業務を行う企業など、個性を活かしながらマネジメント機能は横串で通すなど、ユニークなグループ展開を実現している。なかには自社だけでなく業界のインフラやプラットフォームとして、活動している企業もある。

「SD事業」は、レコード会社の**定義を変え、新しく市場をクリエイトした**。その意味で、ソニー生命にとっての「ライフプランナー」に匹敵するビジネスモデルを実現したといえる。

手慣れたプロよりシロウトの本気

日本のロックムーブメントを起こした丸山は、ソニー・ミュージック社長やソニー・コンピュータエンタテインメント会長を歴任したが、前述した入社の経緯が物語るようにユニークな経営者である。彼が人生の歩みを縦横に語った『往生際』[6]は、末期がんの闘病記でもあるが、読んでいて楽しくなる本である。

このなかで丸山は、含蓄ある指摘をしている。

「(CBS・ソニーは)シロウトからスタートしたの。シロウトはシロウトなりに一生懸命考える。おれなんかも一生懸命考えて仕事したのよ。でも、うまくいかない。そこに芸能プロダクション出身の人たちが入ってきて。……同じ業界のプロだから勘所がわかっているの。シロウトではわからなかったツボが。シロウトもその前に闇雲にいろいろやってて、無駄なこと山ほどやっていたから、いったんツボがわかったら、うまくいくわけ。

それで、ソフトビジネスというのは、最初はシロウトに一生懸命やらせてうろうろさせといて、途中からプロを入れるとうまくいくっていうことを覚えたわけよ、大賀典雄さんとか、小澤敏雄さんっていう、創業者ふたりが(笑)。**プロが手慣れたことを感動なしにやるよりも、シロウトが血相変えて非効率的に**

動き回るほうが、はるかに感動的な仕事をするっていうことに気づいた。『おお、こういうふうにやるとうまくいくんだ』って」——

ソニー・ミュージックの盛田昌夫・前会長は、こう締めくくる。「いちいちニューヨークに、こうしたいとか、品川（ソニー本社）にお伺いをたてる必要はない。品川も任せてくれているから。だから動きが速い。社長と社員食堂でラーメン食っている間に決めてしまう。もともと、そういうクリエイティブ、アーティスティックな行動力がある。人材が豊富にいるから、どんどん人を当てはめていく。やってみて、三年やってダメなら止めればいいだけだから。

昔のソニーはみんなそうでした。まずやってみて、ダメなら止めればいい。**やってみないと何もはじまらない**。今、ソニー・スピリットが残っているのはうちでしょう。やっぱり元気がいいと、人が集まるし、アーティストも集まってくる。**ビジネス・オポチュニティも転がってくるんですよ**」

同社の業績は非公開だが、CDによる音楽販売が落ち込んでも、次々とオポチュニティを活かしたグループの展開力で、業績の落ち込みはほとんどないという。

ソニー・スピリットが子会社に移植され、そこに保存されたDNAがもう一度、本体に戻されて再活性化する時がくるのか。盛田が多角化に取り組んだ背景には、**真っ正面から新しい事態に向き合うDNAを、いつか本体に移植する日が来ることまで考えていたのかもしれない。**

第14章 三大M&A

ハリウッドのメジャー買収――「そこから会社が緩みはじめた」

「盛田さんに、なぜ映画会社を買ったのか。本当のところを、膝を突き合わせて、とことん聴いてみたかった」。海外畑出身で経営首脳陣の一人だったあるOBは、しみじみそう語った。

一九八〇年代の半ば、アメリカの家庭用ビデオ市場を巡るフォーマット戦争では、VHS陣営が映画ソフトで大攻勢をかけていた。それに対抗するため、ソニー・アメリカでも、ハリウッドに依頼してベータマックス規格で、独自に映画ソフトを制作しようとしていた。

そのとき、会長の盛田は「映画づくりは水物だから、われわれの仕事じゃない。手を出すな!」と言明したという。「でも、このままならVHSにどんどんやられますよ」と食い下がると、「どうしても欲しかったら、できたやつ(配給権)を買え。一からつくるなんて、とてもじゃないができるわけがない」、と諭した。

しかし、その舌の根も乾かない数年後には、ハリウッドのメジャースタジオの買収へ向けて、盛田と社長の大賀が動き出す。そして八九年九月二七日には、コロンビア・ピクチャーズに対する、当時、日本企業による最大の企業買収が発表されたのだった。だが、これはその後のソニーの命運を決定した、やっかいな案件だった。

「そこがソニーの、会社のタガが緩みはじめた元です」、と前述のOBは語気を強める。

「ハリウッドの映画会社は、こういえば語弊があるかも知れないけれど、メーカーのわれわれの常識から言えば真面目じゃないんです。カネづかいが荒いし、最初に雇った二人の経営者（後述）なんか、その典型だった。給料だって、ハリウッドの大手と、コツコツものづくりをしてきたわれわれとは違う。ものの考え方や、カネに対する執着が根本的に違うのです。その辺りが、やっぱり、じわじわっと効いてきたんじゃないのですか」

そういえば、コロンビア映画を手中に収めた三カ月後の九〇年二月、大賀は東京・渋谷のオーチャードホールで「還暦コンサート」と称して、東京フィルハーモニー交響楽団を率い、初めてタクトを振っている。ワーグナーの大行進曲『歌の殿堂をたたえよう』（歌劇『タンホイザー』より）を指揮しながら、音楽と映画の殿堂に向かって行進する姿を自らに重ねていたかもしれない。

以後、オーケストラを指揮する醍醐味に取りつかれたかのように、九三年五月のニューヨーク・リンカーンセンターでのメトロポリタン歌劇場管弦楽団をはじめ、ベルリン・フィルハーモニーなど、一流オーケストラの客演指揮を世界で続けていく。ソニーの影響力なしに、ありえなかった贅沢だろう。**モラールは上から滴り落ちる。**コロンビア映画の買収を契機に、微妙にタガが緩みはじめた。真面目なエンジニアや社員のハートと、経営者が遊離しつつあった。

ところで、一体なぜ「映画は水物だから、手を出すな」と言明した盛田が、ハリウッドの買収に乗り出したのだろうか。

たしかに、ベータ方式のオリジナル映画を、ライブラリーで少しばかり揃えたとしても、デュプリケーターマシン（ビデオのコピーを量産できる機械）をタダに近い値段で配布し、ポルノ業者さえも重要な客層と捉えたＶＨＳ陣営――、その必死のどぶ板販売攻勢の前に、八〇年代半ばの時点では、もはや太刀打ちできない、と読んだ盛田の判断は正しかっただろう。そしてなにより、ベータのための映画がヒットする保証はどこにもなかった。後にソニーが嫌と言うほど学ぶことになるのだが、映画ビジネスは、人間的要素や業界用語で「クラウト」と呼ぶ交渉力が権利と化して絡み合う、実に複雑な産業だった。

メジャースタジオを買収した盛田の、本当の狙いはどこにあったのか。苦難を呼び込むことになった本質とは何だったのか。「今だから話せる」と重い口を開いてくれたＯＢの証言も織り込んで、経営判断の舞台裏を見ていきたい。

その前に、これに関連してもう一つ見逃せないことがある。盛田が、八七、八八、八九年と三年連続して大きな意思決定を行っていることだ。九三年一一月に、彼は脳内出血で倒れ、経営の表舞台に二度と姿を現すことはなかったのだが、経営者人生の終盤に、なぜか生き急ぐかのように、自らの残り時間を燃焼し尽くしている。それは、自分が手がけてきた問題を整理しながら、次の世代へ大きな遺産を残すとともに、新たな挑戦課題を突きつけることも意味していた。

立て続けの三大M&A

八〇年代終盤、ソニーは三つの大きなM&Aを、立て続けに実行している。しかも、それぞれは、極めて特異な内容となっている。

最初のケースは、八七年九月に実施された。これはやや変則的なM&Aだが、全米最大のプルデンシャル生命との合弁を終了させ、名実ともにソニー主導の生命保険会社を誕生させた。

七九年八月に設立されたソニー・プルデンシャル生命は、まだ黒字になっていなかったが、順調に業績を伸ばしていた。八六年に、金融自由化で外資一〇〇%出資の生保子会社が認められるようになると、プルデンシャル側は、ソニーの持株五〇%を全額買い取りたいと申し入れてきた。これに対して、盛田は「まるで手品のようなアイデアを、実践してみせた」（岩城賢・元ソニー生命社長）という。

それは、プルデンシャルがもう一度、新たに一〇〇%出資の子会社をつくり再出発する。合弁のソニー・プルデンシャル生命については、経営陣や社員を二分割して、ソニー側（これまでの子会社）とプルデンシャル側（新設の子会社）に分ける。重要な資産である生保特有の諸基本システムについては、同じものをコピーして移設する。資本金については、プルデンシャル側の持分五〇%を、ソニーに譲渡する、というアイデアだった。

これには相手側と監督官庁（大蔵省）との粘り強い交渉と説得が必要だったが、八七年に大筋で合意。ソニー側（主力取引銀行含む）が七〇%の資本を持つソニー・プルコ生命となり、九一年にはソニー生命に改称。九三年にはプルデンシャル側の三〇%の持分もソニー・アメリカが買い取り、九六年にはソニーの一〇〇%子会社化を実現した。このように、まず一つ目は、八七年に金融事業を掌中に収めた。

二つ目のM&Aは、八八年に世界最大級のレコード会社CBSレコードを買収したことだ。米国時間一月五日にクロージング(現金の支払と株券の引き渡し)が完了。正式に取引成立となったが、コロンビア映画の買収と密接な関わりを持っているので、少し詳しく見ていこう。

日本のCBS・ソニーレコードは、六八年に五〇対五〇の合弁会社として事業をスタートしたが、七〇年代には年間二〇〇億円の純利益をコンスタントにあげる高収益会社に成長していた。その頃から、配当を巡ってCBSともめていたが、八〇年代にCDが成長軌道に乗ると、「さらに多額の利益が出るようになり、CBSは当時社長になったローレンス・ティッシュ氏のもと、二〇〇%の配当を求めて」きた。強面の大賀が唖然とするほど、要求ぶりは執拗だったようだ。[1]

そこで、合弁解消の方策を盛田と相談しながら探っていた矢先に、ソニー・アメリカの副社長マイケル・シュルホフから、CBSレコード売却の一報がもたらされた。八六年一一月のことだった。CBS本社のティッシュは、八五年に社長に就任すると、本業の放送事業に集中して株価を上げるという戦略を展開、出版事業に続いてレコード部門を切り離す方針を打ち出した。

ティッシュがCBSレコード社長のウォルター・イエトニコフに、最初に伝えた金額は「一二億五〇〇〇万ドルなら売却してもいい」というものだった。この時、イエトニコフは、MBO(マネジメント・バイアウト。経営者などが自ら調達した資金で買収し独立すること)を模索したが、実はCBSとソニーとの合弁契約には付帯事項があった。[2]

それは、イエトニコフ本人が、CBSの企業内弁護士だった頃に設けた条項である。「一方が株式の売却を望む際、ファーストオプションは相手側にある」というもので、当初はCBSをガードするためのものだった。そこで、彼は旧友のシュルホフに話を持ちかけ、その場でシュルホフは大賀に電話をし、大賀は盛田に確認し、二〇分で買収に名乗りを上げている。

翌日には買収の提示案を作成しはじめたソニーに対し、CBSは創設者のウィリアム・ペイリー会長が反対し、ウォルト・ディズニーも触手を伸ばすなど曲折があり、価格が「二〇億ドル」まで吊り上がった。この結果、交渉は一端、頓挫した。その停滞を破ったのが、八七年一〇月一九日の「ブラックマンデー」で、ニューヨーク株式市場は二九年の大恐慌を上回る暴落となった。

慌てたティッシュ社長は、二〇億ドルをソニーが払うだろうかと訝りながら、シュルホフに電話を入れた。東京市場も大暴落に見舞われていたが、盛田は「われわれが付けた価値に変わりはない」として、ブラックマンデーからちょうど一カ月後の一一月一九日に、二〇億ドル（当時のレートで二七〇〇億円）で一括買収に合意している。ソニー・アメリカのオフィスで買収契約書にサインしながら、大賀は「胸のうちで思わず『勝った』と叫んで」いた。(3)

大賀によれば「世界中のCBSのレコードが販売網やレコード工場、そして日本のCBS・ソニーも自動的にわたしたちの手に入って」くる、高額配当など「年間四〇から五〇億円近い金額」のCBSへの支払もなくなる。一〇〇%子会社化したCBS・ソニーは、「ソニー・ミュージックエンタテインメント」と改称し、東証第二部に上場。「資本金のわずか二二%を放出しただけで一二億ドル相当のお金が市場から戻ってきたのである」、と自らがはじいたソロバンに胸を張っている。

ところで、彼の著書にはどれを見ても、当時準備していたDAT（デジタル・オーディオテープ）や未来のデジタルメディアなどへの具体的な言及はない。「ハードとソフトは車の両輪」というキャッチフレーズが掲げられているだけで、エンタテインメント産業の買収以降は、大賀社長のエレクトロニクスの将来やエンジニアに向かう視線に、十分な目配りが伴わなくなっていた。

一方、盛田はこの問題を、社内にどう説明しただろうか。

CBSレコード買収が完了した八八年一月、ソニーは家庭用ビデオでついに、「VHS併売」を表明した。これは即「ベータマックスの敗北」と世間で受け止められるため、発表のタイミングが難しかった。八ミリビデオの開発責任者の森尾稔（後に副社長）が中心になって、TS企画室（TSはトータル・ストラテジーの略）で、ビデオ戦略をどう展開していくか、作戦が練られていた。

ベータの反省を踏まえて、世界統一規格に成功した八ミリビデオが、CCD（電子の眼）の量産化と合わせて、着々と準備を整えていたタイミングだった（翌八九年に「パスポートサイズ」のカメラ一体型八ミリビデオTR－55が発売され、大ヒットとなる）。エンジニアの士気を落とさないよう、しんがり作戦（退却の最後尾で、敵の追撃を防御する最も難しい作戦）を展開しながら、マイナス（VHS併売）をプラス（8ミリ）で大きくカバーする打ち手が意識されていた。

盛田は、VHS併売と合わせてCBSレコード買収について、自ら筆を執り、社内報の新春号に次のように書いている。(4)

「ソニーは、今年から新しい体制になりました。それは米国CBSレコードがグループに加わったからです。……（ハードとソフトの）両輪を備えたソニーが次にやるべきことは、ビデオであろうがオーディオであろうが、そのソフトウェアを世界中の人々に楽しんでもらうことです。そのためには、あらゆるメディア、すべてのフォーマットを手がけるべきであると考えます。ですから、家庭用ビデオの創始者であるソニーもＶＨＳを加えることで、お客さまに満足していただきたいという結論に達し、今回の併売を決めたわけです。……ご存じでしょうが、すべてのＶＨＳはソニーの特許を使わなければできないのです。従って、これはソニーが敗れたわけでもなければ、ベータを放棄したわけでもありません。忘れてはならないのは、あくまでソニーはエレクトロニクスの会社であり、エレクトロニクスがソニーの命だということです。……**肝心なことは、決断そのものではなく、それから先**なのです。

将来やはりあのときのソニーの決断は正しかったと言われるよう、今こそ全社員の力をひとつにしなければならないのです。過去にも数多くのこうした決断を重ねてきました。そのたびにソニーは、ステップを一段一段上がってきたのです」

喉から手が出るほど欲しかった、千載一遇のチャンスをモノにしたソニー。

このことが、三つ目となるハリウッドの映画大手のＭ＆Ａに弾みをつけた。しかし、ソニーが選び、映画会社の経営を託した二人の経営者は、盛田の想いなど眼中になかったのである。

「買収は断念」が結論だった

七九年五月に、会長の盛田昭夫は「Ｓｏａｒｉｎｇ 80's」キャンペーンを打ち出した。それは、八二、八三年の二年連続の大幅減益、ベータマックス不振による八四年の「禊」を経て、より強靭な企業体質の改革につながっていった。「ゴールデン80's」、「イノベーション86」と切り替わった全社キャンペーンは、権限と責任を大きく現場にシフトさせた事業本部制の導入と相まって、八〇年代終盤には文字通り、ソニーの黄金時代をもたらした。

製品面では、人が音楽を聴くライフスタイルを変えたウォークマン、レコードを発明したエジソン以来の音楽革命を実現したCD（九〇年代にはCD－Rなど情報の記録メディアにも発展）、軽く小さなビデオカメラによって人びとの生活行動に動画の楽しみを拓いた八ミリビデオなど、ソニーならではのプロダクトが大きく開花、もしくは開花しつつあった。

人材面でも、井深や盛田の薫陶を受けたベテラン勢が揃っていた。「ベータカム」などで放送機器の世界を革新した森園正彦、トリニトロンの吉田進、技術マネジメントの盛田正明、希代のエンジニア木原信敏、後に「スーパーCFO」と呼ばれる伊庭保、海外営業のキング卯木肇やソニー・アメリカで奮闘した田宮謙次、CD開発の中島平太郎、ゼネラルオーディオの強打者大曽根幸三……など。

「いろんなところから集まった人たちが、ソニー・スピリットを体現して頑張っていた。製造も研究開発も、みんなが一体感をもって、もの凄く集中した時代が八〇年代だった。盛田さんは結構任せていましたし、大賀さんも丸投げしたわけでも、遠慮したわけでもないが、それぞれの分野にあまり口を出さなかった。しかし、大事なことは経営会議（代表取締役六人で構成する最高意思決定機関）にて、きちんと決めながらやって行こうよ、というコンセンサスがあった」

そう述懐するのは、東芝の若手社員だったが、「ソニーの経営戦略を担いたい」と盛田に直接手紙で訴え、中途採用された岩城賢である。希望通りに総合企画を担当し、大賀の懐刀として副社長に昇進、経営会議の事務局も担当していた。

八九年八月下旬の火曜日。その朝、開催された経営会議は、コロンビア・ピクチャーズ買収の最終決断が議題だった。盛田は口を開くと、意外なことを言い出した。「いろいろあったけど映画会社をやるには、今のソニーに大賀さんを除いてできる人はいない。その大賀さんの体調が思わしくない。未知の事業に参入するのに、果たしてそれは賢明なことだろうか」――。

実は大賀社長は、この年の三月に心筋梗塞で倒れ一カ月の入院を余儀なくされた。七月にはクラシック界の帝王カラヤンをザルツブルクの自宅に訪ねた折りに、偶然その最期を看取ることになったのだが、翌日ソニー・ヨーロッパ本社の会議の場でカラヤンと同じ心臓疾患に襲われた。救急車で運ばれ絶対安静の二週間をドイツ・ケルンで過ごし、血管内に風船を入れ膨らませる療法で、かろうじて日本に帰国するという状態だった。(5)

だから、大賀も経営会議の場では、健康上の不安を否定しなかった。「やはり、今回は映画会社の買収を見合わせよう」という盛田の発言に、誰も異存はなく、議事録には「コロンビア・ピクチャーズの買収は断念」、と記されたという。

ところが、買収断念を決定した当日の夜、岩城は大賀に誘われ、盛田と三人でソニーの迎賓館を兼ねる国際会議場で、食事を共にすることになった。高輪プリンスホテルの仕出し弁当を食べながら、「口説かれる」という予感を前にして、岩城は持論を繰り返した。

「映画会社を買っても、ソニーの六〇〇〇人のエンジニアは活きません。うちにたくさんいるエンジニアは、ほとんどがアナログです。彼らをデジタルのエンジニアとして活かす道を、まず考えましょうよ。アップルの買収も一つの方法です」

ちなみに、スティーブ・ジョブズは自らが招聘したジョン・スカリーCEOによって、八五年にアップルを追放されていた。ソニーはPCの技術を学ぶために、マッキントッシュのOEM生産（ラップトップ）を行っていたが、関係をより深めて（まずアップルに二〇％を出資）、松下電器や東芝など日本の家電勢を巻き込み、マイクロソフトに対抗するアップル陣営を世界で立ち上げるという構想を描き、岩城はスカリーと交渉をはじめていた。

この構想に当初は興味を示していた盛田だが、CBSレコードの買収に成功すると、ほとんど食指を動かさなくなった。「わかった、わかった」。食事が終わるまで、盛田は説得するような言葉を一切発しなかったが、お茶を飲み終わると、一言こう付け加えた。「今日は残念だったよ。俺もな、ハリウッドのスタジオを買うのは、夢だったからなぁ。じゃ、先に帰るぞ」

盛田の背中を見送った後、大賀は真剣な表情で口を開いた。「買おうよ。俺の責任でやる。あそこまで会長が言うんだから、俺たち、これはきちんとやろうよ」。「やろうと言ったって、自分たちでできるならやりますよ。難しいから反対しているのであって……。（しばらく沈黙）大賀さん、ダメだと思ったら売ってください。それが条件です。盛田さんにも念を押してくださいね」

翌日の水曜日、臨時経営会議が開催された。この場には盛田は出席していなかった。判断は任せるという趣旨だったのだろう。席上、大賀は「私が責任を持ちます」と明言した。体調については、同級生だった心臓外科の第一人者・東京医科歯科大学の鈴木章夫教授（後に同大学学長）の執刀で、バイパス手術を受け体力も徐々に回復していると述べた。反対の急先鋒だった岩城は、発言を控え、会議は三〇分で終了。一日で結論はひっくり返った。

当時、経営戦略本部長だった郡山史郎（後に常務）は、取締役会事務局を担当していたが、経営会議を受け、取締役会でコロンビア買収を諮る前に、会長室を訪れ盛田に訊ねている。「もし映画が赤字に陥った場合、どう治せばいいか。判りません。人材・経験が不足しています。トップを入れ替えるにしても、誰がいいのかわかりません。これでは不安は尽きません」

これに対して、盛田はこう切り返したという。「何を言っているんだ。映画会社ひとつ経営できなくて、それでもソニーなのか。それじゃ、普通の日本の会社と同じじゃないか。俺は映画会社を経営できないような、マネージャーを育てた覚えはない」

そう一喝されると、「これはもう抵抗しがたい」。郡山は後に引けなくなった。そして、役員がどういうポジションにいるか確認するために、事前に取締役全員に一対一でヒアリングをしている。

「非常に心配されていたのは、正明さん（盛田の実弟。当時、副社長）と坂井さん（利夫専務。経理担当）で、会社がおかしくなってしまうのではないか。技術開発に回す資金がなくなるのではないか、と。しかし、みんなが反対しないのであれば、自分も反対はしない。会社が割れるようなことになってはいけないから、という判断だった」という。

郡山の上司でもあった岩城は、親しい間柄の故か、こう漏らしたという。「いくら言っても聞いてもらえない。大賀さんが責任を持つと言っている。だから、買わしておいて、俺が社長になったら売り払ってしまえばいい」（注：当時、岩城は社長候補の筆頭と目されていた）

かくて、取締役会は満場一致で、買収に賛成となった。

MCA/ユニバーサルを買えていた

ここで、時間を一年あまり巻き戻して、アメリカでの動きをフォローしておこう。

CBSレコード社長のウォルター・イエトニコフは、ソニーによるレコード会社買収の最大の立役者として、その後も全権を握っていた。現地の記者たちに対しては、「ソニーは口を出さないオーナーであるばかりかCBSよりもレコード部門にとってより良い会社で、より良い管理人」である、と語ることを忘れなかった。(6)

「口を出さない良いオーナー」という表現には、MBOを行い王国に君臨したかった本人の野望も滲んでいる。八八年には、「我々は(映画)スタジオの買収を考えている。そして私はその会長になるかも知れない、そうなったら、君らのような人間とは話す必要はなくなる」と記者の前で口を滑らせたり、「私が経営する以上、ソニーは映画会社の経営もうまく行かせる事が出来る」と吹聴したりもしていたようだ。

そのイエトニコフから、大物スターや有名監督といったクライアントを多数抱える〝スーパー・エージェンシー〟CAAのボス、マイケル・オービッツを紹介された盛田と大賀は、オービッツの斡旋でハリウッド・メジャースタジオの経営者たちと面談を重ね、買収先を探していた。

ちなみに、大賀のハリウッド巡礼には、イエトニコフだけでなく、同じくレコード会社買収の功績でソニー・アメリカ社長の座に就いた腹心の部下、マイケル・シュルホフも同行していた(シュルホフは大賀とともにカラヤンの最期も看取っている)。

業界の内部事情に詳しいオービッツが最も強く推していたのは、MCA／ユニバーサルだったという。あの「ベータマックス訴訟」を仕掛けた会社である。

ルー・ワッサーマン会長とシドニー・シャインバーグ社長のコンビは、メジャーのなかでも最強クラスの企業をつくり上げていた。盛田はこの会社を大変高く評価しており、もしMCAを買収していたとしたら、その後の乱脈経営による混乱はなかったことだろう。大阪でいま大人気のユニバーサル・スタジオも、「ソニー・ユニバーサル・スタジオ」として、ソニー・ブランドを一層輝かせていたに違いない。

MCAを選ばなかった理由は、大賀が「『コロンビアしか買わない』と言い出した」(岩城の証言)こともあるが、買収額が巨額になると予想されたからだった。八九年にソニーがコロンビア映画を買収した金額は三四億ドルだったが、これに債務負担の肩代わりや混乱に伴う追加資金(後述)をトータルすれば、結局六〇億ドルに達した。九〇年に松下電器が、ソニーに追随してMCA／ユニバーサルを買収したが、その金額は六一億ドルだったから、実質的には、ほぼ同額である。

松下は、九五年には「文化が合わない」として売却しているが、コロンビアの乱脈ぶりに耐えたソニーなら問題なくこなせたはずだ。したがって、もし本気で映画ビジネスに参入するのであれば、MCAが正しい選択だったと思われる。

では何が、ソニーを間違わせたのか。

その過程を、ハリウッド側の人間ドラマとして詳細に追ったのが『ヒット&ラン』(日本語版はキネマ旬報社）である。この本の原題には、「How Jon Peters and Peter Guber Took SONY for a Ride in Hollywood」なるサブタイトルが付いている。直訳すれば、「いかにしてジョン・ピータースとピーター・グーバーは、ハリウッドでソニーを担ぎ・だましたか」となる（日本語版の副題は「ソニーにNOと言わせなかった男達」である）。

まず、名前が表紙にまで冠せられた二人の人物について、この本を元に簡単に説明しておこう。

ピータースは、大物女優で歌手のバーブラ・ストライサンド[7]のヘアードレッサー、彼の友人のグーバーはコロンビア映画の元マネージャーだが、共に自分たちを売り込む才能を、強烈な野心のロケット・エンジンで打ち上げてきた男たちだ。ソニーがCBSレコードを掌中にした後、八九年にハリウッドのメジャースタジオ買収に本格的に動き出し、経営者を探していたちょうどその頃、彼らのロケット燃料は満タンに達していた。

というのは、アカデミー賞一〇部門ノミネートの『カラーパープル』（八五年）、アカデミー賞四部門受賞の『レインマン』（八八年）といった名作、それに『バットマン』（八九年）、といった大ヒット作品にプロデューサーとして名前を連ねていたからだ。「書類上」は申し分のない実績だった。

だが先の本は、『バットマン』を除いては、「肩書きを奪い取った」だけで実態が伴っていなかったことを明らかにしている。「つまりそこは、業界内部の人間が、銀幕上で魔法を展開するよりも、業界自体の幻想を作り出すことのほうにたけた夢工場」であったという。

歌手ストライサンドのプロデューサーでもあったイエトニコフ（CBSレコード社長、前出）に、その友人ピータースとグーバーが絡み、そこに大賀の腹心のシュルホフ（ソニー・アメリカ社長）が加わり、それぞれが野望の夢を追求した結果が、間違いの主因をもたらした、と論じる。ソニー側の投資アドバイザリーとなったブラックストーン・グループ（盛田と親しかったレーガン政権の商務長官ピーター・ピーターソンが創業者の一人）も、八五年に創業したばかりで、特殊な映画の都・ハリウッドの内情に疎かったことも副因だろう。

もう少し言葉を補うと、イエトニコフは音楽と映画にまたがるコンテンツ帝国に君臨する夢に、シュルホフは世界企業ソニーのトップとなる夢に（この頃から毎朝六時半に大賀の自宅に「モーニングコール」を掛けるようになっていく）、グーバーとピータースはハリウッドの映画メジャーの経営者になる夢に、それぞれ邁進し、それをチェックしコントロールする機能が働かなかった。

つまり、こうした視点から見れば、四人の野心満々のアメリカ人たちにとっては、経営者がしっかりしていたMCA／ユニバーサルは、〝野望の王国〟たり得なかったというわけである。だから、（経営状態も芳しくなく、表面上は）金額も安かったコロンビア映画こそ、大賀に推薦するにたる格好の対象だった。彼らは大賀の耳元で囁き続けたのだろう。「コロンビアが一番のオススメです。経営は私たちに任せてください」、と。

もっとも映画は、アートと商売が人間関係の濃密な交差点で成立しているうえに、ハリウッドはアメリカ文化の象徴であるだけではなく、世界に展開する複雑なビジネスでもあった。異質な企業風土というレベルを超えて、その全貌を把握すること自体が容易ではなかった。

映画ビジネスについて、その構造を知るうえで最も信頼されている著書がある。ハロルド・ヴォーゲルの『ハロルド・ヴォーゲルのエンタテインメント・ビジネス』である。

膨大なデータを緻密に分析し、映画、放送、音楽、ゲームなどエンタテインメント・ビジネスを、明快な視点で体系的に明らかにしている。しかも絶えず最新のデータと知見をカバーし、アメリカでは第九版まで改訂されている。日本でもこの大著の翻訳版（第八版に最新データを加味）が、一三年に慶應義塾大学出版会から発刊されている。(8)

それによると、エンタテインメント産業は、卸売り段階でも年間売上が三〇〇〇億ドルを超えるアメリカを代表するビジネスであり、輸出額も二〇一〇年には一〇〇億ドルを超える大きな輸出品目である。ハリウッドの映画はこのなかの重要な核となる位置を占め、限界収入が高い市場から、時間当たり収入が小さくなる市場へ、段階的に下りていくマーケット構造となっている。

劇場公開という一次小売市場から↓有料ケーブルテレビ↓ビデオ・DVD↓ネットワークテレビ↓地方テレビのシンジケーションへ。さらにインターネットを通じたダウンロードやストリーミングなどチャネルは多岐にわたる。『ロード・オブ・ザ・リング』三部作は、全世界で興行収入三〇億ドルを稼ぎ、『スター・ウォーズ』は初期投資が一一〇〇万ドルだったが、最初の四年間だけで一億五〇〇〇万ドルの利益をあげたという。ただ、こうした成功はいつも保証されているわけではない。

ヴォーゲルによれば、ハリウッドの「大手が製作する映画一〇本のうち、平均六本ないし七本は利益を出せず、一本が損益分岐点ぎりぎりになるにすぎない」という。メジャースタジオの平均的な映画の費用（二〇〇九年実績）は、製作費七九三〇万ドルにマーケティング費用三六〇〇万ドルと、一本の映画に一億ドル以上のコストが掛かっている。

このため劇場公開だけでは元が取れず（二〇〇四年大手六社の劇場部門の総利益合計は二二億ドルの損

失）、これをＤＶＤとＶＨＳのビデオ（同一四〇億ドルの総利益）や、テレビなどの使用許諾権（同一五九億ドルの総利益）でカバーし、成長を達成している。

ハリウッドの経営者に求められるのは、こうした構造からキャッシュを生み出す能力である。それだけではなく、「クリエイティブな才能という名のもとで際限なく資金を欲しがる映画監督」をマネジメントし、「数百万、数千万ドルに関わる事を常に決定できる人間でなくてはならず」、しかも「神経質な俳優や監督達との友好的な関係を保つ能力」に加え、「どんなものが気まぐれな大衆に気に入られるかが理解できる直感」[9]といった力が必要とされる。

大衆に深い感動を与える芸術にもなりうるが、大衆を相手にするビジネスで「大衆が買ってくれるという保証もなしに、何百万ドル（筆者注：ハリウッドは何千万ドル）もの投資をして商品を完成させてしまうなどという例は、他にはありえない」（ヴォーゲル）。それが映画ビジネスというものだ。

経営者の人選の怖さと罪

ソニーは八九年八月下旬の経営会議で買収を「断念」した後、翌日の臨時経営会議で一転、突き進むことになった。

九月二七日には、ソニー・アメリカがコロンビア映画と、同社株を四九％所有するコカ・コーラ社に、一株二七ドルで正式に買収を申し入れ互いに合意した。株式の公開買い付け分を含め、買収額は三四億ドル、これにコロンビアの債務肩代わりが一二億ドル。さらに二日後には、共同ＣＥＯとなるグーバーとピータースの上場会社グーバー&ピーターズ・エンタテインメント（GPEC）の買収額二億ドルが付け加わり、この段階で計四八億ドルとなった。この発表は、二重の驚きをもって受け止められた。

日本企業による最大の企業買収を特集した『ニューズウィーク』誌は、着物を着た自由の女神像（「コロンビア・レディー」）の画を表紙に載せ、「Japan Moves Into Hollywood：日本がハリウッドに侵攻」と大きくヘッドラインを掲げた。その前後には、三菱地所によるニューヨーク・ロックフェラーセンターの買収など、日本企業による米国買い占めも相次いだこともあって、コロンビア映画は「アメリカの魂を買った」として、日米文化摩擦の象徴ともなり政治問題化した。

もう一つは、ハリウッドの関係者たちの驚きだった。二年前にコカ・コーラがコロンビア映画を買収したときの株価は一株七ドル四四セント、実際の株価（コロンビアは上場会社）もこの水準で低迷していたが、ソニーが買ったのはその三・六倍もの高値だった。GPECの場合も同様だった。二人を経営者に就けるために、彼らの赤字会社を実勢価格の四割増しで購入するはめになった。しかも業界通が懸念したように、問題はこれだけでは終わらなかった。

GPECは、ハリウッド・メジャーの雄ワーナー・ブラザーズと五年間の契約を結んでいたため、ワーナーから一〇億ドルに上る損害賠償と契約の遵守を求めて、訴訟を起こされたのである。最終的には和解に持ち込み、ソニーは八億ドルにのぼる和解金を支払ったとされる。

にもかかわらず、グーバーとピータースには破格の報酬が用意された。年俸二七五～二九〇万ドル＋会社の税引き前利益に応じた歩合（二・五～一〇％）＋五年で五〇〇〇万ドルのボーナスプールである。(10) バブル期とはいえ、日本企業のカネがいいように吸い取られた。そして、報酬に見合う成果は、何も上がらなかった（その経営の乱脈ぶりについては、『ヒット&ラン』などを参照いただきたい）。

前述した日米文化摩擦のあおりで、盛田は「アメリカ人に経営を任せている」とメディアで訴え、大賀はソニー社員に「（コロンビア映画のスタジオがある）カルバーシティには行くな」と厳命していた。ハリウッドのマネジメントは、ソニー・アメリカ社長のシュルホフに委ねられたが、彼には映画会社を采配する力はなく、九一年に社名をソニー・ピクチャーズエンタテインメントへ改称はしたものの、二人のCEOに任せることしかできなかった。なお、ピータースは二年ほどで退任し、実質的に五年間グーバーが経営を担っていた。

当のグーバーは、九四年にソニー・ピクチャーズを解任された後に、なんとUCLA大学院教授となり、その肩書きで二〇一一年に出版した本『成功者は皆、ストーリーを語った。』（アルファポリス刊）で、次のように表明している。

「ソニーが、アメリカの象徴ともいえるコロンビア・ピクチャーズ・エンターテイメントを買収し、わたしはそのCEOに任命された。アメリカから見れば裏切り行為にほかならず、わたしはその象徴に仕立てあげられてしまった。日本人のオーナーは、これがアメリカにとって単なる一企業の買収以上に大きな意味をもつ出来事であることを理解しようとはしなかった。だがわたしは、彼らのやり方に従うしかなかった。万年筆のインクが欲しいときにドラム缶ごと買うような輩とは喧嘩はできない。そう考えてしまったことが、わたしの過ちの始まりだった」（一一八ページ）

ぬけぬけと語っているところを見ると、経営者の人選を間違うことの怖さと罪を痛感する。

経営危機

八八年と八九年に、ソニーが行ったアメリカ企業に対する大型M＆Aが及ぼした影響を、最後にまとめておこう。買収金額は以下の通りである。

CBSレコード二〇億ドル（二七〇〇億円）＋コロンビア映画三四億ドル（四四〇〇億円）＋コロンビアの債務肩代わり一二億ドル（一五五〇億円）＋GPEC二億ドル（二六〇億円）＝六八億ドル（八九〇〇億円）これにワーナーへの和解金の八億ドル（一〇四〇億円）などを含めると、ざっと一兆円に達する。

この巨額の資金調達を、八八年四月から二回の無担保転換社債、二回の時価発行増資、ワラント債やユーロ円債を立て続けに発行。さらに九一年一一月には、ソニー・ミュージック（元CBS・ソニー）を東証二部に上場させ、新規公開での調達額の最高記録（当時）一二二四億円を確保。総計一兆五〇億円を、なんとかバブル崩壊直前までに集めるという離れ業を実現した。

それでもこの間に、連結の有利子負債は、八七年一二月末の三四二八億円から、九二年三月末には一兆七二〇〇億円と五倍に膨れあがった。これに伴う巨額の金利コストが利益を圧迫した。映画部門はキャッシュフローがネガティブなまま収益も悪化。そこに九一年後半からバブル崩壊がはじまり、今度は肝心のエレクトロニクスで商品力が低下する。在庫も四カ月超に達し、九二年三月期には単独決算としては、上場以来はじめて二〇〇億円を超える営業損失に陥った。

九三年三月期、九四年三月期には連続で減収となり、営業利益も不振を極め「文字通り、経営危機と呼ぶべき状況」だった。大賀社長も、事態の深刻さに危機感を持ち、ソニー・プルコ生命（現ソニー生命）社長の伊庭保を、九二年六月に急遽、本社に呼び戻した。専務・総合企画グループ本部長として再建を託したのだ。この当時、まだ日本企業には「ＣＦＯ」（最高財務責任者）の概念はなかったが、実質ＣＦＯの役割を伊庭は果たすことになった。

伊庭が、社内の関係者に読み手を限定して書いた財務戦略の〝ノート〟[11]を紐解くと、ここから再生がはじまったことが判る。大型買収によってタガが緩んだソニーに、規律を取り戻して、本来の自由闊達な姿を実現するための、「企業価値の番人」＝ＣＦＯの仕事が描かれている。

目白押しだった投資案件を、「企業価値」の観点から、精査し直し・審議する財務コントロールを実施。そのうえで、「過去に承認、実行された重要案件について、厳しく回収状況のレビューをして教訓を共有しようとした」。エレクトロニクスの立て直しのためには、六つの経営体質強化委員会をつくり、経営会議メンバーの首脳陣がそれぞれ委員長として役割を担った。商品力は大賀社長、Ｒ＆Ｄは森尾専務、不採算事業は伊庭自ら……といった具合に。この時、最も重視したのは、情報の共有化を図って、全社横断的に戦略を立て、ベクトルを合わせることだった。

さらに「経営会議を頂点とする業務執行などについての意思決定メカニズム（決済手続き）が、適切に機能していないように感じられた」。そこで、経営企画と事業戦略の部門に、各事業本部の関連部署からの情報、それにＲ＆Ｄ（研究・開発）戦略部門も参加させて、「案件を検討・評価させ、会社の利益につながる合理的な判断ができるように準備を徹底した」。

また「利害関係者を含めた十分な事前検討が行われているか、の確認など、タイムリーにかつ適切な意思決定がされるようプロセスの整流化（てきぱきさばくこと）に努めた」とする。

こうした経験が、九〇年代のソニーの優れたコーポレートガバナンスにつながった（二〇〇〇年代に入って崩れるが、これに関しては後で改めて述べる）。そして九四年九月、ソニー・ピクチャーズエンタテインメントのピーター・グーバーCEOを解任。同年一一月には映画会社への投資分二七億ドル（当時は円高で二六五〇億円）の営業権を一括償却して、ウミを出し切った。

さらに、映画会社の乱脈経営を放置したマイケル・シュルホフ（ソニー・アメリカ社長）も九五年一二月に解任した（シュルホフに引導を渡したのは四月に社長に就任したばかりの出井伸之だった。この〝シュルホフ切り〟は、当時の複数の経営首脳が出井にアドバイスをしていた懸案事項でもあった。「社員はみんなホッとする」と同時に、出井はインパクトのある社内デビューができた）。

盛田が実現したかったこと

ところで、盛田はハリウッドの買収で、どんな夢を実現しようとしたのか。

「ハードとソフトは車の両輪」といったキャッチフレーズは、イエトニコフやシュルホフが野望を実現するために愛唱した理屈だが、ハードとソフトを別々の車輪と捉える前提そのものが間違いだった。ハードとソフトが一体化して、**どんな体験を人びとに届けられるか**が問われていたのであって、ソフトを持てばハードにシナジー効果が生まれるわけではない。

求められているのは、**新しい体験をもたらすテクノロジー**である（ウォークマンやｉＰｏｄのように必ずしも最先端技術でなくてもよい)、現代流に言えば「ビット(デジタル情報)とアトム(原子)の継ぎ目のない融合」によって、いかに人びとが〝**生きている実感**〟を得るための手助けができるか、そのためのツールを提供できるかだ。「それは工業を取り去って情報だけを残すのではなく、工業に知性を加えるものなのだ」(ケビン・ケリー)。そして、「知性」なくして「エンタテインメント」も成り立たない。

前述のヴォーゲルは、エンタテインメントを次のように定義している。「感情や心理の奥底に強く働きかける総合的な体験で、心のうちから誘発される反応」。それには「誰かの気持ちを摑んで離さない能力」が要求されるが、「人は物に対してよりも、体験に対してのほうが、より幸せを感じ、より満足感が持続する」と。エンタテインメントの本質を直感的につかんでいた盛田は、CBSレコードの買収を契機に、ソニーを次の新しいステップ――ハードとソフトを継ぎ目なく融合することで、**新しい体験を提供する企業へ**、押し上げたかったのではないだろうか。

そこには、かつて世界の放送局をソニー製品が席巻したように、映画のスタジオや配給・流通システムに、ソニー厚木テクノロジーセンターが持つデジタル技術を、展開する夢もこめられていたはずだ。(12)

経営者の人選ミスで、その夢が妨げられたのは誤算だったが。

ちなみに、ヴォーゲルは映画ビジネスについて、こうも指摘している。「このビジネスは、今も起業家的であり、資本主義的である。映画とは生まれつきの研究開発型商品である」。そして、こう結んでいる。「この業界で仕事を進めるためのすべての段階は、交渉によって決められ、これが意味するのは、人間的信頼関係と職業的規範の高い水準が隅々まで行きわたっているということだ。これは広く知られている見方とは逆である」――。

第5部

経団連会長プロジェクト、
プレイステーションに見たソニー・スピリット

第15章 グローバル・リーダー

「僕はゴルバチョフになり　終るか?」

筆者の手許に、一九九一年も終わろうとする一二月二八日に、盛田会長からソニー本社に送られてきた興味深い文書がある。法務・渉外グループ本部長の米澤健一郎（後に業務執行役員〈専務〉）、会長秘書役の大木充の側近二人に宛てた、A4用紙三枚のファクシミリである（左写真）。

それは、通常、盛田が使う鉛筆ではなく、フェルトペンでクッキリと思いを込めて書かれている。彼が鉛筆を常用していたのは、何度もアメリカで訴訟に巻き込まれた経験からだ。証拠書類の提出を求められ、相手側弁護士から「なぜここに線を引いたのか」などと訊かれ、証言の自由度がなくなることを未然に防止するため、後で消せる鉛筆を使っていた。

受け取った側がギョッとしたのは、マジックで書かれていただけでなく、本文が次のような書き出しからはじまっていたことだ。

「Scenario-1：僕はゴルバチョフになり　終るか？　理想は称えたが、次第に思はぬ社会変革を誘発し、結末は自分自身が社会からkicked out（放逐）される、か？」

当時、閉鎖的な日本の権力構造のなかで、盛田は日本の社会構造の変革に真っ正面から取り組もうとしていた。このファクシミリの意味について、少し解説しておこう。冒頭の見出しにある「The articleにより出て来るであろうeffectsの予測」の、article（記事）とは、九二年一月に発売された『文藝春秋』二月号に盛田が寄稿した「『日本型経営』が危ない」を指している。

これは、ちょうど一年後に発表された『新・自由経済への提言』（『文藝春秋』九三年二月号）、さらにその半年後の米『アトランティック・マンスリー』に寄稿した「G7リーダーズへの公開書簡　新しい世界経済秩序に向けて」[1]につな

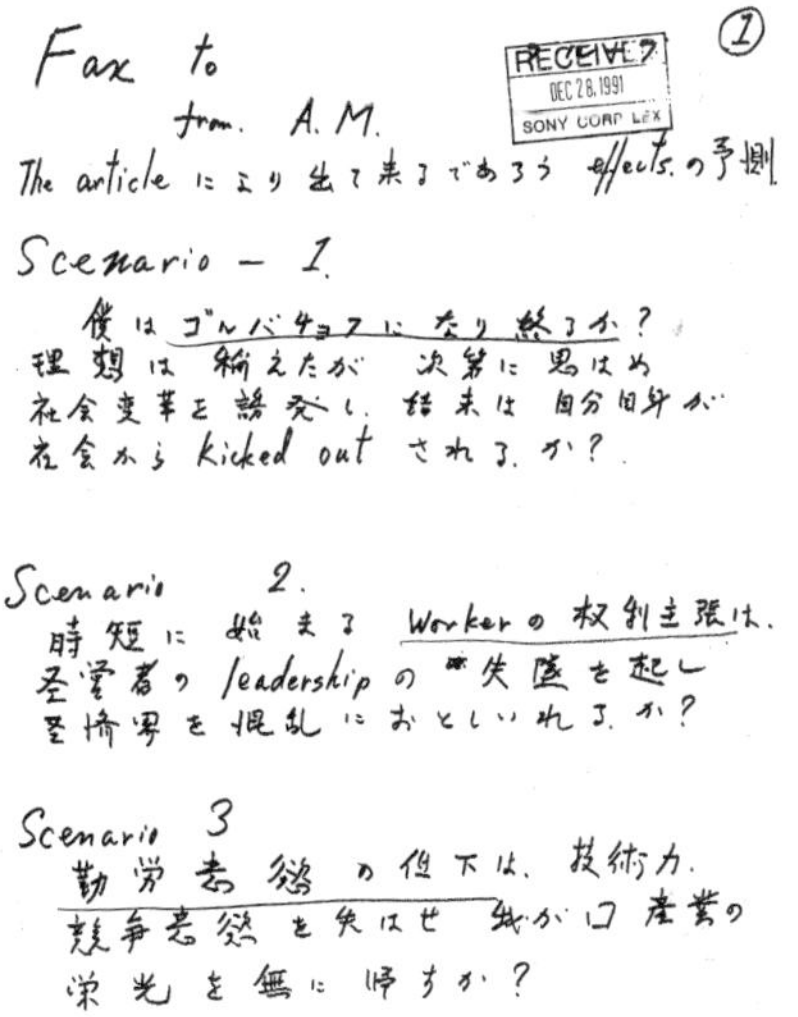
①
Fax to
from. A.M.
RECEIVED DEC 28, 1991 SONY CORP LEX
The articleにより出て来るであろうeffectsの予測
Scenario－1.
僕はゴルバチョフになり終るか？
理想は称えたが　次第に思はぬ
社会変革を誘発し、結末は自分自身が
社会からkicked out　されるか？
Scenario 2.
時短に始まるWorkerの権利主張は、
経営者のleadershipの喪失を起し
経済界を混乱におとしいれるか？
Scenario 3
勤労意欲の低下は、技術力、
競争意欲を失はせ我が国産業の
栄光を無に帰すか？

“経団連会長プロジェクト”を推進する側近に宛てた、「A.M.」＝Akio Morita（盛田昭夫）からのファクシミリの複写。1991年12月28日に送られ、翌年1月に彼が世に問う提案に関して、想定される6つのシナリオ、「理想の実現に近づく」ために研究・検討すべき7つのアプローチについて、アイデアと考えが書かれている。

がる、日本と世界へ向けての問題提起だった。これら三部作は、国際的なビジネス・ステーツマンとしての盛田の最後のメッセージともなった。

三部作を通じて、彼が訴えたかったことは、以下のようなポイントだった。

①価値を創造するモノづくりこそ、あらゆる経済活動の原点であることが忘れられ、マネー・ゲームが経済を歪めている。

②日本が固い殻に閉じこもり、従来のシステムに固執すれば、世界から孤立し、経済の衰退を招くことになる。

③政治のシステムが硬直化し腐敗し、一方、極端なナショナリズムや民族主義が世界のあちこちで台頭し社会を分断。各地がナショナリスティックな方向に向かう心配がある。

④だからこそ、北米・欧州・日本の間に存在するあらゆる経済的障壁――貿易・投資・法律など――を低くする方法と、そのためのステップを踏み出すこと。各国が、共通のルールと手続きに合意し、調和のとれた(ハーモナイズされた)世界的なビジネスシステム、ないし〝新しい世界経済秩序〟を目指すためには、創造的・互恵的な模索が必要である。

四半世紀ほども経っているというのに、盛田の洞察が二一世紀の現在にまで届いていることに、ちょっと驚かされる。

この盛田が掲げる「理想」へ向かうための、最初の問題提起(『「日本型経営」が危ない』)に対する彼のプラグマティスト(実際家)としての視線が、前述のファクシミリになって現れていた。盛田のなかには、青年のように純粋な夢を追う一面と、したたかな現実主義者としての一面が同居しているのだ。

「経団連会長プロジェクト」が始動

米澤がその言葉を初めて耳にしたのは、もう少し前、大手町にある経団連会館からの帰りの車中だった。盛田が「僕はゴルバチョフになっちゃうかねぇ?」と突然、聞いてきたという。

「どういうことですか?」と文脈が読み取れずに、とまどう彼にこう語った。「ゴルバチョフって、ペレストロイカを懸命にやって、自由化していい国にしようと思ったのに、結局、追放されちゃったよね。いいことをしようと思って、最初に提唱した言い出しっぺは、その後の実行者にはなりえない。現実はそういう傾向があるよね。僕は一生懸命言っているんだけど、実行者にはなれないかもしれない」

米澤は真意がつかめないまま、「とにかく、ゴルバチョフになってもいいんじゃないですか。誰かがゴルバチョフ役をやらないと、日本は変わらない。新しい経済秩序のなかで日本を立派に位置づけるには、誰かが言い出して端緒をつけなければいけませんから」、と答えたという。

ファクシミリには、「The article」の影響を予測し、提唱が生み出す六つのシナリオを想定。そのうえで「理想の実現に近づく具体的なアプローチについて研究検討すべき事項」を七つあげている。理想を掲げ、それを具現化するための方法について、課題とアイデアを記してある。表現は、率直であり、論点が整理され、しかも簡潔だ。盛田の頭の回路を窺うことができる。検討項目の最後には「僕自身で、どこまで押すか?」、とまで書かれている。

盛田がはじめた一連の提言は、彼の「経団連会長プロジェクト」の一環でもあった。その頃の経団連会長は、〝財界総理〟とも呼ばれ、経済政策への提言力、政治家に物申す力で大きな存在感があった。現在の、発言力も人物的にもすっかり小粒化した日本経団連会長（二〇〇二年に経団連は日経連と合併した）とは、比較にならないほどの影響力があった。

それだけに、重厚長大産業の大企業会長たちが牛耳っていた財界本丸の古い体質は、根強かった。盛田は八〇年代初めに、安藤国威にこんなことを漏らしたという。「六〇歳の俺にね、安藤君、雑巾がけをしろって。これってアメリカ人が聞いたら驚くだろうね。向こうではもう金儲けなんかやめて、引退したらって言われる年なのに、日本では雑巾がけって言われるんだよ」

六〇歳のとき財界序列では「青二才」だった盛田は、六九歳で「リスク（「ゴルバチョフになり　終る」）があることを承知のうえで、経団連の会長になろうとしていた」（米澤）。そのプロジェクトが本格的に始動するのは、会長秘書役に大木（前出）が就任した八九年一一月からだ。トリガーになったのは、実はコロンビア映画の買収だった。

親しかったデービット・ロックフェラー（当時、前チェース・マンハッタン銀行頭取・ロックフェラー家当主）との対談で、盛田はこう吐露している。

「率直に申し上げて、コロンビアの買収に関して、一部アメリカのジャーナリズムが、ソニーがアメリカの魂を買ったと報道したことに、私は少なからずショックを受けました」。「非難されたとき、私はたいへん微妙な問題に触れたような気がしました。第二次大戦中、アメリカ国内の日系人が、アメリカ市民であったにもかかわらず無理やり抑留されたことを、思い出さずにはいられませんでした[(2)]」

石原慎太郎ならば、ここで「レイシャル・プレジュディス（人種偏見）」問題を持ち出したはずだ。この三年余り前に、盛田は誘われるままに石原（当時、自民党衆議院議員）との共著で対話形式のエッセイ『「NO」と言える日本』を出版している。[3] そこで石原は「日米間の問題の根底には、（アメリカ人）のレイシャル・プレジュディス、人種偏見がある」と表明している。これに対して、盛田は与《くみ》せず、同じ本のなかで次のように主張している。「レイシャル・プロブレム（人種問題）から、アメリカ側が悪いと言ってみても、一向に解決にならないのです」。「アメリカの大衆の中に日本が味方だという気持ちをつくっていかなければいけない」、と。

ここで、当時の時代背景をつかんでもらうために、象徴的な数字をいくつか挙げておきたい。

カラーテレビは、六九年にアメリカメーカーが米国市場の八二％を製造していたが、八八年にはほぼゼロとなった。つまり、アメリカの家電産業は八〇年代に実質的に消滅した。半導体（DRAM）は、米企業のシェアが八〇年には九五％だったが、八八年には一五％に激減。自動車産業は、七九年から八二年の三年間で雇用者数が三〇万人減少した。

七〇年代から米国は貿易赤字に苦しみ、九四年には赤字額の八七％に相当する六七三億ドルが対日貿易赤字となり、一方で日本の貿易黒字は八七年には八七〇億ドルに達し、九〇年代に入って倍増の勢いで膨らんでいた。

八五年のギャラップ社の世論調査では、回答した「八五パーセントのアメリカ人が、日本はアメリカの労働者にとって深刻な脅威」になっているとし、逆に九〇年に同社が日本で行った調査では、六四％の日本人回答者が、アメリカの執拗な日本叩きで「日本はスケープゴート」にされていると感じていた（なお、上記の数字などは、サンフランシスコ平和条約締結五〇周年で刊行された『日米戦後関係史』[4]を参照した）。

そんな折りに登場し、ベストセラーとなったのが『「NO」と言える日本』（八九年一月発行）であり、その年の九月にソニーはコロンビア映画買収を発表。アメリカで非難が巻き起こったのだった。それが盛田に何を決意させたのか。この問題を、もう少し追ってみよう。

ロックフェラーとの対談で、盛田は「NOと言える日本になれ」と言った真意は、「友人（アメリカのこと）には率直であるべきだし、議論し意見の差があれば、それを表明できる勇気を日本人が持つべきだ」という点にあったと語る。

だが、「この本はまるで、日本人が（アメリカの）すべてにNOと言うかのような印象を与えてしまった」、と曲解されセンセーショナルに扱われたことを残念がっている（ちなみに、この本の英語版の出版は盛田が許可しなかったが、翻訳コピーがアメリカの議会やマスコミに流布した）。

前に触れたコロンビア映画買収への反発に、盛田がショックを覚えたのは、アメリカの大地にあれほど「良き企業市民」として根付こうとしてきたソニーでさえ、まだ大衆のなかに十分に根を張りきれていない事実を思い知らされたからだ。

日米貿易戦争下で（たとえば、米誌『タイム』八七年四月一三日号の特集は、日本資本主義の「封建性」にアメリカが戦う「TRADE WARS」だった）、日本を叩けば地元の票につながる。そうした構造を変え、逆に「アメリカの政治家が日本をたたけば選挙で負ける」、ここまでのレベルに行くためには、まだまだ努力が足らない。もっと本質的な戦略を構想し努力を傾注する必要がある、と臍を固めたのだ。

前述した盛田論文三部作は、そのためのコンセプトをまとめたテキストでもあった。

彼の覚悟のほどは、盛田が良子夫人の誕生日に贈った六〇本の真紅のバラの花に、手書きで添えたカードにしたためられていた。(5)

「僕でなければ会社にも国にも出来ないことがあるのだという些《いささ》かの自信と自負があるので、これからもやらねばならないことはやって行く覚悟だ。社会の仕組みの中にあっては、総ての長に立たなければ何事も出来ない事が分かってきた。それには一日でも長生きしなくては。だから今まで通り、君は僕を理解し励まし力になってついて来てほしい」

八九年一〇月のことである。「総ての長」というのは、ここでは経団連会長を指していた。後にソニー社員にも、同様の趣旨を語っている。「(これから)多少センセーションを起こすかもしれないけれど、信頼してついてきてもらいたい。日本と外国の架け橋としての仕事が私のやるべき仕事だと思ってますし、その後ろにはソニーがついててくれる」

そう社内に呼び掛けたのは九三年一月。そして一一月三〇日、経団連会長の平岩外四から、正式に次を託したいと要請される当日の朝、テニスの最中に盛田は脳出血で倒れたのだった。

彼は一番センシティブなアメリカの心臓部とつきあいながら、激しい貿易摩擦の最前線で、いかに日米の架け橋となるか、時代と格闘してきた。一方で、「世界中が〝逃れられない相互依存〟で維持される時代」に、「さまざまな既得権の上にあぐらをかいて利益を占めている(日本の)圧力団体には毅然として『ノー』を伝えなくてはならない」とも語っている。(6)

旧態依然たる日本を変え、〝新しい世界経済秩序〟を構想し、リスペクトされる国として我が国をそのなかに位置づけたい。おそらく彼の前にも後にも、国際的なビジネス・ステーツマンとして、「そこまでやるのか」（盛田と伴走したソニーOB）という声が出るほど、懸命に世界を駆け巡った人物はいないのではないだろうか。

これまで余り触れてこなかった盛田のもう一つの顔は、国際的なビジネス・ステーツマンである。その人脈づくりと自己形成の歩みを、グローバル・リーダーがいかに創られたかの視点から、総まとめしておこう。貿易摩擦という「アメリカの官憲との闘い」（盛田側近だったソニーOBの言）を通じて、彼の人となりとそのフィロソフィーがより浮かび上がってくるはずだ。

世界の人脈六〇〇〇人のリスト

盛田が公私にわたって親しく交流してきた海外の人脈、その名前をリストアップしてみると、時代を画するような影響力のある顔ぶれが、たちどころに並んでしまう。

ロバート・ケネディ（元司法長官）、ヘンリー・キッシンジャー（元国務長官）、ポール・ボルカー（元FRB議長）、デービット・ロックフェラー（元チェース・マンハッタン銀行会長／ロックフェラー家当主）、ピーター・ドラッカー（経営学者）、キャサリン・グラハム（元ワシントン・ポスト社主）……。あるいはヘルベルト・フォン・カラヤン（指揮者）、アイザック・スターン（バイオリニスト）、マイケル・ジャクソン（歌手）……。

企業経営者も入れるとあまりに多く煩雑になるので外してあるが、ビッグな名前がきら星のように並んでいる。これらの人たちは、彼の交流の広さ、成し遂げてきたものの大きさを物語っている。それでも付き合ってきたたくさんの人たちの、ごく一部に過ぎない。

本社のコンピュータに残されていた盛田の人脈リストは、約六〇〇〇人にのぼったという。世界の要人だけでなく、彼の目に留まった人材や才能を貪欲に開拓。その人脈を網羅するネットワークが構築され、それぞれ出会いの日時や場所、話し合ったポイントがメモされ、情報として蓄積されていた。そのデータは絶えず更新され、彼の記憶を再現。人脈パイプをさび付かせず、盛田ファンをつくる働きもしていた。

英語もろくに喋れなかった小さな町工場の三二歳の青年経営者が、五三年に初めて太平洋を渡った時から四〇年。こうした要人たちとの多様多彩な人脈は、偶然にできたものではない。意図して構築された、と言ったほうが正確かもしれない。

この人脈づくりの源流がどこにあるかと辿っていくと、ハワイ生まれの日系二世で弁護士の香川ドック義信に行き着く。彼は、盛田の経営者人生を形づくった〝メンター〟の一人だった。毎年、正月をハワイで過ごす盛田から、往時の話しを聞かされていた元ソニー・ハワイ社長の坂井諒三によると、香川からの大きな助言は三つあった。

一つは、「本当にいい品物を高く売るか、そこそこの物を安く大量に売るか。どちらかに決めなさい。アメリカで商売をやっていくなら、**中途半端が一番いけません**」、というものだった。

盛田は、うちの製品はどこにもない新しい物だから、いいサービスをしてその品質と価値をわかってもらう。開発とサービスにコストが掛かるから、高い価格で一流の店で売る。そのためには「SONY」ブランドへの信頼を確立する、と方針を固める。

「ではどうすれば、ここでそれを実現できるのか?」との問いに、日系アメリカ人の香川は「アメリカでは、日本人とは絶対、付き合わないことです」、とキッパリ答えた。これが二つ目の助言となった。「日本人と付き合えば、日本人の考えていることしか判らない。あなたが本当にアメリカで仕事をしたいなら、アメリカ人が何を考えているか。いい物を高く売りたいなら、アメリカの白人が何を感じ、どう考えているか、をまず知らなくてはいけない」。そう言われたのだ。

下町の安ホテルに泊まり、「オートマット（自動販売式食堂）」で食事をすませていた盛田を、一流レストランに連れて行き、一流の店は顧客にいかに接し、またどんな態度で商売が行われているか、をつぶさに見せた。「安ホテルには泊まるな。良いホテルの一番安い部屋に泊まれ」とも言われたが、その頃は日本人の外貨持ち出しも、最大で一日三五ドルに制限されていた。そこで、こんな知恵もひねり出した。

知人を通じて、ニューヨークの最高級ホテル、ウォルドルフ・アストリアのマネージャーを説得した。「自分は日本のビジネスマンで、朝五時から夜一一時まで働いている。ホテルに泊まっても部屋を使わないのと同じである。メード（女性の客室係）の部屋を、彼女たちが使わない深夜だけ、三カ月間ほど安く借りたい」と。こうして、来客と会う時には、ウォルドルフの豪奢なロビーで待ち合わせ、貯めたカネで最上階のレストランで打ち合わせをする。食事をしながら、あるいはロビーのソファに座って、アメリカ人たちが何を話題にし、どう行動しているか、「社会学者のように、観察した」。

また当時は、盛田によれば「日本の電子工業製品が大量に米国に進出するなどということは〝夢〟くらいに考えられていた時代で、日本の輸出業者はまったくあわれなほど卑屈に、値下げばかりをして、売り込み」をはかっていた。そのなかで、香川は「アメリカ人と接し交渉をする」には、「態度にしても堂々と、フェアに対等にわたりあってゆくべきだ、とあらゆる機会に何度も何度も忠告をしてくれた」（『ＭＡＤＥ

IN JAPAN』）と述べている。第三の助言である。

香川との米国出張で、盛田は「堂々とフェアに、そして国際的に通用するマナーで商売をしろ」、という教えを学んだと社内でも打ち明けている。(7)

六〇年二月に初の現地法人ソニー・アメリカを設立。さらに六三年二月には、ソニー副社長のままニューヨークに単身で移住、六月からは家族と一緒に駐在した。「私は、初代駐在員の妻」という良子夫人は、「小学生の三人の子どもを連れて赴任いたしました。先輩もなく後輩もいない。まことに心細い一年でしたが、今思い出すと一番楽しかった時代のように思えます」、と述懐。ソニーの若手社員とともに過ごした時間を、次のように表現している。「皆んなハングリーで、アメリカを知り、アメリカ人を知り、彼らのなかに入って、ソニーを知ってもらい、製品を買ってもらうのに必死でした」

五番街の高級アパートで、天ぷらや焼き鳥などの和食パーティに誘っては、つきあいを広げ、学校のPTA（日本と違って父親が参観する）を通じて、CBSの創業者ウィリアム・ペイリー会長などと知り合った。こうして、盛田は「日本人のなかに一人面白いやつがいる。一所懸命に我々の社会に入ろうとしている」（坂井）と、少しずつ認知されて行く。

やがて、アメリカの企業から「社外取締役にならないか」というオファーが、何度か舞い込むようになってきた。もう一人のメンター、エドワード・ロッシーニ弁護士（ソニー・アメリカの法律顧問）は、その都度「断りなさい」とアドバイスしていた。「アキオには、もっといいところからオファーが来るはずだから」、と。トリニトロン・カラーテレビが発売され、ソニーの技術力に高い評価が集まった頃、そのオファーが届いた。モルガン銀行（現在のJPモルガン・チェース）からの要請だった。

「世界のモリタ」の生み出し方

六九年三月、日本人として初めてモルガン銀行の国際委員に就任した時、盛田は四八歳だった。ここから一挙に、要人の人脈が広がっていく。一国一人が原則で、それぞれの国を代表する実力者が勢揃いし、世界のあり方を議論していたという。

良子夫人の記憶によれば、この時のメンバーは以下のような構成だった。フランスからはジャック・シラク社会問題相（後に大統領）、ドイツはヘルムート・シュミット社会民主党院内総務（後に首相）、イギリスのハロルド・ウィルソン首相、イタリアのアミントレ・ファンファーニ元首相、デンマークからは世界最大の海運会社ＡＰモラー・マースクのアーノルド・マースク・モラーＣＥＯなど。ＩＢＭのトーマス・ワトソン・ジュニアＣＥＯとも、この縁で知り合ったという。

モルガングループの経営トップを介して、キッシンジャーとも親しくなったのはこの頃で、盛田はたびたび外国の要人をソニーの工場や本社の部署に案内している。

当時、新しい技術である「チップ実装」（電子部品をクリームはんだでプリント基板に密着させる工法。省スペースと生産革命につながった）を開発していた森尾は、キッシンジャーの独特の風貌をよく覚えている。

「そういう人たちは、普通のショールームだけでは満足しないので、開発の現場に面白いものがあると、盛田さんが連れてこられる」。森尾が「チップ実装技術は、将来重要になるでしょう」と説明すると、「盛田さんはそれに輪を掛けて、これからは世の中がすべてこれになる、とおっしゃっていた。あれっ、そんな大風呂敷を自分は広げてないのに、と思ったことが、非常に印象に残っている。だって、実際に世の中がそうなってしまったので」、と語る。盛田は、要人たちに彼らが見たこともない現場を見せ、テクノロジーの未来を伝えようとしていた。

あるいは、本社の部署ではこんなこともあった。法務部ができたばかりの頃（六九年）、「キッシンジャーと一緒に来られて、僕らの机を指さして『Big Big Law-department, Many Many Lawyers!』と説明されている。盛田さんは強調しようと思うと、単語をふたつ重ねるのです。私は、それを聞いてとても恥ずかしかった。当時はまだ十数人しかいなくて、法学部卒はいたけど弁護士なんかいないんだから。でも盛田さんは、日本で最も早

1981年、ヘンリー・キッシンジャー（元・国務長官）を工場に案内する盛田会長。「何か不可解な理由から、アキオは、私には技術がよくわかると考えていたふしがあり、私はよくソニーの新製品のブリーフィングに連れ出されました」、とキッシンジャーは語っている(8)。

く法務部をつくったことを自慢したかったんだ。キッシンジャーは、正確にその意味を理解したよね。日本の会社にもLaw-departmentはあるのだ、と」。

そう語るのは、「法務部を君にやってほしい。（欧米で）信用をリスペクトされるには法務部がなければいけないんだ。契約交渉には、**遵法経営ができる会社としての組織と人材の裏付けが要る**」、と盛田から託された米澤である。

このようにして、新しい情報や技術の方向性を伝えると同時に、ソニーという会社に対する信頼を構築していく。**興味を刺激し、信頼で人脈を固める**。しかも、後述するように**論理は明快**だから、英語が流暢でなくても、外国人にも完璧に伝わる。

そのうえに、彼らから「**モゥスト・アクティブ・リーダー**」（Most Active Leader）と言われるほどの、行動力と熱意が加わるのだから、自ずと強いネットワークができ上がっていく。

その「モゥスト・アクティブ」の象徴的な事例が、パンナム（かつて航空業界をリードした米国のナショナルフラッグ、パンアメリカン航空）の取締役就任のケースだ。

盛田の評判が上がるにつれて、海外から声が掛かる機会が増えていく。七二年三月には、ＩＢＭワールド・トレード社の取締役にも就任した。この会社は、ＩＢＭの世界各国の事業（米国内を除く）を統括、創業者トーマス・ワトソン・シニアによる「世界貿易による世界平和」という有名な銘板が本社ビルに掲げられている。盛田はこのコンセプトに深く共感したことだろう。そして、ここでも人脈の開拓と、「コーポレートガバナンス」（企業統治）のあり方を学んだとされている。翌年には、同じくニューヨークにある生物学・医学分野の名門ロックフェラー大学（ノーベル賞受賞者を多数輩出）の評議員になると同時に、デービット・ロックフェラーが創設した日米欧三極委員会の日本人代表に選出されている。

そして八〇年四月には、自ら働きかけてパンナムの取締役に就任した。盛田は、同社の役員に開示される乗客名簿が欲しかったという。たとえばの話だが、何月何日に、米通信大手モトローラのロバート・ガルビン会長がパンナム機で来日するという場合、それに合わせて米国で仕事をつくり、帰りはガルビンの隣の席に、偶然居合わせたかのように座り、「やぁ、珍しいこともあるものだ」などと言って話しかけ、日本に向かう機内で一六時間を共に過ごす。

そこでは誰にも邪魔されず、プライベートな話から懸案の問題（日米半導体摩擦など）まで、意見交換をたっぷりと行うことができるのだ。もちろん会う前には、以前ガルビンに会った時に、どんな会話があったか、家族情報に至るまで、前述した人脈データによって、事前に確認済みである。

それにまつわるエピソードもある。アメリカで人気の盛田が、講演やパーティを行うと、たちまち交換した名刺が山になる。仮に名刺が二〇〇枚ほどあるとすると、そのうちの一〇名くらいに「×」印が二ついている。盛田が、立ち話をして興味が惹かれた人物である。

さらに三つ「×」がついた三ツ星の人物については、本社のコンピュータに登録して、できるだけ一カ月以内に会うように秘書がスケジュールを調整する。それらの名刺の裏には、交わした話のポイントがメモされていて、同席していたソニーの社員が殴り書きされた盛田の文字を読んで、日時・場所とともに、まとめて本社に送る手はずになっていたという。

ランチにこの三ツ星の人物を誘った場合、約束時間の五分前に秘書から送られたこの時のデータを頭に入れ、盛田はにこやかに「ミスター三ツ星、あなたの奥さんは大丈夫ですか。一カ月前にお会いしたときの話がとても印象に残っています」、などと話しかける。講演会で凄い人だと思った本人から声が掛かって、名前だけではなく奥さんの体調まで心配してくれる。これで、たちまちその人物は、盛田のファンになってしまうのだ。

「われわれも大変だったけど、盛田さんの人脈づくりと情報収集にかける熱意と工夫には、驚かされることが多かった」、と側近や一緒に伴走したOBたちは打ち明ける。

理不尽には率先垂範で立ち向かう

その災厄が突然、降りかかってきたのは六八年三月のことだった。EIA（米国電子機械工業会）が、日本のテレビメーカー一一社をダンピング容疑で財務省に提訴したのである。

ソニーは、この時、まだカラーテレビの本格的な輸出をしていなかった。経営危機にも直面しながら、苦労の限りを尽くして開発した独自のトリニトロン方式が、ようやく量産化のメドが立ち、販売計画に着手しはじめるタイミングだった。

実際に、世界初のトリニトロン・カラーテレビKV－1310を発売したのは、この年の一〇月三一日だった。その直後の一二月四日、米財務省はEIAによる提訴を受けて、「日本製テレビの対米輸出がダンピングである」と認定。ソニーもそのなかに入れられたのである。

それは、これまでソニーがアメリカで展開してきたマーケティング（ブランドの価値を高め、技術と品質に対する信頼を確立する）を否定し、トリニトロンで米国市場に問おうとしていたテレビの新しい価値をも、ないがしろにするかのように盛田の目には映ったことだろう。

彼が信奉してきた「フェアな国際競争」――後に「グローバル・ローカライゼーション」と呼ぶことになる戦略は、この基盤のうえで成り立つ――を崩しかねないという危機感から、自らを「ダンピング問題最高責任者」に任じ、率先垂範で最前線にて闘いをはじめた。

このときのソニーが置かれた状況を伝えるエピソードがある。七二年に盛田は、アメリカ政府の中枢部にも乗り込んで、談判を開始している。相手は、ニクソン政権の商務長官ピーター・ピーターソンである(後に投資顧問会社ブラックストーンを創業、ソニーの社外取締役にもなる)。

「アメリカにはフェアプレーの精神があって、それがこの国の発展を支えてきたはずです。しかし現実にあなたの国が、今やっていることはアンフェアである。カラーテレビのダンピング問題で、十把一絡げに日本製品はすべてダンピングであると断定するのは、間違っている。例えば日本製で同じ〝S〟と言っても、ソニー以外に三洋電機もあればシャープもある。シェア優先の会社もあれば、ブランド価値を築くために安売りしない会社もある。みんな一律ではない。……(ソニーのブランド戦略を説明)それなのに、なぜソニーがダンピングしたとされているのか」

この初顔合わせの時に、同行していた当時三〇歳の安藤は、商務長官に堂々と持論をぶつける「盛田さんに凄みを感じた」という。

アメリカでの盛田のブランド戦略を象徴する当時のテレビCMがある。ビバリーヒルズとおぼしき大邸宅に、キャデラックの新車を勢いよく運転して主人が帰ってくる。今日は私の誕生日だからどんな贈り物を買ってきてくれたのかしら、と妻が小走りで迎えに出る。主人は、にこやかに「これを見てくれ」と車に手を差し出す。一瞥した妻は、「キャデラックなんて」と嫌な顔をする。「そうじゃないんだ。ドアを開けて見ろよ」と。するとなかにはソニーの小さなマイクロテレビが置いてある。妻は「おー、ソニー！これが欲しかったの」と主人に抱きつく……。

つまりソニーは、単にハイ・プライス＆ハイ・クォリティではなく、「ハイ・プライム」な（持って誇りになる重要な価値）ブランドとして、自らを位置づけてきた。だから売らんがために廉売したと断定するダンピング扱いは、盛田にとって許せない〝パワー・ハラスメント〟だった。

経営者の凄さが現れた瞬間

この問題に際しては、当初、日本の各社はどこも反論や闘う姿勢を見せなかった。ソニー経営陣の間でも「アメリカの官憲と戦って勝てるのか？」、「日本の企業として反論していいのか？」という疑問が生じた。これに対して、盛田は毅然として答えたという。

「日本のすべてのメーカーが離れても、ソニーは闘う。日本対アメリカとか、日本対ヨーロッパという構図ではなく、ソニーは**全世界どこに行っても、その国の人びとに新しい価値を提供する**。それがわれわれの根本ではないか」。その**根本を揺るがす理不尽に対しては、あくまで闘う**のだ、と。

では、どのように闘うのか。「アメリカ人の顧問弁護士や専門家を使って大丈夫なのか」、「そういえばあそこは米政府と近いぞ」といった疑問や意見に対しても、盛田はキッパリと表明した。

「われわれは信頼で動いているのだ。アメリカで闘うときに、アメリカ人を信用できなかったら、何を信用すればいいんだ。情報は全部開陳するんだ」

安藤は、経営陣の会議の末席に同席していて、「ああ、そうなんだ。盛田さんは**基本姿勢が極めて明確**なんだ。論理的に明快だから、曖昧さが入る余地がない。だからアクションも素速いし、常に行動的でいられるんだ」、と**リーダーシップの要諦**を学んだという。

前述したような盛田によるトップ自らのロビーイング活動や、現地化への実践（後述）も相まって、七四年八月一四日、米財務省は「ソニーの輸出向けテレビの販売価格は、反ダンピング法に抵触しない」とし、対象会社から除外すると発表した。

しかし政治問題化した事態は、簡単には止まらない。アメリカの業界の圧力で米政府は調査ルールを変更、ソニーも再び調査を受けることになってしまった。

ソニーでは、早くから通商問題を専門的に扱う部署ＩＴＡ（International Trade Affairs：国際通商業務室。メーカーでこのような部門を持っていたのは極めて珍しい）を設けていたが、そのスタッフ一〇名近くが、連日の徹夜作業で米財務省に資料を再提出。その「ベリフィケーション」（立ち入り実証調査）のために、七五年にアメリカから調査官六名がソニー本社に乗り込んできた。

用意した立派な部屋で、「まるで容疑者を取り調べるような、ものものしく厳しい雰囲気」で調査がはじまった時に、盛田が突然入ってきた。「彼らは、はじかれたように直立不動で立ち上がり、『ミスター・モリタ、お会いできて光栄です』と言いました。部屋の雰囲気は、瞬時に一転し、明るくなごやかになりました」。当時、ＩＴＡ室長だった松本哲郎は、そう綴っている。[9]

その場で、盛田は次のように挨拶したという。「ソニーにようこそ。ソニーは創立以来、フェア・トレードを行っており、過去も現在も将来も一切ダンピング販売はしていません。ベリフィケーションに全面的に協力します。納得のいくまで調査してください。ここに全資料がありますが、もし他に必要なものがあればすぐに集めます」、と。そして、社内の管理職宛ての『包み隠さず書類を出すように』という一筆まで用意し、相手を感動させたという。

この調査は問題なく終わり、これで解決、と思っていたら、他の家電メーカーで大きなリベート問題が発覚。そのあおりでソニーの結論が出ないまま時間が過ぎ、八〇年からはダンピング問題の管轄が、財務省から商務省に変更されることが明らかになった。七九年末までに、関税評価が差し止められている全ソニーテレビ五年分の最終輸入税（ダンピング税）を決めなければ、商務省でまた調査がやり直しになる恐れが出てきた。

そこでＩＴＡ室を中心に財務省との交渉を繰り返し、税額四〇〇万ドル（当時約一〇億円）を二〇〇万ドルに下げることに成功。経営会議ではこの金額での決着を決定した。松本が盛田に電話を入れると、「よくやってくれた。二〇〇万ドルでダンピング問題から完全に解放されるなら安いものだ」と弾んだ声が返ってきた。だが、松本は緊張したまま、一気に言い切ったという。

「経営会議の決定を取り消していただけませんか。まだ交渉中ですし、もっと下げる自信があります」。瞬時の沈黙があって、「そうか。自信があるんだな。わかった。君に任せる」。受話器を持ったまま、思わず最敬礼をした松本たちが必死で頑張ったのは当然だ。年末三一日ギリギリで、ダンピング精算税は一五万ドルで決着した。

経営者の凄さは、こうした微妙な瞬間に現れる。社員の力量を見きわめ、信頼して託す。トップが最後まであきらめない姿勢を堅持しているから、社員は本気になり必死の頑張りも引き出せるのだ。

商務省への引き継ぎなど手続きの関係で、さらに三年がかかり、ソニーがダンピング問題から完全に解放されたのは八三年のこと。一五年を要したが最も早い解決だった。他社はこの二倍の三〇年を要し、巨額のダンピング税を支払わされた。

盛田は「ダンピングなんて言われるのは、アメリカでちゃんと製造していないからだ。ソニーはマーケットのあるところでモノをつくるのだ。そしてマーケットに還元するのが我々の考え方である。ソニーがアメリカでナンバーワンのメーカーになろうと思えば、地元に密着してアメリカ人を雇い、アメリカでモノをつくるのは当たり前のことだ」、と七〇年代に明快に方針を示している。

時代や社会の変化を読んで、ビジョンを掲げる。マネジメントの苦労は覚悟のうえだ。困難な道を選んでこそ、革新的なアイデアが生まれ人材も育つ。それが盛田の信条であり、それを担保するものは、一つにはソニーの**可能性に対する積極的な楽観**だ。

ニクソン・ショック以降、日本は急激な円高となり、ソニーは輸出主導の「メイド・イン・ジャパン」モデルから、現地生産によって「**グローバル・ローカライゼーション**」（盛田の造語）していく新しい企業モデルを切り拓くことになった。七三年にはカラーテレビの英国ブリジェンド工場と、サンディエゴに一貫生産のためのブラウン管工場を着工、七七年にはビデオテープの米ドーサン工場稼働……といった具合に、世界での生産拠点の展開がはじまっていく。

そして困難な道を選んだ時に、ビジョンを担保するもう一つの要素は、社員への尽きない信頼である。

八五年にソニー・アメリカが設立二五周年を迎えたとき、盛田夫妻を招いての記念行事がアメリカの各地で催され、同行した田宮[10]（当時、ソニー・アメリカ会長）は「特に印象深い」アラバマ州ドーサン工場での出来事を紹介している。

フル操業に入っていたドーサン工場では、従業員の勤務は一日三交代で、早朝の第一シフト、午後からの第二シフト、夜九時からの第三シフトとなっていた。行事は各シフトの終わりに設定され、ハワイアン方式のルアウ（豚の丸焼き）パーティが用意され、夫妻は第一の昼、第二の夜のパーティに参加しホテルに戻ることになっていた。が、盛田は「第三シフトにも出よう」と言いはじめた。アメリカ人の工場長は、慌てて「第三シフトのパーティは朝の四時ごろで、深夜シフトの従業員には予告していないので結構です」と気を遣うと、「それなら尚更のこと参加して、みんなを驚かそうではないか」とイタズラっぽく目を輝かせ、こう付け加えたという。

「むしろ（深夜という）この厳しい勤務時間帯の人たちにこそ、会ってお礼を言いたいのだ」。果たして会場に入ってきた深夜帯の従業員たちが、正装した盛田夫妻たちを発見した時の「驚きようは大変なものだった。サプライズが大歓声に変わり、その盛り上がりは、前の二つのシフトをはるかに超えるものだった」。田宮はこの時、「なにかとても大事なことを、改めて教わった気がしたのは、私だけではあるまい」、と指摘している。

次に訪問したサンディエゴ工場でも、三交代シフトをとっていたため、盛田夫妻はここでも午前四時のパーティに参加して、現地の人たちを感激させている。

盛田は、このことについて著書で次のように表明している。「本当の目的は、私という人間を従業員に知ってもらうことだった。**ソニーが決して顔のない非人間的な会社でないことを理解してもらい**、彼らに、自分たちはソニー一家のメンバーだとの意識を持たせるためだった。実際、彼らはまさにわれわれの大切な家族の一員なのである」(11)

この文章の少し前には、サンディエゴ工場に関連して、次のようにも述べている。「われわれはこれまで、一人の従業員もレイオフしたことはない。一九七三年、オイル・ショックにおそわれた困難な時代でさえ、レイオフはしなかった」(ソニー・アメリカの社長だったハーベイ・シャインは、当時、工場のレイオフを決めたが、それを盛田が差し止めた。その分の人件費を、代わりに本社が負担した)。

この「大事な教え」は、大賀以降を担った後継経営者たちに学ばれることはなかった。

巨大風車を撃破した「ドン・キホーテ」

「日本のソニーが世界のソニーになれないはずはない」。盛田が社内に向かってそう宣べたのは、まだ町工場だった六〇年三月。アメリカに初の現地法人、ソニー・アメリカを設立した翌月のことである。

それは、世界のなかでソニーという存在を確立する闘いを宣言したということであり、同時に自らがグローバル・リーダーへと続く道に一歩踏み出したことを、意味していた。実際、六三年には家族を引き連れアメリカに住み込み、ソニーを現地に根付かせる仕事に打ち込んだ。そこからヨーロッパ、東南アジアへと、「グローバル・ローカライゼーション」を展開、世界企業へのステップを駆け上がっていった。

五九年には初の海外生産拠点をアイルランドにつくっている。空港内の関税フリーゾーンにトランジスタラジオの工場を稼働させたのだが、見事に失敗した。ここから、「マーケットのあるところで生産する」

というソニー成長期の鉄則が生まれる（前出）。

「（失敗も含めて）一つひとつ経験したことを咀嚼して、自分のものにしていったのです。ですから、当初は盛田さんがあれほどのステーツマンとして、日本を代表するような存在になるとは、誰も思わなかった。彼の立つ場所が大きくなるにつれて、自らどんどん成長していったのです。最後は、日本を代表して語っているような面がありました」（安藤・元ソニー社長）。

ポーランドのレフ・ワレサ「連帯」議長が大統領になる前に会談した折りにも、どうやってモノづくりをするか、そのための人材をいかに育てるか、といった国づくりの基本を伝えていたという。金銭や支援の押し売りではなく、「その国のために、相手の身になって考える。そういうのが国際人としての信用を集め、どんどん大きくなっていった理由ではないか」、と安藤は語る。

こうした積み重ねが、「リスペクトされる日本」を築きたいという盛田の願いを少しずつ実現し、「世界のモリタ」を押し上げていった。そして、彼の発言や行動もまた、ソニー・ブランドに社会的な感度の高さを付与することにつながった。

その経営者人生は、常に時代と世界に真っ正面から向き合って、自分の役割を二〇〇％果たすことに向けられていた。吹き付ける風向き・変化の波頭を全身で感じ取って、「本質はどこにあるか」「どう対処するか」と思考を巡らせ行動に移す闘いを、倒れるまで続けていた。

闘いに際しては、相手がどれほど大きなパワーを持っていても躊躇することはなかったので、社内のスタッフからは「ドン・キホーテのようだ」、と音《ね》をあげる声も聞かれた。しかし、ドン・キホーテと違っていたのは、巨大な風車を実際にいくつも撃破してきたことだ。

たとえばアメリカでは、盛田は巨大な三つの風車と闘った。一つは「ベータマックス訴訟」におけるハリウッド・メジャーとの闘いだ。これにはアメリカの大衆を味方につけることで勝利した。

二つ目は、カラーテレビの「ダンピング問題」である。アメリカの財務省・商務省という強大な〝官憲〟が押しつけてきた「理不尽」との対決だ。これには、オープン性と「フェアネス」を武器に闘った。

そして三つ目が、次に述べる「ユニタリータックス」だった。日本と世界の企業のために、盛田が先頭に立って、強力なアメリカの州政府を相手に各個撃破していった。そこでは、グローバル・リーダーとして脂が乗りきった鮮やかな闘いぶりを見ることができる。

「ユニタリータックス」は、独立した課税権をもつアメリカの州政府による合算課税のこ

盛田は日本を代表するビジネス・ステーツマンだった。1983年には、ロナルド・レーガン大統領と日米経済摩擦問題を論議した。ジョージ・シュルツ国務長官(大統領の右)や牛場信彦・元駐米大使(盛田の左)の顔も見える。

とである。元来は州をまたいで走る鉄道路線への課税が発端とされ、カリフォルニアを筆頭に税収を増やすために導入が相次ぎ、全米一八州に広がった。これは、州内で事業を営んでいる現地法人には、州外・国外にある親会社や全世界の関連会社のすべての所得を合算して、その合計額を基に、一定割合で（その州の売上、給与、資産に応じて）課税するというものだ。

現地法人が赤字でも、親会社や他の関連会社が黒字であれば、合算した上で課税される。場合によっては、その州で得た所得以上に税金をとられるケースも発生してしまう。親会社はその母国で法人税を払っているため、越境課税・二重課税の問題にもつながる。[12] この税制に、疑問を持ち不満を抱いていた企業は少なくなかったが、「課税の論理が明らかに不公正だ」、と最初に真っ正面から声を上げたのが盛田だった。

七七年に日本企業誘致のために来日したカリフォルニア州知事ジェリー・ブラウンに、直言している。

「ユニタリータックスは、あなたの州の企業誘致政策に矛盾し、我々の投資拡大意欲もどんどん損なわれる。これでは雇用の拡大、経済の発展は望めません。廃止すべきです」

言うべきことを言うだけではなく、「政府間の交渉に頼り、結論を待っているだけでは駄目だ」と具体的な行動に移した。京セラの稲盛和夫社長をはじめ経団連の面々にも、「自分たちが先頭に立ち、団結して積極的に動くべきだ」と声を掛け、草の根レベルから州政府を動かしていく作戦を立てている。

米国務省の通訳だった和田貞實（現地ではクリス和田。後にソニー・アメリカ上席副社長）をスカウトした盛田は、日本人として初めての企業内ロビイストとして司法省に登録することを勧め、ワシントン連邦政府や州政府、議員や議員スタッフへの積極的なロビー活動を託した。

一方で、自らは稲盛社長らとともに、日本電子機械工業会や各経済団体に呼び掛けて、統一戦線を形成。

租税条約・日米友好通商条約に照らして「重大な関税障壁、かつ二重課税の恐れあり」と、大統領や議会、財務省に直接書簡を送り、公聴会でも証言し持論を訴えている。

さらに「不公正」を糺すだけでなく、八一年には経団連に国際投資技術交流委員会を設置して、自ら委員長に就任。直接投資と技術交流による、日本と米国はじめ海外との旗振り役も担っている。

田宮（前出）は、社用機ファルコンで全米各地を一緒に飛び回った体験を語る。

「アメリカに来るたびに盛田さんが先頭に立って、各州の知事を説得し、個別に落としていくのです。オレゴン、フロリダ、インディアナ、ユタ、コロラド、カリフォルニア……。州によって条件や対応がそれぞれ異なる。そこを踏まえたうえで、駆け引きをやりながら撃破していくのです。それは凄いものでした」

日本や海外からの直接投資による雇用増や、経済発展に伴う税収増がいかに本質的か。ソニーの現地生産拠点の成果や今後の工場展開の効果をデータで語る。ソニーの進出予定がない州には、経団連ミッションによる投資行脚で、京セラやNECなど他社による投資を訴える。クリス和田をはじめとするロビイスト活動に、日本企業の現地拠点で働く従業員たちによる草の根運動と合わせた三点セットで、徐々に巨大風車の壁が崩れ出した。

八四年のオレゴン州から撤廃がはじまり、頑強だったカリフォルニア州議会も八八年には改正新法を発効させ、九一年のアラスカ州を最後に、ユニタリータックスは実質的に姿を消した。

ファルコンで、アメリカ大陸を飛び回っていた頃、田宮は盛田に「会長、あなたはドン・キホーテみたいですね」と声を掛けると、「何を言っているか。ドン・キホーテというのは風車に突っ込んでいくだけじゃないか。俺は違うよ」と笑みを浮かべて応えたという。**「勇気だけではなく、現実に物事を動かして**

いく算段があるんだと」、その表情は語っていた。

改めて思うのは、フェアプレー精神を貫いて日米の架け橋ともなったビジネス・ステーツマンを、二〇世紀の日本が生み出していたという事実である。そのようなグローバル・リーダーを、二一世紀の日本は生み出すことができるのだろうか。

「ソニー＝日本」という自覚と自負

盛田は「二一世紀に向けて日本を変えたい」と闘っていたが、二一世紀を目にすることは叶わなかった。九三年一一月の寒い朝、テニスの最中に脳内出血で倒れたからだ。

この日までの彼は、恐ろしいまでの過密スケジュールだった（この後で詳しく述べる）。七二歳の高齢を押して、世界と日本を駆け巡っている。なぜか生き急ぐかのように。謎を解くカギは、「メイド・イン・ジャパン」にあった。「国際的な経営者」と日本で呼ばれることも多かったが、その表現を本人は嫌っていた。自分は「コスモポリタンではなく、日本人」なのだといつも自覚していたからだ。

九一年一月号の社内報には、彼の次のような言葉が掲載されている。

「今や、ソニーは日本の代表選手と見なされている。だから日本への批判はソニーへの批判となり、逆にソニーへの批判は日本への批判となる。こう考えると、ソニーの一人ひとりは、大変大きな使命と責任を負っているのだ、ということを自覚しなければならない」

社員の自覚は別にして、少なくとも盛田は「ソニー＝日本」という認識で、その使命と責任を背負っていた。それだけの実績と自負もあった。

ソニーの顔として「世界のモリタ」となっていた彼が、抱き続けてきたのは、「日本をリスペクトされる国にしたい」という願いだった。その原点は、彼が倒れた九三年一一月からから遡ることちょうど四〇年。五三年八月から一一月までの初めての海外出張にあった。繰り返しになるが、改めて、ポイントだけ振り返っておこう。

トランジスタの技術契約のために渡米した盛田は、「アメリカという国のスケールに完全に打ちのめされた」後、ドイツに渡ってその復興ぶりに二度目のショックを体験した。そして、レストランで注文したアイスクリームに付けてあった「飾りの小さな日傘」。ボーイが「これはあなたのお国のものですよ」と愛想よく言った。『「メイド・イン・ジャパン」』についての彼の認識は、この程度のものなのだ。おそらく、これが平均的な日本観だろう。なんと道は遠いことか[13]」

打ちひしがれた盛田だったが、オランダに入って眼前にしたのは、小さな農業国の片田舎アイントホーフェンに聳えるフィリップス本社の「あまりの大きさ」だった。「度肝を抜かれ」た彼の脳裏にフラッシュバックしたのは、愛知県知多半島の付け根で、「海やまのあひだ」の狭い土地に張り付くように人が暮らしている村、故郷の小鈴谷のことだった。アイントホーフェン駅前のフィリップス博士の銅像と、父の曾祖父にあたる盛田命祺の銅像が重なった。

命祺は、一六〇〇年代半ばから続く盛田家の家業である酒造りで、技術革新を実現したイノベーターであり、尾張藩内の販売から江戸など広域への〝輸出〟も行い、明治に入ると製パン業(現在の敷島製パン)やワイン醸造などにも乗り出した事業家でもあった。しかも私費で、港湾施設や道路も建設、鈴渓義塾という地元の子弟に高度な教育を行う学校までつくった。コミュニティに貢献する社会起業家でもあった。

盛田は、小さな農業国の世界企業フィリップスを見て、「勇気と新たな直感を得た」。それが「世界のソニー」というインサイトだった。同時にそれは、小さな農業国で「海やまのあひだ」に人が張り付くように暮らしていた日本、太平洋戦争で敗北したこの国が、イノベーションと輸出によって世界からリスペクトされる存在へと再生・発展していくビジョンでもあった。

さらに、故郷・小鈴谷で技術革新によって事業を興隆させ、地元に貢献した命祺の血を受け継いだ自分が、これから経営者としていかにこの国のために貢献するかという、自らに対するビジョンが生まれた瞬間でもあった。八六年に最初にアメリカで出版され、世界三〇カ国で発売されたベストセラー『MADE IN JAPAN』は、日本人である盛田が「われわれの会社『ソニー』の発展の過程を通して、日本的経営思想や、欧米のそれとの違いを明らかにしようと試みた」内容となっており、タイトルに彼の経営者としての原点が込められていた。

苦難の末に開発した独自方式のカラーテレビ「トリニトロン」が、世界で高い評価を集め輸出も絶好調になった時、盛田は「マーケットのあるところで製造する」とタンカを切って、現地生産へと舵を切った。貿易黒字が大きくなり、日本市場の閉鎖性が問題になって、「日本人はウサギ小屋に住むエコノミック・アニマル」とレッテルが貼られるようになった。この欧米の空気の変化を、敏感に察知してのことだった。

翌七二年五月には、会議の席上で「なぁ、何かアメリカから輸入しようじゃないか」、と盛田が突然、提案をしている。(14)

「貿易摩擦の問題は、国に任せればいいじゃないですか」と効果への疑問、手間やコストから反対論も強かった。だが、盛田はこう語ったという。「輸出を率先してきたソニーだからこそ、輸入も率先して行うべきだ。先んじて、逆に輸出市場としての日本に海外企業の目を向けさせるよう、我々から積極的に働きかけようじゃないか」。それが、「結局はソニー・アメリカのためだよ」（ひいては日本のためだよ）と。

かくて七二年の五月三一日、アメリカの主要四紙（『ニューヨークタイムズ』、『ウォール・ストリート・ジャーナル』、『ロサンゼルスタイムズ』、『シカゴトリビューン』）に、「SONY Wants to Sell U.S. Products in Japan」（ソニーは米国製品を日本で売ります）と一面広告を掲載。一五〇〇件以上の引き合いが殺到し、七月には輸入専門商社ソニー・トレーディングを設立、ワールプールの大型冷蔵庫などの白物家電、リーガル・ウェアの台所用品などを、日本に輸入販売した。

その後もこのキャンペーンを続け、ヨーロッパでも展開。ウィスキー、ヘリコプターやジェット機にまで手を広げ、「遠い日本にソニーというビジネスフレンドがいます」と訴えた。米国でも欧州でも、このアクションは好感をもって受け止められ、意識を変えるきっかけとなった。目先の利にさとい小商人ではなく、大きく投網を打つ〝損して得とれ〟の大商人の発想だ（小鈴谷の命祺のように）。

次世代半導体を巡っては、こんな奇抜なアイデアも打ち出した。

ＩＣ（集積回路）の特許（キルビー特許）を持つ世界最大手のＴＩ（テキサス・インスツルメンツ）が全額出資で日本進出を図ったのは、六四年一月のことだった。だが、当時の日本企業は、どこもまだＩＣに本格着手できていなかった。このため「国内メーカーからは、ＴＩの上陸を認めれば、自分達が立ち上がれなくなってしまう、という悲鳴のような反対論が流れた[15]」（川名喜之）。

日本の半導体産業を保護するため、通産省はTIの要求を認めないという立場だったが、TIはそれが認められなければ、日本企業には特許を公開しないと主張。そこで通産省は、日本企業との折半合弁、特許の公開、三年間の生産抑制の三条件を提案。だが、TIは全額出資でなければダメだと強硬姿勢を貫く。四年近く経過しても膠着したまま、政治問題にもなってきた。

そこで、パット・ハガティ会長と親しかった盛田は、六七年暮れに日本を訪れた彼を私邸に招き、「便宜上、われわれと一緒に合弁会社を設立しましょう」と提案、ハガティを説得した。新会社のソニーの持株は、三年後にすべてTIに譲渡する。社長は井深が就任するが、生産や技術には立ち入らないなどの条件で、六八年五月に合弁会社を設立。「これで日本のICは救われ、TIの特許非公開の問題にとらわれることなく（日本企業は）堂々と生産ができるようになった」（川名）。

それは、ICの重要性を知る盛田にとって、「自分の会社のことだけでなく、日本の事を考えて」の判断だった。ソニーは輸出主導の〝電子立国〟と〝半導体の世紀〟を拓いてきた、という自負が、「ソニー＝日本」という使命と責任を彼に自覚させ、**日本のために何ができるか、という問いに絶えず向き合ってきたのだ。**

「メイド・イン・ジャパン」の世界への提言力を持つ

盛田は、アメリカの官憲やハリウッド・メジャーといった巨大パワー、ヨーロッパの頑迷さとも果敢に闘ってきたが、一番やっかいだったのは足下の日本だった。

五〇歳台だった頃の彼は「長幼の序の壁にぶつかり、新たに発足した日米財界人会議でも、老人パワーに押さえられて、国際コミュニケーターとしての力を発揮することができなかった」[16]（社長室長として盛田の財界活動を支えた若尾正昭の証言）。

そこで、七三年には五〇歳台の有力な若手経営者（サントリー佐治敬三社長、京セラ稲盛和夫社長など）や気鋭の学者（公文俊平、佐藤誠三郎、衛藤瀋吉）を集めて「経済社会研究会」（KSK）という勉強会をはじめている。

七五年には、PHP研究所の呼び掛けに応じて、松下幸之助との対談を複数回にわたって行った。家庭用VTRのベータマックス第一号機をソニーが五月に発売し、松下電器の子会社・日本ビクターがVHS試作機を完成させ幸之助に初披露する九月までの、狭間の暑い夏という微妙な時季でもあった。対談は一〇月に『憂論』というタイトルでPHPから刊行された。この本で二人は、「政治、経済、教育、あらゆる点に深くメスを入れ、新しいより根本的な解決策を見出していかないかぎり、このままでは日本はゆきづまってしまう」という「深い憂い」と「危機感」を表明している。

実はこの対談の後、幸之助は七九年六月に「松下政経塾」をつくり、盛田は七七年七月に前述したKSKを発展させて、「自由社会研究会」をスタートさせた。二人とも『憂論』での問題意識をベースに、日本を変えるために「**新しい時代のリーダーを生み出そう**」と具体的な行動に移したのだ。

松下政経塾の場合は、幸之助の理念を基に若い政治家の輩出を目指したが、盛田が座長を務めた自由社会研究会は、日本の政・財界で、近い将来トップを担うような実力者を結集させ、実践的な勉強とネットワークづくりを促す仕掛けに眼目があった。盛田が四〇歳台で体験したモルガン銀行国際委員会での学びがヒントになっている。設立にあたって、盛田は次のようにメンバーの自覚を促している。「日本は縦社会で、アメリカのように大学教授が大統領顧問になったり、社長が財務長官になったりすることもなく、ものの見方が極限されている。五年、一〇年後にわれわれの世代が日本の全責任を背負っていくことになろうが、そのときに備え、いまから横のつながりを持ち、親しく腹を打ち明けて話し合い、互いに意見を聴くような関係をつくり上げていきたい。近い将来この仲間から総理大臣が誕生することでしょう。そしてわれわれが次の時代の日本を担って行かなければならない[17]」

ちなみに、政界からの参加者は竹下登、宮沢喜一、橋本龍太郎、安倍晋太郎など（メンバーからは後に七人の首相が誕生）。財界からはサントリー・佐治、京セラ・稲盛、トヨタ自工・豊田章一郎、三菱商事・槙原稔、新日鐵・三鬼彰らで社長や社長候補、後に会長になる実力者を集めていた（経団連会長など財界トップも輩出）。月一回二時間の朝食会で、代理出席は認めないオフレコ・非公開の会だが、キッシンジャーやブルーメンソール米財務長官など盛田人脈の要人たちも随時出席し、互いに親交を深めたという[18]。

こうした活動を基盤にして、「経団連会長プロジェクト」が動き出していく。九三年一一月三〇日は、「総ての長に立たなければ出来ないこと」を実行するために、ようやく手にする財界総理のバトンが渡される日だった。

世界からリスペクトされる日本をつくるために。盛田は、日本のビジネス・ステーツマンとして、**「メイド・イン・ジャパン」の新しい提案**を行い、世界を前進させる闘いをはじめようとしていた。無理をして地球を駆け巡っていたのは、そのための準備を急いでいたからだ。

第16章 最後のメッセージ

「世界のモリタ」が倒れた日

一九九三年一一月二九日、月曜日の午後。赤坂アークヒルズにあった盛田のオフィスに、平岩外四・経団連会長（当時）の秘書役をしていた東京電力の役員から一本の電話が入った。そのオフィスは、アークヒルズの高級マンションの一角を占め、主に経団連会長プロジェクトを推進するための出城ともいうべき拠点だった。受話器を取ったのは、ソニーの会長秘書役だった大木充である。「大木さん、実は明日、平岩が重要な件で『盛田さんにお願いをしなきゃいけないから、連絡を取りたい』と言っています。明日は、盛田さんはどちらにいらっしゃいますか？」。電話の主は、それ以上詳しい内容は明かさなかった。

だが、秘書役として四年にわたって盛田に伴走してきた大木には、相手の意図・目的が即座に感知できた。「明日は、盛田は朝一番でテニスで、その後は、本社のオフィスにおります」

盛田は、月曜日の午後をプロジェクトのスタッフたちとともに、定例の勉強会（この日のテーマは「ウルグアイ・ラウンド：多角的貿易交渉」だった）を行い、電話があった時には、すでに次の会議へ向けて出城を後にしていた。その夜、報告の電話を入れた大木に、「分かった……」と答えた彼の声は、いつもと変わらぬ口調だった。

翌三〇日、大木は「今日はメモリアル・デーになる」と気持ちを高ぶらせながら、いつもより早く出社していた。ちょうどその頃、盛田は富士ゼロックス会長の小林陽太郎から贈られたラケットを試したいと、品川プリンスのテニスコートで朝七時半から実弟の盛田正明（当時ソニー副社長）とテニスをはじめたが、八時頃にはサーブのトスが上がらず、ボールも拾えなくなっていた。「やめたほうがいいですよ、調子がおかしいですよ」との正明の声に促され、「そうだな」と車まで歩いて戻り、会社に行こうとしていた。

一方、大木は次期経団連会長の正式な内示を受けたあとの手順や記者発表をどうするか、などを考えながら、「今日は、忙しく慌ただしくなるな」と思った矢先に、盛田の運転手からの一報が入る。「会長が、テニスの途中で、ちょっと気分が悪くなられたようなので、このまま青葉台に戻ることになりました」。自宅で少し静養するように勧めた正明をはじめ、この段階では誰もが直前までの長期海外出張の疲れと、こじらせた風邪のせいだと思うことで、いつもと何かが違うという不安をかき消そうとしていた。

この時、すぐに病院に駆け込めば、助かった可能性は高かった。

だが自宅に戻って、ベッドで横になって二時間半。「トイレに行きたい」と起き上がろうとして、そのまま突っ伏すように倒れた。良子夫人が異変に気づき、「どうしたの、どうしたの」と声を掛けながら、救急車を呼ぶか、いや救急車を呼べば新聞社が嗅ぎつけて大騒ぎになる、民間のハイヤーで寝たまま搬送できる車はないか、とその場に居合わせた人たちが動転して議論になった。「そんなことをしている場合ですか。救急車を呼ばないと命がおかしくなるじゃない！」、と長女の直子が発した怒りの声で全員が我に返り、救急車で運ばれることとなった。午前一一時半頃だった。

秘書室で次の連絡を待っていた大木は、困惑していた。経団連の事務局からも「時間をとってほしい」と催促が来る。「ちょっと今……、調整して折り返します」。しばらくして今度は、経団連の専務理事からも電話が入る。「大木さん、どうなっていますか。盛田さんのスケジュールは？」。まだ倒れたとも言えず、苦しい答弁が続いた。そして午後一時前、ついに共同通信から電話が入った。

「盛田さんが倒れたって？」。「そんなことないですよ」。「隠したってダメですよ。救急車で運んだやつらから、裏をとったよ」。東京消防庁の救急無線は、消防記者クラブとつながっている。「青葉台、盛田昭夫さん宅」といった無線をキャッチした記者が、隊員に会って「脳溢血か脳梗塞だろう、それ以上は言えない」と裏を取ったのだ。

病院に運ばれたことは知っていても、風邪熱くらいに思っていた大木にとってはショックだった。大変なことになったと思いながら、共同通信には「我々も知らないんだから。まだ、どこも聴いてきていない。事実が確認できた段階で、きちんと報告するから、それまでは流さないで」というのが精一杯だった。やがてだんだんと波紋が広がっていく。

七二歳の「気絶しそうな」過密スケジュール

その日は、たまたま経団連記者会の電機クラブが、ソニー厚木工場の見学会をやっていた。同行していた広報部の幹部が午後の後半になると部屋を抜け出すなど、落ち着かない動きをしているのを訝った記者たちが早く帰りたいと言い出した。

午後四時少し前、ようやく確認ができた大木は、共同通信に電話を入れた。「確認ができました。よそも摑んでいると思うから、書いていただいて結構です」。経団連の事務局長や東京電力の専務（秘書役）にも「実は、盛田が今日、倒れました」と相次いで連絡をした。「盛田さんは、どうなんでしょうか。どうなんでしょうか」と病状を訊ねる先方の声が、耳の奥で鳴り響いていた。

その日の午後六時半、緊急の記者会見が開かれ、盛田が脳内出血で倒れたことが公にされた。この日の夜は、想定外の出来事にソニー社員の誰もが呆然としていた。大木は最も衝撃を受けた一人だが、世界中の要人たちからの見舞いと病状確認の電話や問い合わせに忙殺されていた。

数日後、大賀社長と橋本綱夫副社長が、経団連の平岩会長に直接会い、「実はこういう症状で、経団連の仕事は、多分もう無理だと思います」と伝えた。盛田の「日本を変えたい」という想いが、途絶えた瞬間だった。

盛田と親しい経営コンサルタントの大前研一は、倒れる直前二カ月ほどのスケジュール表を見て「気絶しそうになった」と後になって打ち明けている（後述）。七二歳の高齢の盛田が、どのように世界を飛び回っていたか。経営幹部たちの手記や証言をもとに、九三年の秋から一一月末までの行動を、再現してみると以下のようになる。(1)

日米財界人会議を取り仕切った後、九月初旬にニューヨークで仕事、中旬にはデュッセルドルフでの日独経済シンポジウムで基調講演を行い（一三日）、いったん帰国して九月末からは夫人とともに、再びニューヨークへ。マンハッタンのミュージアム・タワーにある自宅とニュージャージーのソニー・アメリカを起点に、シカゴ、サンフランシスコ、ロサンゼルス、サンアントニオ、ダラスを訪問し、それぞれで基調講演を行っている。

盛田が初めての海外出張で渡米したのが、五三年一〇月。ちょうどその四〇周年にもあたり、貿易摩擦が続くなかで日米の架け橋役として、講演も全米行脚も「大統領選挙なみ」の力の入ったものになっていた。英文スピーチライター、ソニー・アメリカの秘書役と広報部長、渉外本部のスタッフ、社内ロビイストを擁して、ヘリと社用ジェットをフル活用。極めてハードな日程が組まれた。

なにしろ講演の合間をぬって、TIなど企業トップとの会談だけでなく、ソニーの現地工場やオフィスを訪ね、一〇〇〇人にものぼ

1993年、大統領に就任したビル・クリントン夫妻とともに。この年の9月末から2週間余りにわたって盛田昭夫は良子夫人(右隣)とともに、「大統領選挙なみ」の布陣で全米でのスピーチ行脚に乗り出していた。

る従業員と握手を交わした。日本人の駐在社員にもスピーチを重ね「自分がアメリカに初めて来た四〇年前には、この国から多くのことを学んだ。今もう一度、アメリカをよく観察し、学びとる時代がやってきている」と訴えている。

現地での講演は、日米協会主催のもの、チェアマンとして募金活動を行った日系人博物館、大学でのレクチャーといった具合に、場所も聴衆も多岐にわたっていたが、メッセージは必ず一つの結論に向けて収斂していた。それは「日本、米国、ヨーロッパの三極、特に日米両国の政府・民間は相互に小異を捨て、真のグローバル・エコノミー形成に向けて、オープンに協調していく責務がある」、というものだった。

二週間余の講演ツアーを終えると、ダラスから欧州に飛び、英国ではエリザベス女王を迎えてのペンコイド工場のオープニング・セレモニー（一〇月一三日）、スペインで日米欧三極委員会（同月一七日）に出席、パリを経由して成田に到着するなり、今度は北海道でスキーという強行軍だった。

米国滞在中には、こじらせた風邪と積み重なった疲労のために、ホテルで東京への電話を掛けながら、受話器を持ったままソファで眠りに落ちていたこともあったという。

なぜ、そこまでしなければならなかったのだろうか。一連のツアーは、ビジネス・ステーツマンとして「経団連会長ポストを意識した大きな活動」の一環であったことは確かだ。

超過密スケジュールを見た大前研一は、こんな指摘をしている。「しかし、彼をさらによく知る人は、止められるものではなかったということもよく知っているのである。あの『体内時計』は止めれば止めたでおかしくなっていたろうし、止めなかったから過負荷で倒れられた。……少しでもソニーにとって、世界のソニーにとって、役に立つことならどこにでも出かけていく、というあの生まれつきのセールスマン

シップが盛田さんの体内時計のゼンマイになっていた」、と。(2)

一般地域（アジア地域）統括本部長を経て、盛田に乞われて渉外担当となった高野普は、朝七時に早朝ミーティングのために自宅を出る彼の車に同乗した時、「君ね、なんで私は毎日、早朝から出ていかなきゃいけないのか。どうしてだろうね」とポツリと漏らしたことを覚えているという。

体力の限界を超えてでも、「少しでもソニーにとって」「日本にとって」役立つことがあれば、走り続けるという人間としての根源的なもの（大前の言う「体内時計のゼンマイ」）が、やはりあったのだろう。それが盛田の物事に対する情熱を生み出し、また彼を倒れさせた要因でもあった。

高野は、九三年九月初め頃に盛田に呼ばれ、『MADE IN JAPAN』とは別に、「新たな自叙伝的なものを出したい。やってくれないか」と託されている。すでにアメリカでの出版社も大手のサイモン・アンド・シュスターと決まっており、高野は同社が指名したアメリカ人ライターと帝国ホテルで打ち合わせをしている。

この段階では、まだ盛田から「明瞭なインストラクションがあったわけではなく、追っかけどこかでお聴きする前提で、それなりの取材（故郷の愛知県・小鈴谷や親族など）も必要だと思っていた」。問題は盛田が超多忙だったことで、移動の際の車（場合によっては航空機）に同乗を繰り返すことでベースを築き、米人ライターには「それを随時フィードして、彼なりの構成を盛り上げてもらうという道しかない」と感じていた。

この話をどこで聞きつけたのか。日本語版は我々に任せてほしいという要請が、早々と日本の大手出版社からあり、影も形もない出版物に、ここまでのやりとりが行われてしまう、一種マンガのような話に高野は改めて驚いた。しかし出版プロジェクトを託された彼は、「盛田さんご本人が、本当に目指していた新しい自伝とは何だったのか」、と考え続けている。

「『MADE IN JAPAN』のレンジをはるかに超えて、盛田さんの境地は国際協調とか世界平和について、ビジネス界から発言できるという確信があったのかもしれない。その素地が知多半島にあったという風に。個人的には、『MADE IN JAPAN』の盛田は頑張り過ぎなので、成功者列伝としてではなく、もっとみんながアクセスしやすい盛田像を提示したい、との想いがあったのではないか。そう勝手に想像している」という。

それらを踏まえたうえで、筆者は二つの狙いがあったと考えている。

一つは、経団連会長としての四年の任期を視野に入れながら、ビジネス・ステーツマンとしての最後の仕事（日本・米国・ヨーロッパの三極、特に日米の政府・民間はグローバル・エコノミー形成に向けて、オープンに協調していく）に役立つ本。つまり、戦略ツールとしての著作を考えていたのではないか。それゆえ、アメリカでの出版を最初から予定していた。

二つ目は、もう一度、原点に戻って、ソニー・スピリットを作興しなければならない、という危機感があったのではないか。だからこそ、盛田は最初の出発点とも言える著作『学歴無用論』で、社内のゴーストライターとして筆を振るった高野を、プロジェクト・リーダーに指名したように思われる。スティーブ・ジョブズがウォルター・アイザックソンに公式伝記を依頼したように、自らのメッセージを若い社員や次の世代に伝えたかったのだ。

それが証拠に、倒れる直前の九三年一一月一九日に開催された部長会同の席上で、盛田はソニー全社員に向けての最後のスピーチを「ただならぬ気迫を込めて」行っている。

それは、まるで現在に至る事態を予見していたかのようである。序章で部分的に紹介したが、改めてほぼ全文を再録しておきたい。盛田の「心からの叫び」が伝わってくる。

現在を予見した最後のメッセージ

「わが社は、テープレコーダーでもトランジスタでも非常に大きなイノベーションをして、世の中を変え、社会に貢献をしてきました。その功績で、井深さんは文化勲章をいただき、日本の産業人としてユニークな実績を示されたわけです。けれども、よ〜く考えてみますと、そのシーズ（種）はみんなアメリカにあったのです。向こうから拾ってきて、それを我々の知恵で発展をしたことに、日本の産業人の非常な力があるわけです。

ところが、今や日本の産業人は世界一だという錯覚に陥っているわけです。私は、その錯覚に陥っていることを、もう一遍、反省しなければならないんじゃないか。もう一遍、謙虚に考えて、目を開く必要があるのではないか。なるほど、今、我々がやっていることに関しては、遅れを取っていないし、いい技術をもっていると思うけれども、それでは、来世紀にソニーがやはりリーダーだというためには、何をやらなければならないか。**もうひとつ先に何をやらなければならないか**、ということを、もう一遍、謙虚に考える必要があるのではないか、と私は非常に心配になっておるわけであります。

ですから、今日、ここに集まった人たちがわが社の将来を背負っている人だと思うので、私はここで、皆さん方に本当に目をいっぱいに開いてですね、来世紀に何をやるかということを、真剣に考えて、やはりそれぞれのセクションでやるものに対して、どうアプローチするかということを真剣に考えていただきたいと思うのであります」

そして一段と語気を強めて、次のように訴えている。

「私が今日、本気で言いたいのはですね。どうしたら、わが社のものが良くなるか。この頃の問題は、こんなことをしていると、今まで何十年もかかって打ち立てたソニーのリピュテーション（評判）がなくなってしまうんではないか。

これだけの人たちに何遍でも、私は本当にカスタマー・サティスファクション（顧客の側に立って満足を追求する）の精神が通っているかということを、何遍でもウォーニングしましたけれども、それが現実に商品になって出てこないからには、サムシングロング（間違いがある）なのです。

サムシングロングであれば、知らず知らずの間にお客さんに浸透してですね、そのうちソニーのものはアホラシイと、難しいと、使いにくいと、そういうことだけが残ってですね、一生懸命、我々の先輩が打ち立ててきたソニーのリピュテーションというものが地に落ちると思うんですね。

私は、本日は本気でですね、あなた方は『バック・トゥ・ベーシック』（原点に戻って）――。誰にも負けないものをつくるかということを、それが本務だということを忘れないでほしい。元のような会社にどうしたらなれるか、を考えてもらいたい。

これはもう本年最後だと思うんですけれども、皆さんの心の持ち方を入れ替えて、世の中、変革の時代ですから、ひとつ勇気を持って変革をしてもらいたい。これを、本年最後のお願いとしたいと思います」

アメリカからもう一度、謙虚に学ぶ時が来ていること。ソニーに自家中毒が再び現れていること。このまま行けば、ソニーのリピュテーションが地に墜ち、将来は極めて危険になる、ということを力説している。この「最後のメッセージ」から一一日目に、彼は倒れた。

「ボクもがんばるから、キミたちもがんばれ」

盛田が、早朝テニスの最中に異変を感じて、自宅に戻りベッドに横臥している間に、脳内の出血は広がり病状は悪化していた。倒れた日が、経団連会長に指名される当日だったため事態もより複雑化した。結局、救急車で運ばれ病院のICU（集中治療室）に入り、緊急手術を受けるまで四時間余りが経過した。

それでも、絶対安静の時期を経て退院し、青葉台の自宅に戻ったときには、「意識は結構しっかりしていた」（大木、当時・会長秘書役）。入院中に良子夫人は自宅を改造して、医療設備を揃えたICUと見まごうばかりの治療室もつくり、地下のプール（海外からの賓客をもてなすために設けられていた）でリハビリを行うために、車椅子で昇降できるエスカレーターも設置した。

経団連会長プロジェクトを担当していた米澤は、「盛田さんを助けるために私は何をすればいいでしょうか？」と夫人に尋ねた。「今まで通り、あなたの言葉で仕事の報告をしてください。昔の記憶が呼び戻されるかもしれない。それが、きっと一番の薬になると思います」

そう言われ、九四年二月からは、毎週、通商・渉外グループの業務報告（盛田が直前まで関わっていた日米通商問題や新しい経済システムの構築に関することなど）をテープに録音して、自宅に届け耳元で聞かせるようになった。報告の冒頭には「必ず月日と曜日を入れて、時間の感覚を刺激したほうがよい」とのミセスのアドバイスもあった。(3)

六月には、初めて直接本人に会って報告することもできた。米澤は、左半身が麻痺し車椅子に乗っている盛田の姿を見て、思わず目頭が熱くなった。「あの格好いい会長が、半身不随の老人に」なっていた。夏には、少し言葉がもつれていたが「箱根の別荘に、花火がきれいだから見においでよ」と誘われた。希望の言葉であった。全員が「ほんとうに奇蹟が起こってくれ」と回復を祈っていた。

九五年からはハワイのカハラにあった自邸に移って、ミセスの「献身と信念のもとに」四年間にわたる本格的なリハビリでの闘いがはじまった。気候が良いうえに、米軍の一大拠点があるハワイには、二四時間対応が可能な優秀な医師と一流の設備が整っていた。医師と二人の日本人介護士、それに複数のセラピストがチームを組み、家族とともに懸命に回復を目指した。

現地で盛田のサポートをした坂井諒三（元ソニー・ハワイ社長）によれば、リハビリテーションは、「可哀想なくらい大変なスケジュールだった」という。月曜から金曜までの五日間は、朝九時半から午後五時頃までさまざまなメニューがびっしりと詰まっていた。

毎朝、〝キング・オブ・ポップ〟マイケル・ジャクソンが、盛田のためにつくってくれた「ヒーリングテープ」を聞くことからはじまり、身体を柔らかくするフィジカル・セラピーとマッサージや気功、血の巡りを良くするドーマン方式やスタンディング方式という治療。それが終わるとメンタルセラピーや言語セラピーと続き、夜はゲストハウスに地元だけでなく、日本や世界からのＶＩＰを招待してのディナーと続く（本人も正装して参加するトレーニングの一環）。

毎週金曜日に、日本とアメリカで起きている出来事やソニー本社の業務報告を「ご進講」していた坂井は、ハードなスケジュールで頑張っている盛田にこう尋ねた。「会長、大変でしょうから、もうリハビリやめましょうか」。すると盛田は、小さな声だが決意するかのように口を開いた。

「ボクもがんばるから、キミもがんばれ」――。耳を近づけてハッキリ聴き取ることができたその声が、坂井の耳の奥に今でも鮮明に刻まれている。

それが「会長からお聴きした最後の肉声でした。たぶん、盛田さんがソニーの社員に対して発せられた、最後の意思を持った言葉でした」。

ミック・ジャガーとマイケル・ジャクソン

坂井は手記にも次のように書いている。[4]「ボクもがんばるから、キミもがんばれ」は、「正確には『僕もがんばるから、君たちもがんばれ』でした。決して、『君たち、僕をなんとか治すようにせい……。』ではありませんでした。つまり、つねにソニーを強いリーダーシップで導いた会長らしく、ご自分のリハビリに対しても、『僕がまずがんばるから、だから、君たちもがんばれ……。』だったのでした」。そこに坂井は「**リーダーの原点**をみたような気がした」、と指摘している。

前述したように、業務報告に訪れた米澤に「花火がきれいだから見においで」と誘ったことも、あるいはミセスが介護士を厳しく叱ったときには、介護士の肩を「気にするな」とポンポンと叩いた（長女の証言）こととも、共通している。

すなわち、**人を絶えず動機づけ・モチベーションを高めること**。**率先垂範し、まず最初に自分が行動すること**。体の自由が利かなくなっても、盛田の人に対する感性や行動原理は、変わらなかった。

ハワイの盛田邸を訪れたＶＩＰの見舞客は二〇〇人に達した。復帰の可能性があるかどうか確認するだけの儀礼的な人や心底から敬愛を抱く人など、それぞれの人間性が現れていたという。

日本の歴代総理は四人が来訪。「武士の作法を終始感じた」（坂井）のは、ポーチに車を横付けせずにゲートの外で待たせ、玄関まで徒歩で歩いてきた中曽根康弘と橋本龍太郎だった。盛田のために生で演奏をした世界的チェリストのヨーヨー・マ、華やかな存在感があったローリング・ストーンズのミック・ジャガーは二時間余りも話しかけ、デービッド・ロックフェラーは「アキオ、アキオ」と呼び掛けながら一夜を共に過ごした。

ほかにもＩＴサービスのＥＤＳの創業者ロス・ペローは、盛田が倒れた当初から、自家用ジェットで米国中の脳外科の名医を日本に連れて行く、と何度も連絡してきたり、指揮者のズービン・メータは演奏旅行の先々から「How is my friend doing?」と電話をくれたりした。[5]

人間模様を通じて、盛田の交遊の広さや深さを関係者は改めて感じた。

「海外から一番初めに届けられたメッセージは、マイケル・ジャクソンからのものでした」と良子夫人が綴った内容は、オフィシャルサイト「盛田昭夫ライブラリー」で読むことができる。マイケルが届けた自作の「ヒーリングテープ」は、静かな優しい声で次のように呼び掛けている。

「ミスター盛田、ミスター盛田、マイケル・ジャクソンです。どうか良くなってください。早く良くなってください。あなたは僕たちを導いてくれる存在です。先生であり、リーダーです。僕たちの世界そのものです。あなたはたくさんのことを教えてくれました。あなたはとても強い人です。私はあなたを信じています。『一日一日、何としても良くなるんだ。私はどんどん良くなっている』。この言葉を深い意識の中で繰り返してください。愛しています、ミスター盛田。世界中の人があなたを愛し、必要としています。一番必要としているのはこの僕です……」

二六分間のテープは、朝起きる前と夜就寝の前に毎日必ず掛けられた。マイケルの言葉は、日本の一人の経営者が世界から敬愛され回復を祈られたことを象徴していた。また、そこにマイケルなりの事情があったにせよ、[6]敬意と優しい真情が込められていた。

もう一度、ハワイで発作を起こした盛田は、本人はもちろん、家族や周りの懸命の努力にもかかわらず、九九年の六月頃には徐々に意識が無くなっていった。日本に戻って数カ月後の一〇月三日午前一〇時二五分、井深が暮らしていた（井深は九七年一二月に逝去）三田のマンションが見える東京済生会中央病院で、静かに息を引き取った。

良子夫人が末期に聴くことができた言葉は、「ごめんね。ありがとう」だったという。最後の最後まで、自らは精一杯闘いながら、人への愛情と思いやりを失わなかった。

一〇月五日には親族による密葬の後、盛田を乗せた車がソニー本社の前を通り、別れの挨拶をした。五反田からのソニー通りには、三〇〇〇人の社員による人垣ができ、ソニーと日本のために献身を惜しまず「一日四八時間の人生を」生きた希有のリーダーを見送った。

一一月八日、新高輪プリンスホテル国際館パミールで執り行われたソニー、ソニーグループ、盛田株式会社による合同葬は、東京フィルハーモニー交響楽団が演奏するなか、政財界のトップや芸能関係者四〇〇〇人が参列。献花に訪れた社員を含めると会葬者は一万人に達した。

＊　＊　＊

米澤は、盛田から直接聞いたこんな話を覚えているという。井深が勲一等旭日大綬章を受けたことを祝う会に出席するために、ワシントンにいた盛田は社用ジェット機ファルコンでニューヨークのケネディ空港に向かったが、濃い霧のために着陸できない。そこでラガーディア空港に転じたが、またしても霧で降りられない。空中で旋回しながら、晴れ間を見つけてなんとか着陸したが、大きく時間をロスした。「JALに電話して待たしてお

1999年10月5日、親族による密葬の後、五反田から品川へ抜ける“ソニー通り”を通過する盛田昭夫を乗せた霊柩車。沿道には見送る3000人の社員による人垣ができた。

け」と秘書に伝言、すべての荷物も放って、身一つで全力で走ってタクシーに飛び乗り、かろうじて国際便に間に合った。

白髪を振り乱しそんなに懸命に走らなくても、と思った米澤だが、「それほど盛田さんにとっては井深さんが大事で、そこに駆けつけることが彼にとっては何より優先順位が高かったのだ」と気がついた。「単に尊敬していたという言葉では言い表せない、強い恩義のようなものが彼のなかにあったのではないか」と。

確かに、井深がいたから、盛田は「世界のモリタ」になることができた。同時に、こうも言える。盛田がいたから、井深はその夢を実現することができた。そして、ソニーは井深と盛田がいたから、〝時代の才能〟を集めて、日本発のグローバル企業になることができたのだ。

ソニー最後のイノベーション

ソニーとは何だったのか、あるいは何でありうるか——。

「歴史は、現在と過去との対話である」とは、歴史学者E・H・カーが著書『歴史とは何か』(岩波新書)で幾度も繰り返す名言である。

翻訳した社会学者の清水幾太郎は、「現在というものの意味は、孤立した現在においてでなく、過去との関係を通じて明らかになるものである。したがって、時々刻々、現在が未来に食い込むにつれて、過去はその姿を新しくし、その意味を変じて行く」とし、歴史は「現在が未来へ食い込んで行く、その尖端に私たちを立たせる」と解説している。

刻々と未来に食い込む現在という時間の尖端に立って、私たちは日本が生んだグローバル企業が衰退し消滅、もしくは瓦解する（中国企業などに買収される）姿を見るのか。それとも、ＩＢＭやアップルのように、存亡の淵からの奇跡的な復活劇を観ることができるのだろうか。

この問題を考えるときに、押さえておきたいソニー最後のイノベーションがある。九四年一二月、「いくぜ、一〇〇万台」の掛け声とともに発売された「プレイステーション」。五人の小学生が正面を向いて、真ん中の一人がコントローラーのボタンを押す瞬間の広告写真が熱く印象的だった。このプロダクトの開発とマーケティング、そしてインダストリー化を、再考してみたい。

これまでに幾度か述べてきているが、ハーバード・ビジネス・スクールのクリステンセン教授は、「ソニーは、途切れることなく一二回にわたって破壊的な成長事業を生み出した」と指摘している。教授は、破壊的成長を生み出すプロセスを「破壊的成長エンジン」と名付け、それを完璧に作り上げた企業はまだないのだが、往時のソニーにはそれに近いもの（明確なシステムとして埋め込まれてはいなかった）があったことを暗示している。その時、「最も重要なものは、ＣＥＯまたは同等の影響力を持った非常に上級の役員」の存在であるという。

「プレイステーションの父」と呼ばれた久夛良木《くたらぎ》健は、一介のエンジニアだったが、井深と盛田が形づくったソニーの「破壊的成長エンジン」のプラットフォームをテコに、五年で五〇〇〇億円、一三年目には一兆円の売上を、ゼロから創りあげることに成功した。

プレイステーションのケースは、大企業のなかで新たなベンチャーを起こすモデルのように喧伝されているが、実はソニー・スピリットというイノベーティブな〝菌糸〟のネットワークが緻密な連携を創り出

すことによって、初めて実現できたイノベーション・モデルだった。

久夛良木は、「それらすべてを盛田さんが用意してくれていた」と語った。その理由と、イノベーションを生み出したメカニズムを検討してみよう。

八〇年代初期に、VTRのシスコン（システム・コントロール）を設計していた久夛良木は、アナログ・エンジニアの下で便利屋のように扱われることに辟易とし、専門のデジタル信号処理を活かす道を模索していた（当時のソニーはアナログ・エンジニアの王国だった）。

そこで、人脈をたどり自ら働きかけて、放送機器事業の拠点、厚木工場にある情報処理研究所への異動が実現したのが、プレイステーション発売の一〇年前、八四年のことだった。八六年の夏、SIGGRAPH（コンピュータ・グラフィックスの国際学会）に出席した久夛良木は、最終日に上映された3D（三次元）CGのアニメ映像に釘付けになった。

それがCGアニメーターのジョン・ラセターが作った『ルクソーJr.』（電気スタンドのキャラクターが生き物のように自在に動き回る画期的な作品）である。実はこの年の二月、アップルを追放されていたスティーブ・ジョブズが、『スター・ウォーズ』のジョージ・ルーカス監督率いるルーカス・フィルム傘下のCG部門を買収。同部門のマネージャーであり、コンピュータ科学者でもあったエド・キャットムルと共にピクサー・アニメーション・スタジオを創設し、共同創業者となっている。『ルクソーJr.』は、そんな新生ピクサーの出発点となる記念碑的作品であり、キャラクターは同社のシンボルともなっている。[7]

久夛良木は、『ルクソーJr.』の「魔法のような表現力に感動し、いつの日か、これをリアルタイムで動かすことができる家庭用コンピュータを、自分たちの手で世界中の家庭に届けたいと夢見るようになった」と言う。プレイステーションの構想は、このピクサー体験をきっかけに生まれた。改めて思えば、ソニーと映画とジョブズ、それら三つの衛星が盛田を核に、不思議な因縁でつながっていた。

話を戻そう。情報処理研究所には、米国の工科系大学から戻ったばかりの気鋭のエンジニアや若くて優秀なデジタルの才能たちがひしめいていた。そのなかで、久夛良木は「システムG」を発見する。これは3D-CG映像にリアルタイムでさまざまなエフェクトを加味できる技術である。まだテレビ画質だったものの、これを活用すれば「リアルタイムのコンピュータ・エンタテインメント」を実現できるのではないか、と閃いた。当時は、リアルタイムで3D-CGを生成できる市販のコンピュータはなく、ハリウッドでは専用の高価なグラフィックス・ワークステーションを多数導入して、数秒の映像を描画するために何十時間も費やしていた時代だ。

久夛良木は、自らの着想に磨きを掛け、この技術を掘り下げ、「**新たなエンタテインメントのドメインを、世界中の家庭に普及させる**」という大目的に向かって邁進して行く。

「まず始めたのは、ソニーの社内に限らず、世界中から最高の頭脳・才能を集め、当時のベストプラクティスのさらに一歩先を狙って果敢にチャレンジすることにした。常識にとらわれていたら、イノベーションなんて起こせない。**容易に手に入るようなソリューションをかき集めても、世界を大きく変えていく革新的なダイナミクスは引き起こせない**[8]」

彼は会社の現行の業務と並行して、大目的に向かう「隠し球」に磨きをかけていった。

瀬戸際で「Do it!」を引き出す

「おれはだんだん久夛良木に洗脳された」と笑う丸山茂雄（当時CBS・ソニーグループ取締役）は、次のように語っている。「久夛ちゃんはすごいヤツだよな。だって社内で密かに隠し球を磨きながら、まずは他社との共同開発で実績を積み上げようとしていたわけでしょう。ただ、そのプロジェクトが頓挫してしまうことで、隠し球を見せるタイミングが予想外に早く来てしまった(9)」

八九年に久夛良木は、任天堂のゲーム機「スーパーファミコン」用のPCM音源チップの制作に携わり、その後、スーパーファミコンのソニー製CD－ROM互換機の開発を行っていた。「任天堂と共同で、九〇年代前半に家庭用コンピュータのインフラを構築」し、そこに「ソニーのAV技術を有効にリンクさせる」、とその時は考えていた(10)。

ところが、九一年五月末に任天堂は突如、フィリップスとCD－I（対話型CD、後にCD－ROMに切り替わる）で互換機を共同開発すると発表。任天堂がソニーにイニシアチブを取られることを恐れたためだが、両社の関係はここからこじれ、一年間の交渉を経て決裂した。

この時、ソニー本社の経営戦略グループ副本部長として、契約書の実効性などを調べていたのが徳中暉久（後にソニー・コンピュータエンタテインメント社長）とソニーの顧問弁護士である。ソニー社内が大騒ぎになっていた頃、当初の構想が崩れこれからどう進めるべきか悩んでいた久夛良木に、弁護士がこんな一言を発した。「あなたは何がしたいの？」。そして徳中がこう続けた。「やりたいことがあるなら、他人の土俵ではなく、自分の土俵でやったほうがいい」

「その一言で胸のつかえが取れた」久夛良木は、後日、「こういうものを作りたい」と一枚の紙を徳中に見せている。そこには「三次元グラフィックスをリアルタイムで生成する」というコンセプトと、その基本アーキテクチャーが描かれていた。「隠し球」を表に出した瞬間だ。

「その時点でプレイステーションの基本構造は、すでにできていたのです。しかも安く、誰でも使えるように。僕は技術者ではないが、あれはすごいと思った」、と徳中は述懐している。[11]

そして運命を決する日がやってきた。九二年六月二四日、任天堂との交渉決裂を受けて、ソニーの今後の方針を決定する経営会議である。まさに「あの日は瀬戸際」（久夛良木）だった。

なぜなら、任天堂との共同開発は完全に頓挫。会議に出席している役員のほぼ全員がゲームなんてソニーがやるべきじゃない、という意識で凝り固まっていた。しかも、「任天堂の互換機とは別に、3Dのコンピュータ・グラフィックスを採用した独自方式を開発している」、と久夛良木はタンカを切ったものの、実は「頭の中では描けていたが、モノとしては何もない」状態だった。

そこで、懸命に技術の可能性を説きながら、「任天堂にあれだけのことをされて黙っているおつもりですか！」、と誇り高い大賀社長（CEO）の怒りに火を付けた。

「このまま引き下がるんですか！」とさらに煽ったとき、大賀は久夛良木の顔をじっと見据えて、「そんなに言うのだったら、本当かどうか証明してみろ」と述べ、「Do it!」と言葉を発しながら手で机を叩いた。有名なエピソードだが、事実であり「ドラマティックな瞬間だった」。

久夛良木は「(社内の) いろんなノイズを打ち消すために、俺は決めたぞという意思を、『Do it!』

というかたちで表明して見せた。あれは、（手振りを交えることで）全員に通告したんだと思う」、と経営トップの仕事ぶりを実感したという。

プレイステーション――一介のエンジニアがなぜ産業をつくれたのか

九三年三月には、ソニー・アメリカに赴任していた徳中が任期途中で呼び戻され、コンピュータ・エンタテインメント準備室長に就任。EPICソニーの移転で空いた青山ツインタワーのフロアに、エンジニアを集め技術の完成を急ぐ久夛良木たちを、「〝徳〟の徳中」と呼ばれる人柄と明快な論理で守り、本社からの厳しい風当たりを和らげた。

一方、丸山はSME（CBS・ソニーグループは、九一年にソニー・ミュージックエンタテインメントに社名変更）から営業、契約、経理など次々と優秀なスタッフを引き連れてきた。

徳中は、それに関してこう語っている。「ソフトの文化を心からわかっている人たちが、SMEから多数来てくれたことがよかった。ゲームビジネスでは、いかに多くのソフトメーカーさんにサポートしてもらえるかが大きなポイント。彼らの気持ちを理解し、彼らの言葉で話せるのは、丸さん（丸山のこと）を筆頭にしたSME出身者でした。もしソニーが単独でゲームビジネスに参入していたら、こうはうまくいかなかったでしょう」

こうして九三年一〇月二二日。盛田が経団連会長プロジェクトの活動拠点としていた赤坂のオフィスに、徳中、丸山、久夛良木のキーパーソン三人で、完成したプレイステーションの試作機を持参し説明した。

自ら操作しながら盛田は、「ワオォ、すばらしいね」と第一声を上げ、晴れやかな笑顔に眼は少年のようにキラキラと輝いていた。やがて徳中たちに向き直った盛田は、「これはいい。ただし『プレイステーション』という名前はダメだ。若者たちは何でも短縮して表現するから『プレステ』になってしまう。これを〝捨て〟られていいのか。そういう言葉を選ぶ人間のマーケティング・センスに、私は疑問を持たずにはいられない」と注文がついた。

三人は、ハタと困った。この名称はすでに世界数十カ国に登録済みで、安全に使えるブランドだった。もう一度やり直すとなると、リサーチだけでも大変な作業になるからだ。

一カ月後の月曜日の朝、徳中が受話器を取ると、相手は盛田本人だった。宿題の答えがまだ見つかってないだけに、一瞬躊躇し緊張が走った。だが、要件は名前ではなかった。

「自分の仲間は年寄りが多いけれど、新しいゲーム機の話をしたら、手を動かすのはボケ防止にもなるから、いいねと。今までは任天堂の天下だから男の子の世界だったけど、ソニーがゲームをやる以上はゲーム市場を変えなくてはいけない。年寄りでも楽しめるような新しいプロダクツにして、頑張って市場を変えてほしい」。それが盛田と交わした最後の会話だった。この直後に脳出血で倒れたからだ。

盛田のメッセージは、プレイステーションの旗印「みんなのゲーム」として反映されることになった。「男も女も、子どもも年寄りも、みんなが楽しめるゲームの世界をつくる、というのを私たちの旗印にしたのです」（徳中）。

盛田からのもう一つの注文、名前については社長の大賀が助け船を出してくれた。「盛田さんは今、病気で説明することもできない。治られたら私がちゃんと説明してあげるから『プレイステーション』で行きなさい」

盛田が倒れる二週間前の九三年一一月一六日。ソニーとSMEの折半出資で、SCE（ソニー・コンピュータエンタテインメント）が設立された。

丸山が語る。「で、会社つくるというところまで行ったんだけど、おれはソニーがつくると思っていたわけ。ところが、金はソニー・ミュージックも出せとなって……」[12]。丸山は最初、出資を断っていた。資本を出して全面的に関わるにはリスクが大きかったからだ。ソフト制作の一翼を担う腹づもりだったが、それだけでも当たり外れがあることは、丸山がEPICソニーでゲームに手を出して実感していた。

それを説得したのは、九二年からソニーでCFOの役割を果たしていた伊庭保専務だった。彼は、ソニーの経営危機に際して大賀が再建を託した人物であり（前述）、その持論は「CFO＝企業価値の番人」である。だから、経費削減を一律に実施するのではなく、**何が企業価値を活かすことになるのかを、よく見極めて取りさばく経営者**（「スーパーCFO」とリスペクトされるが、伊庭自身は盛田からCFOの本質を学んだという）でもあった。

その伊庭の眼に、久夛良木はこう映っていた。「なんというか……そうだ夢だね。しかも夢だけじゃない。実現する可能性があるんじゃないかと思わせる説得力があった。だから、……大いにバックアップしようと思った。……彼が強いのは目標の設定がうまいこと。すごく高い目標を掲げるが、それは思いつきではなく、ものすごい勉強に裏打ちされている。会うたびにどんどん勉強して進歩している。半導体のプロセスや、設計ルールの進歩の度合いという確かな見通しの上に、高い目標をおくんです。だから、説得力があるんです」[13]。

企業価値を活かすという観点から、説得力のある「夢」に乗ることは、ソニー・スピリットの実践に他ならない。黒ビル（当時、市ヶ谷にあったSME本社の黒い建物）に出向いた伊庭は、同社の経営陣を前に、ハードとソフトが一体となる必要性を訴えた。「レコードとゲームとはビジネス構造が違うんだ。レコードはデファクト・スタンダードであり、オープン・フォーマットだ。だから、ハードとソフトが別々に展開しても成り立つ。しかし、ゲームはそれぞれのプラットフォームでクローズなフォーマットなのだから、別々に行う必然性がない。だから一緒にやろう」[13]

黒板に白いチョークでカンカンカンカンと叩くように考えを書き、「これで行きましょう！」と迫った。五〇対五〇の資本構成はこうして決まった。丸山たちSMEも一段と本気にならざるを得なかった。

久夛良木によれば、事業化に当たってのチェックポイントは、たとえれば一〇〇〇ほどもあったという。そのうちの九割できればいいというものではなく、「一つでも取りこぼしたら、たちまちアウトになる。すべてをパーフェクトにクリアして初めてスターラインに立てる。まさにミッション・インポッシブルですよ。そのくらいのすごい緊張感でやっていた。だからチームは一体になれたんだ」と振り返る。

プレイステーションを立ち上げ、産業化していくプロセスのなかで、彼がつくづく実感したのは「ソニーがすごい人たちを惹き付けていた」という事実だった。スタートアップの難しさと言えば、ファンディング（資金調達）をあげる人が多いが、クラウドファンディングも普及してきた現在では、資金よりも、必要な時期に、その必要に応じた優秀な人材をいかに集められるか、が圧倒的に重要になってきている。

久夛良木は「プレイステーションの成功は、人材が集まったこと。これに尽きる」と語る。

「ソニーのなかに、ここはAさんだよね、そこはBさんで、これについてはCさんが圧倒的に詳しい、それはDさんを置いてほかにいない……」と言った具合に、個々の課題について「個人名で、引き抜くといぅか集めることができた。一人ひとり目星をつけて、引っ張ろうと意図したんだけど、振り返ってみるとソニーのなかにすごい人材が沢山いたんだ。技術者もそうだけど、たとえば、ソフトビジネスなら丸山さん、彼のところにはまたすごいサムライたちが一杯いるわけ。

法務、コンプライアンス、人事、ソフト営業、アーティスト・リレーション（ソフトメーカーのプログラマーやクリエイターといった一匹狼のような人たちを、売り出し前のロック・ミュージシャンを一所懸命おだてすかして、才能を伸ばすみたいな仕事）など……。一方で、サムスンのDRAMや松下の電源など大企業とのやりとり、海外の営業や物流も必要で、ソニーのネットワークを使わなければ出来ない。**膨大な専門性が必要になるが、それぞれに決め手になる人材がいたんだ**」。

冷静な徳中もこんなことを言っている。「SCEの設立から、プレイステーション発売までの数カ月は、ソニーとSMEというふたつの流れが本当にカチッとはまっていた。二百数十人の社員が全力を出せば、いろいろなことがこんなにも変わるのだと思い、感動しました」

丸山も「あの当時の感覚は俺もよく覚えている」と語っている。「発売が近づくにつれ、社内の空気が熱を帯びてきて……、自分の手がけた新人アーティストが、一気にスターダムを駆け上がっていくような感じだった(14)」

プレイステーションは、まさしくハードとソフトが融合し一体となって実現できた。その背景には、未来を先取りするというレベルではなく、未来をつくるという気概があった。それが井深が切り拓き、盛田が推し進め世界で展開した、日本が生んだ自由闊達なソニー・スピリットである。

久夛良木は、最後にこう結んだ。「ソニーには、すごい人たちが五人や一〇人じゃなくて、数百人規模でいて、ここまでのソニーを引っ張って、何度も何度も革新をもたらしたのだ、とわかった。すごい人材を惹き付け、結集し本気にさせたら、何でも出来るぞと思った」

改めて考えれば、一人のエンジニアがソニーという大企業のなかで、世界を変えるビジネスを立ち上げたのだ。未来を見すえた技術者が、社内で隠し球を磨き、〝時代の才能〟を世界でネットワークしていた。持ち前の鼻っ柱の強さと猛烈な勉強を重ね、これはと狙った人物を洗脳し、共感させていく。

その彼の構想に、夢だけではなく実現可能性を見出した徳中や丸山、伊庭といった優れたマネージャーたちが、本気になってバックアップした。経営トップの大賀もまた要所を押さえてエンジニアの夢をサポートした。そして、それらのすべてを盛田が「用意してくれていた」。

そこには、日本の大企業が失ったものと、ソニー再生のヒントが詰まっている。

補章
その後のソニー

ベスト・ブランドからの転落

「最高のソニーを盛田さんが用意してくれていた」。一介のエンジニアだった久夛良木が、新しい産業を生み出し〝プレイステーションの父〟となり得たのは、ソニーという「イノベーションを起こし続ける企業体」でのことだった。一九九九年一〇月に盛田が亡くなると、ソニーからその生命ともいうべき〝スピリットの息吹〟が失われていった。その現象はなぜ生じたのか。

あれほど輝いていたソニーが、その後、急速に凋落した背景に何があったのか。盛田が幾度となく警鐘を打ち鳴らしていた「自家中毒」に全身が冒《おか》されたのか。経営のメカニズムという観点から、最後にこの問題を考えておきたい。

ソニー・スピリットの象徴といえば、ブランドだ。盛田は、それまでどこにもなかったトランジスタラジオやマイクロテレビといった製品を普及させるに当たって、ユーザーにワクワクする未知の体験を届けたいと願い、「マーケット・クリエーション」「マーケット・エデュケーション」を基軸に販売を展開していった。その際に、小さな町工場が「世界のソニー」に飛躍するには、世界に通用する魅力的でハイプライムなブランドがなにより必要だった。

ソニーのブランド業務を担当してきた河野透は、こんな風に直截に表現している。「ＳＯＮＹ（ブランド）それ自体が人々の生々しい欲望や情緒と近接していて、共感や憧れを生むものでなければならない。とりわけ、**驚きとかユニークへの欲望、そこから立ち昇る情緒**。宣伝活動の結果として、その情緒が『**俺たちのだ**』**という共通共有の感覚**になって、納得につながっている」[1]

そんな連想・連鎖を生み、「高く売れる差別化につながる」ブランドは、盛田が文字通り、世界を駆け回りながら、長い時間を掛けて築き上げてきた**信用の証**でもあった。

八二年八月、闘病中だった岩間社長が急逝した折り、新社長に就任した大賀は「私の仕事は、Ｓ・Ｏ・Ｎ・Ｙこの四文字のブランド価値をさらに高めていくこと」と発言。盛田を喜ばせる殺し文句ともなった。ソニーのブランドにかける想いは、このように格別のものだった。

そのブランド力は、現在どのように評価されているのだろうか。

九〇年代初めにソニーは世界第一位のブランド評価を得たこともあった（ランドーアソシエイツ調査ほか）。が、ここではイメージ調査ではなく、より科学的なアプローチでＩＳＯ（国際標準化機構）の認定を受けたインターブランド（世界最大のブランディング会社）の「ベスト・グローバル・ブランド」を基に検討してみたい。

これは「ブランド価値」を、財務力（将来の経済的価値）、ブランドの役割分析（購買意思決定に与える影響力）、ブランド力スコア（明瞭度、適応力、一貫性など活力を見る一〇項目で現在価値に換算して評価）の三点から算出。そのブランドが「将来どのくらいの収益をあげると予想されるか？」という観点で分析・評価し、金銭的価値として測定したものだ。(2)

二一世紀に入ってからの一五年間にわたるソニーのブランド価値と順位をグラフにした（次ページの図表6）。そこにはブランド価値を年々下げ続け、直近ではベスト五〇位からも転落した姿が見て取れる。

ソニーは、二〇〇一年に一五〇億ドルのブランド価値を擁し世界ランクでは二〇位につけていた。この当時アップルは約三分の一の五五億ドルにすぎず、四九位だった。ところが〇五年には、ソニーのブランド価値は三割ほど毀損し、サムスンに追い抜かれた。この年にハワード・ストリンガーが、ソニー本社の社長経験も経ずに、いきなり会長兼CEOに就任したが、これ以降、さらに転落が顕在化していく。〇六年には彗星のごとく現れたグーグルにあっという間に抜き去られ、〇八年にはアップルに逆転され一挙に差が開く。かつて世界トップクラスに輝いていたソニー・ブランドは、今や一位に君臨するアップルの一割以下（四・五％）の価値しかない。

ソニーの背中を追い続けてきたサムスンにも六倍近い差をつけられている。一二年に六九位で初登場したフェイスブックは一五年に二三位。アマゾンも一〇位とソニーをはるかに凌駕するブランドを構築した。背後には中国企業が追い抜きに掛かろうとしている。改めて言うまでもないが、時代と世界の成長速度にソニーは取り残されている。

一五年二月、ソニー本社大会議場で行われた社内のクォータリー・ミーティングで、吉田憲一郎CFO

は「リカーリングビジネスを長期戦略と位置づける」と宣言した。「リカーリングビジネス」とは、繰延収益中心のビジネスと訳されているが、「『売り切り』ビジネスではなく、お客様との長期的な関係を構築して、持続的に確実性の高い収益が見込めるビジネス」と吉田は説明している。

本来、これはビジネスの最も大事な基本であるし、方法論ではあっても、「長期戦略」と位置づけるものではない。だが、あえてそう言わなければならないところに、単品売り切りビジネスにどっぷり染まってきた体質の問題がある（ソニーだけではない日本企業に共通した問題でもある）。

吉田の言葉を補えば、「持続できるビジネスを戦略的に構築する」という意味だろう。いま必要なのは、「自分たちがどこに行きたいのか、何をやりたいのか」を明示して、社員が具体的に行動できる「良い戦略」を打ち立てることだ。どれほど困難でも、「なるほど、トップが言う通りだ。

|図表6|世界のエレクトロニクス企業のブランド価値比較

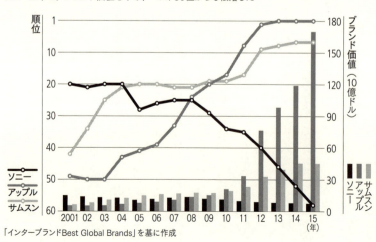

ソニーは年々、ブランド価値を下げ、ベスト50位からも転落した

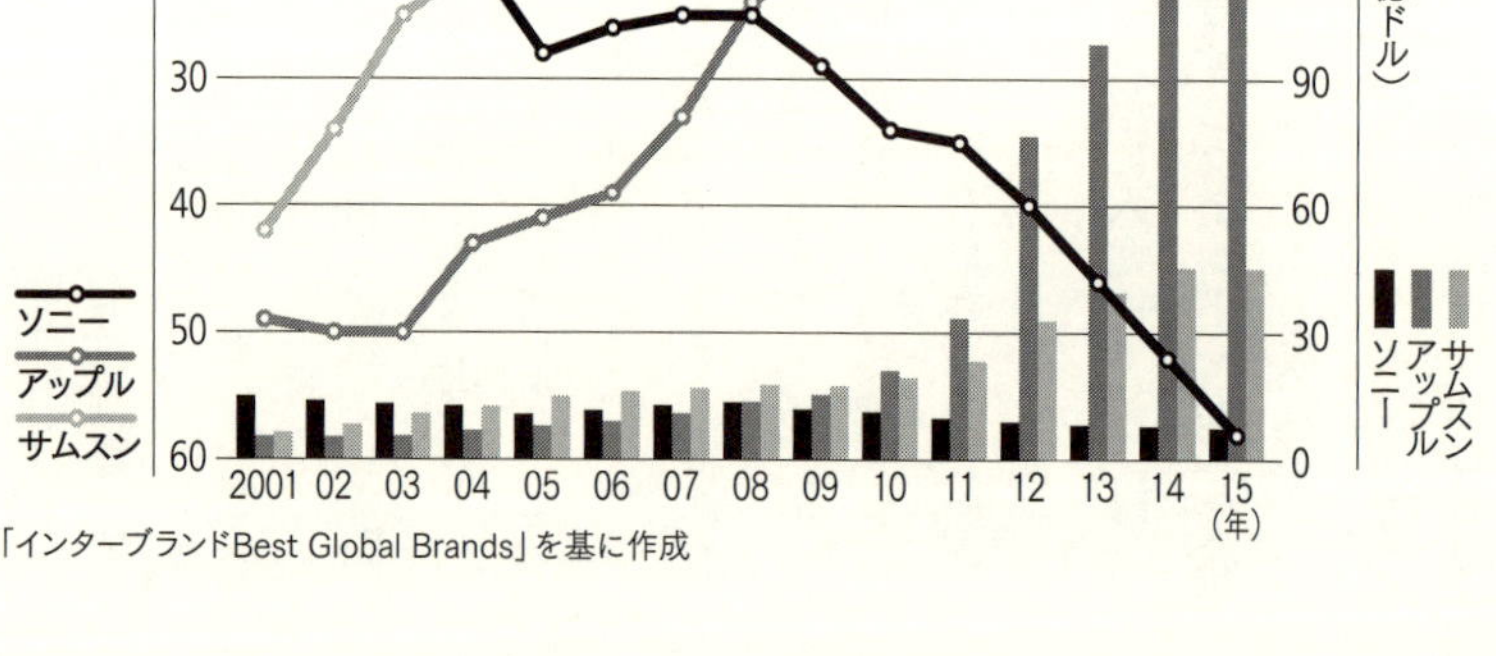

「インターブランドBest Global Brands」を基に作成

やってやろうじゃないか」と社内を動機づけ、スピリットを奮い立たせるメッセージも必要だ。

さらにその際、リカーリングビジネスで問われるのは、ブランドの力である。

「ブランド戦略というのは、わかりやすく言えば〝評判づくりの活動〟です。事業戦略を成功させるためにはどんな評判があればいいか、成功確率を高めるためにどう評判を高めるか、その評判をさらに高めるためにどんな事業を回していけばいいか。事業と評判との良い循環が回っていくと、ブランド価値が伸びていく。イメージづくりだけではなく、実際のビジネスで新しい顧客体験を創出していくことと一体の関係にある」、とインターブランドの中村正道エグゼクティブ・ディレクターは指摘する。

確かに、盛田は「事業と評判との、良い循環をどう回すか」を絶えず意識し行動していた。マスコミを味方につけ、世論をバックに、アメリカの政治を動かし法律をも変えたことがあった。アンテナを張り巡らせ、社会感度を研ぎ澄ませて、ブランドを磨いてきたのだ。

ソニーの問題は「財務力だけではなく、ブランド力スコアの低下が大きい」、とインターブランドの田中英富エグゼクティブ・ディレクターは付け加える。ここをもう少し掘り下げてみよう。

ブランド力スコアは一〇の指標からなり、内部的なものと外部的なものに分けられる。

内部的な指標＝明瞭度（Clarity）、関与度（Commitment）、保護力（Protection）、適用力（Responsiveness）の四つと、外部的な指標＝信頼性（Authenticity）、適合性（Relevance）、差別性（Differentiation）、一貫性（Consistency）、存在感（Presence）、理解力（Understanding）の六つで構成されている。

ソニーは、外部的な指標六つに関しては「ほころびは出ていても、まだグローバルに強い」。だが、「ソニー・ブランドとは何かという『明瞭度』がぐらついていたり、そのための社内での取り組み『適応力』に、ちぐはぐなところがあったり、ブランドを守る『保護力』に弱点があるようです。つまり、ソニーのブランド力の向上ポイントは、社内にあると見ている」と田中は語る。

かつて盛田は、「つぶれる会社は、自家中毒でつぶれる」と看破し、会社がつぶれるのは「環境のせいではない。自分に問題があるのだ」と社内に向けて何度も語ってきた。**マネジメントが社会感度を失い、お客の身になって考える感性を鈍らせ、「烏合の衆になっている**のではないか」と危機意識もあらわにしていた。

「盛田がなにより恐れていたのは、ビューロクラシー(官僚主義)でした」と証言するのは、アメリカの営業の第一線で盛田とともに闘った田宮謙次(元専務)だ。ビューロクラシーが社内の風通しや情報の流れを滞らせ、**企業の問題感知力を鈍磨させ、自家中毒を生む**からだ。

ソニー・スピリットの象徴であるブランドが、ぐらついて明瞭性をなくし、ちぐはぐな取組みとなって、評判を高めるどころか、悪循環に陥ったとしたら、それはいつどのようにはじまったのか。

実は、極めて難しい移行期があった。それは内的にも外的にもパラダイムの転換点といえる時期での出来事だった。インテルの共同創業者アンディ・グローブの言う「戦略転換点」である。以前にも紹介したが、改めて彼の定義に耳を澄ましてみよう。

「戦略転換点とは、企業の生涯において基礎的要因が変化しつつあるタイミングである。その変化は、企業が新たなレベルへとステップアップするチャンスであるかもしれないし、終焉に向けての第一歩ということも多分にありうる。……変化をもたらす力は音もなく静かに蓄積していくため、何がどう変わったのかは見えにくい。ただ、『何かが変わった』ということだけがわかるのである。……戦略転換点を見過ご

すということは、企業にとって命取りになるかもしれないのだ」(3)

時計の針を二〇年前の九五年に巻き戻してみよう。この年は、時代を画するような新たな動きが頻発し、二一世紀へ向かってその後の歴史を規定していった分水嶺だった。

ビル・ゲイツが「インターネットによる大変動」に気づき社内に檄を飛ばしたのが五月。七月にはジェフ・ベゾスが「世界最大の書店」と銘打って書籍ネット通販のアマゾンをスタートさせた。八月に入るとネットスケープが株式を上場、一夜にして三〇億ドルの時価評価を得て「インターネット時代」の開幕を告げた。スタンフォード大学の大学院生だったラリー・ペイジとセルゲイ・ブリン（グーグルの共同創業者）が出会って、検索エンジンの研究をはじめたのはこの秋のこと。一一月には、一〇年前の八五年にアップルを追放されたスティーブ・ジョブズが、買収し新生させたピクサーの3Dアニメ『トイ・ストーリー』が公開され大ヒット。株式も上場し、ジョブズは上げ潮に乗りはじめた。翌々年、彼はアップルに帰還し奇跡の復活劇の幕を開ける。またこの年には、サムスン電子が液晶パネルの量産ラインを立ち上げて日本勢の追撃に入った。世界はＩＴによるネット時代へ、大きな潮流がうねりはじめていた。

一方、日本では一月に阪神淡路大震災が発生し、まるで電子立国の地盤そのものを揺るがす前兆のようでもあった。同じ月の月末に社長定年内規の六五歳の誕生日を迎えた大賀は、自らの後継者に出井伸之を指名した。

その前年の九四年一一月には、名誉会長だった井深が「ファウンダー・最高相談役」に、病気療養中の代表取締役会長・盛田は「ファウンダー・名誉会長」となり、ハワイで本格的なリハビリを開始することになった。二人は半世紀近くにわたってソニーの経営を牽引してきたが、はじめたときと同じように引退するときも一緒だった。

このときソニーは、外部と内部に二つの「転換点」を抱えていた。

一つ目の外部の「戦略転換点」は、テクノロジーがアナログからデジタルへ、大きくパラダイムが変換する移行期にあったことだ。当時CEOだった大賀は、ソニーの成長は「他社のまねをしない・他社からもまねのできない商品を作り上げ」ていることだと述べ、「それには基本的に二つの方法しかない」としていた。「つまり、商品企画のスタンダードを自ら押さえるか、あるいは職人芸的な技術に裏打ちされたメカトロニクスを持つかである」、と（第12章）。

この大賀の認識は、彼の成功体験から生まれていた。パッケージ・メディア（CDに代表される形のある媒体）を業界標準化し、精密な擂り合わせ技術で独自のプロダクト・プランニングを実現するというもので、アナログ技術の時代には極めて有効な〝勝利の方程式〟だった。だが、その後の歴史が証明しているように、ICT（情報通信技術）がAV（オーディオ&ビジュアル）を飲み込みはじめると、パッケージは「クラウドのなかに溶け出し」、メカトロの職人芸はICチップに吸収されていった。

大賀は、それまでソニーを支えていた基礎的条件が変化していることを察知してはいたが、具体的にどう動けばいいかは見当がついていなかったのである。

二つ目の内部の「転換点」は、大賀を含む創業者世代から次の世代へバトンタッチしなければならなかったことだ。経営の承継は、常に困難でやっかいな問題をはらむが、ソニーの場合は創業者たちが偉大であっただけに、後を継ぐ経営者には格別の力量が要求されるはずだった。

しかも八九年に買収したコロンビア映画は、経営者の人選ミスが響いて、乱脈経営の果てに巨額の赤字を抱えていた。企業文化の違いを超えて、ハリウッドをどうマネジメントするかという、やっかいな課題にも対峙しなければならなかった。

「消去法」というトラウマ

大賀の右腕として総合企画本部を取り仕切り、九〇年には副社長となり、周囲からも社長候補と目されていた岩城賢が、九四年にソニー生命社長に転出すると、奇妙な文書が流布した。

「新聞を見て驚きました。なぜ出て行くのがMではないのですか」という出だしではじまるセクハラ・スキャンダルの告発文だった。決めつけの著しい文章で、内容の質は高くなかったが、事実関係は精査されないまま、「飛ぶ鳥を落とす勢い」だったM副社長に社長の目はなくなった。一三年間にわたる大賀社長の長期政権のせいか、ハリウッドの乱脈ぶりが影を落としたのか、社内政治も蠢《うごめ》いたのか。ソニーの美点だった箍《たが》や篤実さが緩みだしていた。

副社長二人が候補リストから消え、悩んだ末に、大賀は出井を一四人抜きで抜擢した。が、その際、自らの権勢を示したかったのか、社内の納得性を思って魔が差したのか、新社長披露の記者会見の場で「消去法で選択した」、と口にした。言われた本人も、〝消去〟された一四人もモチベーションが下がる、言わずもがなの表現だった。負けず嫌いの出井（それだけに抑圧心理も強い）にとって、トラウマとなるスタートだった。ただでさえ実績のないなかで社長としての「求心力」に苦しむようになる。

ちなみに出井は、前年の九四年に常務の末席に加わったばかりで、早稲田大学政治経済学部卒の文系出身者としては珍しく、オーディオやMSXパソコン、ビデオのVHSなどのエレクトロニクスの事業責任も担ったが、いずれも大した実績を上げられなかった。

八九年からは、広告宣伝や広報などのコーポレート・コミュニケーションを担当したが、もともと「カンパニー・エコノミスト」になることが、ソニーを志望した動機だっただけに、この分野では羽を伸ばして活躍するようになる。興味深いのは、「アナリストとして」（出井本人の言）、九三年から九四年にかけて「レポート三部作」をまとめ、ソニーの長期戦略を提言していることだ。

九三年六月五日付『今後の一〇年に向けて』、九三年六月一五日付『戦略的中期事業計画の提案』、九四年一〇月二九日付『コンピュータとAV融合時代のソニーの戦略』の三部作は、合計四四ページで構成され、時代の転換点に立つソニーにとって、大賀の眼にも未来のビジョンを示しているように見えたことだろう。実際にこれらのレポートは、社長に就いた出井の経営のレシピともなった。骨子を簡略に紹介しておこう（なお、以下の括弧内はいずれも筆者による注記）。

レポートは、最初に「デジタル・エクスプロージョンのソニーに与える影響」を概観している。「発展基盤市場が日本からUSへ」移行し、「情報・娯楽の流通革命」が起きること。そこではパッケージ・メディアが主役でなくなると指摘。「無線携帯電話によるカセットなしウォークマン」の登場も予測している（もう少しでiPhoneだった）。

そして、「権利資産基盤のシフト」が起き、パッケージ・メディアの規格から、OS（基本ソフト）やGUI（直感的な操作を可能にするユーザーインターフェース）といった「ターミナルインテリジェンス」へ知財が転換すること。それに伴いアメリカのIT企業との「戦略的アライアンス」が必要になることを示し、ソニーの事業分野の再構築を提言した。

つまり「エレクトロニクス」、「エンタテインメント」、「エレクトロニクス・ディストリビューション」（放送・通信・出版）の三つのソニーに分け、その際に業態が違う多様な事業を評価する共通指標としてＥＢＩＴＤＡ[4]の導入を提唱（実際にはＥＶＡ＝経済的付加価値となる）。

各事業セグメントは、資産管理（Ｂ／Ｓ）に加え、人材、技術、イメージ資産についても責任を持ち、本社が「これを評価・診断・コンサルティングするファシリティを持つ」とする（後に本社は「アクティブ・インベスター」として投資銀行的な役割と位置づけられた）。

さらに「オセロ・プロジェクト」と称する「アップル社買収（当時の企業価値四七六〇億円としている）による、ブランド拡張とアーキテクチャー（ＯＳ）の確保」で、（オセロゲームのように）一挙にＩＴ分野で覇を唱える「戦略提案」を行っている。しかも、それだけではなかった。

九四年三月には『Ｓｏｎｙ ＡＤ ｓｔｅｐ』（広告宣伝部）第1集を社内に向けて発行。これは「〝モルモット〟と評された進取の気風＝ソニー文化を作り上げてきたものは、いったい何だったのか」を検証するために、「マーケティングの側面から取り組んだソニー史」（出井の巻頭言より）である。九四年一一月にも『Ｓｏｎｙ Ｐｒｏｄｕｃｔ Ｐｈｉｌｏｓｏｐｈｙ』（コーポレートデザインセンター）という分厚いレポートを社外秘として限定配布している。こちらは井深、盛田、大賀の語録と、「ソニーらしい商品の開発事例を通してプロダクトフィロソフィーを探った」（同じく出井の巻頭言より）ＤＮＡの解析版だ。

つまりは、ソニーの企業風土や経営フィロソフィーへの目配りも万全だった。本人の意図はどうであれ、結果的には三部作に二本のレポートを重ね、迷える大賀の前に並べて見せたのだ。ＩＴ技術に掌握感がなく、時代の「戦略転換点」で具体的にどう舵取りしていくのかが見えなかった大賀にとって、見渡せば何度も「戦略レポート」を提出し、経営フィロソフィーをも知悉していると思えた役員がいた、ということだ。だから、ソニー・スピリットをデジタル時代に継ぐ者として、出井を選んだのだった。

盛田は、大賀に「次期社長はエンジニアに」、と言い渡していた。だが、これには妻の良子夫人が助け船を出した。

リハビリ中の盛田を見舞いに、「大賀さんがハワイにいらっしゃった時に、『映画会社も持っていることですし、レコード会社もあります。ですから、もう少し広げて選んだらどうでしょう』。主人の前で私がそう言って、『構わないでしょうか?』と尋ねたら、主人がうなずいたのです。

これは私のミスです。私は出井さんになさったら、なんて一言も言っておりません。ですが、消去法で出井さんになさったのが間違いだったかもしれません。その後もエンジニアでないトップが続きましたでしょ。やはりソニーは、主人が言っていましたように、もっともっとエンジニアを大事にしないといけなかったのです」。

出井のレポートは、現在の眼から見て(「提案・提言」は別にして)、当時の「現状認識」「次世代イメージ」の方向感は間違ってはいなかった。

ではなぜソニー・スピリットは、デジタル時代にきちんと受け継がれなかったのだろうか? そのメカニズムを、最高経営者を含む経営首脳たちの反省・自戒を含めて、検証してみよう。

先に述べたように、出井はアナログからデジタルへの「戦略転換点」で表に登場し、「アナリスト」として〝未来のレシピ〟を示して見せた。

だが、改めて言うまでもないが、「アナリスト」として優秀であることと、現場で汗して働くエンジニアや社員を動機づけ、実践のなかで成果を上げさせる「経営者」の優秀さとは別のものだ。

社長になった出井は、実際にどんなメッセージを社内に発信していただろうか。

経営に関する基本的な考えを披露した九七年五月のマネジメント会同（千数百人の経営幹部・グループ首脳を集めトップの方針を伝える大会合）のケースを、取り上げてみる。

その場で彼は、ソニーのミッションは「夢の創造と実現」であるとし、経営理念は「夢のある企業活動をしていく。夢のある個人を大切にしていく。夢のある技術や商品を開発すること」と表明。当時、注目されはじめた「複雑系」の概念を持ち出し、ここから〝出井節〟が発揮される。

「複雑系とは多くの構成要素からなる集団で、それぞれの要素がお互いに影響しあって新しい価値を生み出し、全体は単体の合計以上になる」ことだと説明（ちなみに「全体は部分の総和に勝る」はアリストテレスの言葉である）。さらに複雑系のキーワード「創発」に触れる。

「創発とは、個々の構成要素が、カオス状態から突然、規則的な安定状態に進化すること。たとえば氷が水となり、水が水蒸気に変わる『相転移』が起こるようなこと」だと解説。

「この概念をソニーの経営に当てはめてみると、各事業ユニットがお互いに競争したり影響しあうことで、トップ・マネジメントに『創発的進化』をもたらし、今度はそれがトップダウンで各事業ユニットにフィードバックされ、創発的進化を促すという感じで」あると述べ、「トップダウンで始めた」CSデジタル放送の「JスカイB」の事業をその「典型」例として、あげてみせる。

しかし、この事例は「創発的進化」の「典型」と言うには無理があった。ソフトバンクの孫正義と〝メディア王〟ニューズ・コーポレーションのルパート・マードックがはじめた事業に出資をしたという話であり、ソニーの主体性や事業にどんな創発と進化が起こるのか、はっきりしない。一般になじみのない複雑系概念を援用しても、コンセプトが熟していないため、聴き手の胸にメッセージとして響かないのだ。

さらに「各事業ユニットからの『ボトムアップ戦略』と、コーポレートからの『トップダウン戦略』を同時に、かつ双方向で進めていく」と続け、ボトムアップは個別の「競争戦略」で、全体の「成長戦略」はトップダウンで行うとする……。

聴いている社員には「何を言っているのかよくわからない。が、成長戦略は本社の仕事」と刷り込まれ、せっかくの社長スピーチが自分の仕事に即して実感できない。ソニーの社員は、井深の書いた設立趣意書が、わかりやすい言葉で・深い内容を・具体的に・熱く届けていること。盛田とともにそれを実践してきたこと、を知っている。

出井が語るミッション＝「夢の創造と実現」も、「リ・ジェネレーション」（第二創業）を謳うにしては漠然として輪郭が明瞭ではない。本来、経営理念は、具体的な戦略を描くためのベースなのだが、「夢のある企業活動をしていく」では、何をすればいいのかが見えないからだ。

盛田は「相手の波長に合わせて、メッセージを発信すること」を常に心がけ、その重要性を社内で幾度も語ってきた。現場に足を運び、〝手で考え足で思う〟が井深や盛田（それに岩間）のスタイルだった。

ソニーの企業文化は、そうした風土のなかで育まれたものだ。

頭で考えたトップダウン戦略とは違う。盛田もトップダウンで経営をしてきたではないか、と反論があるかもしれない。しかし彼は、電話魔・メモ魔と称されたほど、現場の担当者の考えや反対意見にも耳を傾け、そのうえで決断を下してきた。

さらに盛田の口癖は「Don't trust anybody（任せても任せっきりにするな）」で、自分の決断に対して**最後まで責任をとる覚悟を、見えるかたちで示してきた。**ウォークマンの開発に当たって、社内の大反対を押し切る時に、「会長のクビを掛ける」と言ったのもその一環だ。だから求心力が生まれたのだ。

出井の経営理念（たとえば「夢のある個人を大切にする」）は、どう担保されるのか。とりわけ、夢を実現する難しさを日々実感しているエンジニアたちの眼は厳しかった。

出井は取締役時代には、久夛良木の「夢」だったプレイステーションに強硬に反対しているし、社長になってからも土井利忠（元・上席常務）が開発した犬型ロボット「ＡＩＢＯ」に反対を表明、会長兼ＣＥＯになると〇四年にはロボットの開発中止を指令している。

「ファウンダー世代の空気を払拭したかった」出井

先のマネジメント会同では、その後のソニーに甚大な影響を与えた発表も行っている。

「ネットワークビジネスに関しては一番進んでいる米国で戦略を練り、日本の本社とともに進めるといった体制をつくります。そのためにこのたび、ソニー・コーポレーション・オブ・アメリカ（ソニー・アメリカ）の社長に、ハワード・ストリンガーさんを迎えました」

ネットワークビジネスに着眼したこの発言の前段は間違っていない。出井は「レポート三部作」で、「情報・娯楽の流通革命」が起きることを九三年に看破し、新たにエレクトロニクス・ディストリビューションのソニーをつくることを提案していた。

しかし、米大手テレビ局CBSの報道・制作畑を歩み、放送部門トップになったストリンガーに、ネット時代の司令塔を託したことは大きな人選ミスだった。ネットワークビジネスは、放送ではなく、インターネットに本流がありそこで爆発的な成長を遂げていたからだ。

出井自身も著書『迷いと決断』（新潮新書）で、その失敗を認めている。

「〇〇年（二〇〇〇年）に私はCEO兼任で会長に就き、後任の社長に安藤国威さんを据えて、アメリカをハワード、日本を安藤さんに統括してもらう形にしました。今だから言えますが、この人事は私の最大の失敗だったと思っています[5]」

もっとも出井の文脈では、失敗はネットワークビジネスを、ストリンガーに任せたことに主眼があるわけではない。続けてこう明かしている。「ソニーの改革を進めていくためには、私がもっと社長を続けなければいけなかった。社長を続けて、短期的な業績の向上と同時に、本質的な体質改善に力を注ぐべく、求心力を高めることこそ必要だった」。そして、次のように結論づけている。

「もう少し大賀さんに会長を続けて頂いて、マネジメント全体の求心力を維持しつつ、その間に社長の私が実際の改革を担うことにしておけば、社内との軋轢はもっと少なかったのかも知れません[6]」、と。これでは安藤のマネジメントが軋轢をもたらしたかのようにも受け取れる。

確かに、会長兼CEOの大賀がにらみをきかせ、伊庭保が副社長兼CFOとして実務を処理していた間は（一九九五年〜九九年）、社長兼COO出井との三者間には緊張関係もあり、業績も順調だった。だが〇〇年六月に、出井が会長兼CEOとなり、大賀が取締役会議長、伊庭が副会長に棚上げされると、緊張関係は一挙に崩れた。

当時、出井は、大賀の桎梏《しっこく》から逃れたことを言祝《ことほ》ぐように、自らを主神「ジュピター」（ゼウス）になぞらえ、社長兼COOの安藤を軍神「マールス」、副社長兼CFOの徳中暉久を守護神「マーキュリー」にたとえてみせた（いずれもエンジニア出身ではない）。

出井は「なぜ私は社長ポストを離れ、会長兼CEO就任という人事にとらわれるというミステイクを犯してしまったのか」、そう自問しながら、最も重要な間違いについてさらりと述べている。

「それは、ファウンダー世代の空気を完全に払拭したかったからです(5)」

「求心力」が自分に集まらないことに悩んだ末に、「社内を不安定にする要素は極力排除したい」と思い、「そのためにはソニーを完全に新しい、出井色に染め上げたほうが新しい時代に対応しやすくなると考え」たと打ち明ける。(6)

「ファウンダー世代の空気を完全に払拭」するとは、アナログ時代の技術や発想からの決別を意味しているのだろうが、むしろ大賀に「消去法」と言われたことへの反発が滲んでいる。本来、デジタル・ネットワークに舵を切るならば、真っ正面から社内に訴え、ソニー・スピリットをテコに、自らのクビを賭けて渾身のエネルギーを注がなければならなかった。出井は優れたアナリストだったのだから、優秀な経営実務家とタッグを組んで、井深と盛田のように心底から信頼しあい・協調できていれば、日本発のネットワーク革命が実現できたかもしれない。

しかし、自らの求心力のために出井色に染め上げること――。そのこと自体が、本人の本意ではなくとも、結局、ソニー・スピリットを失わせることにつながっていった。

盛田は「**革新という美名のもとに、大事な本質を見失ってはならない**」と語っている。

本質を見失わせた三つのメカニズム

その喪失メカニズムについて簡単に触れておこう。ほぼ三つの構造から成り立っている。

①トップ人事のミス──エレクトロニクスとプロダクト・プランニングに不得手なストリンガーを重用し、ソニー本体の社長経験も経ずにいきなり会長兼CEOに任じたこと。

②繰り返す組織改革──ほぼ毎年のように大幅な組織改編・経営改革に着手。「リ・ジェネレーション」、「デジタル・ドリーム・キッズ」、「eプラットフォーム」、「ソニー・ドリーム・コミュニティ」、といったスローガンを次々とぶち上げた。いずれも「求心力」を得るための方策でもあったが、コンセプトがわかりにくく、そのたびに社内は混迷の度を深めていった。

また、各事業ユニットにEVA[7]を導入し、課長以上の個人報酬に連動させたことは、社内の横のつながりを断ち、「サイロ化」（ストリンガーの診断）を一段と進めた。

③慢性化するリストラ──経営者が業績アップのために駆られる最も大きな誘惑は、リストラ策だ。

ソニーは、盛田が「われわれはこれまで、一人の従業員もレイオフをしたことはない。一九七三年、オイルショックにおそわれた困難な時代でさえ、レイオフはしなかった」と胸を張るように、レイオフ旋風が吹き荒れたアメリカでさえも従業員を守った会社だ。「ソニーが決して顔のない非人間的な会社でないことを理解してもらい、アメリカの労働者にわれわれの望むとおりの仕事をやってもらうために」だった。求心力は人を大切にしてこそ生まれるものだ。

一方、出井は会長になる前年の九九年にCEOに就くや、グループで一万七〇〇〇人のリストラに着手。二〇〇三年にはさらに二万人を追加した。九〇年代半ばからは毎年一〇〇〇人規模の新入社員を採用するなど人員が膨らみ過ぎていたことも背景にある（盛田は人員の膨張には極めて慎重だった）。結局、「トランスフォーメーション」（事業変革）を唱えるも、成長戦略を実現できず、後継のストリンガー時代には二万六〇〇〇人、平井一夫CEOになってからも一万七〇〇〇人、とリストラが年中行事化していった。[8]

ところで①のトップ人事に関して、出井は興味深いエピソードを吐露している。

「今でも彼（注：前述したメディア王のマードック）とは仲がよいのですが、私がハワード・ストリンガーをヘッドハンティングしたときだけは、ニューヨーク・ダウンタウンの住まいから電話をかけて来て、『I warn（警告しよう）――』と私を脅かしてきました。

『ハワードだけは取らないほうがいい。絶対に後悔するぞ』……もちろん私はこの警告を聞き入れず、ハワードをソニー・アメリカの社長に据えましたが、受話器から響いたマードックの『I warn』という凄みのある声だけは今でもよく覚えています」[9]

〇三年四月に「ソニーショック」が起きると、その後の業績不振の責任を問われて、出井会長、安藤社長が〇五年に退任。後を継いだのは、マードックが「警告」したストリンガーだった。

ソニーは出井が社長だった九七年に取締役会改革を行い、日本で初めて「執行役員制度」を導入している。これは副社長兼ＣＦＯの伊庭が提唱し、制度設計を行ったものだ。

この五年前の九二年三月期に、ソニーは上場以来初めて二〇〇〇億円を超える営業損失を計上した。米ＣＢＳレコードとコロンビア映画を続けて買収した結果、有利子負債は一兆七二〇〇億円と買収前の五倍に膨れあがり、バブル崩壊、円高、商品力の低下と合わせて経営危機に陥った。

この時、大賀社長が再建を託したのが伊庭だったことは既に述べた（第14章）。彼は「整流化」（的確に全体像と個別の問題をつかみ、テキパキ処理すること）の手を打つ一方で、本人が〝スーパーＣＦＯ〟として尊敬する盛田の、「問題の根本原理をつかまえる」方法論[10]そのままに、危機の根っこを探った。その結果、「経営の意思決定プロセスが不透明で、適切に機能していないのではないか」と診断した。

コロンビア映画のトップの人選を含め、乱脈経営を放置したことはその代表例だった。そこで、「米国子会社の企業統治を整備し直し、その経験を活用してソニー本社の改革に取り組んだ」のである。すなわち、「**due process, due diligence**（公正で適切なプロセスを踏んで、万全な注意を払って行われる調査・審理）**が欠ける経営の意思決定は、企業価値の極大化につながらない**リスクがある」と問題提起したのだ。

そして取締役会を、業務「執行」の「監督」だけでなく、「経営上の重要事項を議論し、意思決定する最高機関」として機能させ、コーポレートガバナンス（企業統治）の改善につなげようとした。ソニーも含めて形骸化した取締役会が多かった当時の日本企業としては、画期的な考え方だった。ちなみに「執行役員」という呼称も伊庭が考案したものである[11]。

だが、出井が会長兼ＣＥＯになると、ソニーは二〇〇三年に委員会等設置会社に移行（ＣＥＯの後継指名や報酬決定は委員会が行う）したものの、〇五年のＣＥＯ交代の記者会見では、出井は「自分がストリンガーを選んだ」と強く主張した。

この言葉の裏には、社外取締役はエレクトロニクスやソニーの内情に詳しいわけではないから、出井が推すストリンガーがCEOとして最適かどうかを判断する材料を、持ち合わせていなかった事情がある(本来はそれが取締役の重要な仕事なのだが)。もう一つは、取締役会議長の中谷巌(当時、多摩大学学長)や社外取締役カルロス・ゴーン(日産自動車社長)が、ソニー・ショック以降、出井経営に批判的に転じたため、実質的な解任と見られることを否定したかったこともある。

しかもこの時、取締役一六名のうち、会長の出井、社長の安藤を含めた社内取締役八名全員が退任したため、ストリンガーは経営機構の刷新を思いのままにできることになった。

懐刀の法務担当役員ニコール・セリグマンを事務局に就け、取締役総数を一二名に減らし(うちエレクトロニクス生え抜きは社内一名のみ)、それまで社内と社外が半々だった比率を、社内三名・社外九名と、社外取締役を社内の三倍へと一挙に増やした。経営の「執行」を「監督する」ためという名目は、むしろガバナンス効果を高める、と当時は評価されたものだ。

だが実は、ソニーの本体であるエレクトロニクス事業にまったく掌握感がないストリンガーにしてみれば、エレクトロニクスに詳しくない社外取締役が多いほど、安らかでいられるのだ。取締役会議長は、温厚な紳士で知られる富士ゼロックス会長・小林陽太郎に要請、社外取締役との「good relationship」(役員OBの言)を築けば、CEOとして長期にわたって君臨できる体制が整った。

その結果、「ショートリリーフ」と見ていた当時の首脳・取締役の想定を超えて、会長兼CEO在任期間は出井よりも長い七年となり、年間報酬も八億円超に達した。

このストリンガーの〝刷新〟によって、伊庭が目指したコーポレートガバナンスのあるべき姿は機能しなくなり、「due process, due diligence」による「整流化」の流れも滞るようになった。

社外取締役を増やせば企業統治が高まるわけではない。日本でもコーポレートガバナンス・コードが整備されるようになってきたが、これからは経営の重要な意思決定にきちんと機能する取締役会のあり方、さらに社外取締役の役割が一層問われることになるだろう。

〇五年のトップ交代では、安藤に代わって中鉢良治が社長となり、エレクトロニクスCEOに就任した。これも出井による采配だった。中鉢は、テープなど磁気記録メディアの仙台テクノロジーセンターで、メタルテープの研究開発に懸命に取り組んできたエンジニアだが、コンシューマーグッズで生き馬の目を抜くグローバルな競争戦略を、闘い抜いた実績があるわけではなかった。

それに「エレクトロニクスCEO」という奇妙な肩書きは、ストリンガーの不得手な分野をカバーさせようという意図が感じられるが、ハードとソフトが一体化（もしくは「アトムとビットが融合」）する時代に、ハードだけを切り出したCEOという辻褄合わせの発想自体が、すでにナンセンスだった。そのような切り分けは、（中鉢の経歴を考えれば）パッケージ・メディアやボックスビジネスに逆戻りする力学をも胚胎していた。

当然のように、ストリンガーCEOと中鉢エレクトロニクスCEOとの間で、事業部との指示・レポート関係が二重となったり、主導権の錯綜が起きてくる。

ストリンガーは「どんなに頑張っても、英語がうまく伝わらなかった。変化を好ましくなく思う人、デジタルの世界に移行したくない人々の反対で、前進が遅れた」と嘆いてみせた。それは、英語が余り得意でない中鉢との言葉の壁だけでなく、エンジニアを納得させるビジョンを示し・動機づけができないCEOとの、社内コミュニケーションの齟齬や軋轢を物語っている。

苛立ちを募らせたストリンガーは、〇九年四月に中鉢を副会長にし、自ら社長を兼務するまでになる。そして、流暢な英語を話す平井をはじめとする若手四銃士が登場する。

〇五年に出井とともに退任した安藤社長兼COOは、自戒を込めて次のように語った。

「出井さんとか僕らまでは、ソニーのDNAをある程度引き継いでやりましたが、その後の体制になってあらゆるものが変わりすぎた。ソニーがずっとやってきた想いみたいなもの（スピリット）が、完全に一端途切れてしまった。僕はそこが一番残念だし、途切れさせてしまった責任は、出井さんにも私にもあると思う。でも、あのとき、我々は考えてもみなかった。ソニーがこんなふうになるとは。自戒をこめて言うならば、私自身がもっとしっかりしていなければならなかった。

あの時、『なんで安藤さんが残ってやってくれないのか』という声が少なからずありました。僕が大きな責任を感じているのは、その次に何が起きるのか、ということに対して、想像力が不足していたというか、洞察が足りなかったことです。出井さんだって万能じゃないわけだし、『それ（ストリンガーCEO、中鉢エレクトロニクスCEO）って、おかしいじゃないですか。僕がやるんだから、どいてください』って言えたわけですから」

ちなみに安藤は、前に述べたように盛田のカバン持ちとして若い頃から薫陶を受け、ソニー生命を立ち上げた人物だ。「ライフプランナー」という独自のビジネスモデルを創りあげ成功に導いた。またテレビ事業にも関わり製造業の体験も積んでいる。出井社長時代の九六年にはＩＴ（インフォメーションテクノロジー）カンパニーのプレジデントとして、ソニー初のパソコンのヒット商品「ＶＡＩＯ」を生みだしている。当の安藤の自責の念（「盛田イズムから最も離れたところに来てしまった」）は、現在もなお消えていない。

一二年には四銃士の一人だった平井が、ストリンガーの後を継いで社長兼ＣＥＯの座に就いた。

九〇年代にソニーの企業統治を整備した伊庭は、「設立趣意書を原点とする経営理念が希釈化している」との危機感から、経営機構の刷新とソニー・スピリットの復活を経営者ＯＢとして提唱している。一五年一月の『最適な経営機構を求めて』を皮切りに、四月『ソニーの経営理念の原点は設立趣意書にあり』、五月『ソニー・スピリットが蘇る日』、六月『コーポレートガバナンス・コードに基づく質問状』と立て続けに、提言や質問状を経営陣と取締役に届け問題を提起している。

止むに止まれぬ想いから行動に移しているのだ。安藤や伊庭をはじめとするＯＢや、リストラされた社員でさえ、ソニーに対する愛情を失っていない人が多い。ソニーは、そういう会社なのだ。

問題の本質

「盛田さん・大賀さんの時代には、森園正彦さん、吉田進さん、大曽根幸三さん……。僕らの時代でも中村末広さん、高篠静雄さん、森尾稔さん、エンジニアではないけれど放送機器の大木充さんとか、それに僕らが始末書を書いて、かくまった個性的なエンジニアの近藤哲二郎さん、前田悟さん……とか、エレクトロニクスの各分野ですごい人材が群雄割拠していたんです。気脈を通じる仲間もいっぱいいいた。ＩＴの天才や辻野晃一郎とかの若い猛者たちも、ひしめいていて、ＶＡＩＯはそんな個性派を集めてきて、彼らのベクトルを一つの方向に合わせたから成功することができた。ソニーはもう一度、その原点を見直すべき時です」

そう語る安藤は、「目標（＝明確なビジョン）」、「戦略（＝具体的な行動に移す指針）」、「企業文化（＝自由闊達なソニー・スピリット）」の三つがワンセットになって強みを発揮していたソニーの本質に戻れ、と指摘する。

久夛良木健も、独特の言い回しで「人」の問題を提起する。

「ソニーが素晴らしかったのは『人』ですよ。定年で卒業された人も増えたけれど、（リストラで）早期退職者をどんどん募っていった。人材が資産だった会社から、優秀な人が出ていくわけだよ、バランスシートのためにね。テクノロジーが、メカトロニクスからＰＣへ移り、そのＰＣの時代も終わりモバイルへ。これからクラウド時代に入ろうという時に、そんなことをやっていた。

だって、塀がなくて、みんなが実力を認め合って、最高の人材が集まっていると思っていたら、わけのわからないインデックスをたくさん持ち込んで、全然違う会社にしてしまった。そうすると、活き活きと動き回っていた魚たち、動物たち、猛獣もいたけど、みんな生態系が変わった、基準が変わったと思いはじめたわけだ。

そうこうしているうちに、大きなメガトレンドが変わって、流れに対応できない人も増えてきた。ソニーだけでなく、日本のかなりの企業が適応できていないけれど、そのなかでポストが上がってきた人たちは、よく言えば失敗しないでやってきた人たち。別に彼らが悪いわけじゃないけれど、失敗しない人たちに新しい何かを生み出すことはできない。大賀さんがいつも言っていたけど、『extraordinaryな（並外れた・希代の）人』じゃないと……。猛獣がたくさんいて、盛田さんなんて猛獣使いの達人だった」

だけど、いつの間にかメダカや「羊やハムスターだらけ」になってしまったという。

それは、一人の経営者が求心力を得るために、「ファウンダー世代の空気を完全に払拭したい」と思った時から加速した。意図したわけではないが、ソニー・スピリットが一挙に希薄化し、次々に打ち出した経営革新が、「重層的に連なっていた」人材のネットワークを、断ち切ることにつながってしまった。

かつて本社が置かれていたソニーNSビルの大賀の部屋から、創業の原点の地に立っていた御殿山の旧本社工場が重機で取り壊される姿を眺めながら、大賀は「なんでこうなったんだ」とうめくようにつぶやいた。一緒に見ていた元経営幹部は「大賀さん、答えは簡単です。あなたが経営者の人選を誤ったからですよ」、と答えたという。

しかし本当の問題は別のところにある。**経営トップ・CEOを選ぶ怖さ、その責任の重さ**を十分に認識していなければならなかった。そのうえで、長い時間をかけて経営者を育成し、何重ものフィルターをかけて、そのとき選べる**最高の人材を選出する仕組みを、つくっていなかったことに問題の本質がある**。

盛田は、「経営首脳《トップマネジメント》の不思議なところは、ミスをしてもその時にはだれにも気付かれず何年もそのままでいられる点である。それは**経営というものが一種の詐欺まがいの仕事にもなりかねない**ことを意味する」[12]、と全経営者が自戒しなければならない言葉を吐いている。

盛田がグローバル・リーダーへと歩んだステップは、敗戦後の日本が生んだ小さなベンチャーが、世界に冠たるグローバル企業へと成長を遂げていくプロセスだった。九三年秋に彼が病いで倒れた後、時代の「戦略転換点」で後継経営者の人選ミスが続いたことが、凋落の大きな要因となった。

その歴史を辿り直して悔しい思いにとらわれるのは、筆者だけではないだろう。たとえばiPod。スティーブ・ジョブズの公式伝記で、著者のウォルター・アイザックソンは、アップルは「必要な資源も蓄積もすべて持っていたソニーが最後まで実現できなかった形でiPodを作り上げた」[13]と書いている。確かにアイデアも技術もコンテンツもソニーは持っていた。

持っていたが故に、ソニーには作れなかったというのが定説だ。音楽産業を持っていた故に、CDのフォーマットと製造拠点を持っていた故に、なによりウォークマンを持っていた故に。iPodが世に出た当初(〇一年)、ソニーの経営陣は何の脅威も感じなかったに違いない。

それが〇四年頃には微妙に変わっていた。アメリカの高級誌『ニューヨーカー』の記者ケン・オーレッタが、出井CEOに「アイポッドに脅威を感じるか?」と尋ねると、「出井はまるでジャケットについた糸くずでも払うかのように否定した。――ソニーやデルはものづくりを知っている。アップルは知らない。一～二年のうちに、アップルは音楽産業から手を引くはずだ、と」[14]。

ここには、iPodの進撃で背後に迫る脅威を感じながら、否定してみせた業界ナンバーワン企業トップの強気のポーズが映されている。クリステンセン教授が指摘するように(『イノベーションのジレンマ』)、成功した大企業は現在の成功を追うことに懸命だが、新たに生まれた破壊的イノベーターを軽視するか、それがもたらす**新しい現実を見ようとしない**ものだ。

「すべてを持っていた」はずのソニーが、「持っていなかった」のは、これが世界を変えるのではないかという嗅覚と洞察力。現実のなかで検証しながらコンセプトを叩き上げ、具体的な戦略に落とし込む力。そして、勇気・情熱・根気の三位一体で実現していく実践力だった。

これらは、井深と盛田が体現し、植え付けてきた〝ソニー・スピリット〟そのものだ。だから、「持っていなかった」と前に述べたが、正しくは**「持っていたのに見失った」**と表現すべきだろう。悔しいのはここだ。だから見失ったものにスポットを当て直し、本質を確認しなければならない。

ソニーはｉＰｈｏｎｅの構想もアップルが発売する十数年前に描いていた。さらにｉＰａｄより一〇年も早く、二〇〇〇年に世界初の持ち運び可能なタブレット端末＝無線テレビ「エアーボード」も発売している。これはエンジニアの前田悟が開発・商品化し、さらに外出先から自宅のテレビを視聴できる「ロケーションフリーテレビ」に発展した。いわば「インターネットにおける動画視聴の基礎を作った」[15]とも言える製品である。

筆者が東京・青葉台の盛田邸に良子夫人の取材に訪れた際、レセプションホールに設置してある多数のソニー製ＡＶ機器を操作するために、特別仕様の「エアーボード」が活用されていた。それは、高齢のミセスが機器の情報と管理をするコントローラーでもあった。

エンジニアが時代を先取りした新しい芽を生み出した時、経営陣の眼がどれだけ可能性を察知し、コンセプトとプロダクト・プランニングを磨き上げ、「インダストリー化」（盛田の口癖）へ向けて、全体を動かして行けるか。そこが経営者の勝負どころだ。

メディア王マードックは、二〇一一年二月にパロアルトのジョブズ邸を訪れ（ジョブズ五六歳の誕生日）、二人でこんなことを話し合っている。

「この日のディナーでは、会社には起業家精神と機敏さを重んじる文化を植えつけなければならないという話も出た。ソニーは失敗したとマードックが指摘し、ジョブズも同意する。『僕は昔、大会社は明快な企業文化を持てないのだと思っていた。でも、いまは持たせられると信じている。マードックは実現したし、僕もアップルで実現できたと思っているからだ』」[16]

「起業家精神と機敏さを重んじる文化」とは、ソニー・スピリットの原点に立ち戻ることだ。

未来を拓くのは「テクノロジスト」

前述の『ニューヨーカー』の記者オーレッタは、〇八年頃にソニー・アメリカ本社の食堂で、ソニーCEOのストリンガーから、差し向かいで愚痴とも言うべき本音を引き出している。

「次々でてくるテクノロジーの記事をいちいち読んでいたら、イーストリバーに身投げするしかないって気分になるよ。信じられないほど多くの分かれ目が、目の前に溢れている。めまいがしそうだ。チャンスを目にするたびに、脅威も目に入る。脅威を目にするたびに、チャンスも目に入る。脅威を見ると、何かチャンスを逃しているのではないかと心配になる。誰もがテクノロジー・マラソンで走りながら連続パンチを浴びているようなものだ。

トレンドを逃がしたのではないか、見逃しているのではないか。トレンドが自分を素通りしてしまったのではないか、だから袋小路にはまってしまったのではないか。心配の種は尽きない。企業のCEOや幹部はこうした荒波の中で理性を保とうとしているんだ[17]」

ストリンガーの言うように、多くの企業のCEOや幹部はきっとそうなのだろう。しかし、ソニーのCEOに顧客や社員から期待されているのは、IT業界の記事を読んでトレンドを追いかける凡庸なリーダーではない。そのような経営者は、ソニーのCEOたる資格がない。トレンドを追い他社の真似をして時代に迎合することを、井深や盛田は最も嫌悪していた。

トレンドを追いかける余り、足元でソニーのエンジニアたちが新しい可能性を生み出しているのに気がつかない。世界の現場の最前線で時代の風を全身で受け止めていなければ、同時にテクノロジストでなければ、働かない直観や嗅覚がある。盛田は、こんなことを語っている。

「製造業の**トップマネジメントの一番重要な仕事は、どの方向に研究開発費を投じるかを決定すること**だ、と私はつねづね言っています。……エンジニアというのは、科学のアイデアを製品に生かす人のことです。どのような科学を製品に使うか、どのような技術を製品に入れるかが、エンジニアリングなのです。……私は一九九〇年ワシントンで開かれた日米欧委員会で、『テクノロジスト』に関するスピーチを行いました。**テクノロジスト**とは、単なるエンジニアではなく、それ以上の人のことを指しています。科学技術、製造を理解し、新たな製品を開発し、人びとの生活を豊かにする人、ということです。産業を発展させ、強化するため、アメリカ（筆者注：現在の日本）にぜひ必要なのは、こういう人たちではないでしょうか[18]」

ソニーには、井深、盛田、岩間（それに大賀や森園など）といった「テクノロジスト」たちがいた。彼らは、エンジニアや社員のモチベーションに火を付け、失敗を恐れず可能性に挑戦する自由闊達な風土をつくり上げた。〝時代の才能〟を引き寄せ、死の谷を彷徨う困難に直面してもブレることなく、粘り腰で克服していった。人間への信頼を失わない本物のリーダーだったから、社員たちはそれに応えて一丸となって進むことができた。

新しい物事にチャレンジしてきたソニーの歴史は、「失敗をすばやい行動と飽くなき執念で取り戻した」[19]歩みだとも言える。ソニーの〝再起動〟のためには、こうしたDNAの「覚醒」が必要だろう。それは、現代においてソニーとは何かを考え尽くすことでもある。

コラムニストの小田嶋隆は、愛惜に満ちた文章でソニーのウォークマンについて綴っている。

「アップルの一連の製品もそうだったが、あの時代のソニーのギミックは、伝道者を作り出す力を備えていた。『とにかく聴いてみろよ』と言って彼が持ってきたウォークマンの音を聴いた時から、大げさに言えば、私はソニーの信者になったのだ[20]」

小田嶋は「われわれの記憶は、ソニーというブランドの基礎を形成している」根源的なものだと述べる。

「ソニーのロゴマークは、単なるひとつの家電メーカーの枠組みを超えた文化的な発信力を備えて」いて、「ソニーは、長らく、日本という国の優秀な側面を象徴する企業だったわけで、その意味では、われわれのプライドの核心を形成するブランドなのである」と指摘している。

ここには、ソニーの「ブランド体験」を通じて、一人の顧客の青春の記憶が形成され、それが取りも直さずソニーのビジネス上の「**生きている資産**」につながっていたことが捉えられている。

インターブランドによれば、ブランドは「living business asset」（常に変化するビジネス資産）であり、ブランド戦略も進化してきているという[21]（次ページの**図表7**）。

これを見ると、過去の「ブランディング1・0」時代＝ビジュアルアイデンティティが軸の「マーケティング資産」から、現在の「ブランディング2・0」時代＝顧客の体験がカギを握る「ビジネス資産」となり、将来の「ブランディング3・0」時代＝顧客と社会との対話や共感の積み上げによって形成される「顧客の資産」へと、移行していくことになる。

小田嶋のいうソニー体験は、ソニーというブランドが、今から四〇年近くも前に（ウォークマンの発売は七九年）、「ブランディング3・0」時代を先取りした「顧客の資産」だったことを表している。命がけで、このブランドをつくり上げてきた盛田であれば、もう一度、顧客と協同してつくる「ブランディング3・0」の構築へ向けて、挑戦を開始するに違いない。

同時にそれは、ソニーという企業の根源的なベースである「経営理念」「経営ビジョン」「行動規範」を、ソニーのエンタテインメント・ビジネスの本拠であるアメリカや、世界各国の社員間で共有し「組織内の相互理解や共感を醸成」する、新しいソニーを実現することにつながっていく。

つまりソニーは、創業者たちが担った「ソニー1・0」から、出井とその後継者たちによる「ソニー2・0」を経て、もう一度、原点に戻って「クラウドトロニクス」時代にふさわしい新しいソニーをつくりなおす段階に入っている。

|図表7|ブランドの意味の時代変化

	ブランディング1.0	ブランディング2.0	ブランディング3.0
時代フェーズ	過去	現在	オムニチャネル時代
ブランドの意味	マーケティング資産	ビジネス資産	顧客の資産

盛田が、もし健在であれば、「ソニー3・0」へ向かっての進化を急いだことだろう。

「アメリカかぶれのワンマン経営者」という誤解

最後にもう一度、盛田がどんな経営者だったか、改めて考え直してみよう。

盛田が亡くなってから、すでに一六年。直接、本人を知る人も少なくなってきたが、元気だった当時も、その実像が正しく知られていたかというと、いささか疑問である。むしろ、誤ったイメージで捉えられることがたびたびあった。

誤解の原因は、日本の重厚長大産業を中心とする経済界や政官界では、あくまでもソニーは「出るクイ」であり、盛田が経済摩擦や社会問題に意見を表明し、率先して行動するたびに反発も生じた。海外では大いに評価されることが、日本では「スタンドプレー」として嫌われる材料になった。

また、庶民にとっては海外旅行ですら高嶺の花だった時代に、ニューヨーク五番街の高級コンドミニアムに移住したり、七〇年代には社用ジェット機ファルコンから、颯爽と降り立つシーンが、テレビで放映されたりした。妻の良子夫人がスタイリストとしての才を発揮し見栄えを演出、広報スタッフは「世界のモリタ」の売り込みを目論んだ。そして盛田自身はソニー・ブランド構築のために、自らを〝メディア化〟する作戦に積極的に乗ったのだ。

これらに、ねたみや陰口もまとわりついた。盛田の言動は日本の政財界にとっても、世間にとっても、旧来の常識では考えられないリーダーの姿だった。「アメリカかぶれのワンマン経営者」というイメージが、少なからず貼り付いたのである。

しかし、本人の実像はそうではなかった。彼の謦咳に直接触れた人びとが、口を揃えて語るのは、厳しい要求者ではあるけれど、同時に人への気配りやモチベーションへの配慮を終始、怠らないこと。あくまで人間を中心とする方針にブレがないということだった。

安藤（元社長）は「盛田さんの気遣いって、ものすごいのですよ。相手の目線に合わせられるのです」という。また盛田のスタッフとして、最初の著作『学歴無用論』（六六年刊）を手がけ、最晩年（九三年）にも〝公式伝記〟の出版プロジェクトを託された高野普は、「柔らかくて、何にでも対応できて、自然な成り立ちの人」とその素顔を明かす。

同じく晩年に経団連会長プロジェクトを右腕として支えた米澤健一郎も、「盛田さんをトップダウン型のワンマンとする見方があるが、大きな間違い」と証言する。上から目線で業務命令を下すという位置からは、最も遠い経営者だった、と。では、人をどう動かしたのか。象徴的なケースとして、米澤は七〇年代に世界へ乗り出したソニーの「大航海時代」を例に挙げて説明する。

「盛田さんは、私を含めて三〇歳台の若者に、現地で経営を任せるということをやるんです。われわれは張り切るけれど、経営的にはリスクですよ。海外に出てしまうと、当時は情報通信も交通も今ほど便利じゃないから、臨機応変のコントロールもしにくかった。若い人に任せるなんて危険でしょうがない。でも、それをマネジメントするんです」

ソニーは、最初から商社を介さずに直接輸出業務を行っていたが、海外での販売は現地の販売代理店（ディストリビューター）と取引していた。だが、ソニーの急速な成長について来られないと判断すると、盛田は自社による直接販売の方針に切り替え、訴訟も覚悟のうえで販売網をゼロから再構築していった。ドイツ、フランス、ベルギー、シンガポール、ブラジル、台湾……。販売代理店と交渉し、契約を打ち切り、現地に直接販売拠点を構築する。その仕事を三〇歳台の若手に託したのだ。

具体的に彼らをどうコントロールし、マネジメントしたのか。米澤は次のように証言する。

論理（本質＋構造）×情熱＝説得

「やるべき仕事のコンセプトと自分の考え方を一所懸命に説くんです。直販への切り替えにしても、各国の法律や手続きがあって、盛田さんは地域毎の詳細までは知らないけれど、『今、なぜ頑張ってくれていた代理店のクビを切って、直販会社をつくるのか。新しい商品を展開し、ソニーが発展するために何が必要か』。辿るべき道を、論理的かつ熱く説明するのです」

すると熱意が若手に移ってきて、「みんなが一〇〇％盛田さんの想いを理解したかどうかは別にして、『そうか、自分はこうやればいいのだ』と、どこか必ず納得・得心する。つまり、**（想いと考え方を伝えられた）この人は〝強く〟なる**のです。**自分のものとして合点がいっている**から。

そこで、販売代理店のこれまでの恩に報いるには、適切な対価を払わなければいけないと理解できたり、相手の目線での発想や姿勢も生まれる。そのうえで、限界を超えるかどうかの判断も、これではまずいかなと思うときには、自然に本社に打診するようになる」。

本来はどうあるべきかという観点から、現実化するためのアイデアを盛田は求めるが、若手に真剣に考えさせる前提として、「関わる一人ひとりに丁寧に説明をするのです。いや、『説明』という言い方は正確じゃない。彼の**問題意識を部下に披瀝して、情熱を伝播するんです**」。

人を動機づけ、活かすマネジメントの呼吸が盛田の真骨頂だった。

「主人が一番なりたかったのは、フィジシスト（物理学者）でした」。良子夫人がそう打ち明けるように、盛田は経営学を学んだわけではなく、出井のように「経営のプロ」を自認したこともない。ただ、創業三五〇年を超える老舗酒蔵の当主として、人を活用する商売のコツを幼い頃から父に叩き込まれてきたこと、大阪大学理学部で恩師・淺田常三郎教授から「物の理」を探究する物理の方法論を学んだことが、経営者としての基礎をつくった。

事象の奥に潜む本質を探索して摑み、論理的にわかりやすく、相手の波長に合わせて説明する。しかも情熱を込めて。だから人が納得し、自律的に行動できるようになる。

米澤は、ベータマックス訴訟の時に、法律や契約条項に興味を持つ日本の経営者はほとんどいないのに、盛田が「訴訟って面白いね。最高のゲームじゃないか」と語ったことで、法務部スタッフのモチベーションが一挙に上がったことを、印象深く思い出すという。

困難な事態に直面した時には、愉快そうに「面白がる笑顔」も大きな動機づけとなることを、熟知していたのだ。盛田流マネジメントの一つの特徴を、方程式にまとめると次のようになる。

論理（本質＋構造）×情熱（心に訴える）＝説得・モチベーション

盛田は「われわれの考えは、人間を中心として仕事を決めるということだった」とし、「生き生きとした人間としてのソニー」という表現を好んで用いる。「設立趣意書」と「世界のソニー」——。明確な経営理念とビジョン、それを真剣に追い求める経営者の凄みや人間性が〝時代の才能〟を惹き付けた。その結果、クリステンセン教授が驚くような破壊的イノベーションを連続して実現させた「類例のない」企業を構築できたのだ。

人のネットワークをつなぎ直す

久夛良木が「凄い人たちが数百人規模でいて、何度も何度も革新をもたらした」と言い、安藤が「自由闊達の風土に凄い人たちが群雄割拠していた」と語ったように、ソニーには人材や才能の〝菌糸〟が張り巡らされていて、エネルギーが充満していた。

筆者は、森のなかでヤマザクラやクルミの原木に、ナメコの種菌を植え付ける天然キノコの原木栽培を何年間か試したことがある。毎年一一月下旬の初霜が降りた頃に、スイッチが入ると一斉にナメコがひしめき合って顔（子実体《しじつたい》：キノコ）を出してくる。

不思議なのは、大きめのものをいくつか摘むと、次々と顔を出すパワーが急速に弱まってしまう現象だ。菌糸が充満し活性化していたものが、空気が抜けたように生命力が落ちてくる。一つの企業体のなかで、イノベーションやクリエイティビティを生み出すパワーも同じではないだろうか。キノコの菌糸のように、**エンジニアや社員たちの緊密に張り巡らされたネットワークに〝本気のエネルギー〟が充満しているかどうか**に、それらは掛かっている。ソニーというクリエイティブを生命とする企業体の場合は、なおさらだ。だからこそ、盛田はそのことに最も気を遣ったのである。

リーダーシップ論で著名なジョン・P・コッター（ハーバード・ビジネス・スクール松下幸之助記念講座名誉教授）は、マッキンゼー賞金賞受賞論文を元にした著作『実行する組織』[22]で、大組織がベンチャーのスピードで動く「デュアル・システム」を提唱している。

これは、大組織の階層組織が持つシステム上の欠陥（＝リスクを最小に抑えるという合理性が生む「自己満足」と「臆病さ」によって、簡単に「サイロ化」する）を補うために、「第二のシステム」＝「**デュアル・オペレーティング・システム」をネットワーク構造でつくろう**というものだ。

経営陣を頂点とする指揮統制型の階層組織とは別に、できるだけ多くの社員（久芻良木の言う「数百人規模」以上）をチェンジ・エージェントとして取り込み、スピードと俊敏性を企業文化に浸透させるものだ。コッターは次のように解説する。

この「ネットワーク組織では、個人主義、創造性、イノベーションがおおっぴらに許される。……ネットワーク組織を形成するのは、年齢や地位の上下を問わず社内のあちこちから集まって来た人間であり、階層やサイロごとに滞留していた情報が自由に行き交い、何物にも遮られずに隅々まで勢いよく流れる。……従来はタスクフォースや戦略部門でしのいできた仕事の大半を、ネットワーク組織に移管することだ。これで階層組織の負担は減り、本来の仕事をよりよくこなせるようになる」。そして次の五つの原則を「デュアル・システム」の成功のカギとしてあげている。

①社内のさまざまな部門からたくさんのチェンジ・エージェントを動員する、②「命じられてやる」ではなく「やりたい」気持ちを引き出す、③理性だけでなく感情にも訴える、④リーダーを増やす、⑤階層組織とネットワーク組織の連携を深める。

そして、経営トップや幹部が「デュアル・システム」に、「はっきりとした支持を打ち出すこと」で「競争と勝利のために設計されたシステム」が機能しはじめる、と指摘している。

考えてみると、このやり方は、盛田がウォークマンの開発で実践してきたことである（第12章）。またプレイステーションで久夛良木が大賀社長をたきつけ、仕掛けたことでもある。いずれも明確なシステムとして認識していたわけではないにしろ、クリエイティブな菌糸のネットワークがつながっていたのだ。

今に生きる盛田ならば、こうした「デュアル・システム」の意味を再認識し咀嚼したうえで、関連会社はもちろん、OBたちをも巻き込んで、**「オール・ソニー」で、さまざまなネットワーク組織を立ち上げる**ことだろう。人のネットワークをもう一度、つなぎ直すことよって、「人が最大の資産」であるこの会社を「自由闊達にして愉快なる」〝ソニー3・0〟として、再びテクノロジーの跳躍期に立ち向かわせる挑戦をはじめるに違いない。

* * *

決算を経営陣が主導して水増ししていた東芝の不正会計問題は、盛田の言葉を思い起こさせる。以前にも引用したが、割愛した部分を補って再録しておきたい。ソニーの経営とは何であったのか。盛田が目指したものが、くっきりと示されているからだ。

「経営首脳《トップマネジメント》の不思議なところは、ミスをしてもその時にはだれにも気付かれず何年もそのままでいられる点である。それは経営というものが一種の詐欺まがいの仕事にもなりかねないことを意味する。……私の考えでは、**経営者の手腕は、その人がいかに大勢の人間を組織し、そこからいかに個々人の最高の能力を引き出し、それを調和のとれた一つの力に結集し得るかで計られるべき**だと思う。これこそ経営というものだ。例え何であろうとも、今日の黒字が明日の赤字にもなるような方法で今日のバランスシートの収支をつくろっていては、真の経営とは言いがたい。私は最近、わが社の幹部にこんなことを言った。『社員の目にうつるあなた方の姿が、高い所で一人で綱渡りする軽業師のような個人プレーであっては困る。そうではなく、大勢の人びとがあなた方に喜んでついてきて、共に会社のために働く気になる——そういう人間であってほしい』」[23]

そして、最後にもう一つ。

「ソニーは、ソニーカルチャーというものを世界中のいいところを合わせて作り上げようとしております。**本質は変えてはならない**のであり、**変えるべきところと変えてはならないところというものを、はっきりと認識をしておりませんと、革新という美名のもとに、せっかくの大事な本質が失われる**ことがあります。わが社はいつでも先駆者であり、ですから**日本の世界企業のあり方**というものは、ソニーが作らなければならないと思っております」[24]

ソニーが、「クラウドトロニクス」[25]時代に、新しい日本発の世界企業のあり方をつくり直せるかどうか。オリジンに回帰し、オリジンを超えること——。それは、ソニー・スピリットと人間の可能性を信じ、前に進めることができる経営者が、登場してくるかどうかに掛かっている。

あとがき

かつてソニーの本社工場は、山手通り（都道三一七号環状六号線）に面した御殿山にあった。この道路の五反田から品川へと続く界隈は、ソニーが世界的なヒット商品を出すたびに、工場や関連のビルが一つまたひとつと増えていき「ソニー村」となり、いつしか「ソニー通り」と呼ばれるようになった。二一世紀に入って、それらの土地建物は次々と売却され取り壊され、御殿山の本社工場を思い起こす〝よすが〟となるものは、今はもう、一枚のプレートしか遺されていない。

それは、井深大氏と盛田昭夫氏がこの地に立つ粗末なバラック小屋に本拠を構え、いつか「エレベーターのある本社工場」を建てようと誓い合った時から、一四年後の一九六一年（昭和三六年）に竣工したエレベーターのある本社工場、その玄関脇に掲げられていた銘板である。

そこには次のような文字が刻まれている。「ソニー株式会社は昭和二二年（一九四七年）一月二〇日この土地に七〇坪の工場を得て、東京通信工業株式会社として今日への第一歩を印した　昭和三六年二月　ソニー株式会社」――。現在、この銘板は、同じ場所に建つ真新しいオフィスビルの山手通り（「ソニー通り」という通称も消えていくだろう）に面した半地下にあるコンビニ店、その店の前の草むらに、小さな碑となってひっそりと立っている。

二人のファウンダー（創立者）が創業の原点を大切にしたい、と想いを込めたプレートが、夏草に埋もれるように顧みられることもなくなっていた。これでいいのだろうか。この場所を訪れた時、思わず抱いた問いである。過去の感傷にひたるという意味ではない。創業の原点（オリジン）を顧みることを忘れた企業は、時間の経過とともに、アイデンティティーや会社の根っ子を失ってしまいかねない、からだ。

ソニーは特別な存在だった。トランジスタを、大衆消費財というマス市場に大々的に展開してみせることで、二〇世紀が半導体の世紀となる嚆矢《こうし》となり、日本の輸出立国と〝電子立国〟を牽引してきた。特筆すべきは、この会社が敗戦後の日本が生んだ最もイノベーティブな企業だったことである。技術や製品開発だけではない、販売やマーケティングにおいても、さらには財務や法務まで含めて、マネジメントの面でも数多くのイノベーションを実現してきた。

日本企業の組織原理といえば、「滅私奉公」が常識だった時代に（現在でも「社畜」という名でこの伝統は生きている）、「自由闊達にして愉快なる理想工場」という清新で人間的な旗印を掲げ、理想の実現に向けて懸命に努力してきた。同時に「ＳＯＮＹ」ブランドは、世界の異なる国々の誰もがロゴを眼に印象づけられ、耳に心地よく響く音を目指して、設定し構築されてきた（本文参照）。

そして、ソニー・スピリットが発する磁力は〝時代の才能〟たちを引き寄せ、彼らの能力を精一杯に発揮させる本気のモチベーション力を、経営者たちが意識して高めてきた。

そんな企業は、日本はもとより世界を見渡しても、当時、どこにも存在しなかったのではないか。しかもそれは、新しい時代の扉を開くための普遍的な経営のキーでもあった。だからこそ、アップルのスティーブ・ジョブズやアマゾンのジェフ・ベゾスをはじめ、シリコンバレーの起業家やＩＣＴ企業にとっても、ロールモデルとなりえたのだ。

かつて、盛田氏は「われわれの真の資本は、知識と創造性と情熱である」と宣べ、ソニーのエンジニアや社員たちを奮い立たせた。だが21世紀に入って、ソニー・スピリットの記憶や気風は急速に剥がれ落ちようとしている。先の「これでいいのだろうか」という問いは、ソニーとは何だったのか、これから何でありうるのか、さらにグローバル化にあらゆる事業体が巻き込まれていくなかで、この国の企業の現状に思いを寄せて発した問いだった。

「経営首脳《トップマネジメント》の不思議なところは、ミスをしてもその時にはだれにも気付かれず何年もそのままでいられる点である。それは経営というものが一種の詐欺まがいの仕事にもなりかねないことを意味する。……私の考えでは、経営者の手腕は、その人がいかに大勢の人間を組織し、そこからいかに個々人の最高の能力を引き出し、それを調和のとれた一つの力に結集し得るかで計られるべきだと思う」

本文の最後のページに引用した盛田氏のこの言葉は、ソニーはもとより日本の家電王国を凋落させた経営者に責任と自覚を問うている。こういう発言を、三〇年も前に語れる盛田昭夫という経営者は、どのような人物なのか。最初に『DIAMONDハーバード・ビジネス・レビュー』の岩崎卓也編集長（当時）から、「現在の視点からみた盛田さんの経営者伝」をと依頼され、調査をはじめた時に接したこの言葉に、筆者は驚きを禁じ得なかった。

経営者の仕事を、冷静に生態観察して率直に表現しながら、本来のあるべき姿について自らのメッセージで切り返しつつ、提言として納得させる力を持っているからだ。

大量の資料を探索し、多くのインタビュー取材を重ねていくと、「アメリカかぶれ」と誤解されることも多かった盛田氏は、敗戦後の日本が生んだ本当の意味でのグローバル・リーダーであり、一人の日本人として世界の現実と向き合う闘いを、生涯にわたって続けてきたことが浮かび上がってきた。同時に現在の視点から、改めてソニーの歴史の地層を掘り進めることで、二一世紀に生きる若い人たちに、戦後の日本がソニーという企業を持てたという意味を、その成功（そして失敗）のメカニズムとともに伝えていきたいと思った。

この本は、『DIAMONDハーバード・ビジネス・レビュー』の二〇一二年一一月号から一年間は本誌で、その後一五年九月まではオンラインで、通算して七三回に及んだ長期連載に改訂を加え、まとめ直したものだ。この間に、同誌の岩崎氏、前澤ひろみ副編集長、岩佐文夫編集長そして大坪亮副編集長と代々四人の編集者に、丁寧にフォローしてもらった。

またソニーの神戸司郎執行役EVPはじめ広報スタッフの方々、とりわけ戸辺伸一氏の懇切なサポートに感謝したい。そして何よりソニーの経営者OBや元経営幹部の多くの人たちには、複数回に及ぶ取材にも快く応じていただき、今だから話せるといった新事実だけでなく、ソニー・スピリットを伝えていきたいという熱い想いに触れることができた。

興味深いことだが、ジャーナリストや学者が書いた書籍以外にも、ソニーには現役やOBたちの手になる本や冊子が、非売品・私家本を含めて極めて多い。こんな会社は世界でも類例がないのではないか。盛田良子夫人は「主人は人との出会いに恵まれたのです」と語っていたが、「SONY」の旗の下に蝟集した〝時代の才能〟たちも、経営者に恵まれたと言える。だからこそ、彼らはソニーとともに成長した人生の証として、筆を執りたかったに違いない。参考にさせていただいた夥しい文献（巻末の注記で一部を知ることができる）とともに謝意を表したい。

過去はまた未来を宿し、オリジンに回帰することで、オリジンを超えることも可能になるのではないか。経営とは人間の可能性をどこまで引き出し、世界の可能性にどこまで貢献できるかということ。それは、サイエンスであると同時に可能性のアートだとも言える。その意味で、陶芸家・河井寛次郎の言葉「手考足思」をキーワードとして使わせていただいた。そして経営は、現実と向き合い探索するなかから、ピタリと的を射貫くこと――。

盛田昭夫氏の生き様とソニーの経営を通じて、筆者はそんなことを考えさせられた。

二〇一六年四月

富山の山居にて　森　健二

注

◉序章

（1）フロッピーディスク・ドライブ。ポケットに入る小型の磁気記録媒体のフロッピーディスクを読み書きする駆動装置。

（2）当時はアップル・コンピュータ。2007年、社名からコンピュータを外した。本書では、アップルで統一。

（3）アップルが自社開発した五・二四インチFDD「ツィッギー」の歩留まり・安定性が悪く、ジョブズが「何もかも自分の会社でつくらないと気が済まない自社開発主義症候群」から脱する契機になったと、ジェイ・エリオットは『ジョブズ・ウェイ』（ソフトバンククリエイティブ　2011年）72〜76ページで指摘している。

（4）ソニーは、メディア（フロッピーディスクなど外部記録媒体）とキーデバイスとの組み合わせをコア・テクノロジーにして、出遅れたPCや情報機器で得べかりし失地を回復したいと目論んでいた。それが、情報機器を統括していた岩間和夫社長の戦略の一環だった。その岩間が、1982年8月に癌で急逝。現役社長の〝戦死〟は、その後のソニーの行方を、情報よりもAV（音響映像）へと、シフトさせることになった。

（5）当初、三・五インチFDDは、「磁気ヘッドが入る窓の部分のカバーは手動式」だった。しかし、盛田は「『広く普及させるためには自動シャッターにしないとダメだ』と主張」。これが「世界標準とせしめた重要な要素の一つであった」と菊池三郎は記している（ソニー北米有志の会『キミもがんばれ』非売品　16ページ）。

（6）ウォルター・アイザックソン『スティーブ・ジョブズⅠ』（講談社　2011年）234〜237ページ参照。アイザックソンによれば、ジョブズ一行は厚木に来る前に、当時アップルⅡのディスクドライブを納入していたアルプス電気に立ち寄り、三インチと三・五インチの試作品を見ている。ジョブズは三インチに強く惹かれていたが、マック開発チームのリーダー、ボブ・ベルヴィールは「1年以内にマック用のドライブが完成するとはとても思えな」いと反対。実際、五月に届いたアルプス電気からの回答は納入に「18ヵ月かかる」というもので、ソニー製を全面採用することになった。三月の厚木でジョブズはボブの説得もあって〝現実歪曲フィールド〟を演じていた。

（7）林信行監修『スティーブ・ジョブズは何を遺したのか』（日経BPパソコンベストムック　2011年）参照。

（8）『ジョブズ・ウェイ』前掲書227〜228ページ参照。

（9）ウォルター・アイザックソン『スティーブ・ジョブズⅡ』（講談社　2011年）120〜121ページ参照。同書によれば、ジョブズは、工場で働く人々がなぜ制服を着ているのかと、盛田に尋ねた。盛田は「恥ずかしそうな顔をして、『戦争後、皆、着る服もなかったので、ソニーなどの会社が作業員に着るものを支給する必要があった』……その後、月日が過ぎるうち、ソニーのような企業にとって制服は、特徴的なイメージを表すもの、作業員と会社をつなぐ存在となった」と語った。ジョブズは感動し、アップルにも導入しようとしたが、社員の反対で失敗。自らのユニフォームとして、盛田に紹介された三宅一生にハイネックを一〇〇枚単位で二回ほど依頼した。

（10）『スティーブ・ジョブズは何を遺したのか』前掲書、オーウェン・W・リンツメイヤー、林信行他『アップル・コンフィデンシャル2・5J（上）』（アスペクト　2006年）参照。

（11）キム・ソンホン／ウ・インホ『サムスン高速成長の軌跡』（ソフトバンククリエイティブ　2004年）16〜23ページ参照。

第1部

◉第1章

（1）福澤諭吉は起業家精神を持つ人物が、学問・研究を重ね産業を興す重要性を訴えている。『時事小言』（『福澤諭吉全集　第五巻』岩波書店　1959年）204〜206ページでは、「命祺翁の直話（じきわ）」による醸造法を詳しく紹介し、「化学の原則に照らし」た学問と「発明工夫」を称賛。「物理実学の目的は、此（この）原則を知て之を殖産の道に活用するに在るのみ……学問は近にありと……蓋（けだ）し一国の貧富は此（この）殖産の事を学問視すると否とに在て存する」と述べている。

（2）鈴渓資料館の竹内宗治氏の論考（なお鈴渓学術財団は2014年に解散した）、盛田昭夫ライブラリー（http://www.akiomorita.net/）、二宮隆雄『情熱の気風』（中部日本新聞社　2004年）、常滑市立小鈴谷小学校で現在も学習されている『鈴渓読本』を参照。

（3）前掲の竹内宗治氏による。細井平洲は、地元出身の儒学者で米沢藩主・上杉鷹山の師でもある。

（4）井深大が幼児教育の重要性を訴えるためにつくった財団・幼児開発協会の機関誌に掲載された、井深と盛田の対談から。幼児開発協会編『井深大・盛田昭夫　日本人への遺産』（KKロングセラーズ　2000年）167ページに再録されている。

（5）一四代久左ヱ門は、鈴渓義塾で溝口幹から直接教えを受けている。慶應義塾大学の創設者・福澤諭吉と一一代目命祺との親交で、塾長の自宅から大学に通い経済学を専攻していた。

（6）前掲の竹内宗治氏による。

（7）盛田昭夫『MADE IN JAPAN』（朝日新聞社　1987年）18～19ページより。なお、この本は、朝日新聞編集委員の下村満子と『タイム』誌東京支局長だったE・ラインゴールドが五年がかりで共同インタビューして、まとめたもの。

（8）物理学者。盛田は少年時代に、「金平糖の角の出来かた」や「線香花火の飛び出す火花」といった〝日常身辺を科学する〟姿勢を、愛読した寅彦の本などから学んだ。博学で名随筆家でもあった寅彦の「筋金の通った柔らかな手」のような語り口の文章は、盛田の言語感覚を大いに養っただろう。『寺田寅彦随筆集（第一巻～第五巻）』（岩波文庫　1963年）、池内了『寺田寅彦と現代』（みすず書房　2005年）、池内了編『寺田寅彦～いまを照らす科学者のことば』（河出書房新社　2011年）参照。

（9）物理学者にして随筆家。寺田寅彦の薫陶を受ける。世界初の人工雪の製作に成功。

（10）『MADE IN JAPAN』前掲書26ページ。

（11）（12）『淺田会思い出集（1）』に掲載された、盛田が書いた「先生の思い出」より。増田美香子編『町人学者』（毎日新聞社　2008年）77～78、10～11、210ページ参照。

（13）芦屋大学創立20周年記念講座での盛田の講演（1983年）より。

（14）『MADE IN JAPAN』前掲書27ページ。

（15）盛田が、脳内出血で倒れたのは1993年11月。井深は91年夏に頸椎の病で、歩行が不自由になり、以降は不整脈や心臓発作で療養していた。

（16）新渡戸稲造は、国際的な教育者として活躍。キリスト教徒。英文で書かれた『武士道』は、新興国・日本の文化や精神風土を世界に紹介した。国際連盟事務次長として、スウェーデンとフィンランドの紛争を平和的に解決した「新渡戸裁定」が有名。日本の軍国主義を批判、日米関係修復に尽力した「戦前の日本を代表する国際人」。草原克豪『新渡戸稲造』（藤原書店　2012年）、盛岡市先人記念館ホームページ参照。

(17) 井深大『「ソニー」創造への旅』(佼成出版社　復刻版は2003年にグラフ社から刊行)参照。
(18) 野村胡堂の『銭形平次捕物控』は、『文藝春秋オール讀物』に掲載されベストセラーにも。胡堂の軽井沢の別荘の近隣に、前田多門の別荘があった。胡堂は『報知新聞』、多門は『朝日新聞』とジャーナリズムに関わり、ともに新渡戸稲造門下生だったため、親交も深まった。
(19) 太田愛人『神谷美恵子　若きこころの旅』(河出書房新社　2003年)150ページより。
(20) 中川靖造『創造の人生　井深大』(ダイヤモンド社　1988年)、小林峻一『ソニーを創った男　井深大』(ワック　2002年)を参照。
(21) 『創造の人生　井深大』前掲書30〜31ページ。
(22) 電気信号の時間による変化をブラウン管に表示できるようにした測定器。
(23) 『「ソニー」創造への旅』前掲書113ページ。
(24) 『井深大・盛田昭夫　日本人への遺産』前掲書70、80〜81ページ。
(25) 『MADE IN JAPAN』前掲書38ページ。
(26) 『MADE IN JAPAN』前掲書41、46ページ。
(27) 三保幹太郎は、井深の神戸一中時代の先輩で日産コンツェルンを率いた鮎川義介の腹心。日産コンツェルン傘下の満州重工業開発の理事をしていた三保は、井深の人格と能力を買い、日本測定器に一七五万円(現在の約二億円)を出資。井深はその資金で長野への工場移転費用をまかなった。この項は、島谷泰彦『人間　井深大』(日本工業新聞社　1993年)、『創造の人生　井深大』前掲書46ページなどを参照。
(28) 『創造の人生　井深大』前掲書48〜49ページ。
(29) R・M・ロバーツ『セレンディピティー』(化学同人　1993年)を参照。
(30) 澤泉重一・片井修『セレンディピティの探求』(角川学芸出版　2007年)を参照した。
(31) 「シンクロニシティ」(共時性)は心理学者C・G・ユングの概念。ジョセフ・ジャウォースキー『シンクロニシティ』(英治出版　2007年)301、306ページで、神戸大学大学院・金井壽宏教授は次のように解説する。「肝心なときには相互に関連する出来事が次々と起こり、大事な人が(偶然のように)いっしょに居合わせてくれること」。「強い想いを夢にまで高めて、その実現のために、みずからもフットワークよく動きまわるなかで連鎖する偶然は、ただ待っているだけで起こるものではない」。金井のＭＢＡゼミに参加したソニー社員の造語を援用して「行き当たりバッチリ」とも表現している。
(32)『井深大・盛田昭夫　日本人への遺産』前掲書、『人間　井深大』前掲書、『創造の人生　井深大』前掲書などを参照。

◉第2章

(1) クレイトン・クリステンセン『イノベーションのジレンマ』(増補改訂版　翔泳社　２００１年)。
(2) クレイトン・クリステンセン／マイケル・レイナー『イノベーションへの解』(翔泳社　２００３年)３２１ページ。
(3)『ＭＡＤＥ ＩＮ ＪＡＰＡＮ』前掲書56ページ。
(4) 加藤恭子『田島道治』(ＴＢＳブリタニカ　２０１２年)４５４ページ。なお、著者の加藤恭子は田島の家族から託された日記を丁寧に解読し、「昭和に奉公した日本人」として最も困難な時期の宮内庁長官でもあった田島を描いている。
(5) 坂井は、日本の会社に「企業会計」を啓蒙した。坂井利夫『ある「戦後」の遍歴』(どうぶつ社　２００６年)５、14ページより。ここでは小数点以下を四捨五入した。
(6) もっとも、「夜中に電圧があがって焦げたりして、方々から苦情」が出て、発売中止に。１９５８年10月の社内報を参照。
(7) 塚本哲男は、トランジスタの実用化で画期的な開発を行った(第3章で後述)。日本機械工業連合会・研究産業協会『平成13年度　産業技術の歴史に関する調査研究報告書　先達からの聞き取り調査編』66ページ。
(8) 盛田昭夫『学歴無用論』(朝日文庫　１９８７年)２４６ページ。本書は最初に１９６６年5月に文藝春秋から単行本で発刊された。盛田が語った内容を社内のスタッフが文章化した(盛田本人が直接執筆した箇所もある)。87年5月に朝日文庫で再刊行された。引用は文庫版。
(9)『ＭＡＤＥ ＩＮ ＪＡＰＡＮ』前掲書２３７ページ。
(10) 井深大／インタビュー小島徹『井深大の世界』(毎日新聞社　１９９３年)１ページ。
(11)『学歴無用論』前掲書２４６ページ。
(12)『学歴無用論』前掲書１９３ページ。三つの段階については、後述。
(13)『井深大の世界』前掲書13〜14ページ。
(14) １９５８年10月に行われた社内での座談会「我がソニーの歩み」より。
(15) ソニー木原研究所社長・木原信敏『ソニー技術の秘密』(ソニー・マガジンズ　１９９７年)16ページ。

(16) 一二代目当主の骨董三昧で家業が傾いたこともあって盛田に骨董趣味はない。1951年に亀井良子と結婚し青山に新居を移した。その近辺は「骨董通り」と呼ばれている。ふと骨董屋に立ち寄ったのは、新居の下見の折だったかもしれない。
(17) 1969年7月14日の国際マーケティング幹部協会での記念講演より。
(18) 石井淳蔵『ビジネス・インサイト』(岩波新書 2009年)参照。
(19) 中野雄『丸山眞男 人生の対話』(文春新書 2010年)132~133、151~152ページ。
(20) 2007年に日本ビクター(JVC)に出資し、翌年に経営統合。
(21) 『毎日グラフ』1950年3月15日号10~11ページ。「ものいう紙」などコンセプトをわかりやすく説明するのは盛田の特技。「ものいう雑誌、新聞」も盛田ではないか。
(22) 『ソニー技術の秘密』前掲書45ページ。
(23) 1944年12月の昭和東南海地震と45年1月の三河地震。軍部の指示で秘匿された。
(24) 大賀典雄『SONYの旋律 私の履歴書』(日本経済新聞社 2003年)42、44ページ。
(25) 『週刊文春』1960年新春号(1月4日号)より一部抜粋。
(26) 盛田良子『おもてなしの心とおもてなしをうける心』(文化出版局 1974年)。
(27) 木原信敏『井深さんの夢を叶えてあげた』(経済界 2001年)、『ソニー技術の秘密』前掲書も参照。
(28) 国際セールスマーケティング幹部協会(前掲)での盛田の記念講演より抜粋引用。
(29) 『井深さんの夢を叶えてあげた』前掲書51ページ。社内報など参照。
(30) 井深大『井深大 自由闊達にして愉快なる』(日経ビジネス人文庫 2012年)75ページ。
(31) 『ソニー技術の秘密』前掲書94ページ。
(32) 音声信号により高い周波数の信号(バイアス信号)を、一定の値だけ幾重にも重ねることで、信号の出力を向上させ録音特性を改善した。雑音や歪みを抑え長時間の録音を実用化できた。国立科学博物館産業技術史資料情報センター『テープレコーダーの技術系統化調査』、IT用語辞典バイナリ(http://www.sophia-it.com/)を参照。
(33) 『MADE IN JAPAN』前掲書73ページ、『学歴無用論』前掲書201ページ、『井深大 自由闊達にして愉快なる』前掲書73ページ参照。
(34) 国際セールスマーケティング幹部協会(前掲)記念講演より。『学歴無用論』前掲書215ページも参照。

(35) トランジスタは、ベル研究所の物理学者ジョン・バーディーン、ウォルター・ブラッテン、ウィリアム・ショックレーが1947年12月に発明した(三人は56年にノーベル物理学賞受賞)。菊池誠『日本の半導体四〇年』(中公新書　1992年)参照。
(36)『井深大の世界』前掲書62~70ページ、『MADE IN JAPAN』前掲書75ページ参照。

◉第3章

(1)『MADE IN JAPAN』前掲書76ページ。
(2)『MADE IN JAPAN』前掲書20~21ページ。
(3)『創造の人生　井深大』前掲書117ページ。
(4)『SONY NEWS』1960年4月号の盛田の社内向けスピーチより。
(5) デイヴィッド・ボダニス『エレクトリックな科学革命』(早川書房　2007年)211ページ参照。
(6)『SONY NEWS』1960年4月号前掲より。
(7)『創造の人生　井深大』前掲書115~119ページ、『平成13年度　産業技術の歴史に関する調査研究報告書　先達からの聞き取り調査編』前掲書「塚本哲男　トランジスタの実用化開発」より。『SONY NEWS』1960年4月号も参照。
(8)『MADE IN JAPAN』前掲書77ページ。
(9)『MADE IN JAPAN』前掲書78ページ。
(10) 佐久間昇二『松下幸之助　創業者に学ぶ』(私家版　1992年)より。
(11) フィリップスは、松下電子工業に三〇%を出資、技術援助に際し、頭金五五万ドルと技術援助料七%を要求。それを、四・五%に切り下げ、逆に松下電器が、合弁会社の経営指導料として三%を受け取ることで決着。ジョン・P・コッター『幸之助論』(ダイヤモンド社　2008年)、パナソニック社史(http://panasonic.co.jp/history/chronicle/1952-01.html)参照。
(12) フィリップスの「ブーンストラ改革」については、首都大学東京の森本博行元教授に取材(なお、森本氏はソニーの経営戦略スタッフであった)。
(13) DVD版『ソニーを創ったもう一人の男』(ワック　2006年)参照。
(14) 通産省の承認後、大蔵省・外貨審議会で正式に外貨割り当てが認可されたのは1954年2月。

(15) 井深の早稲田大学での講演から。DVD版『ソニーを創ったもう一人の男』前掲を参照。
(16)『学歴無用論』前掲書203〜204ページより。
(17)『日本の半導体四〇年』前掲書より。DVD版『ソニーを創ったもう一人の男』前掲の菊池氏のインタビュー参照。
(18)『井深大の世界』前掲書75ページ。
(19) DVD版『ソニーを創ったもう一人の男』前掲の菊池氏のインタビューより。
(20)『創造の人生　井深大』前掲書123ページ。
(21) 相田洋『電子立国　日本の自叙伝　上巻』(日本放送出版協会　1991年)。『平成13年度　産業技術の歴史に関する調査研究報告書　先達からの聞き取り調査編』前掲書「塚本哲男　トランジスタの実用化開発」327〜337ページ。
(22)『MADE IN JAPAN』前掲書79〜80ページ。
(23) 芦屋大学創立20周年記念講座での盛田の講演より。
(24)『平成13年度　産業技術の歴史に関する調査研究報告書　先達からの聞き取り調査編』前掲書78ページ。
(25)『技術と経済』(社団法人・科学と経済の会) 2012年5月号の川名喜之「ソニー初期の躍進と経営陣の苦闘」より。
(26) 山口誠志(著)・河野透(語り)『ソニーのふり見て、我がふり直せ。』(ソル・メディア　2012年) 32ページより引用。
(27) 1999年10月11日付『読売新聞』朝刊より。
(28) 1998年1月21日、井深大のソニー・グループ葬での江崎玲於奈の弔辞より。
(29) M・チクセントミハイ『フロー体験　喜びの現象学』(世界思想社　1996年) から4ページおよび日本語版序文を参照。
(30) 天外伺朗『マネジメント革命』(講談社　2006年) 65ページ参照。
(31)『電子立国　日本の自叙伝〈上〉』前掲書308ページ。TIのホームページ参照。
(32) 盛田昭夫ライブラリー編著『CD&DVD付　ソニー創業者　盛田昭夫が英語で世界に伝えたこと』(中経出版　2013年) 付属のDVDより。『MADE IN JAPAN』前掲書96〜97ページ参照。
(33) NHKプロジェクトX制作班編『ジャパンパワー、飛翔』(NHK出版　2001年) 63ページ。番組は『町工場、世界へ翔ぶ』として2000年12月12日に放映された。
(34) 盛田の発言や思いについては、『MADE IN JAPAN』前掲書、『学歴無用論』前掲書、『創造の人生　井深大』前掲書を参照。

(35)『ジャパンパワー、飛翔』前掲書106ページ。
(36)『創造の人生　井深大』前掲書132ページ。日本機械工業連合会・研究産業協会『平成10年度　産業技術の歴史に関する調査研究報告書　先達からの聞き取り調査編』(「トランジスタラジオの開発」)を参照。
(37)『MADE IN JAPAN』前掲書98ページ。
(38)『平成10年度　産業技術の歴史に関する調査研究報告書　先達からの聞き取り調査編』前掲書参照。
(39)半導体シニア協会ニューズレター2007年1月号、鹿井信雄「半導体事始」より。
(40)『創造の人生　井深大』前掲書139ページ。

◉第4章

(1)『キミもがんばれ』前掲書10ページ、政策研究大学院大学『宮本敏夫オーラルヒストリー』(2004年)169ページ参照。
(2)1962年7月16日に行われたソニーの第一回全国専売特約店社長会議での盛田のスピーチより(一部抜粋)。
(3)1960年4月に社内で行われたスピーチ「ソニーを貫く精神」より。
(4)1961年12月7日に名古屋青年会議所で行われた「ソニーの経営理念について」の盛田の講演より。
(5)『平成10年度　産業技術の歴史に関する調査研究報告書　先達からの聞き取り調査編』前掲書より。
(6)『創造の人生　井深大』前掲書124ページ。
(7)『井深大の世界』前掲書68、71ページより。
(8)『平成13年度　産業技術の歴史に関する調査研究報告書　先達からの聞き取り調査編』前掲書より。
(9)50周年記念で作成された『Sony Product Philosophy』(非売品　1994年)5ページより。
(10)『平成10年度　産業技術の歴史に関する調査研究報告書　先達からの聞き取り調査編』前掲書209ページより引用。
(11)『CD&DVD付　ソニー創業者　盛田昭夫が英語で世界に伝えたこと』前掲より。
(12)『MADE IN JAPAN』前掲書100ページより。
(13)第一回全国専売特約店社長会議(前掲)での盛田のスピーチより。
(14)佐々木正人『アフォーダンス――新しい認知の理論』(岩波書店　1994年)63ページより。
(15)ジャック・アタリ『21世紀の歴史』(作品社　2008年)110~111ページより引用。

(16) 広島で行われたソニー商事・盛田昭夫社長による「販売とはなにか」講演記録より（『電波新聞』1967年9月13日付）。
(17) 『MADE IN JAPAN』前掲書。
(18) 『MADE IN JAPAN』前掲書。
(19) 1974年4月の社内報10～11ページから盛田の発言（抜粋引用）。
(20) 『MADE IN JAPAN』前掲書101ページ。
(21) 『レオナルド・ダ・ビンチの手記　上』（岩波文庫　1954年）40ページ。
(22) 水嶋康雅『サプライネットワーク・マネジメント』（白桃書房　2012年）214～215ページより抜粋引用。
(23) 『学歴無用論』前掲書17～19、22ページより。
(24) 室山義正『アメリカ経済財政史 1929－2009』（ミネルヴァ書房　2013年）359、364ページ。
(25) 『20世紀全記録』（講談社　1987年）885ページ。サイモン・シーバック・モンテフィオーレ『世界を変えた名演説集』（清流出版　2009年）201ページ。『アメリカ経済財政史 1929－2009』前掲書364ページを参照。
(26) 『週刊朝日』1958年8月17日号の連載記事「日本の企業」〈東芝編〉。
(27) 盛田昭夫『21世紀へ』（ワック　2000年）132ページ。
(28) 『MADE IN JAPAN』前掲書108～112ページ。なおADR（米国預託証券）とは、現株は発行国に預託され、一種の預かり証となる代替証券を米国で株式同様に売買する方式。
(29) 『MADE IN JAPAN』前掲書160～161ページ。

第2部

◉第5章

(1) 『MADE IN JAPAN』前掲書164～165ページ。
(2) 平凡社の雑誌『心』1969年2月号、「田島道治追悼」特集87ページより。
(3) 『田島道治』前掲書455ページ。

（4）リチャード・P・ルメルト『良い戦略、悪い戦略』（日本経済新聞出版社　2012年）22ページ。
（5）『創造の人生　井深大』前掲書153ページ。
（6）日本機械工業連合会・研究産業協会『平成16年度　産業技術の歴史の集大成・体系化を行うことによるイノベーション創出の環境整備に関する調査研究報告書』「川名喜之　シリコントランジスタ実用化開発」5ページより。
（7）10月4日ソ連が世界初の人工衛星スプートニク1号の打上に成功、東西冷戦下の宇宙開発競争で危機感を深めたアメリカは次世代技術の開発に必死になった。インターネットの基盤となる技術に、資金を提供した国防総省の先端研究プロジェクト機構ARPA（後のDRPA：高等研究計画局）もこの時スタートした。なお、トランジスタ回路にシリコンを使うアイデアは、ロバート・ノイスが57年10月のフェアチャイルド・セミコンダクタの創設にあたって構想し、翌年、軍事用の製品を100個納入したのが最初とされている（マイケル・マローン『インテル』〈文藝春秋　2015年〉参照）。
（8）『創造の人生　井深大』前掲書154～155ページ。
（9）週刊テレビガイド別冊『テレビ30年』（東京ニュース通信社）10ページ。
（10）日本機械工業連合会・研究産業協会『平成15年度　産業技術の歴史の集大成・体系化を行うことによるイノベーション創出の環境整備に関する調査研究報告書』の「沖栄治郎　マイクロテレビの開発」61ページより。
（11）半導体の基板の上で結晶成長を行い、結晶方位が揃った薄膜を成長させる方法。結晶性と純度が優れている。これもベル研究所が開発した技術だが、62年にサンプルをベル研に持参したところ、「大変びっくりされ、是非置いていけ、とエレベータの中まで追いかけられたほどの出来映えであった」（ソニーのエンジニアOB）という。
（12）大辞林、大辞泉および上山保彦『孫子と経営』（住友生命　非売品　1988年）、フランソワ・ジュリアン『勢　効力の歴史』（知泉書館　2004年）を参照。
（13）Dallas Morning Star紙（1962年10月16日付）。
（14）『朝日新聞』証券欄（1962年9月21日付朝刊）。
（15）政策研究大学院大学C・O・E・オーラル・政策研究プロジェクト『宮本敏夫オーラルヒストリー』（政策研究大学院大学　2004年）120、172ページより（一部編集し抄録）。
（16）『21世紀へ』前掲書124～126ページ（一部編集し抄録）。
（17）黒木靖夫・野村正樹『盛田昭夫・佐治敬三　本当はどこが凄いのか!!』（三推社・講談社　2000年）74～75ページ。

(18) 第一回専売特約店社長会議（前掲）での盛田のスピーチより。
(19) 黒木靖夫『大事なことはすべて盛田昭夫が教えてくれた』（KKベストセラーズ　ワニ文庫　2003年）154〜155、160〜161ページ。
(20)『大事なことはすべて盛田昭夫が教えてくれた』前掲書160〜161ページ。
(21)『盛田昭夫・佐治敬三　本当はどこが凄いのか!!』前掲書79ページ。
(22) カーマイン・ガロ『アップル　驚異のエクスペリエンス』（日経BP社　2013年）4、350ページ。
(23)『大事なことはすべて盛田昭夫が教えてくれた』前掲書161〜162ページ。
(24) 佐藤剛『上を向いて歩こう』（岩波書店　2011年）12、313ページなど参照。
(25)『キミもがんばれ』前掲書の3ページ「特別寄稿」より。
(26)『MADE IN JAPAN』前掲書115ページ。
(27)『おもてなしの心とおもてなしをうける心』前掲書6〜7ページ。
(28)『キミもがんばれ』前掲書3ページより。『日経ビジネス』2002年10月21日号の特別インタビュー「盛田良子氏　私とソニー半世紀」参照。
(29)『キミもがんばれ』前掲書9ページ、卯木肇の手記より。卯木の文章には「日本が生んだ世界のソニー」とされているが、当時の企業ロゴは「日本が生んだ世界のマーク」だったので、掛け軸にも「マーク」が使われていたと思われる。
(30)「創造と環境」の「VWビートルの広告」ウェブページを参照。
(31) 同（30）の「ニューヨーカー・アーカイブによるソニーのシリーズ（2）」ウェブページ参照（引用文は一部編集）。
(32)『盛田昭夫・佐治敬三　本当はどこが凄いのか!!』前掲書131ページ。
(33)『学歴無用論』前掲書で、「ソニー・チョコレート事件」は224〜238ページの一五ページにわたって詳述されている。
(34) 中村稔『私の昭和史・完結篇　上』（青土社　2012年）50〜54、130〜145ページ参照。

◉第6章

(1)『MADE IN JAPAN』前掲書116ページ。
(2) 松下電器社史『日に新た　松下電器75年の歩み』（1994年）76〜79ページ、PHPの松下幸之助comなどを参照。

（3）『田島道治』前掲書450～451ページより。
（4）1970年に行われた井深大によるイノベーション国際会議での講演「新製品の開発に際して、わたしのとった手法」より。
（5）『Sony Product Philosophy』前掲書41ページ。
（6）このトリニトロンの開発ストーリーについては、同プロジェクトのメンバーだった唐澤英安氏（後にソニー・プロダクツ・ライフスタイル研究所所長）が、丁寧な聞き取り調査を行った『何人かのトリニトロン物語　ブラウン管の開発　要約編』（データ・ケーキベーカ　2006年）をベースに再構成した。ほかに『Sony Product Philosophy』前掲書、『創造の人生　井深大』前掲書、井深のイノベーション国際会議での講演なども参照。
（7）井深大『わが友　本田宗一郎』（ごま書房　1991年）68～69ページより。なお引用されている本田の言葉は、本田宗一郎『ざっくばらん』（自動車ウィークリー社）に原文が掲載されている。
（8）『何人かのトリニトロン物語　ブラウン管の開発　要約編』前掲書20、77ページを基に再構成。他に『平成9年度　産業技術の歴史に関する調査研究報告書　先達からの聞き取り調査編』前掲書22ページも参照。
（9）『何人かのトリニトロン物語　ブラウン管の開発　要約編』前掲書211ページ。
（10）トリニトロン・プロジェクトの戦略スタッフであった加藤善朗が、井深のマネジメントスタイルの神髄として指摘したキーワード。加藤善朗『井深流　物作りの神髄』（ダイヤモンド社　1999年）130ページ参照。
（11）『平成9年度　産業技術の歴史に関する調査研究報告書　先達からの聞き取り調査編』前掲書の「トリニトロンカラーテレビの開発　吉田進」23～30ページ参照。
（12）同（11）の24～25ページより。
（13）『田島道治』前掲書473ページ参照。
（14）唐澤英安「新製品開発プロジェクトのためのマネジメント方法」（日本生産管理学会　2008年）188ページより。

◉第7章
（1）大卒の国家公務員上級職の初任給をもとに換算した。
（2）『日本経済新聞』1966年5月1日付朝刊第16面。
（3）『大事なことはすべて盛田昭夫が教えてくれた』前掲書173ページ参照。

（4）『大事なことはすべて盛田昭夫が教えてくれた』前掲書174ページ。なお、この章のソニービルに関連する部分は『盛田昭夫・佐治敬三　本当はどこが凄いのか!!』前掲書82～84ページ、竹村健一『盛田昭夫の自分をもっと大きく生かせ！』（三笠書房　1991年）156～158ページも参照した。
（5）アダム・ラシンスキー『インサイド・アップル』（早川書房　2012年）152～153ページ。
（6）『盛田昭夫・佐治敬三　本当はどこが凄いのか!!』前掲書84ページ。
（7）『キミもがんばれ』前掲書の大塚文雄の手記43ページより。
（8）『キミもがんばれ』前掲書の佐野角夫の手記84ページ、佐野角夫『ソニー　知られざる成長物語』（毎日新聞社　2007年）53ページを参照。
（9）『キミもがんばれ』前掲書の大塚文雄の手記43ページより。
（10）『21世紀へ』前掲書132ページ。初出は『プレジデント』1976年9月特別増刊号。
（11）伊庭保『ソニーの財務戦略の歴史より「不遇盤根錯節、何以別利器乎」』（非売品）12～13ページ。
（12）『創造の人生　井深大』前掲書197～200ページを参照。
（13）同（12）の200ページより。
（14）『ソニー　知られざる成長物語』前掲書40ページを参照。
（15）『株式新聞』1977年3月29日付第4面。
（16）『キミもがんばれ』前掲書の佐野角夫の手記85ページ。

◉第8章

（1）琴坂将広『領域を超える経営学』（ダイヤモンド社　2014年）11、248～255、326ページを参照。「ボーングローバル」の原典は、93年に発行されたマッキンゼー・アンド・カンパニーの『McKinsey Quarterly 4』とされている。
（2）ソニー129会（ヨーロッパ駐在経験者の会）『希望の光に照らされて』（非売品）97ページの仁科満の手記より。
（3）『文藝春秋』1963年2月号「日本企業　敵前上陸す」256ページより。
（4）ソニー社内報2000年12月号『盛田昭夫ファウンダー・名誉会長追悼特別号』50ページのハーベイ・L・シャインの手記より。この項は、彼の手記を参照し編集した。

（5）加納明弘『ソニー新時代』（プレジデント社　1982年）7ページより。なお、吉原英樹・板垣博・諸上茂登編『ケースブック　国際経営』（有斐閣ブックス）の「ケース17　ソニー盛田昭夫vs.H・シャイン」278～279ページに加納の上記著書の一部が再録されている。
（6）『キミもがんばれ』前掲書の和田憲治の手記124ページより。
（7）リチャード・S・テドロー『アンディ・グローブ　上』（ダイヤモンド社　2008年）223～224ページ参照。
（8）海軍の用語から盛田が使いはじめた。役員・部課長など経営幹部を一同に集め経営方針などを共有する重要な会合のこと。
（9）小林茂『ソニーは人を生かす』（日本経営出版会　1966年）166～167ページ。引用部分は、一部抜粋し編集した。
（10）『学歴無用論』前掲書76～120ページを参照、抄録した。
（11）井深大『幼稚園では遅すぎる』（ごま書房　1971年）。その後、サンマーク文庫から再刊行され、さらに一部改訂しサンマーク出版から新装版（2003年）も発行された。
（12）『MADE IN JAPAN』前掲書162ページより。盛田昭夫『新実力主義』（文藝春秋　1969年）参照。
（13）『井深流　物作りの神髄』前掲書126～130ページ。

第3部

◉第9章

（1）『ソニーのふり見て、我がふり直せ。』前掲書162～163ページ。
（2）『キミもがんばれ』前掲書41ページ、大河内祐の手記より（一部編集）。
（3）中川靖造『日本の磁気記録開発』（ダイヤモンド社　1984年）156～157、218～219ページ。
（4）ジェームズ・ラードナー『ファースト・フォワード』（パーソナルメディア　1988年）101～123ページより一部編集し引用、『日本の磁気記録開発』前掲書参照。
（5）『キミもがんばれ』前掲書52ページ、鶴見道昭の手記より（一部編集）。
（6）日本経済新聞社編『激突！ソニー対松下』（日本経済新聞社　1978年）、佐藤正明『陽はまた昇る』（文春文庫　200

2年)、『日本の磁気記録開発』前掲書など。
(7) 盛田昭夫研究会『盛田昭夫語録』(小学館文庫 1999年) 72ページより。なおこのコメントの原典は『週刊読売』1976年1月24日号。
(8)『日本の磁気記録開発』前掲書155ページ。
(9)『宮本敏夫オーラルストーリー』前掲書216~217ページより。
(10)『日本の磁気記録開発』前掲書208~209ページ。

◉第10章

(1)『ファースト・フォワード』前掲書30~33ページ。
(2) 同(1)の41ページより。
(3) 文部科学省文化審議会の著作権分科会「ベータマックス事件の概要」には、各裁判所の判決の概要が日本語訳で掲載されている(ウェブサイト参照)。
(4)『ジュリスト』1986年4月1日号37ページ、盛田昭夫「経営者のみた法務戦略」より。
(5) E・H・カー『歴史とは何か』(岩波新書 1962年)より。引用順に40、78、184ページ。
(6)『宮本敏夫オーラルヒストリー』前掲書217~218ページ。
(7)「取引コスト」理論は、ノーベル経済学賞を受賞したR・H・コースによって開発され、O・ウィリアムソンにより発展した。「限定合理的で機会主義的な人間同士が自由に取引する場合、相互に自分に有利になるように『駆け引き』が起こる。このとき、発生する人間関係上の駆け引き(無駄な手間暇)のこと」菊澤研宗『なぜ「改革」は合理的に失敗するのか』(朝日新聞出版 2011年) 19ページより。菊澤研宗『組織は合理的に失敗する』(日経ビジネス人文庫 2009年)参照。
(8)『激突!ソニー対松下』前掲書75~78ページ、『陽はまた昇る』前掲書300~308ページ参照。
(9)『陽はまた昇る』前掲書351~352ページより。
(10)『MADE IN JAPAN』前掲書174~175ページより。
(11)『立命館経営学』2007年1月号の岩本敏裕「VTR産業の生成」144~145ページ参照。なお、「マトリックス図」の原典は、日本ビクターの社史『日本ビクター60年』114ページ。

（12）『Sony Product Philosophy』前掲書66ページより。
（13）マーシャル・マクルーハン／エリック・マクルーハン『メディアの法則』（NTT出版　2002年）16ページより引用。
（14）『スティーブ・ジョブズ I』前掲書165ページより。

●第11章

（1）『ソニーのふり見て、我がふり直せ。』前掲書66〜67ページ。
（2）アンドリュー・S・グローブ『インテル戦略転換』（七賢出版　1997年）13、17ページより。
（3）『SONYの旋律』前掲書175〜178ページ、大賀典雄『大賀典雄、15歳に「夢」を語る』（丸善　2006年）154〜158ページ。
（4）「在庫日数」は、製品や部品の在庫が売上の何日分に相当するかを測る指標。少ないほうがよく、三〇日以下が望ましい。「キャッシュ化速度」は、在庫日数＋売掛金日数−買掛金日数の計算式で算出する指標。松下電器（現パナソニック）の中村邦夫元社長による経営改革で、参謀として活躍したフランシス・マキナニーは、クラウド化が進展した現在では五日以下が望ましいとする。詳しくは、マキナニー『日本企業はモノづくり至上主義で生き残れるか』（ダイヤモンド社　2014年）や『松下ウェイ』（ダイヤモンド社　2007年）を参照されたい。
（5）『SONYの旋律』前掲書175〜178ページ、『大賀典雄、15歳に「夢」を語る』前掲書154〜158ページ。
（6）『盛田昭夫語録』前掲書143〜144ページ。
（7）ソニー社内報1976年5月1日号45〜46ページより（抜粋引用）。
（8）『MADE IN JAPAN』前掲書133ページより。
（9）大朏博善『ソニーを創ったもうひとりの男　岩間和夫』（ワック　2006年）を参照。盛田、井深の言葉は、ソニー社内報『岩間社長追悼号』（1982年9月）より。
（10）『大賀典雄、15歳に「夢」を語る』前掲書150ページ、『SONYの旋律』前掲書156ページより。
（11）若尾正昭『コ・ファウンダーズ　井深大さんと盛田昭夫さん』（総合法令出版　2001年）100ページより引用。

第4部

◉第12章

（1）ケヴィン・ケリー『テクニウム』（みすず書房　2014年）54ページ。
（2）『MADE IN JAPAN』前掲書273〜274ページ。
（3）「Sonett」は、ひげ剃り、フードカッターと次々展開したが一〇年で撤収。「化粧品」は、ソニープラザなどの小売部門を併せて、2006年にスタイリングライフグループ（東京放送とJ・フロントリテイリングの関連会社）の傘下に入った。
（4）越智成之『イメージセンサの技術と実用化戦略』（東京電機大学出版部　2013年）43〜90ページ。
（5）『技術と経済』前掲書46〜57ページ、川名喜之「ソニー初期の躍進と経営陣の苦闘」より参照・抜粋引用。
（6）黒木靖夫『ウォークマンかく戦えり』（ちくま文庫　1990年）46ページ、『大事なことはすべて盛田昭夫が教えてくれた』前掲書82〜83ページ。ソニー国内関係有志の会『時を越えて』（非売品　2001年）48〜50ページの大曽根幸三の手記、『Sony Product Philosophy』前掲書128〜138ページも参照。
（7）『ウォークマンかく戦えり』前掲書49〜51ページ、『大事なことはすべて盛田昭夫が教えてくれた』前掲書87〜92ページ。
（8）ソニー広報室『WALKMAN 10th Anniversary』（非売品　1989年）18〜19ページ。
（9）『ウォークマンかく戦えり』前掲書19〜22、28〜29ページ。
（10）『WALKMAN 10th Anniversary』前掲書2〜3ページ。
（11）マイケル・シュルホフは、当時ソニー・インダストリー社長で本社の技術顧問を兼務していた。航空機操縦など大賀と趣味も合い腹心になっていく。
（12）『大賀典雄、15歳に「夢」を語る』前掲書138〜140ページ、『SONYの旋律』前掲書103〜104ページ、ソニーミュージックエンタテインメント『ザ・ルールブレイカー——CBS・ソニーの軌跡』（非売品　2001年）149ページ。
（13）「エルカセット」は、「未来志向の録音再生システム」として、1976年にソニー、松下電器、ティアックの三社の共同開発で発表、発売されたが、カセットテープより大きく重く価格も高く普及に失敗した。
（14）中島平太郎『次世代オーディオに挑む』（風雲舎　1998年）100、110ページ。

(15)『次世代オーディオに挑む』前掲書121～130ページ、『Sony Product Philosophy』前掲書120～121ページ。
(16)同(15)。
(17)『次世代オーディオに挑む』前掲書140～143ページ。
(18)『次世代オーディオに挑む』前掲書147～148ページ。
(19)『次世代オーディオに挑む』前掲書155ページ、『大賀典雄、15歳に「夢」を語る』前掲書130～131ページ。
(20)『時を越えて』前掲書の鶴島克明の手記98～99ページより抜粋。
(21)森健一・鶴島克明・伊丹敬之『MOTの達人』(日本経済新聞出版社　2007年)59～60ページ、『Sony Product Philosophy』前掲書125ページ。
(22)『次世代オーディオに挑む』前掲書168ページ。
(23)『Sony Product Philosophy』前掲書124ページより抜粋引用。
(24)ソニー広報センター『GENRYU 源流』(1996年)222ページ参照(一部編集して引用)。
(25)『SONYの旋律』前掲書251ページ。
(26)『テクニウム』前掲書179ページ。

◉第13章

(1)『キミもがんばれ』前掲書の17ページの菊池三郎の手記より。
(2)同(1)の103ページ河原茂晴の手記(河原による盛田の表情の観察も含む)を元に引用し編集。
(3)渡部靖樹『ソニー生命　4000人の情熱』(出版文化社　2009年)99～100ページ。
(4)『ザ・ルールブレイカー――CBS・ソニーの軌跡』前掲書、『GENRYU 源流』前掲書を参照して構成。
(5)『ザ・ルールブレイカー――CBS・ソニーの軌跡』前掲書31～35ページ。
(6)丸山茂雄『往生際』(ダイヤモンド社　2013年)93ページより引用。

◉第14章

(1)『大賀典雄、15歳に「夢」を語る』前掲書164～165ページ。『SONYの旋律』前掲書178～185ページ。

（2）ナンシー・グリフィン&キム・マスターズ『ヒット&ラン』（キネマ旬報社　1996年）274～278ページ。『ザ・ルールブレイカー——CBS・ソニーの軌跡』前掲書182～188ページ。
（3）『大賀典雄、15歳に「夢」を語る』前掲書167ページ。
（4）社内報『SONY Family』1988年3月号2ページ、盛田昭夫「自信をもって進もう!」より。
（5）『大賀典雄、15歳に「夢」を語る』前掲書169～174ページ、『SONYの旋律』前掲書197～204ページ。
（6）『ヒット&ラン』前掲書278、294ページ。
（7）2014年、七二歳でリリースしたニューアルバムが全米1位に。世界を驚かせたレジェンド。
（8）ハロルド・ヴォーゲル『ハロルド・ヴォーゲルのエンタテインメント・ビジネス』（慶應義塾大学出版会　2013年）。
（9）『ヒット&ラン』前掲書316ページ。
（10）ジョン・ネイスン『ソニー　ドリームキッズの伝説』（文藝春秋　2000年）288ページ。
（11）『ソニーの財務戦略の歴史より「不遇盤根錯節、何以別利器乎」』前掲書。
（12）ジョージ・ルーカス監督の『スター・ウォーズ　エピソード2』（2002年公開）は、世界で初めて一〇〇%デジタルで撮影された。使用されたのはソニーの映画撮影用デジタルビデオカメラHDWF900だった。現在、ソニー製の4Kデジタルシネマプロジェクターは、世界の九〇〇〇以上の映画劇場に設置されているという。
＊なお、ハリウッドやアメリカ側事情については、『ヒット&ラン』をベースに、『ソニー　ドリームキッズの伝説』前掲書、『SONYの旋律』前掲書、『Vanity Fair』誌1994年4月号「Sony's Hollywood Headache」などを参照した。

第5部

◉第15章

（1）米国誌『THE ATLANTIC MONTHLY』93年6月号に「Toward a New World Economic Order」として寄稿され、日本語抄訳が『週刊ダイヤモンド』1993年7月3日号に掲載された。
（2）D・ロックフェラー・盛田昭夫『21世紀に向けて』（読売新聞社　1992年）129、134ページ。

（３）盛田昭夫・石原慎太郎『「ＮＯ」と言える日本』（光文社　１９８９年）より。石原の「人種偏見」意見は35〜45ページ。一方、盛田の見解は48、54〜58ページ。

（４）入江昭、ロバート・Ａ・ワンプラー編『日米戦後関係史』（講談社　日本語版　２００１年）のトマス・Ｗ・ザイラーの論文、ロバート・ワンプラーの論文を参照・一部引用。

（５）『the Voice of Tengai』（イグフィコーポレーション　非売品　２００４年）42ページ、盛田良子「天涯からのメッセージに添えて」より。

（６）『「ＮＯ」と言える日本』前掲書１１３、１３１ページ。

（７）ソニー社内報１９７２年４月号「香川さんを偲う」より。盛田は筆を執って二ページにわたって、香川について書き、「我が社を、本当に日本の生んだ世界企業に育て上げること」が、彼の恩に報いる道であるとしている。

（８）『盛田昭夫ファウンダー・名誉会長追悼特別号』前掲書65ページ。

（９）『キミもがんばれ』前掲書の１１８〜１１９ページ松本哲郎の手記より引用。なお、盛田の挨拶については、ＩＴＡ室の別のスタッフの証言も織り込んだ。この項の後半の事実関係は、松本の手記に負っている。

（10）『キミもがんばれ』前掲書の88ページ田宮謙次の手記より。

（11）『ＭＡＤＥ　ＩＮ　ＪＡＰＡＮ』前掲書３４６、３４７ページ。

（12）『ＧＥＮＲＹＵ　源流』前掲書３１１〜３１４ページ。ネットの米国公認会計士・加藤英之『国際税務の福袋』（http://www.katch.ne.jp/~heday/）、ＪＥＴＲＯ『カリフォルニア州における会社設立時の税務会計マニュアル２００８年』（http://www.jetro.go.jp/ext_images/jfile/report/07000215/zeimu_kaikei.pdf）参照。

（13）『ＭＡＤＥ　ＩＮ　ＪＡＰＡＮ』前掲書76〜78ページ。

（14）『ＧＥＮＲＹＵ　源流』前掲書２９９〜３０１ページ。

（15）『技術と経済』前掲書46ページ、川名喜之「ソニー初期の躍進と経営陣の苦闘」を元に編集。『ＧＥＮＲＹＵ　源流』前掲書３２４〜３２５ページ。

（16）『コ・ファウンダーズ　井深大さんと盛田昭夫さん』前掲書１８９ページ。

（17）清宮龍『輝く日本に・十人の先導者』（善本社　２００３年）２９９〜３０１ページ。会の事務局長だった清宮によれば、会員はピーク時で五七名だった。

（18）『輝く日本に・十人の先導者』前掲書301ページ、『コ・ファウンダーズ　井深大さんと盛田昭夫さん』前掲書を参照。

●第16章

（1）『キミもがんばれ』前掲書の浜口謙二の手記26～28ページを軸に、坂口恵の手記46ページ、小野山弘子の手記79ページを参照、一部引用して再構成した。

（2）『盛田昭夫ファウンダー・名誉会長追悼特別号』前掲書の大前研一の手記24ページ。

（3）『キミもがんばれ』前掲書の米澤健一郎の手記95ページ。

（4）同（3）の坂井諒三の手記82～83ページ。

（5）同（3）の小野山弘子の手記79ページ。

（6）マイケル・ジャクソンは、97年1月3日（もしくは4日）にハワイの盛田邸を訪れた。前年9月からスタートした「ヒストリー・ワールド・ツアー」で、五万人収容のアロハ・スタジアムでのステージを終え午後10時半過ぎにやってきた。この時、マイケルは「最近のソニーは僕のことを気に掛けてくれない。ミスター・盛田、ドント　フォーゲット　マイケル」と小さい声で何度も呼び掛け、願いを聴いてほしいと訴えると、盛田は「うん、うん」と頷いたという。

疲れ切っていたはずのマイケルだが、ホテルに帰るともう一本の「『ヒーリングテープ』を徹夜でつくり、翌朝6時半にマイケルからの電話で受け取りに行った」と坂井は言う。それは「ハーイ、グッドモーニング、ミスター盛田」ではじまり、歌に合わせて体を動かすリハビリを意識したもので、彼のヒット作『Black or White』も収録されていた。

マイケルとソニーの関係は、取り巻きの思惑や人間的要素が絡んで、さまざまな軋轢をその後、生んだ。マイケル・ファンの間では〝ソニー戦争〟として有名になり、訴訟にまで発展するが、長い時間をかけて関係は修復されていった。

（7）エド・キャットムル『ピクサー流　創造するちから』（ダイヤモンド社　2014年）に詳しい。

（8）ソニー・コンピュータエンタテインメント『20th Anniversary』（非売品　2013年）10ページ。

（9）同（8）6ページ。

（10）麻倉怜士『久多良木健のプレステ革命』（ワック　2003年）52ページ掲載の久夛良木健の89年11月の業務報告書より。

（11）ソニー・コンピュータエンタテインメント『20th Anniversary』前掲書7ページ。『久多良木健のプレステ革命』前掲書を参照。

(12)『往生際』前掲書112ページ。
(13)『久多良木健のプレステ革命』前掲書266、268ページより一部抜粋引用。
(14)ソニー・コンピュータエンタテインメント『20th Anniversary』前掲書9ページ。

●補章

(1)『ソニーのふり見て、我がふり直せ。』前掲書42~43ページ参照・引用。
(2)「ブランド価値」の評価方法については、インターブランドのホームページ(日本オフィスサイト)の〈ブランドランキング〉「本ランキングの評価方法について」http://www.interbrandjapan.com/ja/brandranking/method.htmlを参照。
(3)『インテル戦略転換』前掲書13ページより抜粋引用。
(4)EBITDAは、税引前利益+特別利益+減価償却費+支払利息で算出される経営指標で、国別の税制・会計ルールや業種による償却費の影響を受けない。出井は、生産メーカーとしての標準原価と、映画・音楽事業の直接原価の原価率の違いを乗り越えて、共通尺度として普遍性・合理性があるとしている。市場価値とのリンクも強調。当時IT企業でブームになったが、不正会計が発覚したエンロン事件を契機に、指標としても下火になった。
(5)出井伸之『迷いと決断』(新潮新書　2006年)147ページより引用。
(6)同(5)148~149ページより引用。
(7)EVAは、税引き後営業利益(当期利益+繰り越し利益)から、投資された資本(株主資本+負債資本)にかかる資本コストを差し引いた付加価値を測定するもの。
(8)ソニーのリストラの実態については、清武英利『切り捨てSONY』(講談社　2015年)が詳しい。
(9)『迷いと決断』前掲書125~126ページより引用。
(10)盛田は、大阪大学理学部で人間性が豊かで優れた物理学者だった「恩師」浅田常三郎教授から学んだ物理の方法論を、経営や社会現象の解明に応用した。
(11)社団法人・日本工業倶楽部『会報』(平成17年10月)の伊庭保「『執行役員制度』の誕生」16~19ページ参照。
(12)『MADE IN JAPAN』前掲書173ページ。
(13)『スティーブ・ジョブズⅡ』前掲書422ページ。

(14) ケン・オーレッタ『グーグル秘録』(文藝春秋　2010年) 348ページより引用。
(15) 前田悟『ソニー伝説の技術者が教える「イノベーション」の起こしかた』(中経出版　2014年) 参照。
(16) 『スティーブ・ジョブズII』前掲書342〜343ページ。
(17) 『グーグル秘録』前掲書347〜348ページ。
(18) 『21世紀に向けて』前掲書114〜116ページより抜粋引用。
(19) 『キミもがんばれ』前掲書の松本哲郎の手記119ページから一部引用。
(20) 小田嶋隆『場末の文体論』(日経BP社　2013年) の36〜47ページ参照・一部抜粋引用。
(21) ブランド戦略は、ダイヤモンド・オンラインにインターブランドによる「これからの日本ブランドの30年に向けて」の連載を参照されたい。「ブランディング3・0」については、同連載の第六回に詳しい。
(22) ジョン・P・コッター『実行する組織』(ダイヤモンド社　2015年) は、2012年マッキンゼー賞金賞受賞の論文を元に書き下ろした意欲作。具体的な事例なども紹介されている。
(23) 『MADE IN JAPAN』前掲書173ページより引用。
(24) 中田研一郎『ソニー　会社を変える　採用と人事』(角川書店、2005年) 3ページより引用。これはソニーの経験者採用の入社式で、必ず披露された盛田の肉声を活字に起こしたもの。
(25) 「クラウドトロニクス」は未来予測調査で知られる田中栄が名付けた。クラウド (=ブロードバンド+スパコン) が実現するサービスとさまざまなエレクトロニクス (デバイスやセンサーなど) との「融合」によって生まれる新しい環境のこと。

年	盛田昭夫の歩み	年齢	ソニーの歩み
1921年	1月26日：愛知県名古屋市で父・久左ヱ門、母・収の嫡男（家業である造り酒屋の一五代目の跡継ぎ）として生まれる	1歳	
1933年	3月：愛知県第一師範学校付属小学校卒業	12歳	
1938年	3月：愛知県第一中学校卒業	17歳	
1942年	3月：第八高等学校理科卒業 4月：大阪帝国大学理学部物理学科入学、生涯の恩師・淺田常三郎教授に師事	21歳	
1944年	1月：海軍委託学生となる 5月：学徒動員令により、海軍技術学生として横須賀の海軍航空技術廠支廠勤務。その後、大阪帝大への出張が許可され研究に従事 9月：大阪帝大理学部物理学科卒業、海軍技術見習尉官として浜名海兵団で訓練	23歳	
1945年	3月：海軍技術中尉となり横須賀の航空技術廠支廠に勤務 戦時科学技術研究会で井深大（当時は日本測定器常務）と出会う 8月：出張中に立ち寄った愛知県小鈴谷（家業のホームベース）で終戦を迎える 10月6日：『朝日新聞』のコラムで井深の研究所設立を知る→手紙を出し再会	24歳	10月1日：東京・日本橋の白木屋（後に東急百貨店、現在のコレド日本橋）内の三階の一室を借り、井深が東京通信研究所を設立
1946年	5月：井深とともに東京通信工業を設立、取締役に就任（初代社長は前田多門） 妹の菊子が岩間和夫と結婚（後に社長になる岩間は盛田の説得で6月に入社）	25歳	1月：井深が「設立趣意書」を起草 5月7日：東京通信工業（株）に改組し、資本金19万円で設立

1947年	11月：常務に就任	26歳	1月：本社と工場を東京・品川区の御殿山の日本気化器の工員食堂跡に移転
1950年	11月：専務に就任（井深が二代目社長に就任）	29歳	7月：日本初のテープレコーダーG型を発売するも、売れず
1951年	5月：三省堂の社長・亀井豊治、たま夫妻の四女・良子と結婚	30歳	4月：テープレコーダーH型発売、学校教育に着眼し普及へ
1953年	8月～11月：初の海外出張。米WE（ウエスタン・エレクトリック）社とトランジスタ技術援助の仮契約締結。米欧各地を視察、オランダのフィリップス社を見て世界へのインサイトを得る	32歳	8月：WE社とトランジスタ基本特許の実施権を仮契約
1955年	3月～5月：市場調査と商談のため渡米。米ブローバー社から10万台のOEM注文を断る。「最高の決断だった」と後に語る	34歳	1月：日本初のトランジスタラジオTR－52試作完成 3月：「SONY」の商標登録を出願 **9月：日本初ポケット型トランジスタラジオTR－55を発売**
1957年		36歳	3月：世界最小の「ポケッタブル」ラジオTR－63発売、本格的輸出第一号のヒット商品
1958年		37歳	**1月：社名をソニーに変更、商標と一体化** **12月：東京証券取引所第一部に上場**
1959年	12月：代表取締役副社長に就任	38歳	12月：アイルランドのシャノンに初の海外工場設立
1960年	**2月：ソニー・アメリカ（ソニー・コーポレーション・オブ・アメリカ）社長に就任**	39歳	**2月：ニューヨークに初の現地法人ソニー・コーポレーション・オブ・アメリカ設立** 5月：世界初のトランジスタ製「ポータブルテレビ」TV8－301発売 12月：スイスに現地法人ソニー・オーバーシーズ・SA設立、欧州の拠点に
1961年	12月：ブランドを毀損する「ソニー・チョコレート」事件で激怒	40歳	5月：本社工場完成。創立15周年記念特別招待会、労組ストで会場を急遽変更 **6月：日本企業初のADR（米国預託証券）を発行、企業金融で新たな歴史を拓いた**

1962年	10月：ニューヨーク五番街のショールーム開設で、初めて日章旗を揚げさせる	41歳	5月：世界最小・最軽量の「マイクロテレビ」TV5−303発売、大人気に 10月：ニューヨーク五番街にショールームを開設
1963年	6月：家族を伴いニューヨークに駐在	42歳	7月：世界初のオールトランジスタ小型VTRのPV−100を発売
1964年	7月：父・久左ヱ門の逝去により、8月アメリカ駐在を引き上げる	43歳	3月：世界初の電子式卓上計算機を発表
1965年	4月：社内で「学歴無用」（「社員の履歴書を焼いてしまう」）宣言	44歳	5月：世界初のクロマトロン方式カラーテレビ発売（原価割れだった） 8月：世界初の家庭用VTR、CV−2000を発売
1966年	5月：『学歴無用論』を出版、ベストセラーに	45歳	4月：銀座・数寄屋橋に初のショールーム専用のソニー・ビルを開館 5月：社内募集制度スタート
1967年	1月：井深との腕相撲写真を社内報に掲載	46歳	11月：トリニトロン方式のカラーテレビ開発で量産化にメド
1968年	3月：CBS・ソニーレコード社長に就任（70年に大賀典雄にバトンタッチ）	47歳	3月：米CBSと折半出資でCBS・ソニーレコード設立、資本自由化後の外資との初の合弁 4月：独自方式の「トリニトロン」カラーテレビ発表、10月から発売
1969年	3月：米モルガン銀行の国際委員会メンバーに就任 6月：『新実力主義』を出版 7月：米・国際セールスマーケティング幹部協会から国際マーケティング経営者賞を授与される	48歳	1月：「出るクイを求む」人材募集広告「英語でタンカのきれる日本人」募集 10月：家庭用「カラービデオカセット」開発を発表
1970年		49歳	3月：松下電器、日本ビクターの三社でカラービデオカセットの統一規格合意を発表 **9月：日本企業初のニューヨーク証券取引所上場、SEC基準で連結決算導入**

1971年	4月：米『タイム』誌の表紙で「ジャパン・イノベーター」と称される **6月：代表取締役社長に就任** 8月：ニクソン・ショックで米国生産拠点にゴーサイン	50歳	2月：事業部制導入 6月：社長交代（井深は会長に就任。岩間専務は4月にソニー・アメリカ社長に） 10月：米サンディエゴに日本メーカー初の本格的生産工場建設へ（72年8月稼働）
1972年	3月：IBM国際事業部門WTCの取締役に選任される	51歳	5月：米主要紙に「米国製品を日本で売ります」キャンペーンを展開
1973年	6月：ロックフェラー創設の三極委員会の日本人代表に就任 7月：ロックフェラー大学の評議員に就任	52歳	3月：英国ブリジェンドにカラーテレビ工場建設を発表（74年6月稼働） 5月：トリニトロンにエミー賞。卓上電子計算機SOVAXの製造中止を発表 7月：岩間が帰国・副社長に就任、CCD（電子の眼）開発チームをつくる
1974年	12月：英国ブリジェンド工場の開所式にチャールズ皇太子が臨席	53歳	8月：米財務省、ソニーの米向けテレビは「反ダンピング法」に抵触しないと発表 家庭用VTR「ベータマックス」規格完成、秋から松下、ビクターに統一呼び掛ける
1975年	10月：松下幸之助との対談集『憂論』を出版	54歳	5月：家庭用VTR「ベータマックス」SL-6300を発売
1976年	**1月：代表取締役会長・CEOに就任（井深は名誉会長に）**	55歳	1月：**トップ交代、社長・COOに岩間が就任**、経営会議設置など経営機構を改革 12月：米映画大手MCA／ユニバーサルが著作権侵害で提訴、「ベータマックス」訴訟に
1977年	7月：自由社会研究会（政財界の次世代リーダーの勉強会）を旗揚げ	56歳	3月：2時間録画の「ベータII」規格VTR、SL-8100を発売。VHSとの規格争い本格化
1978年		57歳	3月：初めてCCDを小型カラーカメラに搭載して発表
1979年	8月：米プルデンシャル生命保険と折半合弁でソニー・プルデンシャル生命保険を設立し、会長に就任	58歳	7月：「ウォークマン」第1号機、TPS-L2を発売 8月：合弁でソニー・プルデンシャル生命保険を設立

年		年齢	
1980年	4月：米大手パンアメリカン航空の取締役に就任	59歳	6月：フィリップスと共同でCDの開発を発表 11月：厚木工場内に情報機器本部新設、12月に米国で情報機器に参入
1981年	11月：経団連国際投資技術交流委員会の委員長に就任	60歳	8月：電子スチルカメラ「マビカ」開発を発表
1982年	5月：「ソニーの未来への構想　トップの提言」を発表 11月：米テレビ芸術科学アカデミーより国際エミー賞最高賞 12月：英国王立芸術院より「ロイヤル・アルバート・メダル」	61歳	1月：8ミリビデオを開発、松下、ビクター、日立などと規格統一を共同提案 **8月：岩間社長が逝去、9月大賀典雄が社長に就任** 10月：世界初のCDプレーヤーCDP-101発売
1984年	5月：日本電子機械工業会会長に就任 6月：ユニタリータックス（合算課税）制度廃止を求め、経団連ミッションを率いて渡米。レーガン大統領とも会談。85年には各州を行脚し説得に乗り出す	63歳	1月：ベータマックス訴訟、米連邦最高裁でソニー勝訴の判決「ベータマックスはなくなるの?」キャンペーン。13時間半の株主総会 11月：世界最小・最軽量のCDウォークマン「ディスクマン」発売、一挙にCD普及へ
1986年	5月：経団連の副会長に就任 10月：『MADE IN JAPAN』を米国で出版、日本版は87年発売	65歳	1月：「8ミリビデオ元年」宣言 10月：UNIX搭載ワークステーション「NEWS」発売
1987年		66歳	9月：プルデンシャル生命との合弁終了、ソニー・プルコ生命に改称
1988年		67歳	1月：米CBSレコードを20億ドルで買収「VHS方式」VTR参入へ
1989年	1月：『「NO」と言える日本』（石原慎太郎との共著）を出版	68歳	6月：世界最小「パスポートサイズ」のカメラ一体型8ミリビデオCCD-TR55発売 **11月：米コロンビア映画を46億ドルで買収**
1990年		69歳	2月：世界初のリチウムイオン電池の商品化を発表
1991年		70歳	8月：米アラスカ州がユニタリータックス廃止、これにより同税は全州で撤廃された 11月：ソニー・ミュージックエンタテインメント（日本）、東証第二部に上場

1992年	5月：経団連評議員会副議長に就任	71歳	11月：世界初のMD（ミニディスク）プレーヤー発売
1993年	5月：ソニー敷地内に出雲大社の分祀完成、第一回慰霊祭 6月：日米経済協議会会長に就任 11月19日：部長会同で社員への最後のメッセージ 11月30日：早朝テニスの最中に、脳内出血で倒れる	72歳	10月：放送業務用デジタルVTR「デジタルベータカム」システム発売 11月：ソニーとソニー・ミュージックとの折半出資で、ソニー・コンピュータエンタテインメント（SCE）設立
1994年	11月：ソニー会長を退任、ファウンダー・名誉会長に 12月：ハワイ・カハラ海岸の別荘で、リハビリ療養に入る	73歳	4月：事業本部制を廃止、社内カンパニー制を導入 12月：SCE、家庭用ゲーム機「プレイステーション」を発売
1995年		74歳	3月：3月期決算で、映画営業権など一括償却、連結純損失2934億円を計上 4月：出井伸之が社長・COO、大賀は会長・CEOに
1996年		75歳	4月：カンパニー制再編・本社機能強化 9月：米でパソコン「VAIO」発売、日本発売は97年7月
1997年	12月：ファウンダー・最高相談役の井深が逝去	76歳	6月：大幅な経営機構改革、「執行役員制度」導入 7月：世界初の平面ブラウン管テレビ「WEGA」発売
1998年	12月：米『タイム』誌特集「20世紀で最も影響力のある経済人20人」の一人に	77歳	5月：出井社長がCo－CEOに就任 12月：ハワード・ストリンガーがソニー・アメリカの会長・CEOに就任
1999年	10月3日：井深のマンションが見える東京済生会中央病院で肺炎のため逝去	78歳	3月：ネットワークカンパニー制、新経営尺度EVAを導入 6月：出井社長がCEOに就任
2000年	2月：ニューヨークでジャパン・ソサエティー主催の「盛田昭夫を偲ぶ会」開催、D・ロックフェラー、H・キッシンジャー、P・ボルカーなどの要人、300人が出席		1月：ソニー・ミュージック（日本）など上場三社の完全子会社化を実施 3月：「プレイステーション2」発売、DVD搭載し大ヒットに 6月：出井が会長・CEOに、安藤国威が社長・COOに就任（大賀は取締役会議長に）

注）表彰関係は多岐にわたるため、本文と関係のあるものを除いて割愛した

［著者］

森 健二（もり・けんじ）

大阪生まれ。同志社大学法学部卒業後、ダイヤモンド社に入社。『週刊ダイヤモンド』誌の記者として、商社、食品、流通、金融、エレクトロニクスなどを担当した後、同誌の副編集長として経営問題をカバー。共著に『複雑系のマネジメント』（ダイヤモンド社）、『20世紀の忘れ物』（イースト・プレス）がある。現在、富山県に在住、ローカルからグローバルを考える視点を大事にしている。

ソニー 盛田昭夫

“時代の才能”を本気にさせたリーダー

2016年4月21日　第1刷発行
2023年11月14日　第4刷発行

著　者――森 健二
発行所――ダイヤモンド社
〒150-8409　東京都渋谷区神宮前6-12-17
https://www.diamond.co.jp/
電話／03·5778·7228（編集）　03·5778·7240（販売）

装丁・本文デザイン―遠藤陽一（デザインワークショップジン）
校正――――加藤義廣
製作進行――ダイヤモンド・グラフィック社
印刷――――堀内印刷所（本文）・加藤文明社（カバー）
製本――――加藤製本
編集担当――大坪 亮

ISBN 978-4-478-02869-8